“十四五”时期国家重点出版物出版专项规划项目
半导体与集成电路关键技术丛书
微电子与集成电路先进技术丛书

芯片设计——CMOS 模拟集成电路版图设计与验证：基于 Cadence IC 617

陈铖颖　范　军　尹飞飞　编著

机械工业出版社

本书主要依托Cadence IC 617版图设计工具与Mentor Calibre版图验证工具，在介绍新型CMOS器件和版图基本原理的基础上，结合版图设计实践，采取循序渐进的方式，讨论使用Cadence IC 617与Mentor Calibre进行CMOS模拟集成电路版图设计、验证的基础知识和方法，内容涵盖了纳米级CMOS器件，CMOS模拟集成电路版图基础，Cadence IC 617与Mentor Calibre的基本概况、操作界面和使用方法，CMOS模拟集成电路从设计到导出数据进行流片的完整流程。同时分章节介绍了利用Cadence IC 617版图设计工具进行运算放大器、带隙基准源、低压差线性稳压器等基本模拟电路版图设计的基本方法。最后对Mentor Calibre在LVS验证中典型的错误案例进行了解析。

本书通过结合器件知识、电路理论和版图设计实践，使读者深刻了解CMOS电路版图设计和验证的规则、流程和基本方法，对于进行CMOS模拟集成电路学习的在校高年级本科生、硕士生和博士生，以及从事集成电路版图设计与验证的工程师，都会起到有益的帮助。

图书在版编目（CIP）数据

芯片设计：CMOS模拟集成电路版图设计与验证：基于Cadence IC 617/陈铖颖，范军，尹飞飞编著．—北京：机械工业出版社，2021.6（2024.7重印）

（半导体与集成电路关键技术丛书　微电子与集成电路先进技术丛书）

ISBN 978-7-111-68022-2

Ⅰ．①芯…　Ⅱ．①陈…　②范…　③尹…　Ⅲ．①芯片-设计　Ⅳ．①TN402

中国版本图书馆CIP数据核字（2021）第068460号

机械工业出版社（北京市百万庄大街22号　邮政编码100037）

策划编辑：江婧婧　责任编辑：江婧婧

责任校对：张　征　封面设计：鞠　杨

责任印制：郜　敏

北京富资园科技发展有限公司印刷

2024年7月第1版第8次印刷

169mm×239mm · 22.25印张 · 429千字

标准书号：ISBN 978-7-111-68022-2

定价：99.00元

电话服务	网络服务
客服电话：010-88361066	机　工　官　网：www.cmpbook.com
010-88379833	机　工　官　博：weibo.com/cmp1952
010-68326294	金　　书　　网：www.golden-book.com
封底无防伪标均为盗版	机工教育服务网：www.cmpedu.com

前言

在现代集成电路中，模拟电路大约占据了75%的比例。据统计，在第一次硅验证过程中，模拟电路的设计通常会耗费40%的设计努力，同时在设计错误中的占比也会超过50%。随着工艺进入纳米级阶段、系统级芯片（System-on-Chip，SoC）功能复杂度的不断提高，模拟设计方法和自动化将成为未来SoC设计的主要瓶颈。而模拟集成电路版图作为模拟设计物理实现的重要环节，在很大程度上决定了一款芯片的成败。

依据CMOS模拟集成电路版图设计与验证的基本流程，依托Cadence IC 617版图设计工具和Mentor Calibre物理验证工具，编者结合实例介绍了运算放大器等基本模拟电路的版图设计、验证方法，以供学习CMOS模拟集成电路版图设计的读者参考。

本书内容主要分为四部分，共8章内容：

第1章首先介绍了先进纳米级CMOS器件的理论知识，包括FD-SOI MOSFET和FinFET两种主要结构的特点和物理特性。之后对深亚微米和纳米级工艺中的g_m/I_D设计方法进行了详细分析。

第2章重点讨论CMOS模拟集成电路设计的基本流程、模拟版图定义，之后分小节讨论CMOS模拟集成电路版图的概念、设计、验证流程、布局和布线准则，以及通用的设计规则，使读者对版图知识有一个概括性的了解。

第3~5章分章节详细介绍了Cadence IC 617版图设计工具、Mentor Calibre版图验证工具，以及完整的CMOS模拟集成电路版图设计、验证流程。

第3章首先对Cadence IC 617版图设计仿真环境进行了总体说明，包括Cadence IC 617软件的主要窗口和菜单项。之后详细介绍了Cadence Virtuoso的各种基本操作和方法。

第4章首先介绍了Mentor Calibre版图验证工具的窗口和菜单项，之后以一款密勒补偿的运算放大器为例，解析进行模拟版图物理验证，以及寄生参数提取的基本方法，使读者初步了解Mentor Calibre的DRC、LVS，以及PEX工具菜单的基本功能。

第5章详细讨论了CMOS模拟集成电路设计的全流程。本章以一个单级跨导放大器电路为实例，介绍电路建立，电路前仿真，版图设计、验证、反提，以及电路后仿真，输入输出单元环拼接直到GDSII文件导出的全过程，使读者对CMOS模拟集成电路从设计到流片的全过程有一个直观的认识。

第6~8章，在初步掌握Cadence IC 617与Mentor Calibre进行版图设计和验证的基础上，通过实例介绍利用Cadence IC 617版图设计工具、Mentor Calibre物理验证工具进行运算放大器、带隙基准源、低压差线性稳压器等基本模拟电路版图设计的方法。其中第8章对Mentor Calibre中LVS验证的常见问题进行了分析讨论。

本书内容详尽丰富，具有较强的理论性和实践性。本书由厦门理工学院微电子学院陈铖颖老师主持编写，中国电子科技集团公司第四十七研究所高级工程师范军和辽宁大学物理学院尹飞飞老师一同参与完成。其中陈铖颖老师完成了第1、2、5、8章的编写，范军老师完成了第3、4章的编写，尹飞飞老师完成了第6、7章的编写。同时感谢厦门理工学院微电子学院左石凯、蔡艺军、黄新栋、林峰、梁璐老师，以及研究生陈思婷、冯平、杨可、宋长坤同学在资料查找、文档整理和审校方面付出的辛勤劳动。正是有了大家的共同努力，才使本书得以顺利完成。

本书受到厦门理工学院教材建设基金资助项目，福建省教育科学“十三五”规划课题（FJJKCG20-011），福建省新工科与改革实践项目，厦门市青年创新基金项目（3502Z20206074）的支持。

由于本书内容涉及器件、电路、版图设计等多个方面，以及受时间和编者水平限制，书中难免存在不足和局限，恳请读者批评指正。

编　者

2021年1月

目　录

第1章 纳米级CMOS器件

1.1 概述

在过去的40年间，随着CMOS工艺特征尺寸的不断缩小，硅基超大规模集成电路（Very Large - Scale Integration，VLSI）也得到了飞速发展。值得注意的是，自从20世纪60年代集成电路工艺诞生以来，CMOS工艺尺寸的缩减一直遵循摩尔定律的基本法则（每18个月，单位面积上的集成电路器件数量增加一倍）。同时，工艺尺寸的变化也没有涉及体硅平面MOSFET，以及近年来发展的部分耗尽绝缘衬底上硅（Partially Depleted Silicon - on - Insulator，PD - SOI）MOSFET结构上的任何重大变化，如图1.1所示。尽管会在一定程度上增加器件掺杂分布等CMOS制造工艺的复杂性，但这类结构仍然可以较为容易地将栅长缩减到30nm左右（$L_g = 30\text{nm}$），并有效控制了短沟道效应（Short - Channel Effects，SCE）。然而自从2010年以来，CMOS器件特征尺寸的缩减速度已经减缓，摩尔定律正受到严峻的挑战。这主要是因为在22nm及以下尺寸工艺中，现有的制造工艺无法可靠地实现纳米级掺杂分布，这也意味着器件成品的良率会受到极大影响。此外，对于纳米级的CMOS器件，硅晶格的掺

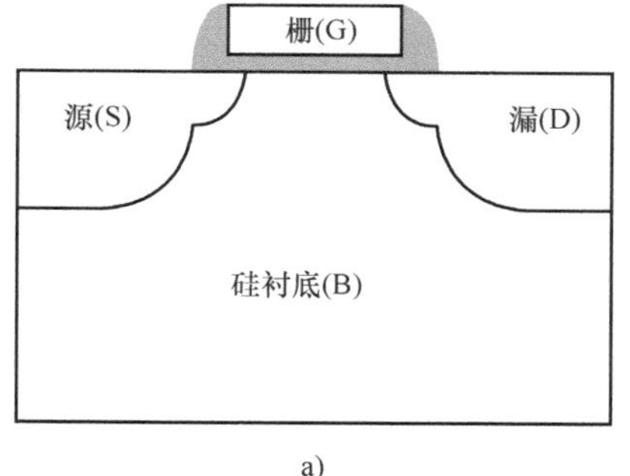

a)

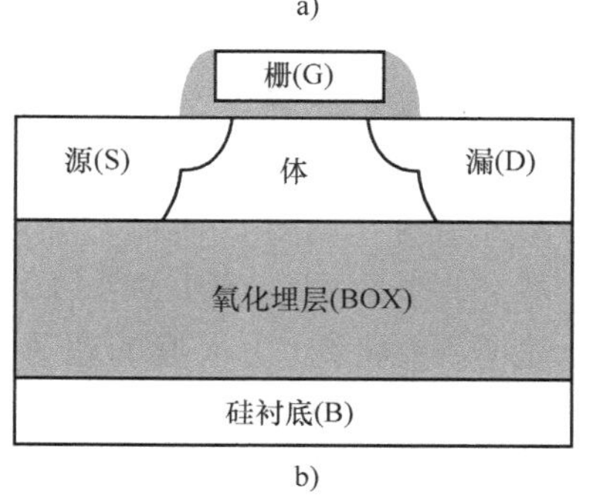

b)

图1.1 传统的MOSFET结构横截面
a）体硅MOSFET b）具有氧化埋层的部分耗尽绝缘衬底上硅MOSFET

杂物中不可避免的随机性会导致器件特性（如阈值电压 V_{th}）的变化。早在2011年，国际半导体制造工艺发展路线图（见图1.2）就预测了CMOS器件特征尺寸的发展趋势，最新的5nm工艺也许将在2021年逐步开始商业化。但在22nm工艺节点上，传统的体硅结构CMOS工艺发展已经接近极限，为了延续摩尔定律，体硅器件结构必须得到重大改进。

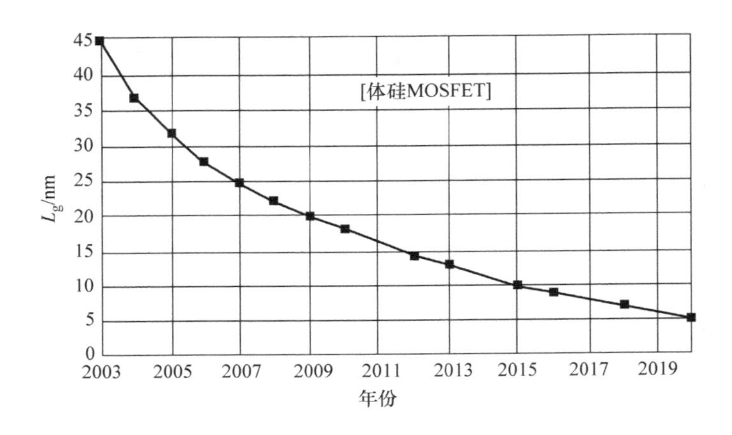

图1.2 国际半导体制造工艺发展路线图（体硅CMOS器件特征尺寸）

对于体硅和PD－SOI CMOS晶体管来说，特征尺寸 L 的极限大约为30nm。我们熟知的应变硅沟道技术和金属/高k栅堆叠技术都无法使经典的CMOS工艺技术延伸至22nm以下的尺寸。因此我们就需要崭新的结构来延续摩尔定律。在这种情况下，平面全耗尽绝缘衬底上硅（Fully Depleted SOI，FD－SOI）MOSFET和三维晶体管（也称为三维FinFET，见图1.3）应运而生。这两种结构都需要超薄、无掺杂的体，这样体端就可以通过电气耦合到栅极。其中FD－SOI MOSFET包含传统结构（见图1.4a）和具有薄的氧化埋层以及衬底重掺杂地平面的两种结构（见图1.4b）。

基本的平面FD－SOI MOSFET如图1.4所示，它是由PD－SOI技术发展而来。除了需要将约10nm厚的超薄体（Ultra－Thin Body，UTB）与源极/漏极合并，FD－SOI MOSFET的工艺流程与传统的体硅MOSFET基本相同。超薄的全耗尽体可以使得栅极（前栅）与衬底（背栅）进行电气耦合。此外，薄的氧化埋层也促进了电气耦合，使得阈值电压 V_{th} 与衬底掺杂浓度、超薄体厚度（t_{Si}）和氧化埋层厚度（t_{BOX}）密切相关。相应产生的短沟道效应和器件缩放比例也由这些厚度所决定。

早期的FD－SOI MOSFET只使用一个栅极工作（虽然衬底可以被认为是第二个栅极），但FinFET通常使用两个甚至三个栅极进行工作。这两种新型器件

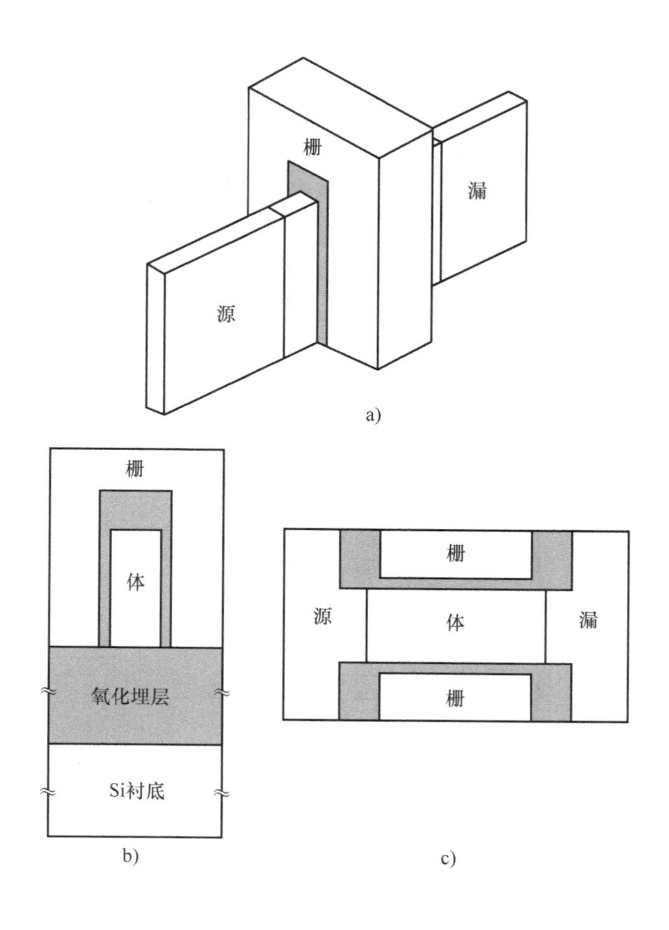

图 1.3 基本的准平面 FinFET 结构

a）三维视图（没有显示衬底） b）二维源 - 漏横截面视图 c）顶视图

都依赖于超薄的体来帮助控制短沟道效应，而体硅 MOSFET 则使用复杂的掺杂分布来控制短沟道效应。如图 1.3 所示，FinFET 利用第三个垂直的空间来完善结构，因此相比于 FD - SOI MOSFET，FinFET 是一种更全面的革新。本质上，FinFET 是一个垂直折叠的平面 MOSFET，它的栅极层叠，呈鳍形包裹在超薄体上，并且器件的宽度由鳍形的高度来定义。除了在标准拓扑结构中生长垂直的鳍形栅，三维 FinFET 的工艺流程与传统 MOSFET 基本相同。这种结构最早于 1991 年提出，但直到 2000 年前后才得到快速发展。大多数 FinFET 都是双栅结构，两个有源栅极位于两侧。如果是三栅结构，则第三个栅极可以位于鳍形栅的顶部。与 FD - SOI MOSFET 相同，超薄体电气耦合到侧壁的栅极上，并且厚度 t_{Si} 决定了短沟道效应和器件缩放率。

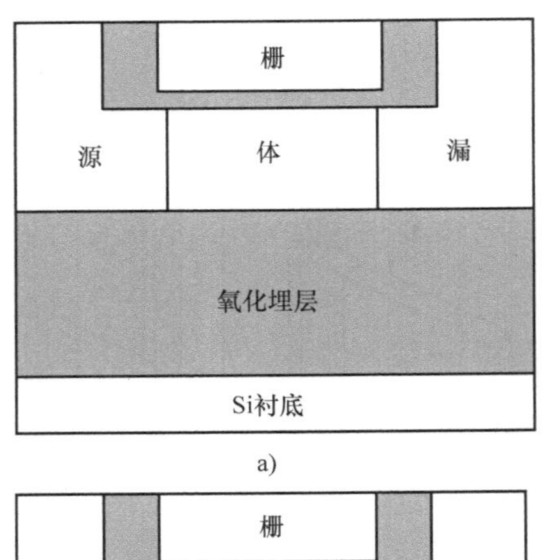

a)

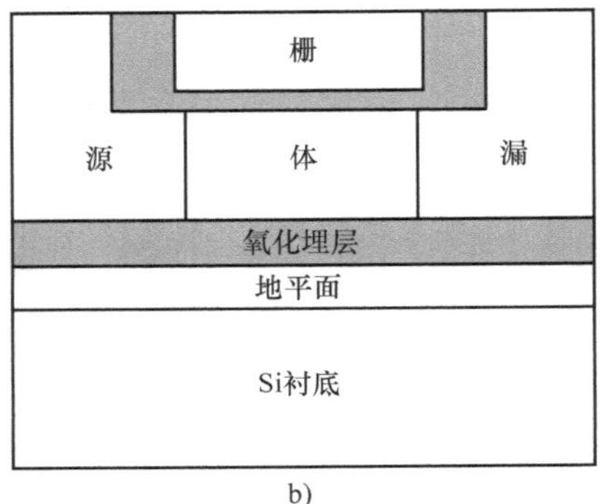

b)

图 1.4　基本的平面 FD－SOI MOSFET 的横截面图
a）传统的具有厚氧化埋层的器件　b）具有薄氧化埋层和重掺杂地平面的纳米级器件（地平面可以作为背栅使用）

1.2　平面全耗尽绝缘衬底上硅（FD－SOI）MOSFET

虽然 PD－SOI 和 FD－SOI 技术早在 20 世纪 80 年代就已经开始发展，但直到 SOI 技术成熟，才使得高品质 SOI 晶圆中氧化埋层厚度缩减到 10nm 成为可能。早期的 FD－SOI 具有厚的氧化埋层，且导通电流 I_{on}较大（这是由于厚氧化埋层上薄的 FD－SOI 体引起的栅衬底电荷耦合所产生的），如图 1.5a 所示。然而，在工艺特征尺寸 L_g进入纳米级阶段的早期，由于迁移率饱和、氧化埋层二维效应、电场边缘效应（见图 1.5b），以及 t_{Si}缩减的技术瓶颈，SOI 技术并没有快速的发展，所以 CMOS 工艺仍然是工艺的主流技术。随着 SOI 晶圆技术的发展，许多工程师认为，与 FinFET 相比，具有薄氧化埋层的 FD－SOI MOSFET 的工艺相对简单、短沟道效应容易得到控制、电源电压较低，且阈值电压和功耗也可以通过背栅进行调节。在这一小节中，我们首先回顾一下与厚氧化埋层和薄氧化埋层有关的器件特性，之后对厚氧化埋层 FD－SOI MOSFET 缩放规律进行分析，并描述源于薄氧化埋层和背栅（衬底）设计和偏置的独特性能及可扩展性。

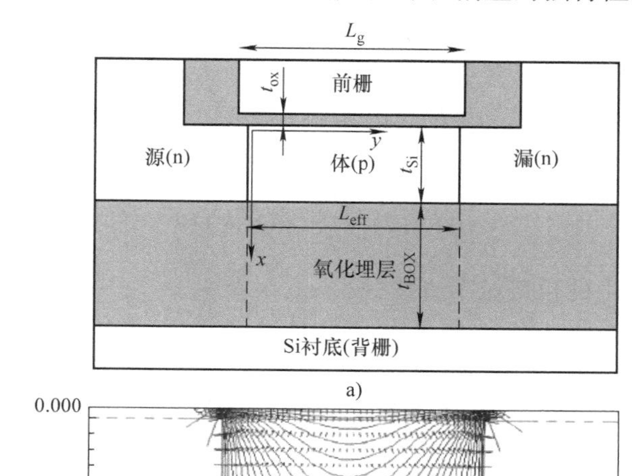

a)

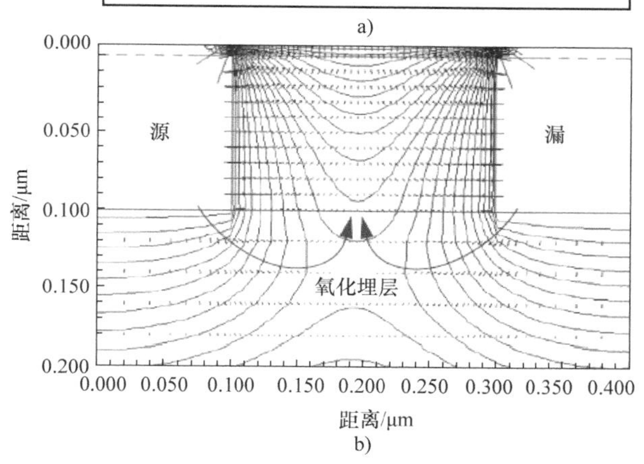

b)

图 1.5 a）具有厚氧化埋层的单栅 FD - SOI nMOSFET 结构
b）电场边缘效应的等值线和电场矢量的数值模拟（厚氧化埋层 FD - SOI nMOSFET，
$L_{eff}=0.2\mu m$；$t_{Si}=100nm$；$t_{BOX}=350nm$）

1.2.1 采用薄氧化埋层的原因 ★★★

对于 FD - SOI MOSFET，薄的氧化埋层存在一些不利的影响，但之前讨论过的多种优势仍然使其成为纳米级 CMOS 器件的重要组成。比如，具有地平面的薄氧化埋层增强了对短沟道效应的控制，并使得阈值电压可控，但也使得工艺材料和过程复杂化，同时也在一定程度上影响了电荷耦合效应，降低了 CMOS 器件的工作频率。

1. 厚氧化埋层的电场散射

厚氧化层中（对于传统 SOI MOSFET，t_{BOX}大约为 100 ~ 200nm）的电场散射（见图 1.5b）是阻碍 FD - SOI 向 100nm 以下尺寸发展的主要瓶颈。由于存在厚的氧化埋层（同时存在地衬底），在纳米级 FD - SOI MOSFET 中，一维横向电场完全淹没在漏极/源极产生或散射的二维电场中。从物理角度看，这个电场源自源/漏极耗尽电荷，并终止于SOI的体/沟道中。该电场不但会增强SOI体中二维效应引起的短沟道效应，还会增加亚阈值电流。

为了模拟氧化埋层电场散射，并了解其影响，我们结合超薄体中的二维泊松方程［式（1-1）］对FD－SOI MOSFET进行亚阈值分析。

$$\frac{\partial^2}{\partial x^2}\phi(x,y)+\frac{\partial^2}{\partial y^2}\phi(x,y)\approx\frac{qN_B}{\varepsilon_{Si}} \tag{1-1}$$

而氧化埋层中的拉普拉斯方程为

$$\frac{\partial^2}{\partial x^2}\phi(x,y)+\frac{\partial^2}{\partial y^2}\phi(x,y)=0 \tag{1-2}$$

我们求解式（1-2），假设两个偏微分不是强关联的，并从解中定义一个有效背栅偏置电压$V_{GbS(eff)}$来近似式（1-1）中的背栅边界条件，就可以定量分析电场耦合效应，也就可以得到：

$$V_{GbS(eff)}=V_{GbS}+\frac{t_{BOX}^2}{L_{eff}^2}(\kappa V_{DS}+\gamma E_{y0}L_{eff}) \tag{1-3}$$

将式（1-2）中的解用于式（1-4），从而得到式（1-4）中$\phi(x,y)$的解：

$$\left.\frac{\partial\phi}{\partial x}\right|_{x=t_{Si}}=-Esb(y)\approx\frac{\varepsilon_{ox}}{\varepsilon_{Si}}\frac{V_{GbS(eff)}-V_{FBb}-\phi_{sb}(y)}{t_{BOX}} \tag{1-4}$$

该解定义了弱反型区中的电流。在式（1-3）中，E_{y0}为超薄体－氧化埋层界面处（$x=t_{Si}$），靠近源极一侧（$y=0$）的横向电场，它取决于式（1-1）的解。此外，对于式（1-2）的解，κ和γ用于定义与x无关的有效横向边界条件（在$y=0$和$y=L_{eff}$处）的小于单位1的加权因子，它们只和t_{BOX}有关。数值模拟表明，当$t_{BOX}=100$nm时，$\kappa\approx0.9$，$\gamma\approx0.7$，而且它们随着t_{BOX}的增加而降低。

我们注意到$V_{GbS(eff)}>V_{GbS}$，这意味着在超薄体中存在反型的趋势。且对于长沟道L_{eff}和薄的t_{BOX}，$V_{GbS(eff)}$趋近于V_{GbS}。同时，当t_{Si}变薄时，E_{y0}和电场散射开始降低。由于氧化埋层的电场散射，式（1-3）中的E_{y0}和V_{DS}都会增强短沟道效应，除了减薄t_{BOX}和t_{Si}。需要注意的是，通过降低$V_{GbS(eff)}$和阈值电压的耦合和增加沟道的前栅控制，减薄t_{BOX}则会直接降低氧化埋层电场散射对短沟道效应的影响。

2. 减薄氧化埋层厚度的益处

基于之前对模型的讨论，我们知道减薄氧化埋层是抑制氧化埋层电场散射最直接的方法。然而，这种方法需要大幅度减薄t_{BOX}。对于纳米级L_g，二维数值器件的模拟结果显示，要有效降低短沟道效应影响，必须使得t_{BOX}小于25nm。

对于具有地衬底和薄氧化埋层的FD－SOI MOSFET，二维数值器件模拟结果表明我们需要将L_{eff}/t_{Si}的比值控制在3.5～4，才能将短沟道效应控制在有效范围之内。而传统的厚氧化埋层 FD－SOI MOSFET 则需要 $L_{eff}/t_{Si} \cong 5$。所以，由于 $t_{Si}=5nm$ 和突变源/漏结的下限限制，薄氧化埋层 FD－SOI MOSFET 的特征尺寸可以缩小至 $L_g=18nm$，这个尺寸突破了传统厚氧化埋层设计所认为的 $L_g=25nm$ 的下限。虽然减薄氧化埋层可以抑制氧化埋层的电场散射，但这种抑制作用不是提高薄氧化埋层 FD－SOI MOSFET 对短沟道效应的主要因素。数值器件模拟结果表明在亚阈值情况下，由薄氧化埋层和地衬底定义的非对称性，使得器件的体中具有较大的空间常数 E_{xc}。而且，当 L_g 按比例缩小时，与厚氧化埋层器件中可忽略的横向场（见图 1.6）相反，该电场通过将主要电流或者最大的泄漏源/漏通路限制在（前）栅表面，有助于抑制超薄体中的二维效应。此外，超薄体中大的 E_{xc} 直接意味着氧化埋层中存在较高的横向电场，这也有助于抑制氧化埋层的散射效应。换句话说，在薄氧化埋层 MOSFET 中，超薄体中较小的横向电场二维效应，以及减小的氧化埋层散射效应实现了对短沟道效应更优的控制。需要注意的是，较大的 E_{xc} 值可以通过对厚氧化埋层加载大的衬底偏置电压来实现，也就意味着可以实现更优的短沟道效应控制。

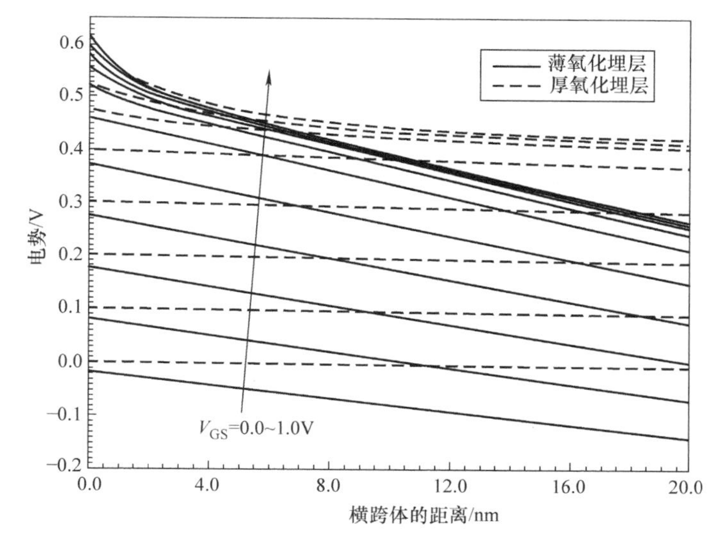

图 1.6 薄氧化埋层和厚氧化埋层 FD－SOI nMOSFET 的电势变化（电势斜率为 E_{xc}）

3. 薄氧化埋层的设计挑战

减薄氧化埋层厚度会增加电荷耦合系数，从而增加有效体电容 $C_{b(eff)}$。$C_{b(eff)}$ 定义了低电压 V_{GS} 时的本征栅电容。反过来，降低 t_{BOX} 会增加长沟道系数 $[S=(kT/q)\lg(1+r)]$，降低 I_{on}。由较大 E_{xc} 引起的载流子迁移率下降，也会进一步降低 I_{on}。同时，相比于厚氧化埋层结构，由于存在更大的 $C_{b(eff)}$ 和更小的 I_{on}，薄氧化埋层会产生更大的传播延时。实际上，在厚氧化埋层结构中，因为

$C_{b(eff)} \cong 0$。同时，薄氧化埋层结构的传播延时也要大于双栅 FinFET 结构。这是因为双栅 FinFET 中，低 V_{GS}时的栅电容可以忽略，这使其具有较大的速度优势。事实上，随着氧化埋层厚度逐渐减薄到 t_{ox}，所有有益的电荷耦合效应都会受到影响。事实上，薄氧化埋层会产生更大的寄生源/漏 - 衬底电容 $C_{S/D}$，进一步降低器件的工作速度。有仿真表明，由于较大 $C_{S/D}$的影响，薄氧化埋层 FD - SOI 环振的延迟时间比厚氧化埋层大 20% 以上。

此外，具有薄氧化埋层的衬底性能也会影响 FD - SOI 器件的特性。对于典型的低掺杂 SOI 衬底，衬底耗尽倾向于加剧薄氧化埋层的电场散射。虽然采用地平面的重掺杂衬底可以缓解这种影响，但我们需要选择性地掺杂 NMOS 和 PMOS 器件的衬底，这会使得工艺复杂化，从而进一步增大 $C_{S/D}$，降低工作速度。最后，因为传统 SOI 结构的衬底都需要接地电位，所以对于 pMOSFET 的共模衬底 - 源偏置 $V_{GbS} = -V_{DD}$。在薄氧化埋层结构中，这种连接会增加泄漏电流。

1.2.2 超薄体中的二维效应 ★★★

为了更好地理解纳米级 FD - SOI MOSFET 的缩放和设计理论，我们回顾了准二维器件解析分析、二维数值器件模拟以及纳米级单栅 FD - SOI MOSFET 的器件仿真。厚氧化埋层结构的仿真结果表明了为什么通过沟道掺杂的 V_{th}控制不是超大规模 FD - SOI CMOS 的可行选择，以及因此为什么必须采用非掺杂沟道和具有调谐功函数的金属栅。如果没有采用薄氧化埋层，对于短沟道效应定量和定性分析表明需要有 $t_{Si} < 100$nm，$L_{eff} < 50$nm。然而，超薄 t_{Si}的载流子量化效应增加了隐含的制造负担，使得 t_{Si}的实际极限约为 5nm。在具有超薄体的超大规模 FD - SOI 器件中，源/漏串联电阻是一个严重的问题，但是诸如无注入、分面凸起的源/漏区域优化已经证明可以在一定程度上缓解这个问题。模拟结果还表明，t_{Si}的适度变化在一定范围内是可以接受的，但是能量量化会显著地影响工艺缩放技术的性能，因此在最优 FD - SOI MOSFET 设计中必须适当地加以考虑。

我们知道，减薄 t_{Si}可以有效抑制短沟道效应。但一些文献的仿真结果表明，当 t_{Si}极薄时，通过减薄 t_{BOX}来控制氧化埋层散射效应的功能就会减弱。因此，对于具有超薄体的 FD - SOI MOSFET，超薄体中的二维效应是主要矛盾，这种情况在厚氧化埋层器件中也同样存在。

1. 反亚阈值斜率（S）

为了简化说明超薄体中的电势（ϕ）是如何响应所施加的栅极偏压，我们将叠加原理应用于二维泊松方程。当 $V_{DS} = 0$V 时，电势表示为 $\phi_0(x,y) = \phi_1(x) + \Delta\phi_1(x,y)$，如图 1.7 所示。通道中的位置 $y = y_s$表示纵向电场 E_{y1}远小于 $E_{y1}(y=0)$，且电势接近最小值的坐标。V_{DS}的增加使得二维电势受到更多的扰动影响［$\phi_0(x,y) = \phi_1(x) + \Delta\phi_1(x,y)$］，这会导致最小电势进一步增加，从而定义了漏致势垒降低效应。其中，$\phi_1(x)$为一维解，$\Delta\phi_1(x,y)$表示由于二维效应产生的电势增量，在弱反型区满足：

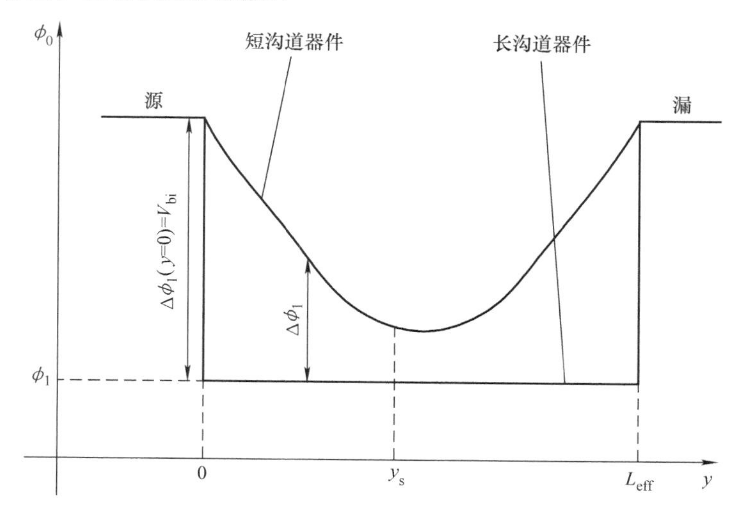

图 1.7　当 $V_{DS}=0V$，电势表示为 $\phi_0(x,y)=\phi_1(x)+\Delta\phi_1(x,y)$时，长沟道和短沟道 MOSFET 超薄体中，深度（x）处的静电势

$$\frac{\partial^2}{\partial x^2}\Delta\phi_1+\frac{\partial^2}{\partial y^2}\Delta\phi_1=0 \tag{1-5}$$

通过近似，我们可以得到式（1-5）的解：

$$\frac{\partial^2}{\partial x^2}\Delta\phi_1=\frac{\partial^2}{\partial y^2}\Delta\phi_1\cong-\eta_1 \tag{1-6}$$

其中，η_1 为空间常数。沿着沟道，满足 $\Delta E_{y1}(y_s)\ll\Delta E_{y1}(0)$，从源($y=0$)开始到 $y=y_s$ 对式（2-6）进行积分（其中 ΔE 为二维效应产生的电场变化），得到：

$$\eta_1=\frac{\Delta E_{y1}(0)-\Delta E_{y1}(y_s)}{y_s}\cong\frac{\Delta E_{y1}(0)}{y_s} \tag{1-7}$$

此时，沿横跨薄膜，即 x 方向对式（1-6）的一次积分，可以得到前向和后向表面横向电场之间的关系。而两次积分则耦合了前表面（sf）和后表面（sb）电势之间扰动的影响。最后，我们对前表面和后表面应用高斯定理，忽略反型电荷，可以得到：

$$\Delta\phi_{1(sf)}=\left[\frac{2C_b+C_{oxb}}{C_b(C_{oxf}+C_{oxb})+C_{oxb}C_{oxf}}\right]\frac{\varepsilon_{Si}t_{Si}\eta_1}{2} \tag{1-8}$$

$$\Delta\phi_{1(sb)}=\left(\frac{C_b}{C_{oxb}+C_b}\right)\Delta\phi_{1(sf)}+\left(\frac{C_b}{C_{oxb}+C_b}\right)\frac{\varepsilon_{Si}t_{Si}\eta_1}{2} \tag{1-9}$$

从式（1-9）中可以看出，$\Delta\phi_{1(sb)} > \Delta\phi_{1(sf)}$，但是任一扰动的重要程度取决于各自表面上的总电势。

反亚阈值斜率基本的数学表达式可以表示为

$$S = \frac{\frac{kT}{q}\ln(10)}{\frac{d\phi_{0(max)}}{dV_{GS}}} = \frac{\frac{kT}{q}\ln(10)}{\frac{d}{dV_{GS}}(\phi_{1(max)} + \Delta\phi_{1(max)})} \cong \frac{m\frac{kT}{q}\ln(10)}{1 + m\frac{\delta(\Delta\phi_{1(max)})}{\delta V_{GS}}} \tag{1-10}$$

$\phi_{0(max)}$表示源－漏通路的表面电势。在式（1-10）中，$m = dV_{GS}/d\phi_{1(max)} = 1 + (C_bC_{oxb})/[C_{oxf}(C_b + C_{oxb})]$，对于具有厚氧化埋层的 FD－SOI CMOS 器件，$C_{oxb} \ll C_{oxf}$，$m \approx 1$，而由前表面或者后表面定义的$\phi_{1(max)}$则可以表示为

$$\Delta\phi_{1(max)} \cong \frac{\varepsilon_{Si}t_{Si}\eta_1}{C_{oxf}}[1 + \Theta(\phi_{0(sb)} - \phi_{0(sf)})\frac{C_{oxf}}{2C_b}] \tag{1-11}$$

其中，$\Theta(f)$是海维赛德阶跃函数（如果f为负数，则$\Theta(f)$为0；如果f为0或正数，则$\Theta(f)$为1），它定义了具有最高电势的表面通路。海维赛德阶跃函数表明，如果$\phi_{0(sb)} > \phi_{0(sf)}$，那么反亚阈值斜率由$\Delta\phi_{1(sb)}$决定，反之则由$\Delta\phi_{1(sf)}$决定。显然，这种转变在精确表征中是渐进的。而$\Theta(\Delta\phi_{0(sb)} - \phi_{0(sf)})$由超薄体掺杂密度$N_B$决定，包括最优值$N_B = 0$的情况。

采用式（1-11）可以近似得到反亚阈值斜率为

$$\frac{\delta(\Delta\phi_{1(max)})}{\delta V_{GS}} = K\frac{\delta(\eta_1)}{\delta V_{GS}} \cong \frac{K}{(L_{eff}/2)^2}\frac{\delta(\Delta\phi_{0s})}{\delta V_{GS}} \approx \frac{K}{(L_{eff}/2)^2}(-1.4) \tag{1-12}$$

其中，K表示式（1-11）中除了η_1以外的其他项，式（1-12）还假设$y_s \cong L_{eff}/2$，$\Delta E_{y1}(0) \cong \Delta\phi_{0s}/y_s$（$\Delta\phi_{0s}$为源电势和$y_c$电势的差值），$\delta(\Delta\phi_{0s})/\delta V_{GS} \cong -1.4$。式（1-12）中的负号表示随着$V_{GS}$的增加，二维效应减弱。最终，将式（1-12）代入1.10，同时$\varepsilon_{Si}/\varepsilon_{ox} \approx 3$，得到：

$$S \approx \frac{\frac{kT}{q}\ln(10)}{1 - (\frac{17t_{Si}t_{ox}}{L_{eff}^2})[1 + \Theta(\phi_{0(sb)} - \phi_{0(sf)})\frac{t_{Si}}{6t_{ox}}]} \tag{1-13}$$

需要注意的是，式（1-13）成立的前提是假设式（1-11）符合厚氧化埋层的条件。在薄氧化埋层，二维效应对于反亚阈值斜率的影响有所下降，但由于电荷耦合因子r的降低，反亚阈值斜率的值也有可能更高。

2. 漏致势垒降低（Drain－Induced Barrier Lowering，DIBL）

为了简单表示漏致势垒降低特性，我们将电势重写为$\phi(x,y) = \phi_0(x,y) + \Delta\phi_0(x,y)$，其中，$\phi_0(x,y)$为$V_{DS} = 0V$时的电势值，$\Delta\phi_0(x,y)$为漏极偏置产生的电势增量，在弱反型时满足：

$$\frac{\partial^2}{\partial x^2}\Delta\phi_0 + \frac{\partial^2}{\partial y^2}\Delta\phi_0 = 0 \tag{1-14}$$

与式（1-6）类似，将两个偏导数分离，得到：

$$\frac{\partial^2}{\partial x^2}\Delta\phi_0 = -\frac{\partial^2}{\partial y^2}\Delta\phi_0 \cong -\eta_0 \tag{1-15}$$

其中，η_0 为另一个空间常数。如果源极扰动的纵向场 ΔE_{y0} 远小于平均横向场 V_{DS}/L_{eff}，沿着沟道进行积分，将边界条件 $\Delta\phi_0(y=0)=0$ 和 $\Delta\phi_0(y=L_{eff})=0$ 代入，可以得到 $\eta_0=(2/L_{eff}^2)(V_{DS}+\Delta E_{y0}(0)L_{eff})\cong(2/L_{eff}^2)V_{DS}$。这里 L_{eff}表示有效电子沟道长度，决定了超薄体沟道中的二维效应。

与式（1-8）和式（1-9）类似，忽略反型电荷，从式（1-15）中得到：

$$\Delta\phi_{0(sb)} = \left(\frac{C_b}{C_{oxb}+C_b}\right)\Delta\phi_{0(sf)} + \left(\frac{1}{C_{oxb}+C_b}\right)\frac{\varepsilon_{Si}t_{Si}\eta_1}{2} \tag{1-16}$$

$$\Delta\phi_{0(sf)} = \left[\frac{2C_b+C_{oxb}}{C_b(C_{oxf}+C_{oxb})+C_{oxb}C_{oxf}}\right]\frac{\varepsilon_{Si}t_{Si}\eta_1}{2} \tag{1-17}$$

其中，$\Delta\phi_{0(sf)}$ 和 $\Delta\phi_{0(sb)}$ 为最小表面势的扰动值。对于 FD - SOI 器件，式（1-16）表明 $\Delta\phi_{0(sb)} > \Delta\phi_{0(sf)}$，这意味着后表面远离栅极，受到栅极的控制较小。所以，后表面控制了漏致势垒降低特性。在任何情况下，对于具有厚氧化埋层的 FD - SOI MOSFET，且 $\varepsilon_{Si}/\varepsilon_{ox}\cong3$，从式（1-16）和式（1-17）中得到：

$$\Delta\phi_{0(sb)} \cong \left[\frac{t_{Si}(t_{Si}+6t_{oxf})}{L_{eff}^2}\right]V_{DS} = \Delta\phi_{0(sf)}\left(1+\frac{t_{Si}}{6t_{oxf}}\right) \tag{1-18}$$

利用反亚阈值斜率模型（S），由于 V_{DS}增加或者漏致势垒降低导致的阈值电压降低，可以表示为

$$\Delta V_{th} \cong \frac{S}{(kT/q)\ln(10)}\left(\frac{6t_{Si}t_{ox}}{L_{eff}^2}\right)\left[1+\Theta(\phi_{0(sb)}-\phi_{0(sf)})\left(\frac{t_{Si}}{6t_{ox}}\right)\right]V_{DS} \tag{1-19}$$

其中，$\Theta(r)$为海维赛德阶跃函数，这近似解释了漏致势垒降低效应与 $\phi_{0(sb)}$ 或 $\phi_{0(sf)}$ 的关系。式（1-19）也是基于式（1-18）符合厚氧化埋层的条件，对于薄氧化埋层，ΔV_{th}要小一些。

1.3 FinFET

除了平面 FD - SOI MOSFET，准平面（以及全耗尽）FinFET 也是未来纳米级 CMOS 器件的主要发展方向。相比于 FD - SOI MOSFET 早在 20 世纪 80 年代就开始发展，FinFET 结构直到 1991 年才被提出，并且又经过了十年时间，由于其独特的非平面结构，才逐渐得到了学术界和工业界的关注。随着英特尔公司在 2012 年宣布从 22nm 节点开始，FinFET 将成为他们发展的基本 CMOS 器件，Fin-

FET 才得以进入高速发展阶段。FinFET 采用两个或者三个有效栅极的结构，而且体的厚度要大于 FD－SOI（大约是 2 倍），因而能够更有效地控制短沟道效应。独特的准平面结构也使其可以在特殊的工艺过程中进行折中设计。

1.3.1　三栅以及双栅 FinFET ★★★

典型的 FinFET 结构如图 1.8 所示，对于双栅结构，两个有源栅极位于鳍形超薄体硅的两侧。如果是三栅结构则可以通过减薄体顶部的绝缘体来构建顶部栅极。相反地，双栅结构可以在鳍形硅的顶层栅极上加入厚的绝缘层来实现。在这类结构中，工程师必须考虑器件的静电、寄生电容、源－漏串联电阻，以及相关器件的处理和集成，才能完成最佳的设计折中。

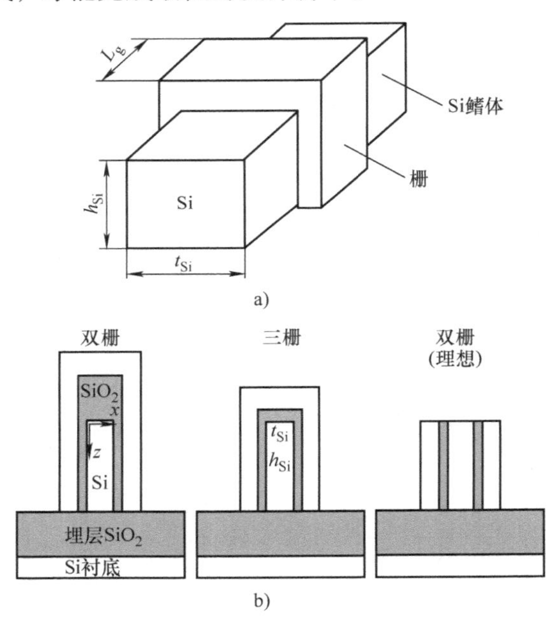

图 1.8　FinFET 结构图

a）典型的准平面 FinFET　b）实际的双栅、三栅，以及理想的双栅结构

1.3.1.1　鳍形超薄体掺杂效应

与 FD－SOI 相同，纳米级 FinFET 也采用无掺杂的鳍形超薄体。采用该方式的另一个原因涉及双栅和三栅的结构选择。从物理角度看，具有掺杂超薄体的三栅 FinFET 可以在一定程度上显示出工艺角效应存在的问题。参考图 1.8b，三栅 FinFET 超薄体的尺寸为 $h_{Si}=t_{Si}=L_{eff}$。对于 $L_{eff}=28nm$ 的器件，栅氧化层厚度（t_{ox}）为 1.1nm。而 SOI 氧化埋层的厚度（t_{BOX}）为 200nm。在三维仿真中，FinFET 需要进行简化，这时假设突变源－漏结具有 10nm 的栅交叠，这意味着本征

器件以外的散射场效应可以忽略。此外，假定体截面为矩形，并且通过适当定义器件域网格来验证此三维建模。

具有掺杂以及无掺杂超薄体，且 $L_{eff}=28nm$ 的三栅 FinFET 的 $I_{DS}-V_{GS}$ 特性如图 1.9 所示。对于掺杂器件 $N_B=8.0\times10^{18}cm^{-3}$，栅极材料为 n^+ 多晶硅。该器件具有良好的亚阈值特性，短沟道效应也得到了良好控制。漏致势垒降低至 35mV/V。然而，掺杂三栅 FinFET 良好的短沟道效应控制源于在鳍体边缘区域流动的亚阈值电流，该亚阈值电流可以看作是具有非常小半径的纳米管，或有效体厚度 $t_{Si(eff)}\ll t_{Si}$。因为受到高掺杂控制的二维电场效应，这些区域具有比远离鳍体边缘区域更低的阈值电压。

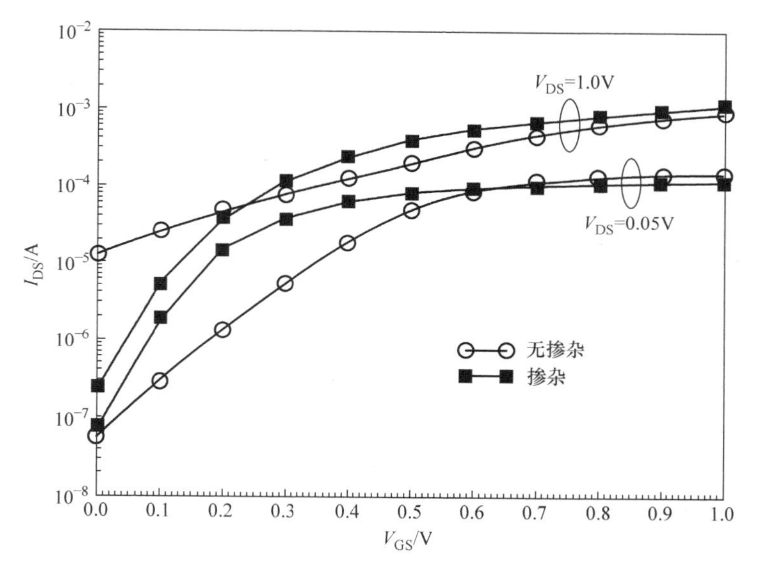

图 1.9　具有掺杂以及无掺杂超薄体，且 $L_{eff}=28nm$ 的三栅 FinFET 的 $I_{DS}-V_{GS}$ 特性

另外对具有不同体尺寸器件的三维数值模拟，可以进一步分析掺杂体的三栅 FinFET。如图 1.10 所示，亚阈值区的 $I_{DS}-V_{GS}$ 特性实际上与体的尺寸无关，这也证明了亚阈值区特性主要由具有更低阈值电压的边角区域所决定。然而，强反型区电流随着器件有效栅宽尺寸而变化，说明相比于边角区域，三个表面沟道具有更高的电导。与无掺杂器件不同，掺杂 FinFET 的有效宽度（W_{eff}）近似等于 $2h_{Si}+t_{Si}$。

我们对于掺杂体三栅 FinFET 的分析，可以了解它是相对优化的器件结构。在弱反型区中，占主要矛盾的边角电导能够确保对短沟道效应的良好控制，同时还能保证相对低的泄漏电流 I_{off}，而在强反型区中，三个表面沟道又保证了良好的导通电流 I_{on}。然而，在实际的三栅 FinFET 中，$t_{Si(eff)}$ 和边角电导依赖于角的

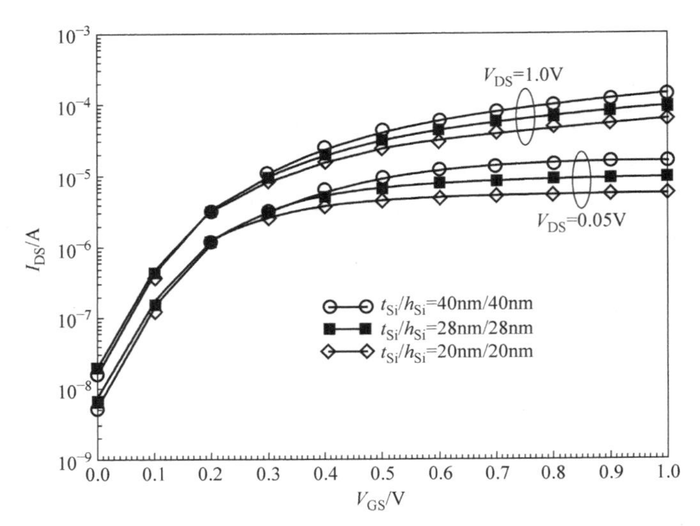

图 1.10　不同鳍形体尺寸时，掺杂 n 沟道三栅 FinFET 的电流—电压特性

（$N_B = 8.0 \times 10^{18}\text{cm}^{-3}$，$t_{ox} = 1.1\text{nm}$，$t_{BOX} = 200\text{nm}$，$L_{eff} = 28\text{nm}$）

有限曲率半径，与超薄体掺杂浓度一样难以控制。因此，与掺杂的 FD - SOI MOSFET 和经典（掺杂）MOSFET 一样，掺杂的三栅 FinFET 在纳米级工艺中，从技术上而言是不可行的。

无掺杂三栅 FinFET 具有禁带中央的栅极，边角电导得到抑制，这是因为之前讨论的二维电场并不存在。然而，由于鳍形 - 超薄体的尺寸较大（$h_{Si} = t_{Si} = L_{eff}$），所以短沟道效应十分严重。如果要控制短沟道效应，就必须减小 t_{Si}，这在无掺杂三栅 FinFET 中是可以实现的。

1.3.1.2　体反型效应

对于无掺杂三栅 FinFET，在弱反型和强反型情况下，体反型都是十分重要的机制，它会对导通电流 I_{on}、有效栅宽产生一定的影响，我们这里进行详细讨论。

1. 对导通电流 I_{on} 的影响

我们首先基于三维仿真结果来比较无掺杂三栅和双栅 n 沟道 FinFET。突变源/漏结或有效沟道长度（$L_{eff} = L_g$）为 25nm，栅氧化层厚度（t_{ox} = EOT）为 1.2nm，而厚氧化埋层厚度为 200nm。对于双栅 FinFET，顶层栅氧化层厚度为 50nm，这可以使得顶层栅电极失效，它同时也是三栅 FinFET 的 t_{ox}。鳍形硅的超薄体没有掺杂，且 $t_{Si} = 13\text{nm}$。禁带中央金属栅用于阈值电压的控制。

当 $h_{Si} = 39\text{nm}$ 时（鳍形翅片的长宽比 $a_f = h_{Si}/t_{Si} = 3$），双栅和三栅 FinFET 的电流—电压特性如图 1.11 所示。当 $V_{GS} = V_{DS} = 1\text{V}$ 时，相比于双栅 FinFET，三栅 FinFET 的 I_{on} 仅有 5.4% 的增加。这个增加比例远小于表面反型所达到的预

期值——$\Delta I_{on(TG)}/\Delta I_{on(DG)}=t_{Si}/2h_{Si}=1/(2a_f)=16.7\%$（三栅和双栅 FinFET 的有效宽度分别为 $W_{eff(TG)}=2h_{Si}+t_{Si}$，$W_{eff(DG)}=2h_{Si}$）。图 1.11 还比较了两类器件的亚阈值特性。三栅 FinFET 的阈值电压仅比双栅 FinFET 高 10mV。亚阈值特性之间的微小差异并不能解释 $\Delta I_{on(TG)}$ 与 $\Delta I_{on(DG)}$ 的差别。对于不同的 a_f 值，$\Delta I_{on(TG)}$ 与 $\Delta I_{on(DG)}$ 的差异如图 1.12 所示。值得注意的是，当 $a_f \cong 1$，由于顶层栅导致的 I_{on} 增加只有 14%，远小于预期的 54.2%。也就是说，在极端情况下，双栅 FinFET 的 I_{on} 大约是三栅 FinFET 的 I_{on} 的 90%。这些结果表明，基于表面反型定义的有效宽度 W_{eff}，在双栅 FinFET 和三栅 FinFET 中，并不能有效表示 I_{on} 和 C_G 的状态。

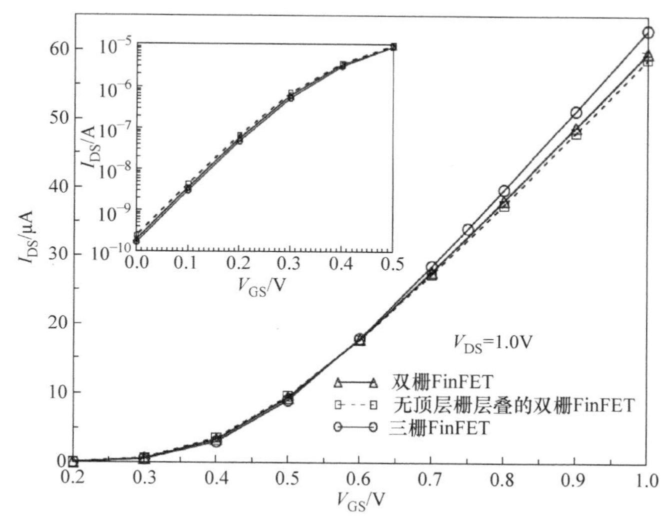

图 1.11　无掺杂双栅和三栅 FinFET 的电流—电压特性

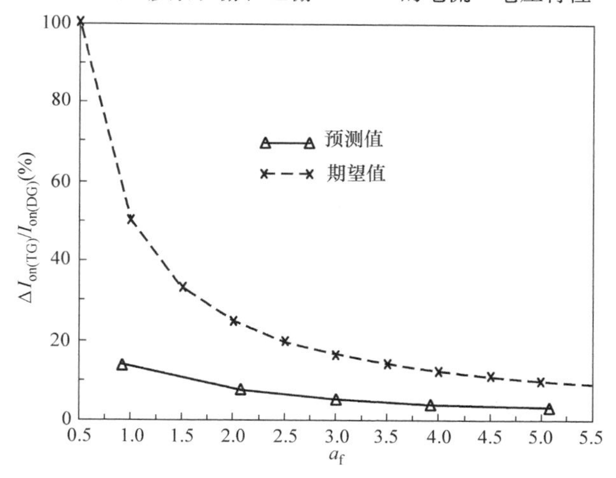

图 1.12　三栅 FinFET 和双栅 FinFET 电流增益比例与鳍形翅片的长宽比 a_f 的关系

对于这种结果一种合理的解释是，在双栅 FinFET 中两侧栅的电场散射会在顶层鳍形表面产生大量反型电荷。事实上，有文献提出可以利用这种电场散射来实现底部栅极的延展。然而，图 1.11 中，有顶层栅层叠和无顶层栅层叠双栅 FinFET 中 I_{on}的对比表明，当 $a_f=3$ 时，两者只有 1.5% 的差别。这意味着散射电场效应较小，可以忽略，这也就无法解释三栅 FinFET 中 I_{on}增加较小的原因。

但是基于图 1.8b 中的三种器件结构，我们可以利用电子密度（n）来进行解释。以图 1.8 中的结构建立坐标系，横向分别为 x 轴和 y 轴，纵向为 z 轴。如图 1.13 所示，取沟道中部（$y=L_{eff}/2$），$V_{GS}=V_{DS}=1V$，在没有顶层栅层叠的双栅 FinFET 中，体反型产生的反型电荷实际上远离侧壁。电场散射的整体影响如图 1.14 所示，其中展示了鳍形中部下侧的电子密度。两个双栅 FinFET 结构中的整体反转电荷反映了电场散射对 I_{on}变化 1.5% 的影响。

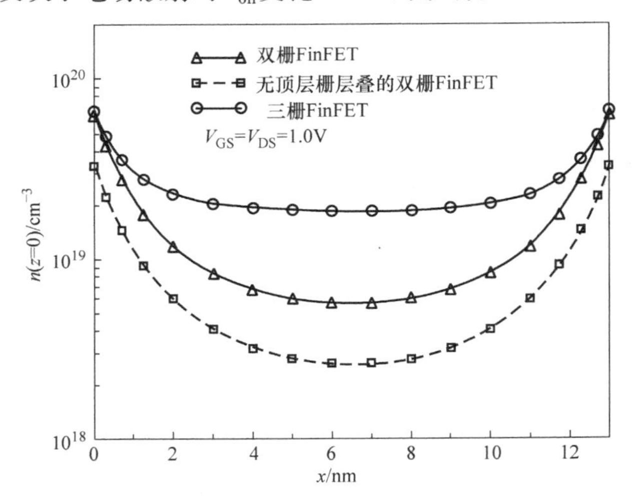

图 1.13　双栅和三栅 FinFET 中，沿着顶层鳍表面，沟道中部（$y=L_{eff}/2$）下的电子密度

图 1.12 中，三栅 FinFET 和双栅 FinFET 相比，实际结果小于预期 I_{on}，这主要是由于导通情况下的强反型造成的。在三种结构中，远离表面的衬底都具有高掺杂（$n>2\times10^{18}cm^{-3}$）。双栅 FinFET 中的体反型电荷对 I_{on}有很大贡献，这可能部分归因于鳍形衬底电子迁移率（μ_b）可以高于表面电子迁移率（μ_s），因此增加顶栅并不是十分有益。为了给出更定量的解释，我们可以用反型电荷密度的表面分量（Q_{is}）和衬底分量（Q_{ib}）来表示双栅 FinFET 的导通电流：

$$I_{on(DG)}\cong W_{eff}Q_{is}v_s+h_{Si}Q_{ib}v_b \tag{1-20}$$

这里假设表面电荷项中 $W_{eff}=2h_{Si}$，衬底电荷项中 $W_{eff}=h_{Si}$，v_s和 v_b分别表示鳍形表面和鳍形衬底中的平均载流子迁移率。需要注意的是迁移率不仅和 μ_s、μ_b有关，还与 V_{DS}相关。其中，V_{DS}控制电场 $E_y(x)$，并且决定了沟道中的速度饱

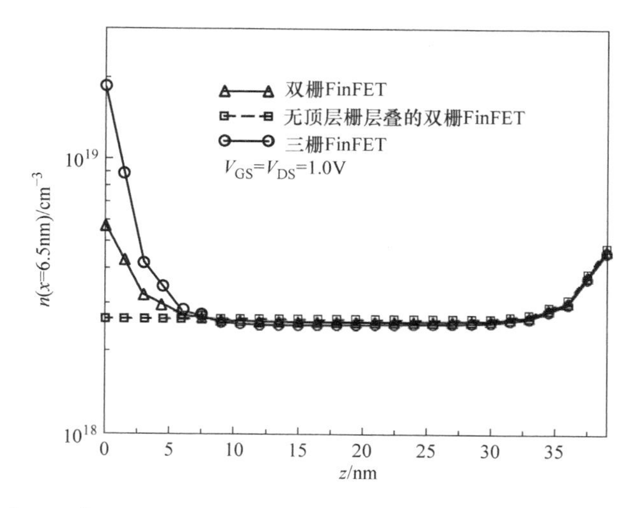

图 1.14 双栅和三栅 FinFET 中，沟道中部（$y=L_{eff}/2$），鳍形中部下侧的电子密度

和/过冲。事实上，如果 a_f 大于 1，式（1-20）是一个合理的表达式，它使得鳍－体部分的有效宽度近似等于 h_{Si}。对于图 1.13 和图 1.14 中的双栅 FinFET，$a_f=3$，当 $V_{DS}=V_{GS}=1V$ 时，$Q_{ib}>Q_{is}$。因此，通过式（1-20），我们定义一个 $I_{on(DG)}$ 的重要增加量，该增加量超过由 $W_{eff}=2h_{Si}$ 引起的增加量。

$$I_{on(DG)} \cong W_{eff}Q_{is}v_s\left(1+\frac{Q_{ib}v_b}{2Q_{is}v_s}\right) \tag{1-21}$$

需要注意，因为大多数短沟道都有速度饱和的趋势，所以 v_b 和 v_s 的大小可比。然而，由于速度过冲，使得 $\mu_b>\mu_s$，所以式（1-21）使得衬底反型对 $I_{on(DG)}$ 产生更大的影响。

双栅 FinFET 中存在的大量衬底反型电荷定义了式（1-21）中的 $I_{on(DG)}$，而在三栅 FinFET 中，即使增加顶层栅极，也只会在顶层表面使得整体反型电荷和 I_{on} 少量增加。相比于双栅 FinFET，三栅 FinFET 中 I_{on} 预期值和实际值的差别反映了电流衬底反型分量的重要性。实际上，在所有双栅 FinFET 仿真中，都表明衬底电流是 $I_{on(DG)}$ 中的主要部分。因为显著的电场散射对 $I_{on(DG)}$ 影响随着 a_f 的减小而增加，衬底电流在 $I_{on(DG)}$ 中的比例也会有所变化。但是顶层栅极始终受到严重限制，所以器件电流主要还是由衬底反型电荷决定的。

衬底反型与无掺杂的薄体相关，因为不存在重要的耗尽层电荷，亚阈值区域的电势和载流子密度在整个薄体中都是一致的，这种情况也出现在无掺杂体和厚氧化埋层的单栅 FD－SOI MOSFET 中。这意味着这些器件的关断电流正比于体/沟道的截面积：$I_{off}\propto h_{Si}t_{Si}$，并且不会受到顶层栅极的影响。随着栅极电压（$V_{GS}$）增加，这种一致性得到保持，同时在强反型情况下产生衬底反型。衬底反型的程度由表面电场电子屏蔽决定，可以用无离子化掺杂电荷的泊松方程表示：

$$\frac{\mathrm{d}E}{\mathrm{d}x} \cong -\frac{qn}{\varepsilon_{\mathrm{Si}}} \tag{1-22}$$

式（1-22）的解依赖于德拜长度 $L_\mathrm{D} \propto 1/\sqrt{n}$。其中，随着 t_{Si} 增加，n 会随之下降，如图 1.15 所示。对于非常厚的 t_{Si}，短沟道效应会产生更大的 n 值。

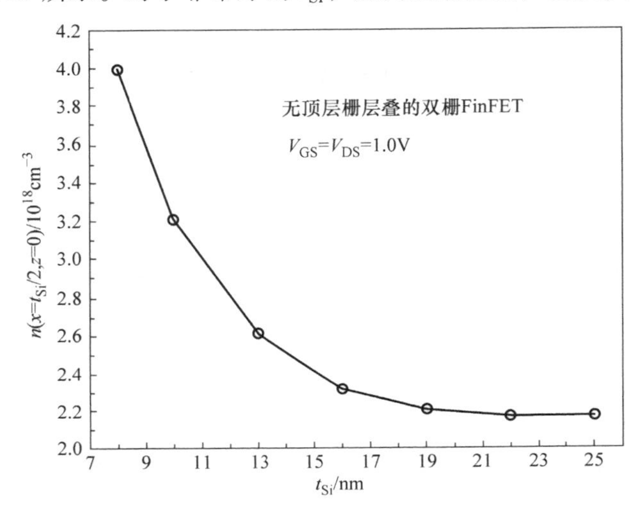

图 1.15　无顶层栅层叠双栅 FinFET 中，顶层鳍形 - 体表面中部，以及沟道中部（$y=L_{\mathrm{eff}}/2$）处导通电子密度与鳍宽的关系

2. 有效栅宽

在无掺杂双栅 FinFET 中，因为衬底反型的影响，无论关断还是导通状态，两个侧壁鳍形表面的有效宽度 $2h_{\mathrm{Si}}$ 无法反映所有的反型电荷和电流。有效栅宽可以简单地定义为

$$W_{\mathrm{eff(DG)}} = h_{\mathrm{Si}} \tag{1-23}$$

栅电容可以通过面积 $L_{\mathrm{eff}}h_{\mathrm{Si}}$ 计算得到。然而，三栅 FinFET 的有效栅宽却不能直接定义。三栅 FinFET 中体反型对 W_{eff} 的限制效应是三栅 CMOS 相对于双栅和单栅 FD - SOI CMOS 栅极版图面积有效率低的根本原因。对于更优的三栅 CMOS，则需要更高、更薄的鳍片。我们现在来分析多鳍片 FinFET（见图 1.16）的版图面积有效率，来指导器件设计。对于给定的 L_g 和电流，对应于平面单栅 MOSFET 的栅面积 $A_{\mathrm{SG}}=L_\mathrm{g}W_\mathrm{g}$，双栅 FinFET 的面积是 $A_{\mathrm{DG}}=L_\mathrm{g}[W_\mathrm{g}P/(h_{\mathrm{Si}}f_{\mathrm{DG}})]$，其中，$P$ 是鳍的间距；f_{DG} 是双栅相对于单栅在 $h_{\mathrm{Si}}=W_\mathrm{g}$ 时提供的电流增强因子。在某些情况中，f_{DG} 可能大于 2，我们这里假设 f_{DG} 等于 2，也就是相当于假设 $W_{\mathrm{eff(DG)}}=2h_{\mathrm{Si}}$。

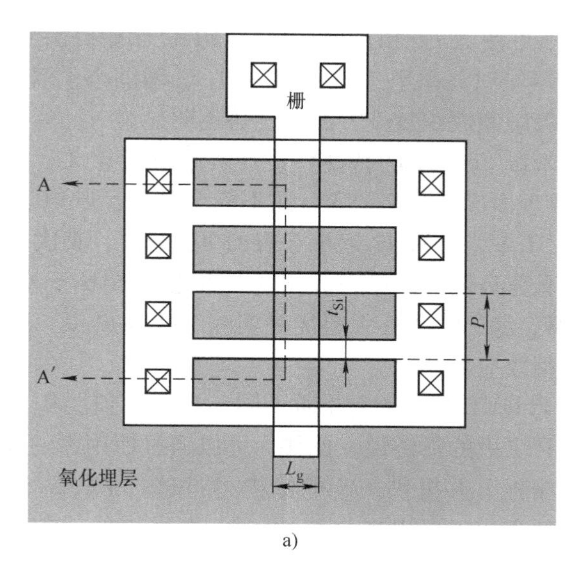

a)

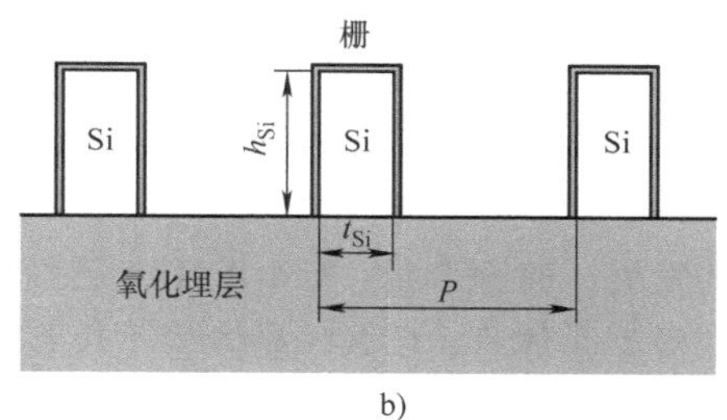

b)

图 1.16　多鳍片 FinFET

a）多栅/多指 FinFET 的顶视图　b）横截面图

那么对于三栅 FinFET，栅面积可以表示为 $A_{TG} = L_g[W_gP/W_{eff(TG)}]$，其中有：

$$W_{eff(TG)} = 2h_{Si} + t_{Si(eff)} \tag{1-24}$$

由于存在衬底反型，$t_{Si(eff)} < t_{Si}$，当 $f_{DG} = 2$，经过仿真可以得到：

$$t_{Si(eff)} = 2h_{Si}\left[\frac{\Delta I_{on(TG)}}{I_{on(DG)}}\right] \tag{1-25}$$

当 $a_f = 3$，结合式（1-25）和图 1.12 可以得到 $t_{Si(eff)} = 4.2\text{nm}$，远小于实际值 $t_{Si} = 13\text{nm}$。从式（1-24）和式（1-25）可以推断出 $t_{Si(eff)}$ 和 $W_{eff(TG)}$ 对鳍尺寸的复杂依赖性，同时，我们还应该注意到由于体反型对 V_{GS} 依赖性而产生的隐性影响。

1.3.2　实际中的结构选择 ★★★

以上讨论揭示了 FinFET 必须保持无掺杂的原因。同时也解释了当鳍形长宽比小于2倍时，尤其在更大a_f值时，双栅FinFET仍然能提供与三栅FinFET相同I_{on}的原因。具有中等a_f时，由于三栅FinFET的I_{on}增加小于双栅器件的I_{on}增加，所以三栅器件在栅极版图面积效率方面的优势不明显。

体反型对于纳米级FinFET的特性和设计具有重要意义。首先，在双栅和三栅FinFET中，基于表面反型定义的W_{eff}并不能合理地反映电流（电容）值。事实上，在三栅FinFET中，I_{on}和I_{off}远小于表面W_{eff}的值。其次，对于中等大小的a_f值，顶层栅极并不是必须的。第三，由于体反型，相比于双栅FinFET，在三栅FinFET中，由W_{eff}定义的栅极版图优势实际上要小得多。第四，量子化效应将进一步增强体反型效应。

此外，与三栅FinFET上的薄栅介质不同，具有厚顶层鳍片介质使得器件在工艺和架构方面具有更大的灵活性。例如，可以通过使用厚的顶部介质作为掩膜来蚀刻鳍片和分离栅极，并提供一定的保护。同时，在较高a_f的栅电极刻蚀器件过程中，厚的顶部介质也可以提供鳍片-漏/源区域的保护。因此，双栅FinFET是一种更优的结构。

1.4 基于g_m/I_D的设计方法

经过长达半个世纪的发展，时至今日，CMOS工艺已经成为模拟集成电路设计的基本平台。相比于双极型晶体管，CMOS晶体管不仅在开关电容和电荷模拟信号处理方面具有绝对优势，而且得益于数字消费市场的推动，CMOS工艺已经从深亚微米推进至纳米级。因此集成电路芯片的频率、功耗等性能都得到了极大的提升。但是在许多工程中，设计者却难以利用这些优势。其主要原因在于，CMOS模拟集成电路需要非常复杂而精确的工艺库模型，工程师很难通过仿真精确地预测所有设计结果。而且在纳米级工艺中，随着晶体管逼近物理尺寸的极限，工艺库模型的复杂度急剧增加，芯片仿真与测试结果之间的鸿沟进一步扩大。为了在流片窗口前完成设计，工程师们被迫手动计算复杂的模型参数，并进行反复的迭代仿真，极大地降低了设计效率。

本节主要介绍基于g_m/I_D的模拟集成电路设计方法。该方法的优势在于不需要复杂的公式计算，我们就可以有效地提高对CMOS小信号模型行为的预测性。在后续的介绍中，我们会对g_m/I_D有一个更为详细的定义，但在讨论初期我们可以将其作为一个MOS晶体管直流偏置条件的变量。

1.4.1 模拟集成电路的层次化设计 ★★★

模拟集成电路设计的抽象化层次如图1.17所示。在最高的系统层次中，工程师们可以采用线性信号与系统理论进行分析，比如滤波器、增益模块以及运放电路等线性模块都可以采用这种方法。这些线性分析方法都具有坚实的数学理论基础，所以我们可以清晰地理解各个模块的工作原理。但在低层次的电路和晶体管级，情况则完全不同，我们可以很容易地利用运放模块搭建一个增益级，但如何设计晶体管的宽长比，定义偏置电流，进而建立一个合适的运放电路则要困难得多。这里主要有两个原因。首先，晶体管的行为是非线性的，这意味着我们无法应用经典的信号与系统分析来分析这类非线性系统。其次，CMOS 工艺技术的飞速进步也使得设计理论不断更新。因此，我们无法掌握一套完整而又紧凑的晶体管方程，既能方便地进行手动计算，又能精确地匹配电路模型仿真。

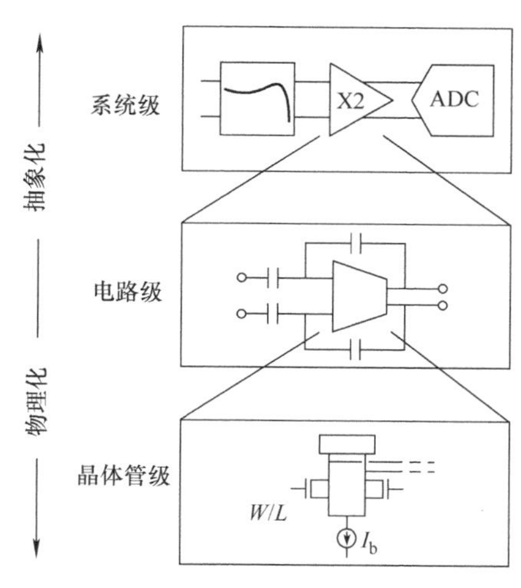

图 1.17　模拟集成电路设计的抽象化层次

1.4.2　g_m/I_D设计方法所处的地位 ★★★

设想，如果我们能将晶体管也等效为与系统相类似的器件，也就是进行线性化等效，那么我们就可以极大地简化设计过程。因此，我们通常将每一个晶体管近似为一些理想器件，来构成所谓的小信号模型，如图 1.18 所示（本书所有涉及晶体管的图形符号都是基于 Candence IC 617 的标准）。

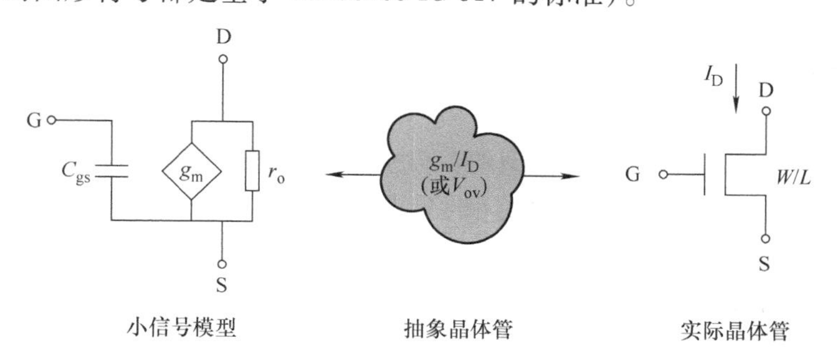

图 1.18　晶体管小信号模型

显而易见，采用小信号模型的缺点在于这种等效会引入一定程度的误差，这在近似过程中是不可避免的。但是这种近似的优势也非常明显，通过线性化近似，我们可以很容易地定义增益、带宽、频率响应、极点和零点的概念。图 1.19很好地解释了基于 g_m/I_D的设计方法是如何融入我们的设计过程。在最顶层是属于信号与系统的分析领域，最底层是独立的晶体管，我们需要这些晶体管依照预设的参数指标完成电路设计。而位于两者中间，作为抽象系统与物理器件桥梁的就是 g_m/I_D 的设计方法。在接下来的讨论中，我们会进行详细分析。

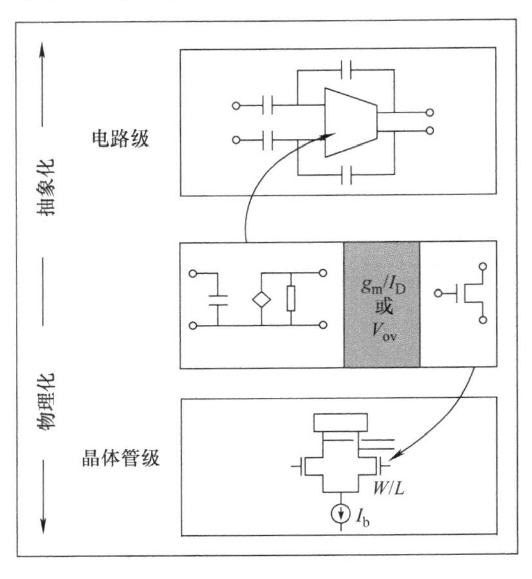

图 1.19　g_m/I_D 设计方法所处的地位

1.4.3　g_m/I_D 设计方法的优势 ★★★

在模拟集成电路设计中，我们通常都会使用传统的基于过驱动电压（V_{ov}）的设计方法。基于 V_{ov} 和基于 g_m/I_D 的设计方法都可以量化地确定晶体管的直流偏置点。但两者却有很大的不同。首先，当我们选择基于 V_{ov} 的设计方法时，我们实际上默认选择接受晶体管长沟道模型的有效性。但在先进纳米级 CMOS 工艺的晶体管中，许多基于长沟道模型的偏微分推导公式不再适用。因此，基于 V_{ov} 的设计方法也就无法保证电路功能和性能与推导的结果相同。为了弥补长沟道模型的不足，设计者试图用短通道效应和各种基于不同物理参数的曲线进行拟合来完善。但最终的结果是导致基于 V_{ov} 设计方法的复杂化，而且与真实物理模型的匹配度也不尽如人意。而与之相反，基于 g_m/I_D 的设计方法并不依赖于长沟道模型的有效性，而仅依赖于仿真的有效性。该方法实际上是一种基于查找表的分析方法，其基本原理是，由于控制 MOSFET 的方程过于复杂，所以我们在设计时不再使用这些方程，而是利用查找表或者图表的方式进行设计。同时，因为这些查找表和图表都是利用 SPICE 器件仿真得到的，所以它们的准确度要远高于长沟道模型。

图 1.20 总结了基于 V_{ov} 和基于 g_m/I_D 的设计方法的差异。在两种设计方法

中，我们都需要工艺参数的物理信息。毕竟，这些参数决定着晶体管的性能。在长沟道模型中，所需的工艺参数仅限于最基本的几个要素，如迁移率（μ）、栅氧化层厚度（t_{ox}）等。这些参数也是我们进行手动计算所必需的。由于长沟道模型的不精确性，初始设计往往与预期目标相距甚远，工程师们需要在手动计算与仿真过程中反复迭代，直到消除模型参数和仿真参数之间的鸿沟，才能得到相对满意的设计结构。同时，基于 g_m/I_D 的设计方法利用完整的 SPICE 模型，从而保证最初的设计参数只需要微小的调整，就可以达到最终的设计目标。

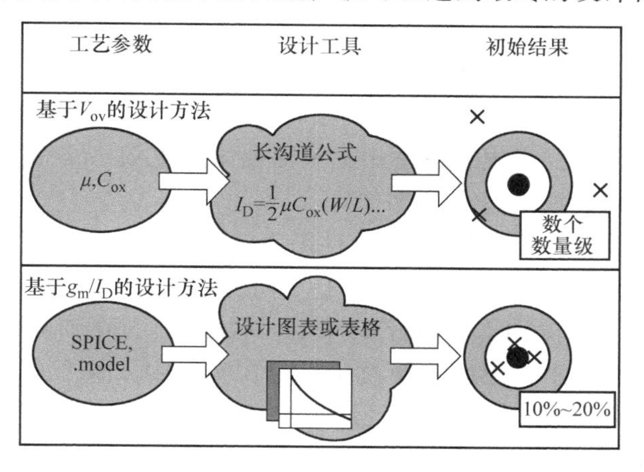

图 1.20　两种设计方法的比较

1.4.4　基于 V_{ov} 的设计方法 ★★★

在模拟集成电路设计中，我们可以将 V_{ov} 作为一个设计变量。首先要牢记的是，我们需要将 V_{ov} 与小信号等效模型联系起来，方能进行合理的设计。在小信号等效模型中，我们首先考虑跨导 g_m，g_m 通常定义为漏源电压对过驱动电压 V_{ov} 的斜率：

$$g_m=\frac{\partial I_D}{\partial V_{ov}}=\mu C_{ox}\frac{W}{L}V_{ov} \tag{1-26}$$

通过对式（1-26）的代数运算，我们可以得出一个包含我们所感兴趣的偏置变量的等式：

$$\frac{g_m}{I_D}=\frac{2}{V_{ov}} \tag{1-27}$$

提出式（1-27）的目的有两个，首先是建立 g_m/I_D 和 V_{ov} 的关系。在后续的讨论中，我们会发现该式并不完整，这是因为实际中这些变量之间的关系要更为复杂。但从目前的角度看，这两个变量在一定程度上可以认为是相等的。第二个目的是为了定义跨导有效性，这也是 g_m/I_D 的另一种表示方法。为了更好地说明其含义，我们通常使用 mS/mA 作为跨导有效性的单位，而不是简单地使用 1/V 作为单位。这种单位的表示方式可以直观地表明当我们消耗电流时（电流用 mA 作为单位）所获得的跨导值（跨导用 mS 作为单位）。

再回到跨导本身的定义中，跨导可以表示为

$$g_{\mathrm{m}} = \mu C_{\mathrm{ox}} \frac{W}{L} V_{\mathrm{ov}} = \frac{2I_{\mathrm{D}}}{V_{\mathrm{ov}}} \tag{1-28}$$

从式（1-28）可以看出 g_{m} 正比于 I_{D}。如果要获得更大的跨导，那么我们就要消耗更多的电流。但对于过驱动电压 V_{ov} 则要复杂得多，V_{ov} 分别出现在两个等式的分子和分母中。对于这两种情况，我们进行定量分析。首先对于第一种情况，假设 V_{ov} 恒定，保持为任意一个常数，那么对于一个简单放大器，跨导 g_{m} 直接决定了增益值。我们很容易看出，只需要增加电流 I_{D}，就可以相应地增加 g_{m}，那么增益也自然增大。

在第二种情况中，如果 V_{ov} 恒定，且仍为任意一个非零常数，我们也可以得到第一种情况的结论。但我们进一步考虑，如果在极端情况下，我们将 V_{ov} 设置为接近零的数值，而保持 I_{D}，那么对于 $g_{\mathrm{m}} = 2I_{\mathrm{D}}/V_{\mathrm{ov}}$，在消耗有限电流的情况下，似乎可以得到几乎无限的跨导效率。但在实际中，这个结论存在明显的错误。这是因为在考虑该式的过程中，忽略了 V_{ov} 对电路工作速度的影响。我们知道晶体管的特征频率 f_{T} 可以表示为

$$f_{\mathrm{T}} = \left(\frac{1}{2\pi}\right) \frac{g_{\mathrm{m}}}{C_{\mathrm{gs}}} \tag{1-29}$$

其中，C_{gs} 为晶体管的栅源电容值。在饱和区有 $C_{\mathrm{gs}} = \frac{2}{3} C_{\mathrm{ox}} WL$，再将式（1-28）的 g_{m} 代入式（1-29），可以得到：

$$f_{\mathrm{T}} = \left(\frac{1}{2\pi}\right) \frac{g_{\mathrm{m}}}{C_{\mathrm{gs}}} = \left(\frac{1}{2\pi}\right) \frac{3\mu V_{\mathrm{ov}}}{2L^2} \tag{1-30}$$

通过式（1-30）中我们就可以理解为什么把 V_{ov} 设置为接近于零值是错误的——因为速度的限制。g_{m} 和 f_{T} 的折中关系如图 1.21 所示。

对于一个晶体管而言，图 1.21 表明跨导（增益）和特征频率（带宽）与 V_{ov} 都有着紧密的联系。换句话说，既然两者都与 V_{ov} 有关，那么我们就可以对两者进行优化和折中设计选择。举例来说，如果我们需要一个低频设计，那么可以选择较小的 V_{ov}，这样可以保持一个较高的跨导效率（也意味着低功耗设计）；另一方面，如果是高频设计，那么我们则需要一个较大的 V_{ov}（意味着大功耗），相应的跨导效率值就比较低。这也就是我们讨论问题的核心。V_{ov} 之所以有用，正是因为它能使我们在模拟设计中最重要的两个参量之间进行权衡。也就是说，对于一个确定的电流 I_{D}，我们可以决定利用 V_{ov} 来确定将电流消耗花费在 g_{m}（以

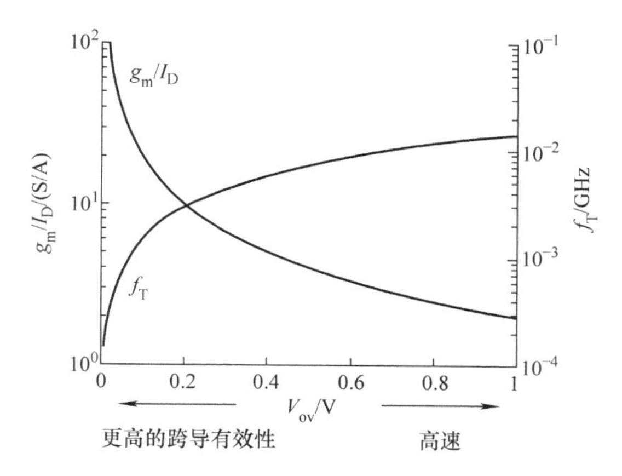

图 1.21　V_{ov}决定了跨导有效性和工作速度之间的折中关系

获得更大的增益）上还是f_T（以获得更大的带宽）上。

以图 1.22 中的简单放大器电路举例。设所需的带宽为 500MHz，增益为 10。设计流程可以遵循图 1.23 中的方式。

1）为了获得所需增益，可以得到：

$$A_v = g_m R_L \Rightarrow g_m = 10\text{mA/V}$$

2）由于输入主极点决定放大器带宽，所以有

$$f = \frac{1}{2\pi R_s C_{gs}} \Rightarrow C_{gs} = \frac{1}{2\pi \times 300\Omega \times 500\text{MHz}} = 1.1\text{pF}$$

V_{CC}

R_L=1kΩ　I_D+I_S

$v_{out}(t)$

$v_{in}(t)+V_{ov}+V_T$　M1

R_S=300Ω

图 1.22　简单放大器电路

3）所以可以得到特征频率为

$$f_T = 2\pi \frac{g_m}{C_{gs}} = 2\pi \frac{10\text{mS}}{1.1\text{pF}} = 9.4\text{GHz}$$

从图 1.23 的②可以看出，为了满足特征频率，需要有 $V_{ov} \geqslant 0.62\text{V}$；根据③又可以得到 $g_m/I_D \leqslant 32\text{mS/mA}$。所以最终得到：$I_D = g_m/(g_m/I_D) = \frac{10\text{mS}}{32\text{mS/mA}} = 312.5\mu\text{A}$。于是我们便得到了 V_{ov}的最优值。虽然更大的 V_{ov}可以产生更高的工作频率，但也会浪费多余的功耗。而更小的 V_{ov}则会导致晶体管的工作频率无法满足设计要求。

需要注意的是，在上述讨论中我们并没有涉及沟道电阻 r_o，从一定意义上说这时的小信号等效模型是不够完整的。这也使得基于 V_{ov}的设计方法具有一定的局限性。总而言之，采用基于 V_{ov}的设计方法比盲目调整宽长比的方法具有更优的有效性。这时因为 V_{ov}将 g_m、C_{gs}以及漏源电流 I_D 串联起来进行设计考虑，明确了设计方向。但我们也要意识到，这些设计有效性的前提条件都是基于长沟道

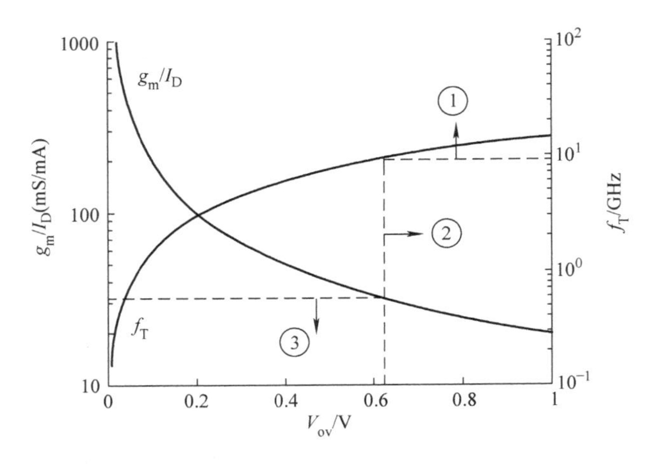

图 1.23　利用 V_{ov} 进行设计的示例

模型进行考虑的。而实际上，长沟道模型的不准确性限制了该方法的设计有效性。

我们之前讨论过，即使加入一些修正项，长沟道模型的不准确性也会降低基于 V_{ov} 设计方法的精度。这里包含有多方面的原因。首先，我们将实际跨导有效性的 SPICE 仿真结果与长沟道模型预测结果相比较，如图 1.24 所示。当 V_{ov} 较大时，长沟道模型的预测值已经与仿真结果有了大约 25% 的偏移。当 V_{ov} 较小，以及 $V_{ov} \leqslant 0$ 时，情况则要严重得多，长沟道模型仍然预测晶体管具有无限的跨导有效性，这显然是错误的。而在图 1.25 中，长沟道模型对特征频率 f_T 的预测结果也存在较大误差。因此，我们便无法建立起跨导有效性和特征频率之间的相互作用关系。

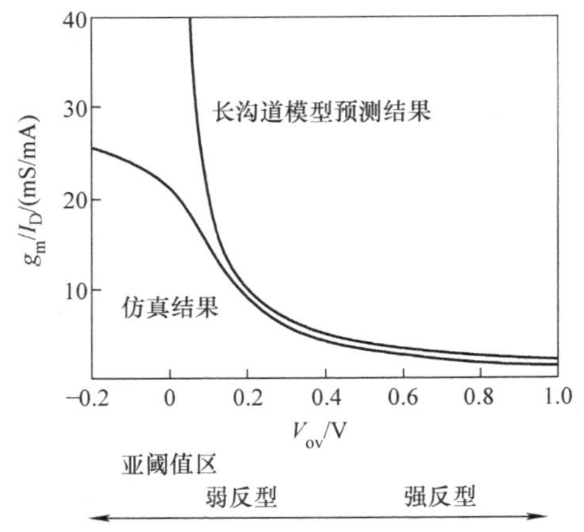

图 1.24　长沟道模型无法预测跨导有效性的结果

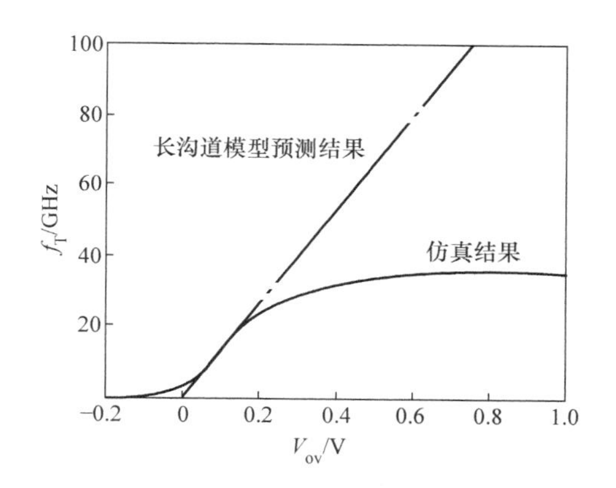

图 1.25　长沟道模型无法预测特征频率的结果

我们还应该注意到，在图 1.24 和图 1.25 中包含了 $V_{ov} \leqslant 0$ 的区域，也就是我们所说的亚阈值区。在长沟道模型中，我们认为 MOSFET 应该偏置在等于或者大于阈值电压的区域，否则 MOSFET 则处于截止状态。但在图 1.24 中，仿真数据显示即使进入亚阈值区，g_m/I_D 的值仍继续增加。事实上，在低功耗设计中，将晶体管偏置在亚阈值区和弱反型区是十分有效的设计方法。但我们从图 1.25中也可以看出，当晶体管偏置在亚阈值区和弱反型区时，晶体管的工作速度非常慢。这也意味着亚阈值区和弱反型区晶体管只能用于一些低频设计。随着 CMOS 工艺进入纳米级阶段，对于许多功耗受限的设计，工作在亚阈值区和弱反型区的晶体管是必不可少的。如果模型中没有包括这两类区域的参数信息，我们则认为这类晶体管模型并不完整。

因此，虽然 V_{ov} 在理论上是一个十分有效的设计变量，但在实际应用中却存在不足。其本质原因在于，基于 V_{ov} 的设计方法所依赖的长沟道理论并不是十分精确。于是我们需要一个新的设计变量，该变量既具有 V_{ov} 的内涵，又能保证手动计算与仿真结果的一致性。

1.4.5　g_m/I_D 设计方法详述 ★★★

在之前的讨论中，我们知道 V_{ov} 和 g_m/I_D 类似，都是与偏置有关的变量。那么我们就可以忽略 V_{ov}，直接描述 f_T 和 g_m/I_D 的关系，如图 1.26 所示。这样我们就不必再以 V_{ov} 作为设计变量，而只需要将 g_m/I_D 作为唯一的设计变量进行使用。从图 1.26 中我们可以看出，跨导有效性的增加是以损失 f_T 为代价的。在图 1.26中，亚阈值区位于图中的右侧。我们并不需要知道亚阈值区从何处开始，因为我们需要的只是选取合适的 f_T 和 g_m/I_D 值进行设计。事实上，在图 1.26 中，当我们使用基于 g_m/I_D 的设计方法时，除了线性区，晶体管其他的工作区域都可以清晰地被描述出来。

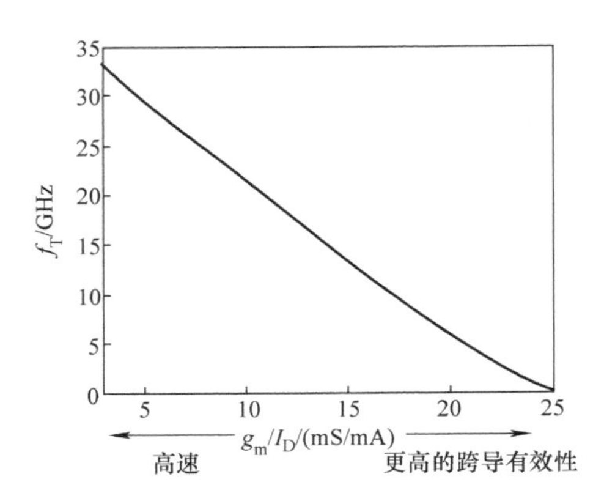

图 1.26　f_T 和 g_m/I_D 的直接关系

图 1.27 是一个完整 0.18μm 工艺的 f_T 和 g_m/I_D 的直接关系图，其中包含了沟道长度调制效应以及栅长 L 的影响。我们可以看出，L 越大，晶体管的速度越慢。这意味着，如果没有其他因素的限制，为了提高晶体管的工作频率，我们必须选择最小的晶体管栅长进行设计。但事实上，沟道电阻 r_o 是我们必须考虑的另一个因素。

沟道电阻 r_o 在晶体管中的位置如图 1.28 所示。我们知道，r_o 是与 R_L 并联的负载。通常情况下，由于 $r_o \gg R_L$，所以 r_o 可以忽略。我们也可以采用大阻值的 R_L（或者使用电流源来代替实际的电阻）以获得较大的增益。我们假设采用电流源负载的情况，这时我们认为 $R_L \to \infty$。

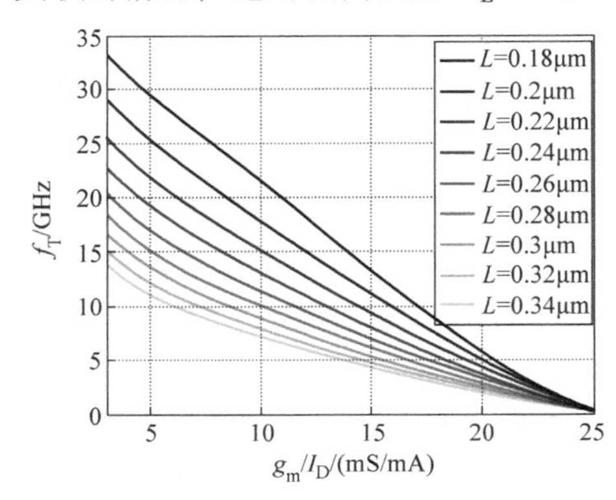

图 1.27　0.18μm 工艺的 f_T 和 g_m/I_D 的关系图

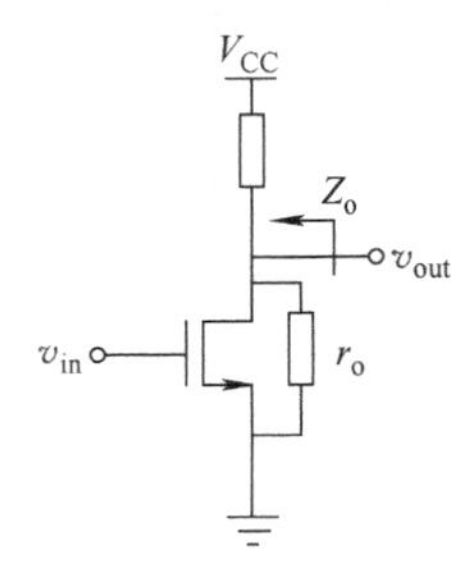

图 1.28　r_o 在共源放大器中作为并联负载

当 r_o 作为主要负载时，放大器的整体增益就称为晶体管的本征增益。本征增益表示为跨导 g_m 与 r_o 的乘积（$A_{v,\text{intrinsic}} = g_m r_o$），也就是我们可以得到的最大电压增益。

实际上，相比于 r_o，本征增益更容易用于设计分析。从数学角度看，两者是准近似的。因此我们可以用本征增益来构建一个新的图表，如图 1.29 所示。图 1.29与图 1.27 类似，只是我们将本征增益设置为了一个独立的变量。将图 1.27和图 1.29 结合起来，就可以成为我们手中一个有效的设计工具，不仅有利于我们进行电路的晶体管实现，还有利于我们理解工艺中晶体管的参数性能。

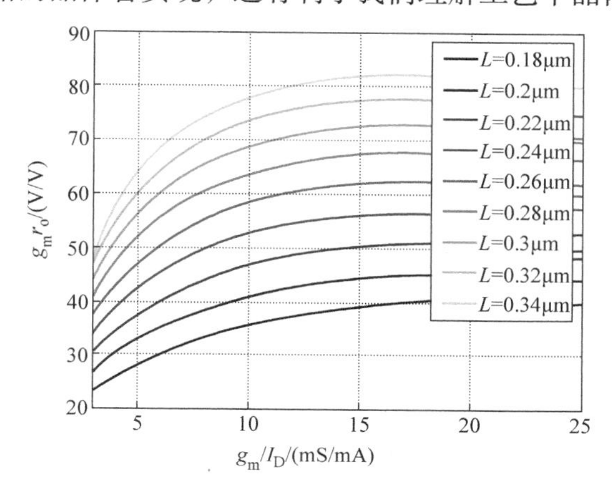

图 1.29 0.18μm 工艺的本征增益 $g_m r_o$ 和 g_m/I_D 的关系图

我们举例来说明利用图 1.27 和图 1.29 进行设计的方法。假设我们需要一个放大电路的增益为 50 倍。从图 1.29 中可以看出，如果选择 $L=0.18\mu m$，那么我们完全没有可能实现 50 倍的增益。但是如果选择 $L=0.28\mu m$，那么我们就有了相对大的设计裕度来保证电路实现。再假设，如果要实现 100 倍增益的放大电路时，我们从图 1.29 中会发现采用单一的晶体管是无法实现的，那么我们就应该采用多级级联或者共源共栅的结构来解决增益不足的问题。采用这种方法的内涵在于，我们可以很快地得到设计指导，而不会在单一晶体管的仿真中浪费大量时间来证明其不可行性。

总而言之，图 1.27 和图 1.29 给出了基于 g_m/I_D 作为设计变量的晶体管行为的完整图解。我们知道特征频率 f_T、本征增益 $g_m r_o$ 都会受到 g_m/I_D 和 L 的影响。基于这两幅图，我们就可以在所需的设计中选择最优的 g_m/I_D 和 L 值。同时，因为这两幅图都是基于仿真结果绘制的，所以可以保证设计的精确性。

在实际设计中，W 也是一个非常重要的参数，为了得到最优的 W 值，我们还需要绘制一幅偏置网络与 g_m/I_D 的关系图，如图 1.30 所示。因此，在根据图 1.27和图 1.29 确定 L 和 g_m/I_D 值的基础上，我们就可以在图 1.30 中根据得到的 g_m/I_D 值来确定 W 值。

在了解了基于 g_m/I_D 设计方法的流程后，我们再进行更深层次的讨论。一个简单晶体管电路的设计步骤如图 1.31 所示。假设电路图 1.31a 中的 g_m 和 C_{gs} 已

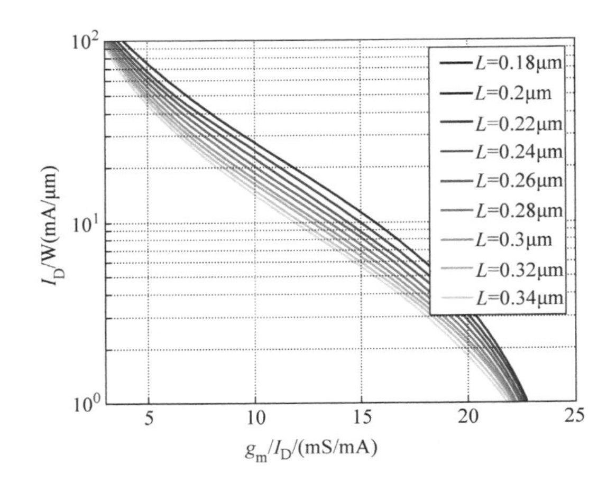

图 1.30 0.18μm 工艺的偏置网络和 g_m/I_D 的关系图

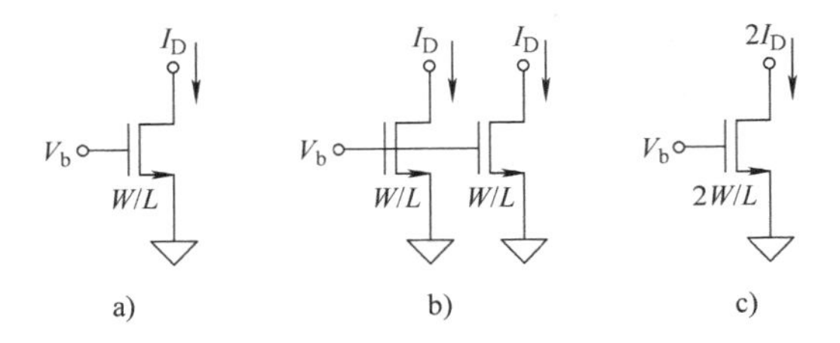

图 1.31 具有相同 g_m/I_D 和 f_T 晶体管电路的演进

a）单元晶体管 b）两个单元晶体管的并联 c）两个并联单元晶体管合并为一个晶体管

知，因为终端电压和偏置电流保持不变，因此图 1.31b 中的每一个晶体管也具有相同的 g_m 和 C_{gs} 值。但是因为图 1.31b 中两个晶体管是并联进行工作的，那么整体的 I_D、g_m 和 C_{gs} 值是图 1.31a 中的 2 倍。我们也要注意其中的一个关键点，既然 I_D、g_m 和 C_{gs} 值都呈同比例增加，那么图 1.31b 中整体电路的 g_m/I_D 和 g_m/C_{gs} 值仍然与图 1.31a 中单一晶体管的值相同。实际上，无论我们并联多少个晶体管，我们也会得到与图 1.31a 晶体管相同的 g_m/I_D 和 f_T 值。接下来，我们将电路推进到图 1.31c 中，将两个并联晶体管合并为一个宽度为图 1.31a 2 倍的晶体管，最终完成晶体管电路的等比例放大。从这个过程中，我们可以知道 I_D、g_m 和 C_{gs} 值随着 W 呈线性缩放。如果 W 增加 30%，那么意味着 I_D、g_m 和 C_{gs} 值也增加 30%，始终保持 g_m/I_D 和 g_m/C_{gs} 值不变。

同样地，本征增益的变化趋势也与 g_m/I_D 和 g_m/C_{gs} 相同。图 1.31b 电路的跨导值是图 1.31a 中的 2 倍，但是两个沟道电阻并联 r_o，整体输出电阻下降一半，本征增益仍然维持不变。所以，与 f_T 相同，如果我们将本征增益作为 g_m/I_D 的函数，那么本征增益将独立于 W。正是这种与 W 的独立性，使得在设计上本征

增益比 r_o 具有更大的灵活性。

以上分析为我们设计复杂晶体管提供了一个思路。那就是在进行基于 g_m/I_D 的设计时，我们可以特征化单一晶体管的 W。之后我们扫描栅电压，从而得到 I_D、g_m、C_{gs}和 r_o 的值。之后根据它们之间的线性变化关系，我们就可以进行线性缩放，以得到不同比例的 W 值。也就是说，只要每个参数都与 W 呈线性、等比例变化，那么基于 g_m/I_D 的设计方法就始终是适用的。当然，我们知道这种等比例缩放也并不完美。两个同样宽度 W 的晶体管并联，并不完全等价于一个宽度为 $2W$ 的晶体管。但两者误差一般在 10% ~20% 。因为我们最终还是要依靠仿真进行细微调整，所以相比于长沟通模型的设计方法，这种方法已经非常接近于最终的设计结果。

1.4.6　基于 g_m/I_D的设计实例 ★★★

假设基于 0.18μm 工艺的差分放大电路设计指标为：增益 A_v = 10；带宽为 200MHz；负载为 1pF；源阻抗为 300Ω；要求功耗尽可能低。电路图如图 1.32 所示。

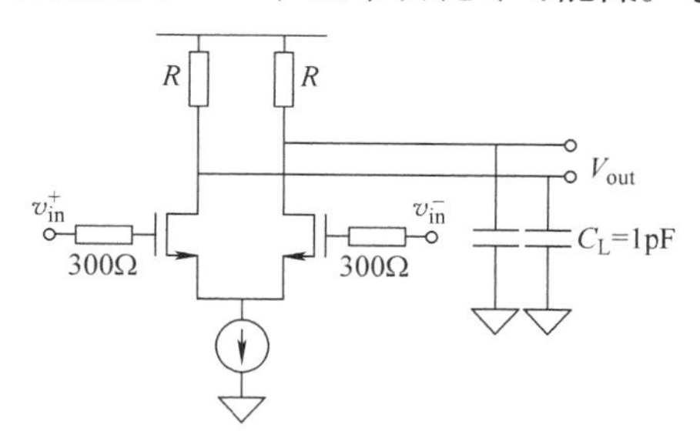

图 1.32　基于 0.18μm 工艺的差分放大电路

在明确设计目标后，我们首先需要建立基于 g_m/I_D 设计方法的参数图。在 Hspice 中，我们可以通过对不同长度的晶体管进行扫描，从而得到与图 1.27、图 1.29 和图 1.30 类似的参数图。获得相关参数的 Hspice 控制语句如下所示：

```
.probe gmid = par('gmo(m1)/i(m1)')
.probe ft = par('gmo(m1)/(2*3.14*cggbo(m1))')
.probe gmro = par('gmo(m1)/gdso(m1)')
.probe idw = par('i(m1)/w(m1)')
```

首先，根据图 1.29，为了使增益大于 10，我们不能采用最小 L 的晶体管。如果我们选择 L=0.22μm，就能保证本征增益在 50 左右（前提是 g_m/I_D 是一个比较折中的值）。之后我们可以计算负载电阻 R 值。负载电阻会与负载电容构成输出主极点，因为极点频率为 200MHz。所以有

$$R=\frac{1}{2\pi\times C\times 200\text{MHz}}\approx 800\Omega$$

得到 R 后，再根据增益值 10，我们可以计算得到跨导值为

$$g_{\mathrm{m}}=\frac{10}{R}\approx 12.5\mathrm{mS}$$

不过我们需要注意的是，200MHz 的主极点并不是这个电路中的唯一极点。输入电阻也会与 C_{gs}形成第二个极点。为了使该极点不会影响电路的频率特性，我们需要将其推向高频，比如至少要大于十倍的主极点，这样我们的电路才能近似保持单极点的特性。根据这个推断我们就可以得到 C_{gs}的值为

$$C_{\mathrm{gs}}=\frac{1}{2\pi\times 300\Omega\times 2\mathrm{GHz}}\approx 265\mathrm{fF}$$

得到 g_{m} 和 C_{gs}之后，我们就可以计算 f_{T}：

$$f_{\mathrm{T}}=\frac{1}{2\pi}\frac{g_{\mathrm{m}}}{C_{\mathrm{gs}}}=\frac{1}{2\pi}\frac{12.5\mathrm{mS}}{265\mathrm{fF}}=7.5\mathrm{GHz}$$

既然我们知道了 L 和 f_{T}，我们就可以确定 $g_{\mathrm{m}}/I_{\mathrm{D}}$，从 f_{T} 的图中我们就可以读出

$$g_{\mathrm{m}}/I_{\mathrm{D}}=16.5\mathrm{mS/mA}$$

再推出漏源电流 I_{D}：

$$I_{\mathrm{D}}=\frac{g_{\mathrm{m}}}{g_{\mathrm{m}}/I_{\mathrm{D}}}=\frac{12.5}{16.5}\mathrm{mA}\approx 0.76\mathrm{mA}$$

因为需要对两个晶体管进行供电，所以我们的电流源需要传输两倍电流。最后，我们还需要确定 W 的值，以保证跨导效率达到 16.5。根据偏置网络图与 $g_{\mathrm{m}}/I_{\mathrm{D}}$ 的关系，跨导效率 16.5mS/mA 和 $L=0.22\mu\mathrm{m}$，得到电流密度为 6.5μA/μm。于是得到 W 为

$$W=\frac{0.76\mathrm{mA}}{6.5\mu\mathrm{A}/\mu\mathrm{m}}=117\mu\mathrm{m}$$

最终我们可以得到设计的电路如图 1.33所示。

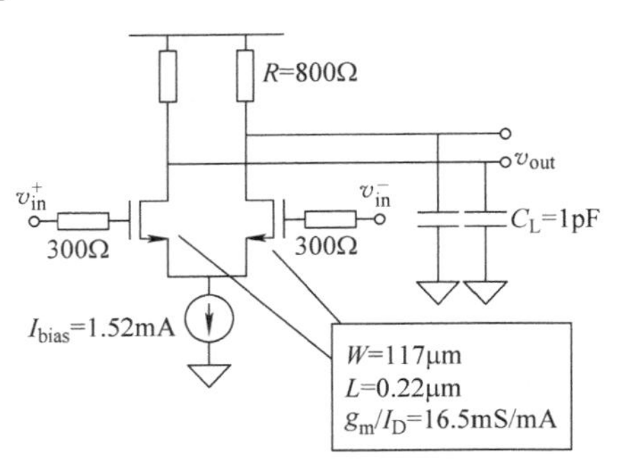

图 1.33　具有完整晶体管参数的差分放大电路

总结一下，基于 $g_{\mathrm{m}}/I_{\mathrm{D}}$ 的设计方法是连接小信号参数（g_{m}、f_{T}）和晶体管物理参数（W、L、V_{gs}）的有效工具，它能够很好地进行 g_{m} 和 f_{T} 的折中设计，精确地预测仿真结果。此外，该方法还可以使设计者了解工艺参数目标所带来的设计约束，使工程师可以在设计早期调整电路方案。最后，仿真得到的晶体管图表数据可以作为工程师优化电路的依据，其中既有公式作为理论依据，又可以在设计中得到更为精确的仿真结果。

第2章 CMOS模拟集成电路版图基础

自从20世纪80年代以来，互补金属氧化物半导体（Complementary Metal Oxide Semiconductor，CMOS）技术已成为集成电路（Integrated Circuit，IC）制造的主流工艺，其发展已进入深亚微米和片上系统（System - on - Chip，SoC）时代。CMOS模拟集成电路不同于传统意义上的模拟电路，它不需要通过规模庞大的印制电路板系统来实现电路功能，而是将数以万计的晶体管、电阻、电容或者电感集成在一颗仅仅几平方毫米的半导体芯片上。正是这种神奇的技术构成了人类信息社会的基础，而将这种奇迹变为现实的重要一环就是CMOS模拟集成电路版图技术。CMOS模拟集成电路版图是CMOS模拟集成电路的物理实现，是设计者需要完成的最后一道设计步骤。它不仅关系到CMOS模拟集成电路的功能，而且也在很大程度上决定了电路的各项性能、功耗和生产成本。任何一颗性能优秀芯片的诞生都离不开集成电路版图的精心设计。

与数字集成电路版图全定制的设计方法不同，CMOS模拟集成电路版图可以看作是一项具有艺术性的技术，它不仅需要设计者具有半导体工艺和电路系统原理方面的基本知识，更需要设计者自身的创造性、想象力，甚至是艺术性。这种技能既需要一定的天赋，也需要长期工作经验和知识结构的积累才能掌握。

2.1 CMOS模拟集成电路设计流程

模拟电路设计技术作为工程技术中最为经典和传统的设计技术，仍然是许多复杂的高性能系统中不可替代的设计方法。CMOS模拟集成电路设计与传统分立元件模拟电路设计最大的不同在于，所有的有源和无源器件都是制作在同一半导体衬底上，尺寸极其微小，无法再用电路板进行设计验证。因此，设计者必须采用计算机仿真和模拟的方法来验证电路性能。模拟集成电路设计包括若干个阶段，图2.1表示的是CMOS模拟集成电路设计的一般流程。

一个设计流程是从系统规格定义开始的，设计者在这个阶段就要明确设计的

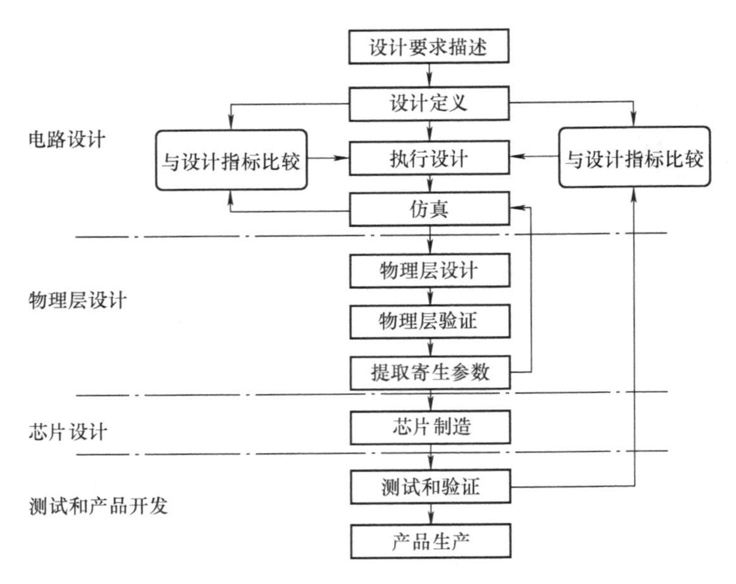

图 2.1　CMOS 模拟集成电路设计的一般流程

具体要求和性能参数。下一步就是对电路应用模拟仿真的方法评估电路性能。这时可能要根据仿真结果对电路做进一步改进，并反复进行仿真。一旦电路性能的仿真结果能满足设计要求就需要进行另一个主要设计工作——电路的版图设计。版图设计完成并经过物理验证后需要将布局、布线形成的寄生效应考虑进去再次进行计算机仿真，如果仿真结果也满足设计要求就可以进行制造了。

与用分立器件设计模拟电路不同，集成化的模拟电路设计不能用搭建电路的方式进行。随着现在发展起来的电子设计自动化技术，以上的设计步骤都是通过计算机辅助进行的。通过计算机模拟，可在电路中的任何节点监测信号，可将反馈回路打开，可比较容易地修改电路。但是计算机模拟也存在一些限制，例如，模型的不完善，程序求解由于不收敛而得不到结果等。下面将详细讲述设计流程中的各个阶段。

- 系统规格定义

这个阶段系统工程师把整个系统和其子系统看成是一个个只有输入输出关系的“黑盒子”，不仅要对其中每一个进行功能定义，而且还要提出时序、功耗、面积、信噪比等性能参数的范围要求。

- 电路设计

设计者根据设计要求，首先要选择合适的工艺库，然后合理地构架系统，由于 CMOS 模拟集成电路的复杂性和多样性，目前还没有 EDA 厂商能够提供完全实现 CMOS 模拟集成电路设计自动化的工具，因此所有的模拟电路基本上仍然通过手工设计来完成。

● 电路仿真

设计工程师必须确认设计是正确的，为此要基于晶体管模型，借助 EDA 工具进行电路性能的评估和分析。在这个阶段要依据电路仿真结果来修改晶体管参数。依据工艺库中参数的变化来确定电路工作的区间和限制，验证环境因素的变化对电路性能的影响，最后还要通过仿真结果指导下一步的版图实现。

● 版图实现

电路的设计及仿真决定电路的组成及相关参数，但并不能直接送往晶圆代工厂进行制作。设计工程师需提供集成电路的物理几何描述，即通常说的“版图”。这个环节就是要把设计的电路转换为图形描述格式。CMOS 模拟集成电路通常是以全定制方法进行手工的版图设计。在设计过程中需要考虑设计规则、匹配性、噪声、串扰、寄生效应等对电路性能和可制造性的影响。虽然现在出现了许多高级的全定制辅助设计方法，但仍然无法保证手工设计对版图布局和各种效应的考虑的全面性。

● 物理验证

版图的设计是否满足晶圆代工厂的制造可靠性需求，从电路转换到版图是否引入了新的错误，物理验证阶段将通过设计规则检查（Desing Rule Cheek，DRC）和版图与电路图一致性检查（Layout Versus Sehematie，LVS）解决上述的两类验证问题。几何规则检查用于保证版图在工艺上的可实现性。它以给定的设计规则为标准，对最小线宽、最小图形间距、孔尺寸、栅和源漏区的最小交叠面积等工艺限制进行检查。版图网表与电路原理图的比对用来保证版图的设计与其电路设计的匹配。LVS 工具从版图中提取包含电气连接属性和尺寸大小的电路网表，然后与原理图得到的电路网表进行比较，检查两者是否一致。

● 参数提取后仿真

在版图完成之前的电路模拟都是比较理想的仿真，不包含来自版图中的寄生参数，被称为“前仿真”；加入版图中的寄生参数进行的仿真被称为“后仿真”。CMOS 模拟集成电路相对数字集成电路来说对寄生参数更加敏感，前仿真的结果满足设计要求并不代表后仿真也能满足设计要求。在深亚微米阶段，寄生效应更加明显，后仿真分析将显得尤为重要。与前仿真一样，当结果不满足要求时需要修改晶体管参数，甚至某些地方的结构。对于高性能的设计，这个过程是需要多次反复进行的，直至后仿真满足系统的设计要求。

● 导出流片数据

通过后仿真后，设计的最后一步就是导出版图数据（GDSII）文件，将该文件提交给晶圆代工厂，就可以进行芯片的制造了。

2.2 CMOS 模拟集成电路版图定义

CMOS 模拟集成电路版图设计是对已创建的电路网表进行精确的物理描述的过程，这一过程满足由设计流程、制造工艺，以及电路性能仿真验证为可行所产生的约束。

这一过程包括了多种信息含义，以下分别进行详细介绍。

- 创建

创建表示从无到有，与电路图的设计一样，版图创建使用图形实例体现出转化实现过程的创造性，且该创造性通常具有特异性。不同的设计者或者使用不同的工艺去实现同一个电路，也往往会得到完全不同的版图设计。

- 电路网表

电路网表是版图实现的先决条件，两者可以比喻为装扮完全不同的同一个体，神似而形不似。

- 精确

虽然版图设计是一个需要创造性的过程，但版图的首要要求是在晶体管、电阻、电容等元件图形以及连接关系上与电路图是完全一致的。

- 物理描述

版图技术是依据晶体管、电阻、电容等元件及其连接关系在半导体硅片上进行绘制的技术，也是对电路的实体化描述或物理描述。

- 过程

版图设计是一个具有复杂步骤的过程，为了最优化设计结果，必须遵守一定的逻辑顺序。基本的顺序包括版图布局、版图绘制、规则检查等。

- 满足

这里的满足指的是满足一定的设计要求，而不是尽可能最小化或最优化设计。为了达到这个目的，设计过程中需要做很多的折中，如可靠性、可制造性、可配置性等。

- 设计流程所产生的约束

这些约束包括建立一系列准则，建立这些准则的目的是为了使在设计流程中用到的设计工具可以有效地应用于整个版图。例如一些数字版图工具以标准最小间距连接、布线，而模拟版图则不一定如此。

- 制造工艺产生的约束

这些约束包括如金属线最小线宽、最小密度等版图设计规则，这些准则能提高版图的总体质量，从而提高制造良率和芯片性能。

- 电路性能仿真验证为可行产生的约束

设计者在电路设计之初并不知道版图设计的细节，比如面积多大、模块间线长等，那么就需要做出一定的假设，然后再将这些假设传递给版图设计者，对版图进行约束。版图设计者也必须将版图实现后的相关信息反馈给电路设计者，再次进行电路仿真验证。这个过程反复迭代，直至满足设计要求。

2.3　CMOS 模拟集成电路版图设计流程

图 2.2 中展示了进行 CMOS 模拟集成电路版图设计的通用流程，主要分为版图规划、设计实现、版图验证和版图完成四个步骤。

- 版图规划

该步骤是进行版图设计的第一步，在该步骤中设计者必须尽可能地储备有关版图设计的基本知识，并考虑到后续三个步骤中需要准备的材料以及记录的文档。准备的材料通常包括工艺厂提供的版图设计规则、验证文件、版图设计工具包，以及软件准备等，需要记录的文档包括模块电路清单、版图布局规划方案、设计规则、验证检查报告等。

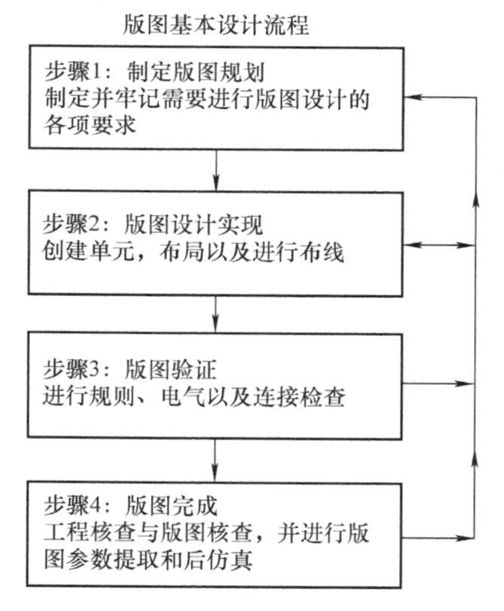

图 2.2　版图设计通用流程图

- 设计实现

这一步骤是版图设计最为重要的一步，设计者依据电路图对版图进行规划、布局、元件/模块摆放，以及连线设计。这一过程又可以细分为“自顶向下规划”和“自底向上实现”两个步骤。概括地说，设计者首先会对模块位置和布线通道进行规划和考虑；之后，设计者就可以从底层模块开始，将其一一放入规划好的区域内，进行连线设计，从而实现整体版图。相比于顶层规划布局，底层的模块设计任务要容易一些，因为一个合理的规划会使底层连线变得轻而易举。

- 版图验证

版图验证主要包括设计规则检查（Design Rule Check，DRC）、电路与版图一致性检查（Layout Vs Schematic，LVS）、电学规则检查（Electrical Rule Check，ERC）和天线规则检查（Antenna Rule Check，ARC）四个方面。这些检查主要依靠工艺厂提供的规则文件，在计算机中通过验证工具来完成检查。但一些匹配性设计检查、虚拟管设计检查等方面还需要设计者进行人工检查。

- 版图完成

在该步骤中首先是将版图提取成可供后仿真的电路网表，并进行电路后仿真验证，以保证电路的功能和性能。最后再导出可供工艺厂进行生产的数据文件，同时设计者还需要提供相应的文档记录和验证检查报告，并最终确定所有的设计要求和文档都没有遗漏。

以上四个步骤并不是以固定顺序进行实现的，就像流程图中右侧向上的箭头，任何一个步骤的修改都需要返回上一步骤重新进行。一个完整的设计往往需要以上步骤的多次反复才能完成，以下分小节对这四个步骤进行详细介绍。

2.3.1 版图规划 ★★★

图 2.3 展示了版图规划中往下细分的五个子步骤：确定电源网格和全局信号、定义输入和输出信号、特殊设计考虑、模块层次划分和尺寸估计，以及版图设计完整性检查。就实际工程考虑，在这五个子步骤之前，还有一个隐含步骤，就是设计者应当熟悉所要设计版图所对应的电路结构，并尽可能参考现有的、成熟的版图设计，这样才可以使设计更加优化。

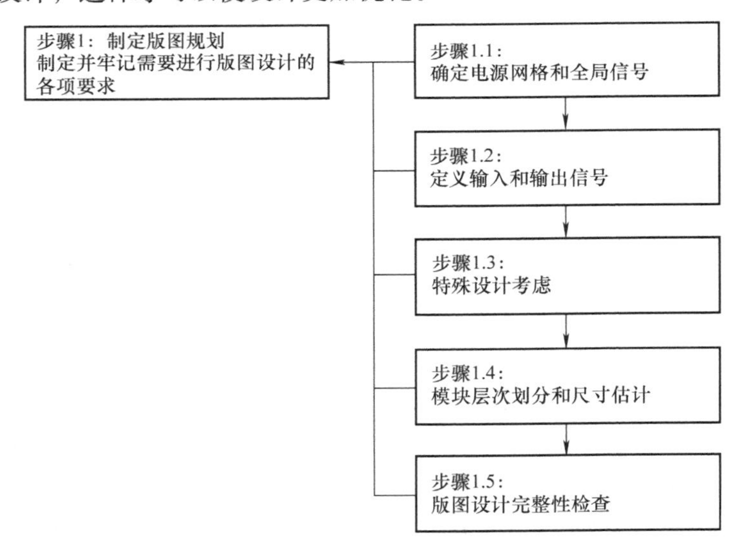

图 2.3 版图规划的步骤

- 确定电源网格和全局信号

版图中电源连线往往纵横交错，所以被称为电源网格。规划中必须考虑到从接口到该设计的各子电路模块之间的电源电阻，特别要注意电源线的宽度。同时，也应该注意阱接触孔和衬底接触孔通常都是连接到电源上的，因此与其相关的版图设计策略也必须加以考虑。

- 定义输入和输出信号

设计者必须列出所有的输入和输出信号，并在该设计与相邻设计之间的接口处为每个信号指定版图位置并分配连接线宽。同时设计者还需要对时钟信号、信号总线、关键路径信号以及屏蔽信号进行特殊考虑。

- 特殊设计考虑

在设计中我们往往需要处理一些特殊的设计要求，例如，版图对称性、闩锁保护、防天线效应等，尤其是对关键信号的布线和线宽要着重考虑。

- 模块层次划分和尺寸估计

该子步骤中设计者可以依据工艺条件和设计经验，对整体版图进行子电路模块划分和尺寸估算，这样有助于确定最终版图所占据的芯片面积。在这个过程中还需要预留一些可能添加的信号和布线通道面积。

- 版图设计完整性检查

该子步骤的目的是确定版图设计中所有流程中的要求都得到了很好的满足，这些要求中包括与电路设计、版图设计准则以及工艺条件相关所带来的设计约束。当所有这些要求或者约束被满足时，那么最终对版图进行生产、封装和测试的步骤才可以顺利地进行。

2.3.2 版图设计实现 ★★★

图 2.4 展示了版图设计实现往下细分的三个子步骤：包括设计子模块单元并对其进行布局、考虑特殊的设计要求，以及完成子模块间的互连。

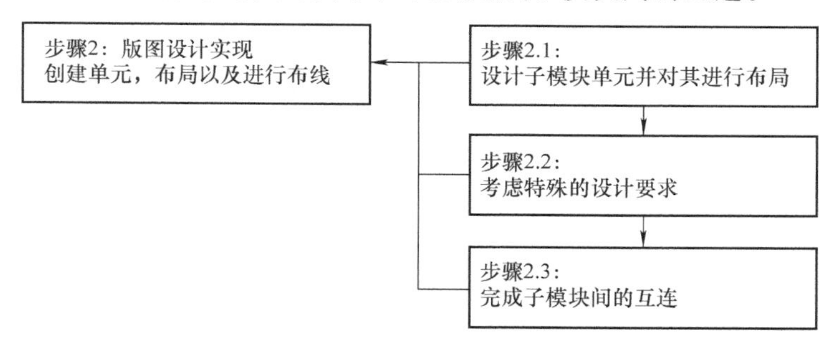

图 2.4 版图设计实现步骤

- 设计子模块单元并对其进行布局

在子步骤 2.1 中，设计者首先要完成子电路模块内晶体管的布局和互连，这一过程是版图设计最底层的一步。在完成该子步骤的基础上，设计者就可以考虑整体版图的布局设计了。因为整个芯片版图能否顺利完成很大程度上受限于各个子模块单元的布局情况，这些子模块单元不仅包括设计好的子电路模块，还包括接触孔、电源线和一些信号接口的位置。一个良好的布局既有利于整体的布线设计，也有利于串扰、噪声信号的消除。

- 考虑特殊的设计要求

在子步骤2.1的基础上，子步骤2.2可以看作是更精细化的布局设计。设计者在该子步骤中主要考虑诸如关键信号走线、衬底接触、版图对称性、闩锁效应消除，以及减小噪声等特殊的设计要求，对重要信号和复杂信号进行布线操作。最后为了考虑可能新增加的设计要求，也需要留出一些预备的布局空间和布线通道。

- 完成子模块间的互连

在完成子步骤2.1和子步骤2.2的情况下，子步骤2.3将变得较为容易。设计者只需要考虑布线层、布线方向，以及布线间距等问题，就可以简单地完成该步骤，实现芯片全部的版图设计。

2.3.3 版图验证 ★★★

图2.5展示了版图验证步骤中的四个子步骤：设计规则检查、版图与电路图一致性检查、电学规则检查和人工检查。版图验证是在版图设计实现完成后最重要的一步。虽然芯片生产完成后的故障仍可以通过聚焦粒子束（Focused - Ion - Beam，FIB）等手段进行人工修复，但代价却非常高。因此，设计者需要在计算机设计阶段对集成电路芯片进行早期的验证检查，保证芯片功能和性能的完好。

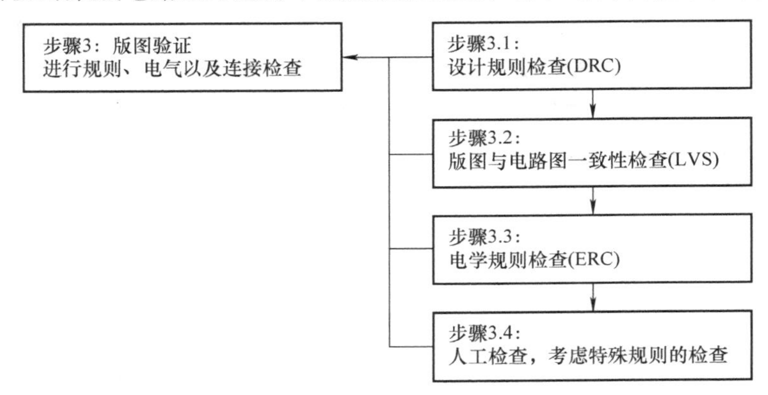

图2.5 版图验证步骤

- 设计规则检查（Design Rule Check，DRC）

设计规则检查会检查版图设计中的多边形、分层、线宽、线间距等是否符合工艺生产规则。因为DRC检查是版图实现后的第一步验证，所以也会对元器件之间的连接关系以及指导性规则进行检查，比如层的非法使用、非法的元器件或连接都属于这个范畴。

- 版图与电路图一致性检查（Layout Vs Schematic，LVS）

版图与电路图一致性检查主要用于检查版图是否进行了正确连接。这时电路图（Schematic）作为参照物，版图必须和电路图完全一致。在进行该检查时主要对以下几方面进行验证：

（1）包括输入、输出、电源/地信号，以及元器件之间的连接关系是否与电路图一致。

（2）所有元器件的尺寸是否与电路图一致：包括晶体管的长度和宽度，电阻、电感、电容，以及二极管的大小。

（3）识别在电路图中没有出现的元器件和信号，如误添加的晶体管或者悬空节点等。

- 电学规则检查（Electrical Rule Check，ERC）

在计算机执行的验证中，电学规则检查一般不作为单独的验证步骤，而是在进行 LVS 检查时同时进行。但天线规则检查需要设计者单独进行一步 DRC 检查才能执行，前提是这里将天线规则检查也归于电学规则检查的范畴内。电学规则检查主要包括以下几方面检查：

（1）未连接或者部分连接的元器件。

（2）误添加的多余的晶体管、电阻、电容等元器件。

（3）悬空的节点。

（4）元器件或者连线的短路情况。

（5）进行单独的天线规则检查。

- 人工检查

该子步骤可以理解为是对版图的优化设计，在这个过程中会检查版图的匹配设计、电源线宽、布局是否合理等这些无法通过计算机验证过程解决的问题，也需要设计者利用长期经验的积累才能做到更优。

2.3.4　版图完成 ★★★

在这个步骤中，版图工程师首先应该检查版图的设计要求是否都被满足，需要提交的文档是否已经准备充分。同时还需要记录出现的问题，与电路工程师一起讨论并提出解决方案。

之后，版图工程师就可以对版图进行参数提取（也称为反提），形成可进行后仿真的网表文件，将其提交给电路设计工程师进行后仿真。这个过程需要版图工程师和电路设计工程师相互配合，因为在后仿真之后，电路功能和性能可能会发生一些变化，这就需要版图工程师对版图设计进行调整。反提出来的电路网表是版图工程师与电路工程师之间的交流工具，这一网表表明版图设计已经完成，还需要等待最终的仿真结果。

当完成后仿真确认之后，版图工程师就可以按照工艺厂的要求，导出 GDSII 文件进行提交，同时还应该提供 LVS、DRC 和天线规则的验证报告，需要进行生产的掩模层信息文件，以及所有使用到的元器件清单。最后为了“冻结”GDSII 文件，还必须提供 GDSII 数据的详细大小和唯一标识号，从而保证了数据的唯一性。

2.4 版图设计通用规则

在学习了版图的基本定义和设计流程之后，本小节将简要介绍一些在版图设计中需要掌握的基本设计规则。主要包括电源线版图设计规则、信号线版图设计规则、晶体管设计规则、层次化版图设计规则和版图质量衡量规则。

- 电源线版图设计规则

电源网格设计是为了让各个子电路部分都能充分供电，是进行版图设计必需的一步，具体的设计规则如下：

（1）电源网格必须形成网格状或者环状，遍布各个子电路模块的周围。

（2）通常使用工艺允许的最底层金属来作为电源线，因为如果使用高层金属作为电源线，就必须使用通孔来连接晶体管和其他电路的连线，会占用大量的版图空间。

（3）每种工艺都有最大线宽的要求，超过该线宽就需要在线上开槽。但特别要注意的是，在电源线上开槽要适当，因为电源线上会流过较大的电流，过度的开槽会使得电源线在强电流下熔化断裂。版图设计规则中虽然对最大线宽有严格的要求，但为了保证供电充分，版图工程师还是会把电源线和地线设计得非常宽，以便降低电迁移效应和电阻效应。但是宽金属线存在一个重要的隐患，当芯片长时间工作时，温度升高，使得金属开始发生膨胀。这时宽金属线的侧边惯性阻止了侧边膨胀，而金属中部仍然保持膨胀状态，这就使得金属中部向上隆起。对于较窄的金属线来说，这个效应并不明显，因为宽度越窄，侧边惯性越低，金属向上膨胀的应力也越小。

宽金属在受到应力膨胀之后，金属可能破坏芯片顶层的绝缘层和钝化层，使芯片暴露在空气中。如果空气中的杂质和颗粒物进入芯片，就会导致芯片不稳定或者失效。为了解决这个问题，版图工程师在进行宽金属线设计时，需要每隔一定的距离就对金属线进行开槽，这一方法的本质是将一条宽金属线变成由许多窄金属线连接而成。由于开槽设计与金属间距、膨胀温度和材料有关，金属线开槽的具体规则因使用工艺不同而有所差异。图 2.6 展示了一个带有金属开槽的宽金属线实例。

（4）尽可能避免在子电路模块上方用不同金属层布电源线。

- 信号线版图设计规则

信号线版图设计规则如下：

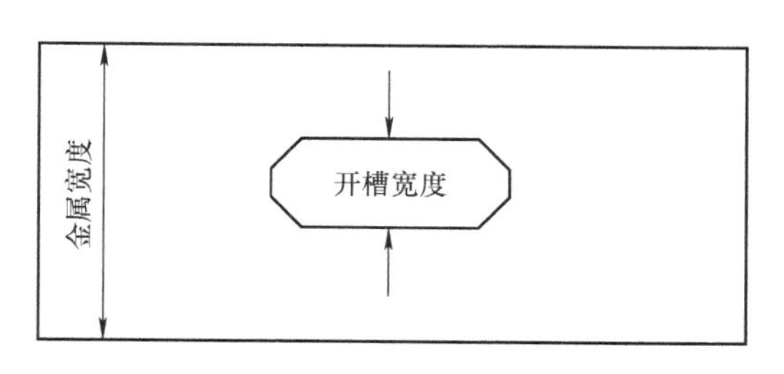

图 2.6　带有金属开槽的宽金属线

（1）对信号线进行布线时，应该首先考虑该布线层材料的电阻率和电容率，一般都采用金属层进行布线，N 阱、有源和多晶硅等不能用于布线。

（2）在满足电流密度的前提下，应该尽可能使信号线宽度最小化，这样可以减小信号线的输入电容。特别是当信号作为上一级电路的负载时，减小电容可以有效降低电路的功耗。

（3）在同一电路模块中保持一致的布线方向，特别是对同层金属，与相邻金属交错开，容易实现空间的最大利用率。例如一层金属、三层金属横向布线，二层金属、四层金属纵向布线。

（4）确定每个连接处的接触孔数量，如果能放置两个接触孔的位置尽量不使用一个接触孔，因为接触孔的数量决定了电流的能力和连接的可靠性。

- 晶体管设计规则

（1）在调用工艺厂的晶体管模型进行设计时，应该尽可能保证 PMOS 晶体管和 NMOS 晶体管的总体宽度一致，如图 2.7 所示。如果二者实在不能统一到一致的宽度，也可以通过添加虚拟晶体管（Dummy MOS）来保证二者宽度一致。

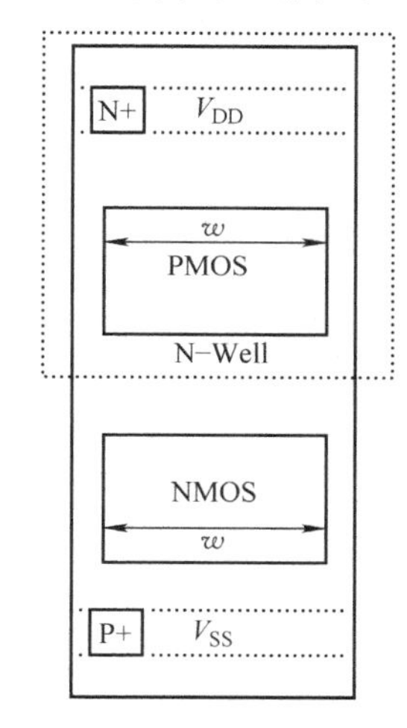

图 2.7　保持 NMOS 晶体管和 PMOS 晶体管宽度一致

（2）在大尺寸设计时，使用叉指晶体管，例如，一个 100μm 宽度的晶体管就可以分成 10 个 10μm 的叉指晶体管。使用叉指晶体管也可以优化由晶体管宽度引起的多晶硅栅电阻。因为多晶栅是单端驱动的，而且电阻率比较高，将其设计成多个叉指晶体管并联，也可以减小所要驱动的电阻。

（3）多个晶体管共用电源（地）线，这个规则是显而易见的。电源（地）线共享可以有效地节省版图面积。

（4）尽可能多使用 90°的多边形和线形。首先采用直角形状，计算机所需的存储空间最小，版图工程师也最易实现。虽然45°连接对信号传输有较大的益处，但这种设计的修改和维护相对困难（在有的设计中，由于45°连线没有位于设计规定的网格点上，还可能导致设计失败），所以对于一般的电路模块版图设计，没必要花费额外的设计精力和时间来使用45°连线进行设计。但对于一些间距受限和对信号匹配质量要求较高的电路，还是需要使用45°连线。

（5）对阱和衬底的连接位置进行规划并标准化。N阱与电源相连，而P+衬底连接到地。

（6）避免“软连接”节点。“软连接”节点是指通过非布线层进行连接的节点，由于非布线层具有很高的阻抗，如果通过它们进行连接，会导致电路性能变差。例如，有源层和N阱层都不是布线层，但在设计中可能也会由于连接，最终导致电路性能变差。目前在运用计算机进行DRC检查时，可以发现该项错误。

- 层次化版图设计规则

层次化设计最重要的就是在规划阶段确定设计层次的划分，将整体版图分为多个可并行进行设计的子电路模块，尤其是那些需要多次被调用的模块。此外，如果是进行对称的版图设计，那么将半个模块和其镜像组合在一起进行对称设计。

- 版图质量衡量规则

一个优秀的版图设计还需要对其以下几方面的质量进行评估：

（1）版图面积是否最小化；

（2）电路性能是否在版图设计后仍可以得到保证；

（3）版图设计是否符合工艺厂的可制造性；

（4）可重用性，当工艺发生变化时，版图是否容易进行更改转移；

（5）版图的可靠性是否得到满足；

（6）版图接口的兼容性是否适合所有例化的情况；

（7）版图是否在将来工艺尺寸缩小时，也可以相应的缩小；

（8）版图设计流程是否与后续工具和设计方法兼容。

2.5 版图布局

版图布局是进行版图设计的第一步，在这个过程中，设计者需要根据信号流向、匹配以及预留布线通道等原则放置每一个元器件。布局的优化程度决定了版图的优劣，最终也决定了模拟电路的性能，本小节就对版图布局中存在问题、布局规则、方法进行讨论。

2.5.1　对称约束下的晶体管级布局 ★★★

在高性能模拟集成电路中，我们通常需要将多组器件沿着一定的坐标轴进行对称布置。差分电路技术被广泛用于提高模拟集成电路的精度、电源抑制比和动态范围。在差分信号通路两个分支的布局中，设计者必须特别注意匹配两条支路布局产生的寄生效应，否则许多差分电路的性能潜力将无法得到实现。当无法通过对称匹配有效抵消这些寄生效应时，差分电路就会产生更大的失调电压，电源抑制比也会随之下降。对称布局（对称布线）的主要目的就是使一组差分器件的两条差分支路版图能够匹配，尽可能减小非对称寄生效应的影响。

对称布局也可以用来降低电路对热梯度的敏感性。在超大规模集成电路器件中，如双极性器件，对邻近温度的变化十分敏感。如果两个这样的器件相对于隔离热对称线随机放置，可能会导致温度差的失配。同样的，如果在差分电路中不能平衡两条支路的热耦合效应，则有可能引起不必要的电路振荡。为了降低潜在的失配效应，热敏感器件应该相对于热辐射器件对称放置。由于对称放置的热敏感器件与辐射器件等距，因此它们所处的环境温度大致相同，这样就可以大幅度降低温度引起的失配效应。

通常情况下，电路都具有对称和非对称器件。例如，图 2.8 所示的两级密勒补偿运算放大器具有对称的差分输入级，但是也具有不对称的单端输出级。

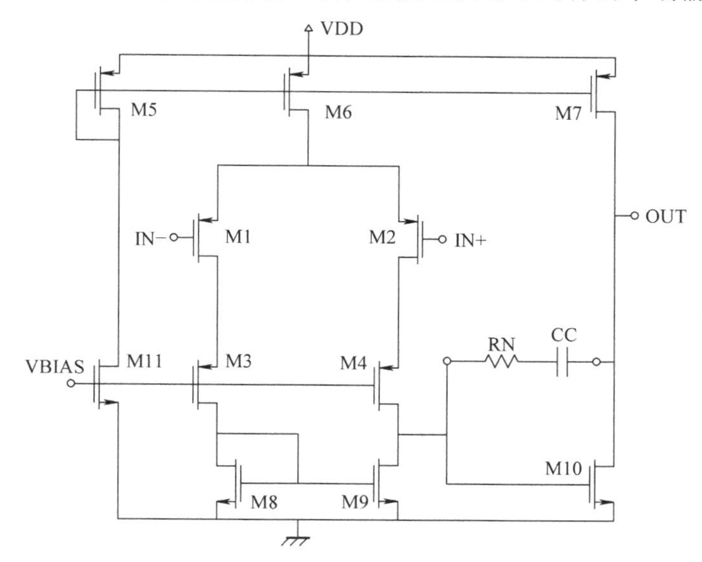

图 2.8　两级密勒补偿运算放大器

典型的对称布局主要包括以下几种类型：

（1）镜像对称：将多个器件分为两个相同的组合，沿着同一个轴线进行布置，使得每对器件有相同的几何形状和对称方向。镜像对称是布局对称的最标准形式。这种布局的优势主要体现在两个方面。首先，由于被迫同样的对器件采用相同的几何结构，所以器件相关寄生得到平衡，器件匹配特性得到改善；其次，镜像对称布局使得器件终端信号走线也可以呈镜像对称，进一步减小了寄生误差。

（2）完全对称：与之前镜像对称中成对器件方向一致的方式不同，这种匹配必须满足更为严格的对称性和匹配性。当存在各向异性制造扰动时（如斜角离子注入），将配对器件放置在相同的方向上时，可以实现最佳匹配。而完全对称布局存在一个问题：因为器件的终端节点不再是镜像对称，所以我们不能用镜像对称路径来连接配对器件，而是采用非几何对称的方式进行布线，以此来匹配相应的寄生效应。当模块中同时存在对称和非对称电路时，布线的困难会急剧增加。

（3）自对称：器件具有几何对称图形，并且与配对器件共用一条对称轴。自对称器件布局的实现主要有两个优点。首先，我们通常需要将非对称器件放置在镜像对称布局的中间。当非对称器件需要连接到两侧对称的信号通路时，这种方式极大地简化了该器件布线的难度。这种布局使得电路的左半部和右半部呈现镜像对称，因此可以较为容易地实现对称布线；其次，自对称在创建热对称布局中是一种非常有效的方式。

2.5.2 版图约束下的层次化布局 ★★★

在模拟集成电路版图设计中，为了减少寄生耦合效应、提高电路性能，需要对器件进行匹配、对称和邻近约束。除了这些基本的版图约束外，由于电路和版图设计层次，还存在层次化对称性和层次化邻近约束。基本的模拟布局约束包括共质心约束、对称约束和邻近约束，如图2.9所示。共质心约束通常用于电流镜中的子电路，或者差分对中，以减小器件之间由工艺引起的失配，在整个差分子电路的布局设计中，我们总是需要对称约束。在差分子电路中，对称约束有助于降低两条对称信号通路之间的寄生失配，而邻近约束广泛应用于器件模型或特定功能电路的子电路中，它有助于形成子电路的连接布局，使得子电路可以共用相互连接的衬底/阱区域或公共保护环，以减少版图面积、互连线长度和衬底耦合效应。此外，具有邻近约束的每个子电路的版图轮廓可以采用不规则的图形，以便更好地利用版图面积。具有邻近约束的两个子电路布局如图2.9c所示，其中（E1\E2\E3）和（F1\F2\F3）为两组子电路。

层次化对称性和层次化邻近约束是模拟集成电路版图设计中的重要准则。版图设计层次通常包括模拟电路设计中精确和虚拟的层次化信息。精确的层次结构与电路层次结构相同，而虚拟层次结构则包含概念上的层次群。每一个群包含一

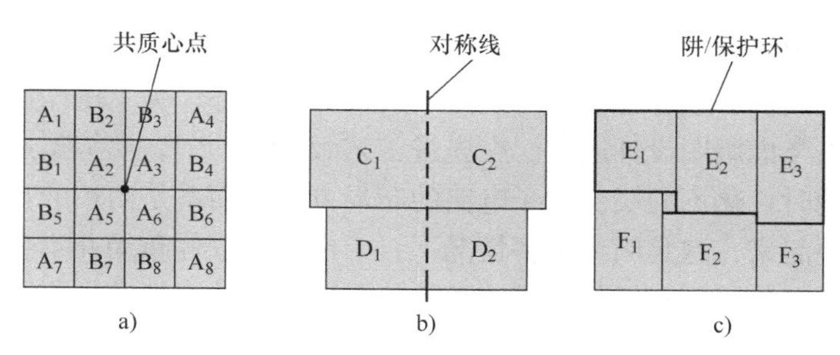

图 2.9　基本的模拟版图约束

a）共质心约束　b）对称约束　c）邻近约束

些器件和子电路，这些器件和子电路基于近似的器件模型、子电路功能或其他特定约束组合成群。一个版图设计层次举例如图 2.10 所示，其中每一个子电路对应一个特定的约束。

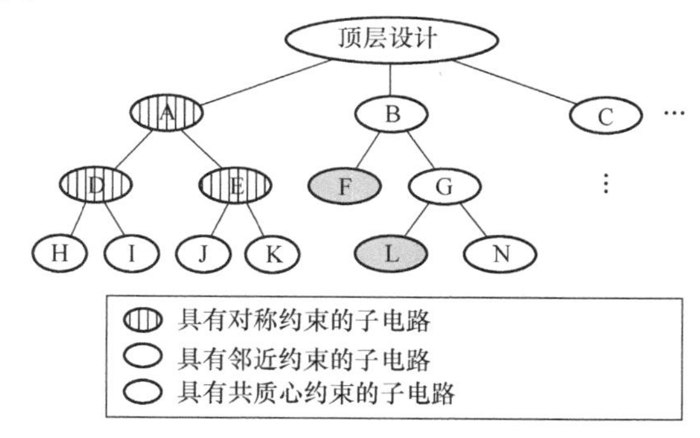

图 2.10　版图设计层次以及每个子电路中对应的约束

在图 2.10 中，具有层次化对称约束的子电路可能包括一组具有共质心对称约束的器件和子电路。图 2.10 中多个子电路的层次化对称布局如图 2.11 所示。同样的，一个具有层次化邻近约束的子电路也可能包括一组具有共质心对称约束和邻近约束的器件和子电路。

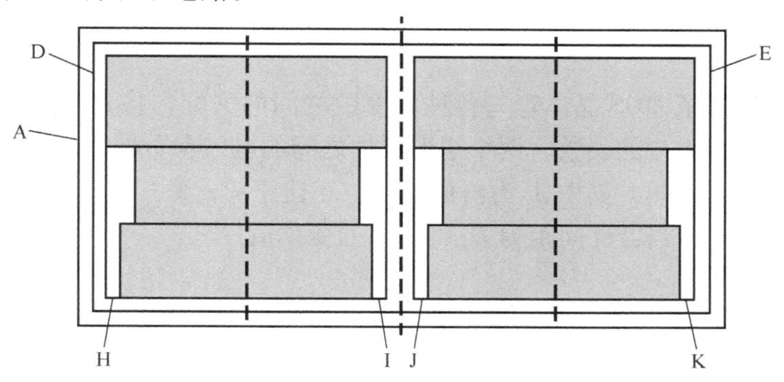

图 2.11　具有层次化对称约束的子电路布局，其中 H/I、J/K、D/E 为各自的对称对

基于图 2.10 中所示的版图设计层次化概念，为了使版图设计具有更高的效率和有效性，我们必须分层次进行版图布局设计。此外，为了压缩版图面积，我们也需要重点考虑版图设计层次。在先进工艺版图设计中，模拟集成电路版图布局常常需要同时优化不同层次间子电路的布局方式，而不是简单的自底向上将子电路版图堆叠起来，这是因为很多情况下，子电路的最优布局并不会产生最优的全局布局。大多数版图布局都采用基于拓扑平面表示的模拟退火方法，如序列对和 B* 形树方法。其中，基于层次的 B* 形树（Hb* 形树）方法在考虑版图设计层次的同时，能够合理地处理层次化对称和层次化邻近约束的问题。

对称约束

为了减少寄生失配和电路灵敏度对模拟电路热梯度或工艺变化的影响，我们需要将一些模块对相对于公共轴对称放置，并且将对称模块放置在最接近对称轴的位置，以获得更优的电性能。对称约束可根据对称类型、对称组、对称对和自对称模块来制定相应的布局策略。在模拟版图中，根据特定的对称类型，一个对称组中还可能包含一些对称对和子对称模块。对称类型分为具有纵向对称轴和横向对称轴的两种主要类型，如图 2.12 所示。

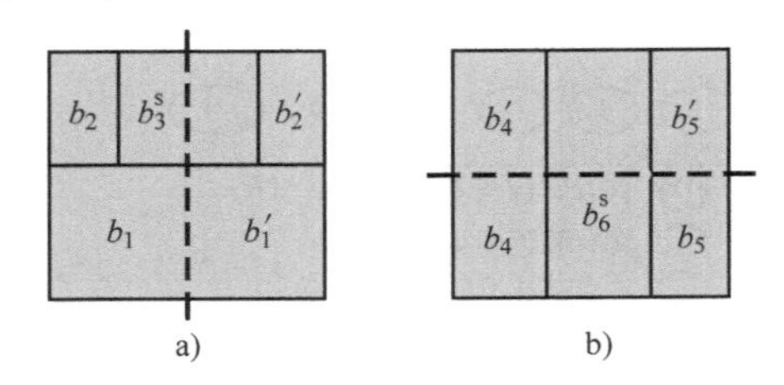

图 2.12　两种对称类型

a）具有纵向对称轴的对称布局　b）具有横向对称轴的对称布局

如图 2.12 所示中的具有纵向（横向）对称轴的布局，对称对中具有相同面积和方向的两个模块必须沿着对称轴对称布置。由于自对称模块的内部结构是自对称的，所以其中心必须位于对称轴上。

对称岛

有学者测量了 MOS 晶体管与各种电参数之间的失配，将其作为一个关于器件面积、距离和方位的函数。两个矩形器件之间的电气参数差 P 可以由式(2-1)中的标准差进行建模，其中 A_p 为器件面积，正比于 P；W、L 分别为晶体管的宽度和长度；S_p 表示当器件间距为 D_x 时，P 的变化值。

$$\sigma^2(\Delta P) = \frac{A_p^2}{WL} + S_p^2 D_x^2 \tag{2-1}$$

这里我们假设对称对中器件的面积都是相同的。根据式（2-1），对称对之间的距离越大，它们之间的电学特性差异越大。所以，必须将对称组中的对称器件布置在尽可能近的距离内。一个包含差分输入子电路的两级 CMOS 运算放大器如图 2.13a所示。差分输入子电路中的器件 M1、M2、M3、M4 和 M5 形成一个对称组。图 2.13b 和 c 展示了两种布局类型的版图布置。因为同一个对称组中的对称模块布置在更接近的距离上，所以图 2.13c 中的布局要优于图 2.13b。因此，器件对于工艺变化的敏感性得到最小化，电路的性能也得到了提升。

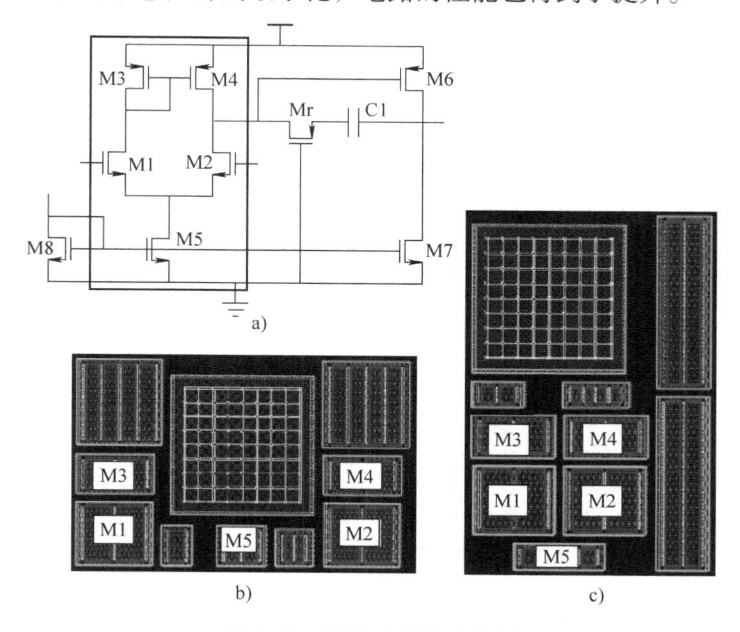

图 2.13　两种布局类型实例

a）两级运算放大电路，差分输入子电路构成一个对称组　b）对称组中的器件没有布置在相邻的位置　c）对称组中的器件布置在尽可能接近的位置

基于对称组中的器件必须布置在尽可能接近的位置这一准则，我们给出对称岛的定义：对称岛是对称组的一种布置方式，组中的每个模块至少与相同组中的一个其他模块相邻，并且对称组中的所有模块可以形成互连。

在图 2.14 的例子中，图 2.14a 中的对称组 S1 构成一个对称岛，但是图 2.14b由于对称器件不能形成互连，所以无法形成对称岛。所以，图 2.14a 中布局方式可以获得更优的电气特性。

B* 形树

B* 形树是一个有序的二叉树，它表示一个紧凑的布局，其中每个模块不能再向左侧和底部移动。如图 2.15 所示，B* 形树的每个节点对应于一个紧凑布局的模块。B* 形树的根对应于左下角的模块。每一个节点 n 对于一个模块 b，n 的左子节点表示 b 右侧最低的相邻模块，而 n 的右子节点表示 b 之上的具有相同水平坐标的第一模块。给定一个 B* 形树，我们可以通过预置树遍历，来计算每个

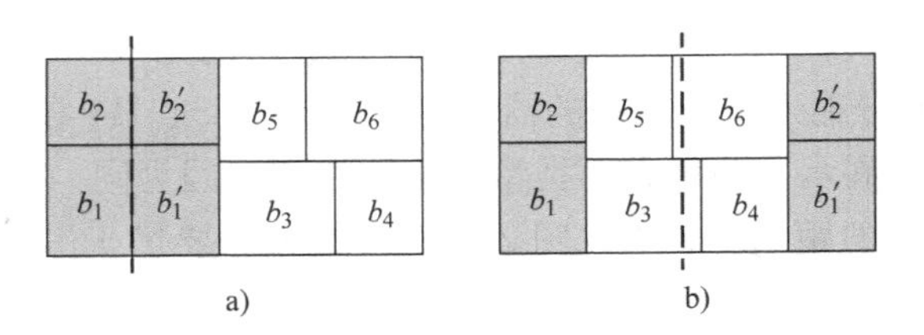

图 2.14　对称组 S1 = {(b_1,b'_1),(a_1,a'_1)}的两种对称布局

a）S1 构成一个对称岛　b）S1 无法构成一个对称岛

模块的坐标。假设由节点 n_i 表示的模块 b_i 具有底左坐标（x_i；y_i）、宽度 w_i 和高度 h_i，那么对于 n_i 左侧的子模块 n_j，有 $x_j = x_i + w_i$；对于 n_i 右侧的子模块 n_k，有 $x_k = x_i$。此外，我们保持整体结构的轮廓来计算 y 坐标。所以从根节点开始［左下角坐标为（0，0）］，然后访问根左侧的子模块和右侧的子模块，这个预置树遍历的过程，也就是 B* 形树遍历，就可以计算出布局中所有模块的坐标。

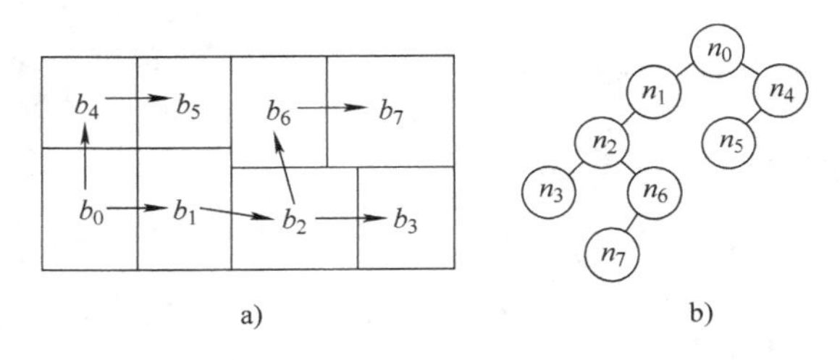

图 2.15　紧凑布局以及用 B* 形树表示图 a）中的紧凑布局

a）紧凑布局　b）用 B* 形树表示图 a）中的紧凑布局

2.6　版图布线

布线是模拟版图设计最后的步骤，其主要目的是将各个模块（晶体管、电容器、差分对等）的输入/输出端口进行电气连接。由于模拟电路的性能严重地依赖于版图寄生效应，所以对模拟电路布线的要求要比数字电路严格得多。一个运算放大器差分输入级的版图如图 2.16a 所示，黑色部分是版图需要布线的区域。我们可以将部分器件进行合并，以减小不必要的连接线，从而减小寄生效应。进行合并后的版图布线如图 2.16b 所示。从图中可以看出，即使对于这个简单的模拟电路，虽然图 2.16a 的布线方法更为简单、成熟，但该布线策略使得电路性能弱于图 2.16b。因此，布线的质量很大程度上取决于器件的折叠、合并、布置和形状。所以，布线过程必须和器件选取、布局等步骤紧密地结合在一起。

图 2.16 所示的布线，其质量很大程度上取决于器件的折叠、合并、布置和形状。我们知道，模拟电路的性能对版图寄生效应十分敏感，这些非理想效应本

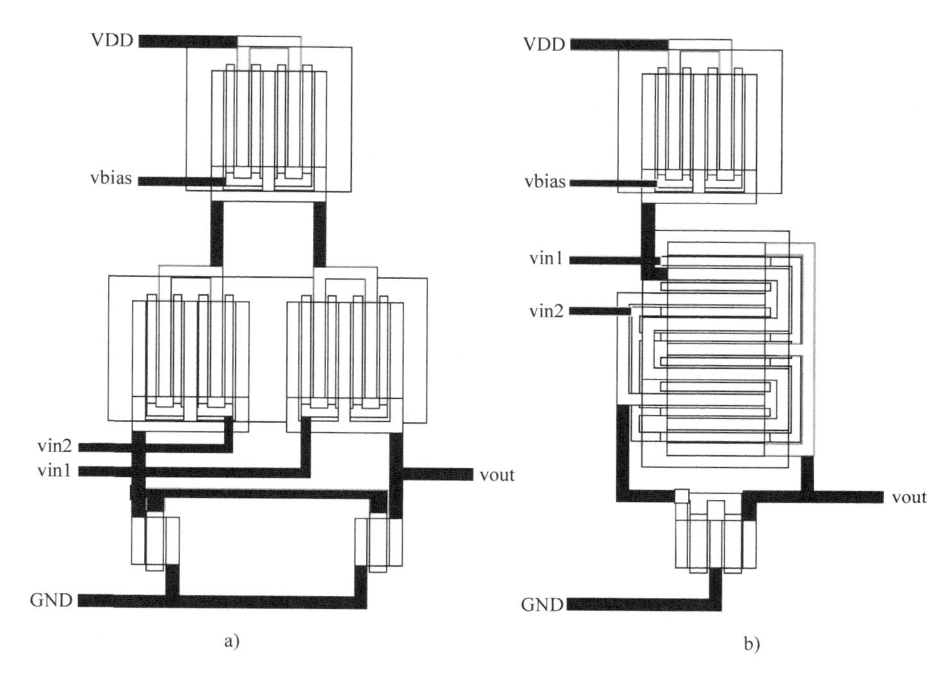

图 2.16　两种版图布线方法
a）简单布置　b）合并布置

质上是由器件的物理特性决定的。虽然我们不能完全消除布线寄生参数的影响，但是我们仍然可以采用合理的技术来降低这些效应。

分裂布线网络

模拟电路中不同布线区域内的电流密度可能具有较大差别。因此，在同一布线网络中两条路径的电流密度，也可能存在数个数量级的差异。线电阻可以表示为

$$R_{wire} = \frac{\Delta l \times R_{sh}}{\Delta w} \tag{2-2}$$

其中，Δl 和 Δw 分别为线的长度和宽度；而 R_{sh} 为线材料的方块电阻值。如果我们将该模型用于图 2. 17a 的接地线中，那么在两条虚线之间就会产生 $V_{drop} = R_{wire} \times I$ 的电压降，因此在线顶端的电位就不等于地电位。这个电压差会随时间而变化，并影响电路的工作状态，所以必须减小这个影响。一种方法如图 2. 17b 所示，将两个方向的布线网络分离，其目的在于使得大电流流过主通路，小电流流经分支通路，从而减小电压降。也可以如图 2. 17c 所示，增加布线的宽度，通过减小方块数来减小线电阻。

对称布线

模拟电路设计者经常需要在差分电路中引入对称性来优化失调、差分增益和

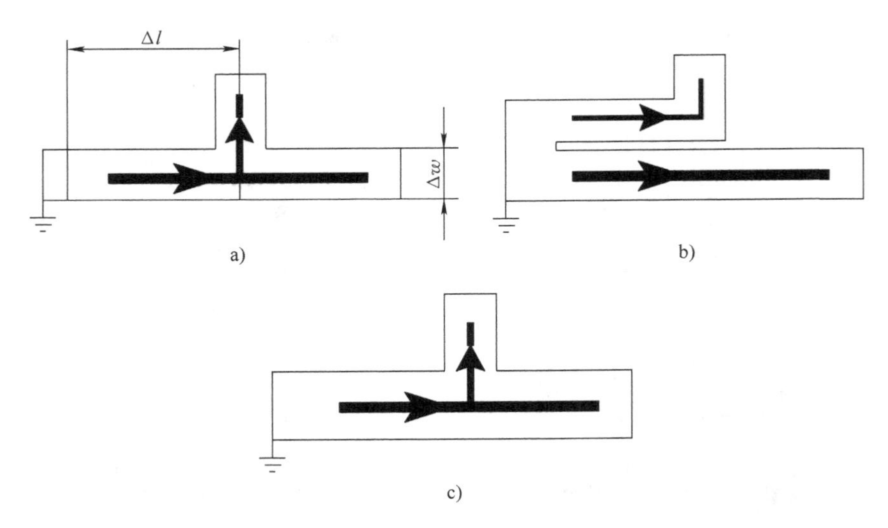

图 2. 17 布线网络中的电流密度

a）分支线会受到线电阻产生电压降的影响 b）分支路与主通路分离，流过小电流 c）增加布线的线宽，减小方块数来减小线电阻

噪声。如果只有差分路径的端口是相对于对称轴对称的，那么我们就可以考虑进行对称布线。一个对称的版图如图 2. 18a 所示，其中端口为灰色，对称轴为虚线。这个对称轴将版图分成两个部分。在初始阶段，我们不考虑非对称（相对于对称轴）障碍的存在。在没有非对称障碍物的情况下，我们先对版图的左半边进行布线，然后将布好的路径镜像到版图的另一半。我们再考虑具有非对称障碍存在的情况。由于障碍物只出现在对称轴的一侧，我们可以假设另一半也出现一个镜像障碍，那么我们就可以在一侧布线，之后再镜像回另一侧，如图 2. 18b 所示。

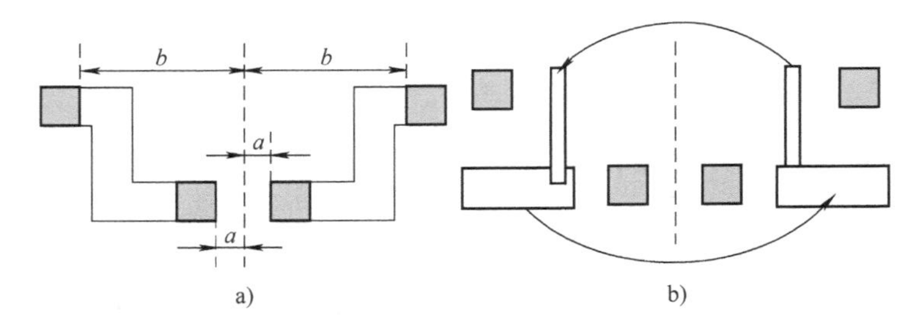

图 2. 18 对称轴和非对称障碍

a）端口相对于虚线轴对称 b）将非对称障碍镜像

如果两个端口在对称轴的不同侧且路径交叉，则使用上述方法将不可能实现对称布线。一个例子如图 2. 19a 所示。这时我们可以使用“连接器”技术（见

图 2.19b），这时“连接器”允许两个对称部分跨过对称轴线。虽然两个网络的电阻和电容是匹配的，但是由于与其他网络的电容和电感耦合，对称网络的寄生之间仍然可能存在一些差异。但这种方式的连接仍然要优于图 2.19a。

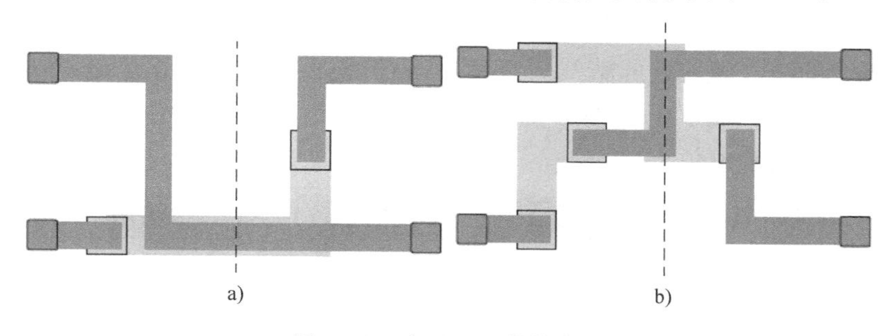

图 2.19　交叉匹配线的寄生

a）两条对称线之间的匹配较差　b）使用“连接器”改善匹配

串扰与屏蔽

信号线之间的串扰会严重降低模拟电路的性能。所以，我们在布线过程中需要提取这些非理想效应。对于寄生电容的提取方法，存在 1 维、2 维、2.5 维和 3 维的提取方法。1 维提取可以简单地采用式（2-3）实现：

$$C_{1D} = AC_{\alpha} + SC_{\beta} \tag{2-3}$$

式中，A 为两条线之间重叠区域的面积；S 是该区域的周长；C_{α} 是每单位面积的电容；C_{β} 是每单位长度的边缘电容。图 2.20 中的虚线区域就是重叠区域。2 维提取还包括由于不重叠导线所产生的电容。如果采用 2 维模型进行提取，图 2.20 中第一条垂直线的整体电容值为

$$C_{2D} = C_{1D} + \frac{\Delta l \times C_{\gamma}}{d} \tag{2-4}$$

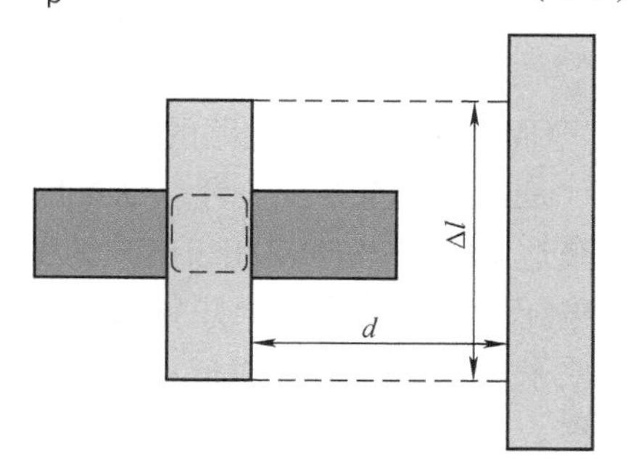

图 2.20　包括重叠和非重叠电容的 2 维提取

式中，C_{γ} 为单位长度的串扰电容；Δl 为垂直轴上的交叠长度；d 为两条线间的距离。由于其相对简单，所以在布线中我们通常使用该 2 维模型。

在 2.5 维提取中，我们首先通过真实的 3 维结构横截面来考虑边缘效应；另一方面，我们还在三维提取中构造了包括参数化三维几何结构的库，并且将从版图中提取的几何图形与库中的几何图形进行匹配。虽然 3 维提取比上述提取方法更精确，但由于其时间性，在布线搜索中可能会更加复杂。

在射频电路中，电感耦合对电路性能也起着至关重要的作用，我们可以采用

互连的 RLC 模型来观察这些电感的影响，甚至可以进行电磁模拟来更精确地观察寄生效应。

在互连中，并行的长连线由于耦合作用发生串扰，会影响电路的性能。一种降低串扰的方式是增加线间距。如果增加线间距仍无法降低串扰，那么我们可以在严重耦合的线之间加入屏蔽线。三种屏蔽情况如图 2.21 所示。这些方法可以用于降低衬底或布线层引起的串扰。需要注意的是，屏蔽线必须连接到直流电位，或者连接到地电位上。

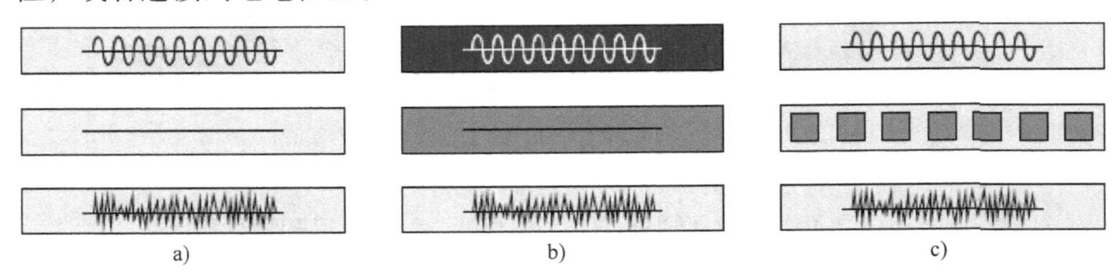

图 2.21　通过屏蔽降低串扰

a）在同一层中进行屏蔽　b）不同层中进行屏蔽

c）屏蔽通过衬底的串扰，方块表示与衬底连接的通孔

2.7　CMOS 模拟集成电路版图匹配设计

CMOS 模拟集成电路的性能可以通过版图设计的很多方面来体现，但匹配性设计是其中最重要的一环。在集成电路工艺中，集成电阻和电容的绝对值误差可能高达 20% ~30%，在一些高精度的差分放大电路中，差分输入晶体管尺寸 1% 的失配就可能造成噪声并导致动态范围等性能的急剧恶化。因此在版图设计中，需要采用一定的策略和技巧来实现电路内元器件的相对匹配，从而达到信号的对称。

本节首先介绍 CMOS 集成电路元器件失配的机理，之后针对这些机理分小节介绍电阻、电容和晶体管版图匹配设计的方法和技巧。

2.7.1　CMOS 工艺失配机理　★★★

CMOS 器件生产工艺是一个复杂的微观世界，元器件的随机失配来源于其尺寸、掺杂浓度、曝光时间、氧化层厚度控制，以及其他影响元器件参数值的微观变化。虽然这些微观变化不能被完全消除，但版图工程师可以通过合理选择元器件尺寸或者绝对值来降低这些影响。CMOS 工艺失配包括工艺偏差、电流不均匀流动、扩散影响、机械应力和温度梯度等多方面的原因。下面对这些失配的产生机理进行简要分析。

● 随机变化

CMOS 集成电路元器件在尺寸和组成上都表现出微观的不规则性。这些不规则性分为边变化和面变化两大类。边变化发生在元器件的边缘，与元器件的周长成比例；面变化发生在整个元器件中，与元器件的面积成比例。

根据统计理论，面变化可以用式（2-5）来表示：

$$s = m\sqrt{k/2A} \tag{2-5}$$

在式（2-5）中，m 和 s 分别是有源面积为 A 的元器件的某一参数的平均值和标准差。比例常量 k 称为匹配系数，这个系数的幅值由失配源决定。同一工艺下不同类型的元器件，以及不同工艺下同一类型的元器件都具有不同的匹配系数。通常来说，两个元器件之间的失配 s_δ 的标准偏差为

$$s_\delta = \sqrt{(s_1/m_1)^2 + (s_2/m_2)^2} \tag{2-6}$$

式中，m_1 和 m_2 是每个元器件所要研究的参数的平均值；s_1 和 s_2 是该参数的标准偏差。式（2-5）和式（2-6）构成了计算各种集成电路元器件随机失配的理论基础。

● 工艺偏差

由于在生产过程中，光刻、刻蚀、扩散以及离子注入的过程会引起芯片图形与设计的版图数据有所差别，实际生产和版图数据之间的尺寸之差就称为工艺偏差，从而在一些元器件中引入系统失配。

在版图设计中，主要通过采用相同尺寸的子单元电阻、电容和晶体管来设计相应的大尺寸元器件，这样就可以有效减小工艺偏差带来的系统失配。

● 连线产生的寄生电阻和电容

版图中的导线连接引入一部分寄生的电阻和电容，特别是在需要精密电阻和电容的场合，这些微小的寄生效应会严重破坏精密元器件的匹配性。金属铝线方块电阻的典型值为 50～80mΩ/□。较长的金属连线，可能包含上百个方块；同时每个通孔也有 2～5Ω 的电阻，这样一根进行换层连接的长金属线就可能引入 20Ω 以上的电阻。

同样，金属连线的电容率为 0.035fF/μm^2，这意味着一根宽 1μm、长 200μm 的导线的寄生电容为 7fF。在数/模转换器中，单位电容可能选择 100fF 左右的电容值，7fF 的寄生电容将严重影响数/模转换器中电容阵列的匹配性。

● 版图移位

在生产过程中，由于 N 型埋层热退火引起的表面不连续性会通过气相外延淀积的单晶硅层继续向上层传递。由于这种衬底上的不连续性并不能完全复制到最终的硅表面，因此在外延生长过程中，这些不连续会产生横向移位，这种效应被称为版图移位。又由于这些不连续在不同方向上的偏移量并不相同，就会引起

版图失真。如果表面不连续表现的更为严重，在外延生长中完全消失，那就有可能造成版图冲失。

版图移位、失真、冲失可以理解为不连续发生故障的三种不同程度的表现，它们都会引起芯片的系统失配。

- 刻蚀速率的变化

多晶硅电阻的开孔形状决定了刻蚀速率。因为大的开孔可以流入更多的刻蚀剂，其刻蚀速率就比开孔小的多晶硅快，这样，位于大开孔边缘处侧壁的刻蚀就比小开孔处严重，这种效应会使得距离很远的多晶硅图形比紧密放置的图形的宽度要小一些，从而导致制造的电阻值发生差异。

通常在电阻阵列中，只有阵列边缘的电阻才会受到刻蚀速率变化的影响，因此需要在电阻阵列两端添加虚拟电阻来保护中间的有效电阻，保证刻蚀速率的一致性。

- 光刻效应

曝光过程中会发生光学干扰和侧壁反射，这样就会导致在显影过程中发生刻蚀速率的变化，引起图形的线宽变化，进而导致系统失配。

此外，扩散中的相互作用、氢化影响、机械应力、应力梯度、温度梯度、热电效应以及静电影响都是产生系统失配的原因。由于这些效应的机理较为复杂，读者可参考相关的工艺资料进行学习。

2.7.2 元器件版图匹配设计规则 ★★★

上一小节分析了集成电路元器件失配的基本机理后，本小节就针对三种常用的集成电路元器件：电阻、电容和晶体管，讨论进行版图匹配设计的一些基本规则。

- 电阻版图匹配设计规则

（1）匹配电阻由同一种材料构成。

（2）匹配电阻应该具有相同的宽度。

（3）匹配电阻值尽可能选择大一些。

（4）匹配电阻的宽度尽可能大一些。

（5）在宽度一致的情况下，电阻的长度也尽可能一致，即保证匹配电阻的版图图形一致。

（6）匹配电阻的放置方向一致。

（7）匹配电阻要邻近进行放置。

（8）电阻阵列中的电阻应该采用叉指状结构，以产生一个共质心的版图图形。

（9）在电阻阵列两端添加虚拟电阻元器件。

（10）避免采用总方块数小于5的电阻段，在精确匹配时，保证所含电阻的方块数不少于10。

（11）匹配电阻摆放要相互靠近，以减小热电效应的影响。

（12）匹配电阻应该尽可能的放置在低应力区域。

（13）匹配电阻要远离功率器件。

（14）匹配电阻应该沿管芯的对称轴平行放置。

（15）分段阵列电阻的选择优于采用折叠电阻。

（16）多采用多晶硅电阻，尽量少采用扩散电阻。

（17）避免在匹配电阻上放置未连接的金属连线。

（18）避免匹配电阻功耗过大，过大的功耗会产生热梯度，从而影响匹配。

- 电容版图匹配设计规则

（1）匹配电容应该采用相同的版图图形。

（2）精确匹配电容应该采用正方形。

（3）匹配电容值的大小适中，因为过小或者过大的电容值会使梯度效应加剧。

（4）匹配电容应该邻近放置。

（5）匹配电容应该放置在远离沟道区域和扩散区边缘的场氧化层之上。

（6）把匹配电容的上极板连接到高阻节点。

（7）电容阵列的外围需要放置虚拟电容。

（8）对匹配电容进行静电屏蔽。

（9）将匹配电容阵列设计为交叉耦合电容阵列，这样可以减小氧化层梯度对电容匹配的影响，从而保护匹配电容不受应力和热梯度的影响。

（10）在版图设计时考虑导线寄生电容对匹配电容的影响。

（11）避免在没有进行静电屏蔽的匹配电容上方走线。

（12）优先使用厚氧化层电介质的电容，避免使用薄氧化层或复合电介质的电容。

（13）把匹配电容放置在低应力梯度区域。

（14）匹配电容应该远离功率元器件。

（15）精确匹配电容沿管芯对称轴平行放置。

- 晶体管版图匹配设计规则

（1）匹配晶体管应该使用相同的叉指图形，即匹配晶体管每个叉指的长度和宽度都应该相同。

（2）匹配晶体管尽可能使用大面积的有源区。

（3）失调电压与晶体管的跨导有关，而跨导又与栅源电压成比例。对于电压匹配的晶体管，栅源电压应该保持在较小值。

（4）对于电流匹配晶体管，应该保持较大的栅源电压值。因为电流失配方程与阈值电压有关。该值与栅源电压成反比，所以增大栅源电压会减小其对匹配电流的影响。

（5）在同一工艺中，尽可能采用薄氧化层的晶体管。因为薄氧化层晶体管器件的匹配性要优于厚氧化层晶体管。

（6）匹配晶体管的放置方向保持一致。

（7）晶体管应该相互靠近，成共质心摆放。

（8）匹配晶体管的版图应该尽量紧凑。

（9）避免使用过短或者过窄的晶体管，减小边缘效应的影响。

（10）在晶体管的外围放置虚拟晶体管。

（11）将晶体管放置在低应力梯度区域。

（12）晶体管位置远离功率元器件。

（13）有源栅区上方避免放置接触孔。

（14）金属布线不能穿过有源栅区。

（15）使深扩散结远离有源栅区，阱的边界与精确匹配晶体管之间的最小距离至少等于阱结深的两倍。

（16）精确匹配晶体管应该放置在管芯对称轴的平行线上。

（17）使用金属线而不是多晶硅连接匹配晶体管的栅极。

（18）尽可能使用 NMOS 晶体管进行匹配设计，因为 NMOS 晶体管的匹配性高于 PMOS 晶体管。

第3章 Cadence Virtuoso 617版图设计工具

Cadence Virtuoso 617 设计平台是一套全面升级版的全定制集成电路（Integrated Circuits，IC）设计系统，它能够在各个工艺节点上加速实现定制 IC 的精确芯片设计，其全定制设计平台为模拟、射频，以及混合信号 IC 提供了极其方便、快捷而精确的设计方式和环境。Cadence Virtuoso 617 电路设计平台作为业界标准的任务环境，其内部集成的电路图编辑器（Schematic Composer Editor）和版图编辑器（Layout Editor）可以高效地完成层次化、自顶而下的定制电路图和版图的设计。本章将对 Virtuoso Layout Editor 和基于 Cadence Virtuoso 617 的全定制版图设计流程进行详细介绍。

3.1 Cadence Virtuoso 617 界面介绍

图 3.1 是启动全定制版图设计工具 CadenceVirtuoso 617 后的主界面，称为命令解释窗口（Command Interpreter Window，CIW），在此窗口下可以显示在软件操作时的输出信息，同时也可以采用图形界面或者 Cadence 软件 SKILL 语言完成各种操作任务。

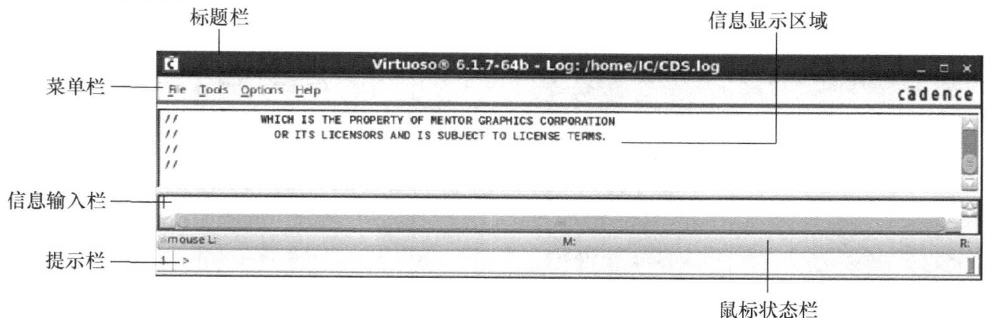

图 3.1 Cadence Virtuoso 617 的 CIW

图3.1所示的CIW主要包括标题栏、菜单栏、信息显示区域、信息输入栏、提示栏以及鼠标状态栏。其中标题栏显示的是软件的名称、版本和启动路径；菜单栏的按钮用于选择各种命令，如新建或打开库/单元/视图，导入/导出特定的文件格式，退出软件，打开库管理编辑器、库路径编辑器，电路仿真器的选择，工艺文件的管理，显示资源管理器，打开Abstract产生器，元件描述格式（CDF）的编辑、复制和删除，转换工具包，license管理，工具快捷键管理，以及工具的帮助信息等；信息显示区域显示使用Cadence Virtuoso 617设计工具时的提示信息；信息输入栏用于采用SKILL语言输入相应的命令，其输出结果在信息显示区域显示；鼠标状态栏用于提示用户当前鼠标的左键、中键，以及右键的状态；提示栏用于显示当前命令的信息。下面详细介绍Cadence Virtuoso 617版图设计工具CIW界面的菜单按钮的功能和作用。

3.1.1 Cadence Virtuoso 617 CIW界面介绍 ★★★

图3.1所示CIW的菜单按钮主要包括文件（File）、工具（Tools）、选项（Options）和帮助（Help）。其中，文件菜单主要完成文件库和单元的建立、打开，以及文件格式的转换，打开库单元的历史列表，退出软件等，主要包括New、Open File、Import、Export、Refresh、Make Read Only、Bookmarks、1xx yy zz、Close Data和Exit。Cadence Virtuoso 617 CIW的File菜单说明见表3.1，菜单如图3.2所示。

表3.1 Cadence Virtuoso 617 CIW File菜单

File		
New	Library	新建设计库
	Cellview	在指定库下新建新单元
Open File		打开指定视图View
Import	EDIF200 In	导入EDIF 200格式网表
	Verilog In	导入Verilog格式代码
	VHDL In	导入VHDL格式代码
	Spice In	导入SPICE格式网表
	DEF In	导入DEF格式文件
	LEF In	导入LEF格式文件
	Stream In	导入GDSII版图文件
	OASIS	导入OASIS格式文件
	Netlist View	从电路连接格式导入至电路图

（续）

File		
Export	EDIF200	导出 EDIF200 格式网表
	CDL	导出 SPICE 格式网表
	DEF	导出 DEF 格式版图数据
	LEF	导出 LEF 格式版图数据
	Stream	导出 GDSII 版图数据
	OASIS	导出 OASIS 格式文件
	PRFlatten	导出 Virtuoso 预览打散
Refresh		刷新库设计数据和 CDF 数据
Make Read Only		设置当前打开视图为只读模式
Bookmarks	Manage Bookmarks	显示当前使用视图一览
1 xx yy zz		最近一次打开的库文件名称 xx 为库名、yy 为单元名、zz 为视图名
Close Data		关闭数据并从缓存中清除
Exit		退出 CIW

菜单 Tools 主要完成各种内嵌工具的调用，包括 Library Manager、Library Path Editor、NC - Verilog Integration、VHDL Toolbox、Mixed Signal Environment、ADE Assembler、ADE Explorer、ADE Verifier、ADE L、ADE XL、ViVA XL、AMS、Behavioral Modeling、Technology File Manager、Display Resource Manager、Abstract Generator、Print Hierarchy Tree、Set Cell Type、CDF、SKILL IDE、SKILL API Finder、Conversion Tool Box 和 Uniquify。Cadence Virtuoso 617 CIW Tools 详细菜单见表 3.2，菜单如图 3.3 所示。

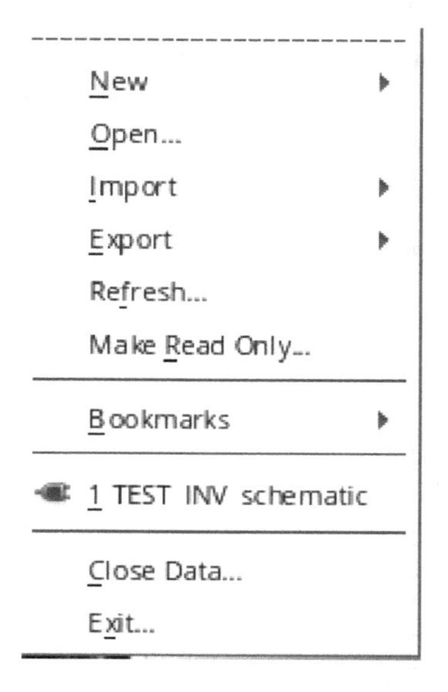

图 3.2　Cadence Virtuoso 617 CIW File 菜单

表 3.2 Cadence Virtuoso 617 CIW Tools 详细菜单

Tools		
Library Manager		启动库管理器
Library Path Editor		启动库路径编辑器
NC - Verilog Integration		打开 NC - Verilog 工具集成环境
VHDL Tool Box		打开 VHDL 工具箱
Mixed Signal Environment	Prepare Library for MSPS	混合信号仿真环境
ADE Assembler		创建 ADE 汇编程序
ADE Explorer		创建 ADE 开发程序
ADE Verifier		创建 ADE 验证程序
ADE L		启动 ADE L 仿真环境
ADE XL		启动 ADE XL 仿真器
ViVA XL	Calculator	启动 ADE L 计算器插件
	Results Browser	启动 ADE L 仿真结果查看器
	Waveform	启动 ADE L 仿真波形查看器
AMS	Options	AMS 工具选项
	Netlister	AMS 网表设置
Behavioral Modeling	Model Validation	模型合理性检查
	Schematic Model Generator	Schematic 模型产生器
Technology File Manager		工艺文件管理器调用
Display Resource Manager		显示资源管理器
Abstract Generator		Abstract 产生器启动
Print Hierarchy Tree		打印层次化树状结构
Set Cell Type		批量设置单元类型
CDF	Edit	CDF 编辑模式
	Copy	CDF 复制模式
	Delete	删除存在的 CDF
	Scale Factors	物理单位编辑
SKILL IDE		打开 SKILL 集成开发环境
SKILL API Finder		打开 SKILL 语言开发环境
Conversion Tool Box		打开转换工具箱
Uniquify		单元名称唯一化

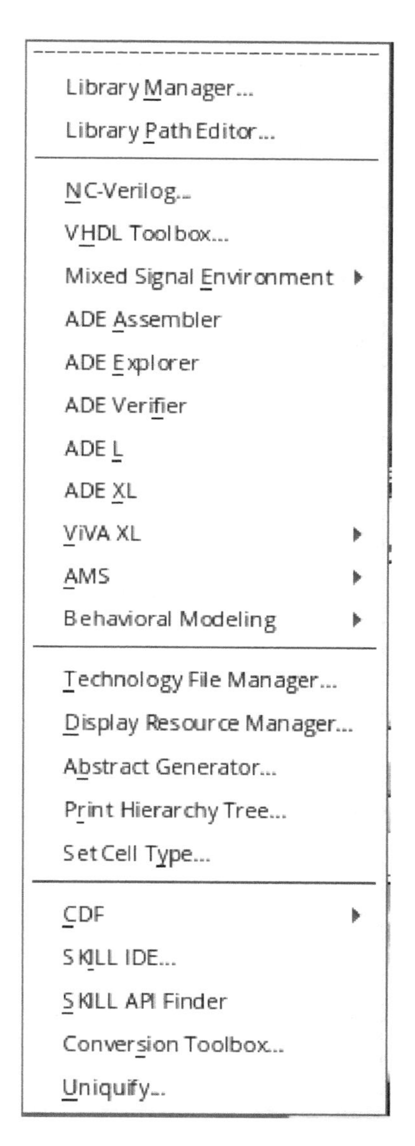

图3.3　Cadence Virtuoso 617 CIW Tools菜单

选项菜单Options主要完成环境变量的设置，包括Save Session、Save Defaults、User Preferences、File Preferences、Log Filter、Bindkeys、Toolbars、Fonts、License、Checkout Preferences和Checkin Preferences。Cadence Virtuoso 617 CIW Options菜单说明见表3.3，菜单如图3.4所示。

表 3.3　Cadence Virtuoso 617 CIW Options 菜单

Options	
Save Session	保存对话选项
Save Defaults	默认设置保存至文件，包括工具保存设置、变量保存设置，以及可用工具设置
User Preferences	用户偏好设置，包括窗口设置、命令控制设置、表单按钮位置，以及文字字体、字号设置等
File Preferences	浏览器偏好设置，开启浏览器是否提示设置、关闭 CIW 是否提示设置
Log Filter	登录信息滤除显示设置
Bindkeys	快捷键管理器
Toolbars	菜单栏选项设置
Fonts	Cadence Virtuoso 617 软件窗口、文本、报错等字体和字号设置
License	工具使用许可管理器
Checkout Preferences	Check out 偏好设置
Checkin Preferences	Check in 偏好设置

帮助菜单 Help 主要是获取 Virtuoso 的帮助途径，以及在线文档，包括 User Guide、What's New、Known Problems and Solutions、Virtuoso Documentation Library、Virtuoso Video Library、Virtuoso Rapid Adoption Kits、Virtuoso Learning Map、Virtuoso Custom IC Community、Cadence Online Support、Cadence Training、Cadence Community、Cadence OS Platform Support、Contact Us、Cadence Home 和 About Virtuoso。Cadence Virtuoso 617 CIW Help 菜单说明见表 3.4，菜单如图 3.5 所示。

Save Session...
Save Defaults...
User Preferences...
File Preferences...
Log Filter...
Bindkeys...
Toolbars...
Fonts...
License...
Checkout Preferences...
Checkin Preferences...

图 3.4　Cadence Virtuoso 617 CIW Options 菜单

表 3.4　Cadence Virtuoso 617 CIW Help 菜单

Help		
User Guide		Virtuoso 用户指南
What’ s New		查看 Virtuoso 更新的当前版本文档并再次显示更新的文本窗口
Known Problems and Solutions		打开 Virtuoso 平台的已知问题和解决 Cadence 出现的问题
Virtuoso Documentation Library		打开 Cadence 帮助文档库，默认是 Virtuoso 已知问题文档
Virtuoso Video Library		Virtuoso 视频库
Virtuoso Rapid Adoption Kits		Virtuoso 快速成长套件
Virtuoso Learning Map		Virtuoso 学习成长路线
Virtuoso Custom IC Community		Virtuoso 定制 IC 交流社区
Cadence Online Support		显示 Cadence 用户支持网站，需要有在线账户支持
Cadence Training		Cadence 培训
Cadence Community		Cadence 交流社区
Cadence OS Platform Support		在默认网页浏览器上显示 Cadence 在线用户论坛
Contact Us		Cadence 联系方式
Cadence Home		Cadence 网站主页
About Virtuoso		显示 Virtuoso 版本信息

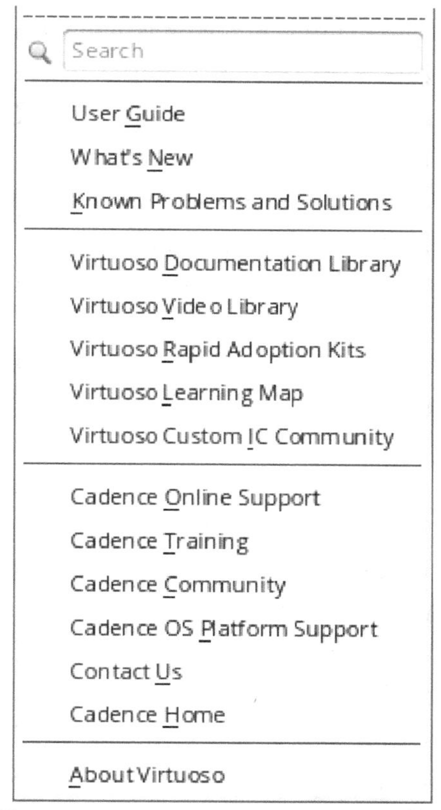

图 3.5　Cadence Virtuoso 617 CIW Help 菜单

3.1.2 Cadence Virtuoso 617 Library Manager 界面介绍★★

Cadence Virtuoso 617 Library Manager（库管理器）主要用于项目中库（Library）、单元（Cell）以及视图（View）的创建、加入、复制、删除和组织。主要功能包括：

1）在 cds. lib 文件中定义设计库的路径；

2）在指定目录中创建新设计库；

3）向新设计库中复制数据；

4）导入和查看设计库中的数据；

5）删除设计库；

6）重新命名设计库、单元、视图、文件或者参考设计库；

7）编辑设计库、单元和视图的属性；

8）对单元进行归类，可以较快地进行定位；

9）改变文件和视图的权利属性；

10）打开终端窗口来定位文件位置和层次信息；

11）可以在 . Xdefaults 文件中采用图形界面定制 Library Manager 的颜色；

12）通过开启一个视图来定位设计库、单元、视图和文件。

以上对 Library Manager 的操作信息会自动记录在当前目录下的 libManager. log 文件中。另外，如果用户之前使用的是 IC51x 版本软件，在使用 IC617 之前，需要将之前的 CDB 格式的设计库转换成 OpenAccess（OA）格式。或者如果 OA 设计库中错误地包含 prop. xx 文件，需要将其删除。

3.1.2.1 Cadence Virtuoso 617 Library Manager 启动

Cadence Virtuoso 617 Library Manager 启动可以采用以下两种方法：

1）在终端或者命令窗口，键入 libManager &，这种启动方式打开的是一种单独应用，没有集成在设计环境中，所以并不能打开设计库中的数据，如图 3.6 所示；

2）通过 CIW 启动 Library Manager，选择 *Tools – Library Manager*，出现 Library Manager 界面，这种启动方式可以获取设计库信息，如图 3.7 所示。

3.1.2.2 Cadence Virtuoso 617 Library Manager 界面介绍

图 3.8 为 Cadence Virtuoso 617 Library Manager 的界面，主要包括标题栏、菜单栏、信息显示按钮、设计库信息栏、信息输出栏和其他信息栏。

其中，标题栏包括工具名称（Library Manager）以及软件启动路径；菜单栏用于点击相应的下拉菜单完成需要的操作；信息显示按钮包括是否显示类别选项、是否显示文件选项；设计库信息栏包括设计库（Library）、设计单元（Cell）以及设计视图（View）信息，可以通过设计库、设计单元以及设计视图的顺序来

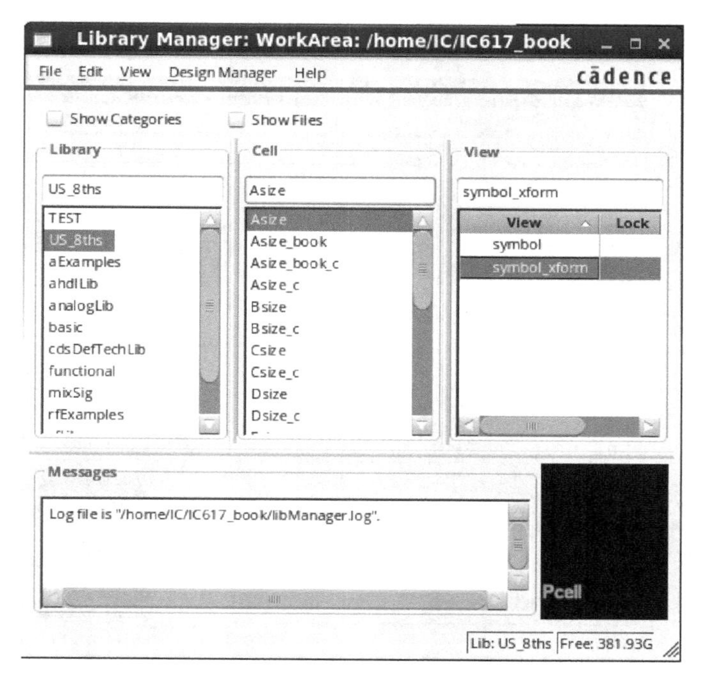

图 3.6　采用命令启动 Library Manager 界面图

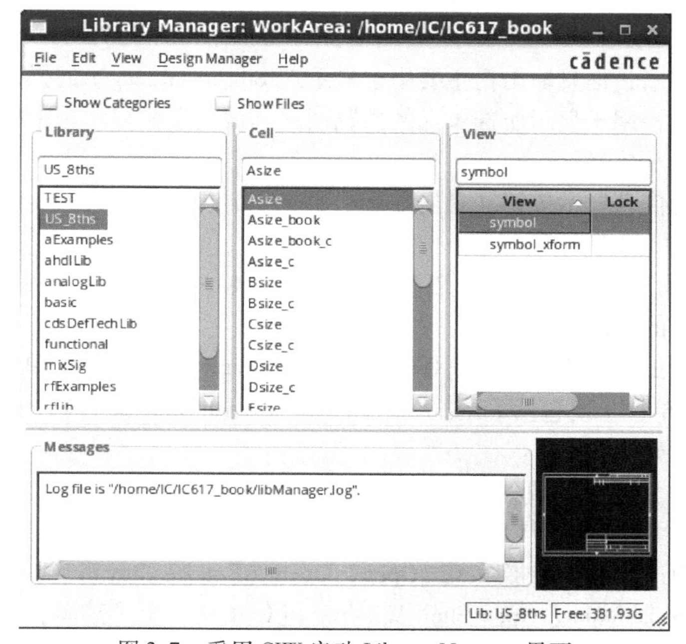

图 3.7　采用 CIW 启动 Library Manager 界面

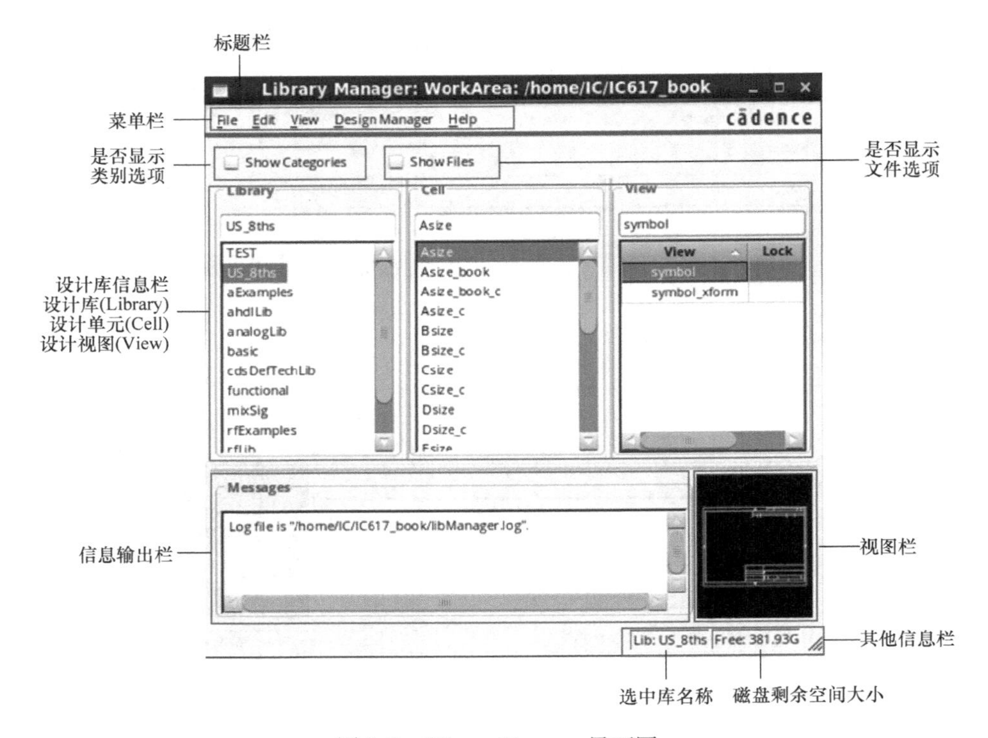

图 3.8　Library Manager 界面图

选择相应的视图；信息输出栏主要用于显示对 Library Manager 的操作后反馈得到的信息；视图栏用于显示所选单元的预览图；其他信息栏显示选中库的名称和磁盘剩余空间大小信息。

图 3.9 为信息显示按钮（是否显示类别选项）Show Categories 选项开启时的 Library Manager 的界面图。

图 3.10 为信息显示按钮（是否显示文件选项）Show Files 选项开启时的 Library Manager 的界面图。

可以通过 Library Manager 菜单按钮来使用 Library Manager 菜单命令。Library Manager 的菜单栏主要包括 File、Edit、View、Design Manager 和 Help 共 5 个主要菜单，以下分别介绍。

1. File（文件）菜单

File 菜单主要用于创建、打开库，加载、保存默认设置，以及 Library Manager 图形界面退出等，包括 New、Open、Open（Read－Only）、Open With、Load Defaults、Save Defaults、Open Shell Window 和 Exit 共 8 个子菜单，File 菜单栏如图 3.11 所示，描述见表 3.5。

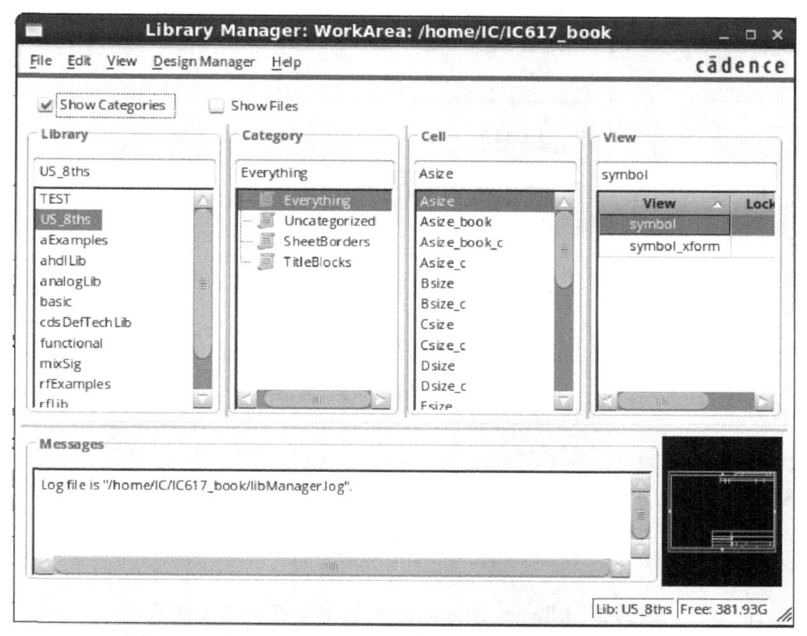

图 3.9　Show Categories 开启时 Library Manager 界面图

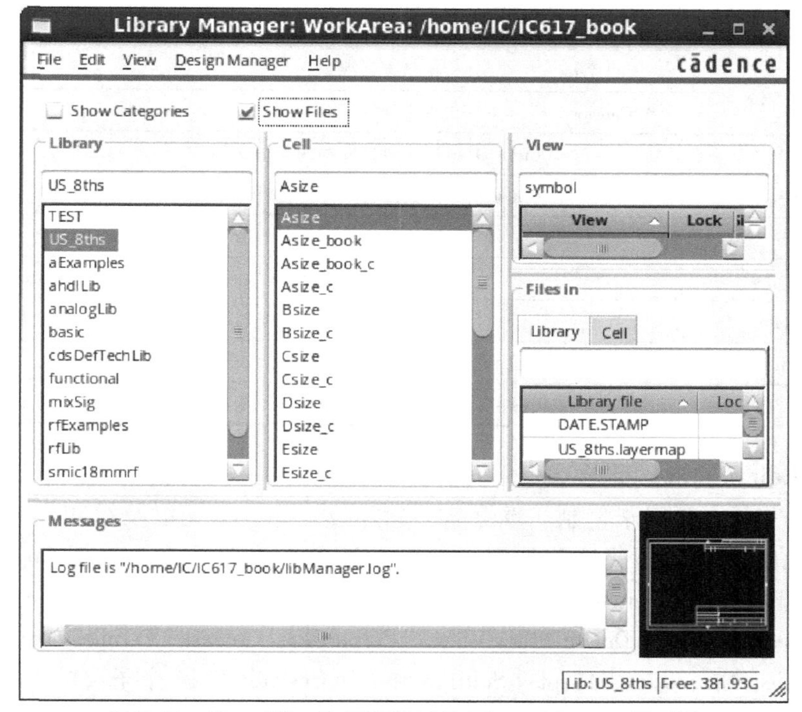

图 3.10　Show Files 选项开启时的 Library Manager 界面图

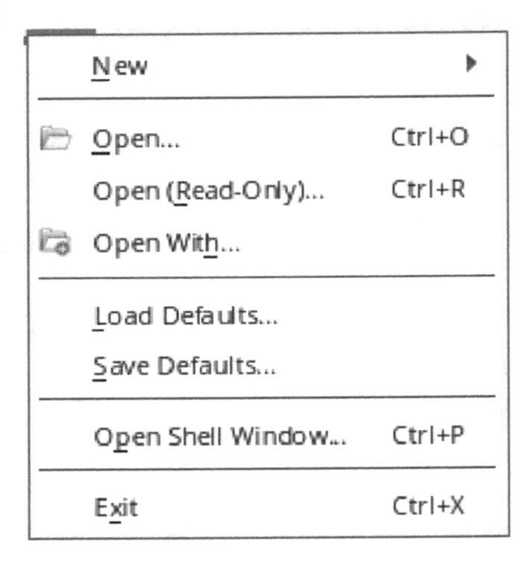

图 3.11　Library Manager 中 File 菜单栏

表 3.5　Library Manager 中的 File 菜单功能选项

File		
New	Library	新建设计库
	Cell View	新建单元视图
	Category	新建分类
Open	Ctrl + O	打开设计库中的视图文件
Open（Read – Only）	Ctrl + R	以只读方式打开设计库中的视图文件
Open With		选择特定的工具打开特定的视图
Load Defaults		加载特定的 . cdsenv 文件内容到 Library Manager 中
Save Defaults		将 Library Manager 当前设置保存到 . cdsenv 文件中
Open Shell Window	Ctrl + P	打开命令窗口
Exit	Ctrl + X	退出 Library Manager 图形界面

2. Edit（编辑）菜单

Edit 菜单主要用于复制、重命名、删除设计库、单元以及视图，改变设计库、单元以及视图的属性和权限，编辑设计库连接路径等，包括 Copy、Copy Wizard、Rename、Rename Reference Library、Change Library References、Copy Preferences、Delete、Delete By View、Properties、Access Permissions、Update Thumbnails、Categories、Display Settings 和 Library Path 共 14 个子菜单，Edit 菜单栏如图 3.12 所示，其描述见表 3.6。

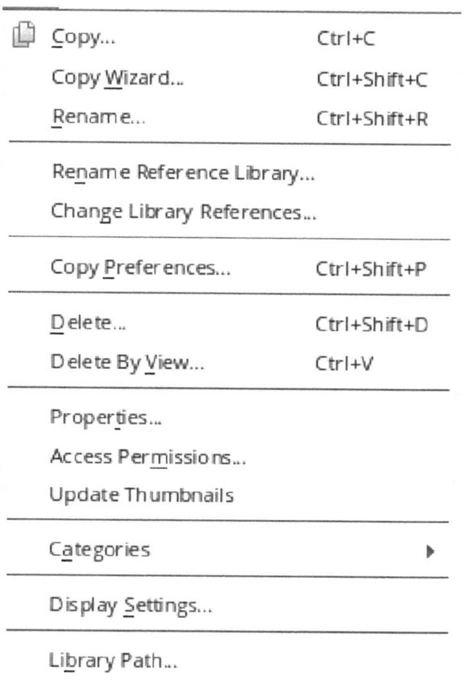

Copy...	Ctrl+C
Copy Wizard...	Ctrl+Shift+C
Rename...	Ctrl+Shift+R
Rename Reference Library...	
Change Library References...	
Copy Preferences...	Ctrl+Shift+P
Delete...	Ctrl+Shift+D
Delete By View...	Ctrl+V
Properties...	
Access Permissions...	
Update Thumbnails	
Categories	▸
Display Settings...	
Library Path...	

图 3.12　Library Manager 中 Edit 菜单栏

表 3.6　Library Manager 中的 Edit 菜单功能

Edit		
Copy	Ctrl + C	复制设计库、单元、视图、库文件或者单元文件
Copy Wizard	Ctrl + Shift + C	通过设置复制设计库、单元、视图、库文件或者单元文件
Rename	Ctrl + Shift + R	重命名设计库、单元、视图或者文件
Rename Reference Library		重命名参考设计库
Change Library References		改变设计参考库
Copy Preferences	Ctrl + Shift + P	复制以及重命名设置
Delete	Ctrl + Shift + D	删除设计库或者单元
Delete By View	Ctrl + V	删除单元中特定视图或者几组单元
Properties		编辑与设计库、单元或者视图有关的属性
Access Permissions		可以改变所有设计库、单元或者视图的权限
Update Thumbnails		更新缩略图

（续）

Edit		
Categories	Modify	改变分类内容
	New	创建新分类
	New Sub - Category	创建新子分类
	Rename	重新命名
	Delete	删除分类
Display Settings		显示设置
Library Path		打开 Library Path Editor 视图，其基本定义在当前目录下的 cds. lib 文件中

3. View（查看）菜单

查看菜单主要用于查找单元以及相关视图、数据刷新、查看层次关系等，包括 Filters、Display Options、Refresh、Reanalyze States、Toolbar、Show Categories、Tree 和 Lists 共 8 个子菜单，View 菜单栏如图 3. 13 所示，其描述见表 3. 7。

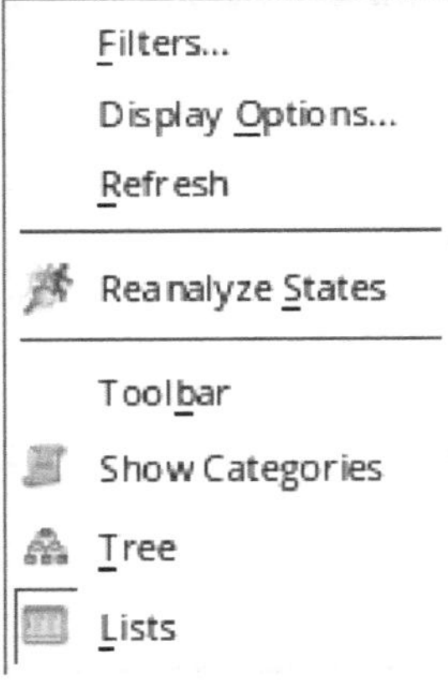

图 3. 13　Library Manager 中 View 菜单栏

表 3. 7　Library Manager 中的 View 菜单功能

View	
Filters	查找单元以及相关视图
Display Options	Library Manager 显示选项
Refresh	更新当前链接所有设计库信息和数据，更新 CDF 数据
Reanalyze States	定期查询状态
Toolbar	是否显示快捷图标栏
Show Categories	显示 Show Categories 选项
Tree	树状结构显示 Library Manager 图形界面
Lists	经典结构显示 Library Manager 图形界面

当选择选项 Toolbar 时，在 Library Manager 的标题栏下方会出现一条快捷图标栏，如图 3. 14 所示，此快捷图标栏包括几个常用的 View 菜单栏下的选项按

钮，可以很方便地完成相应的操作，快捷图标与菜单选项的对应关系如图 3. 14 所示。

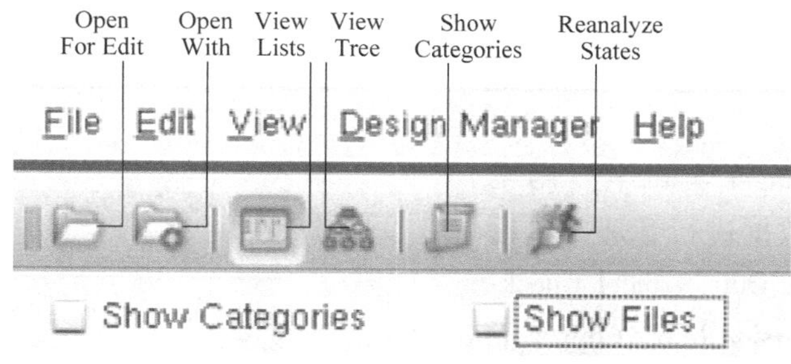

图 3. 14　Library Manager 的快捷图标栏

通常情况下，当我们打开 Library Manager 时，出现的均为经典结构图，如图 3. 8所示。Cadence Virtuoso 617 为了能够更方便地管理、查看所链接的库，以及更好地查看库的层次关系，为设计者提供了一种树状结构图，如图 3. 15 所示。

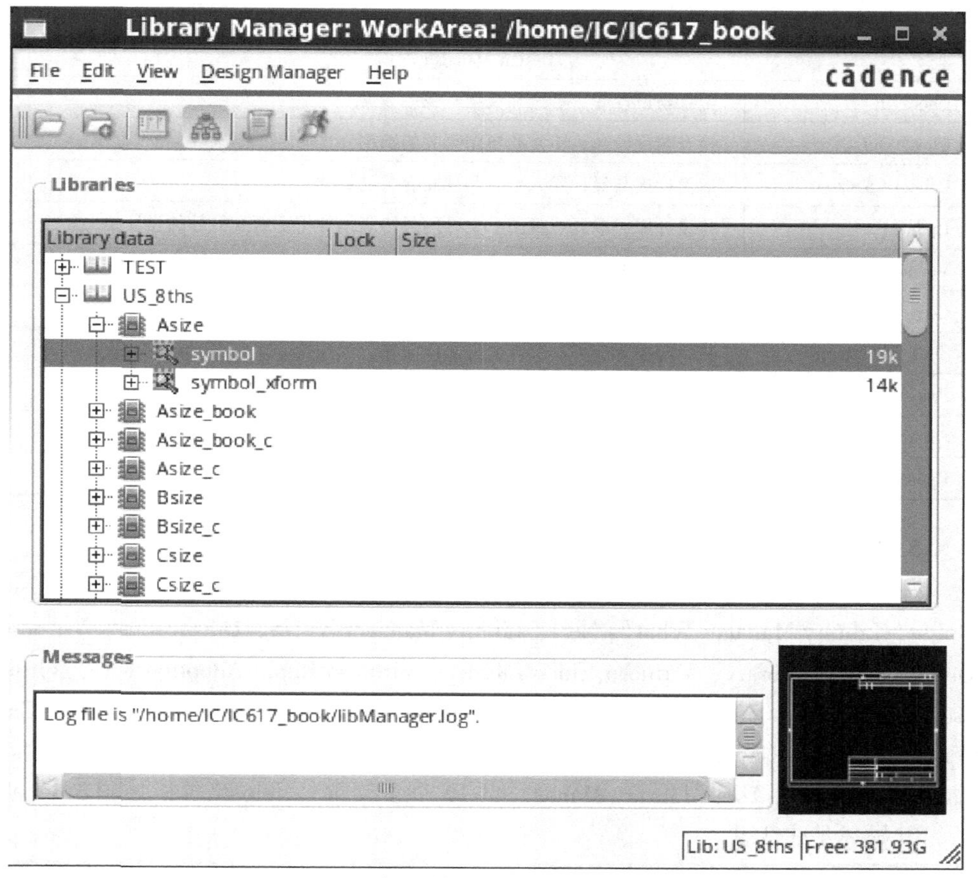

图 3. 15　树状结构 Library Manager 界面

当选项按钮选择 View Tree 或者单击快捷图标，则 Library Manager 会以树状结构的形式出现。

4. Design Manager（设计管理器）**菜单**

Design Manager 菜单主要用于对当前设计的数据进行管理，包括 Check In、Check Out、Cancel Checkout、Update、Version Info、Copy Version、Show File Status、Properties、Submit 和 Update Workarea 共 10 个子菜单，Design Manager 菜单栏如图 3.16 所示，其描述见表 3.8。

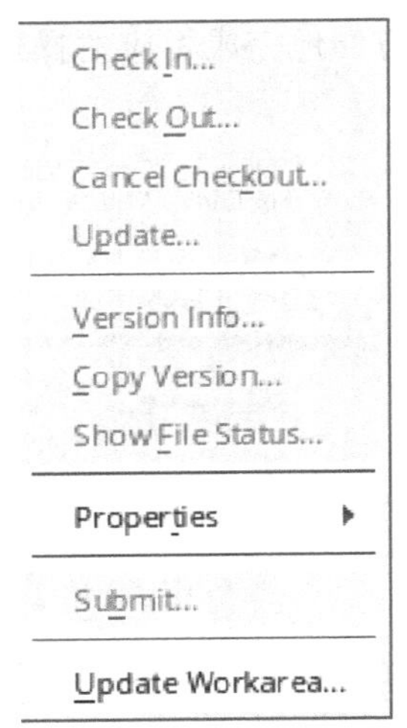

图 3.16　Library Manager 中 Design Manager 菜单栏

表 3.8　Library Manager 中的 Design Manager 菜单功能

Design Manager	
Check In	记录与设计库、单元和视图有关的数据
Check Out	检查与设计库、单元和视图有关的数据
Cancel Checkout	取消检查与设计库、单元和视图有关的数据
Update	将设计库、单元、视图、文件的最终版本数据更新到另外的设计中
Version Info	获取文件的版本信息
Copy Version	复制当前版本的文件
Show File Status	显示与单元有关的所有文件的状态
Properties	记录与单元视图有关的属性文件，检查属性文件，或者取消检查属性文件
Submit	提交文件或者单元和视图到项目数据库中
Update Workarea	将工作区升级到最终发布版本

5. Help（帮助）**菜单**

Help 菜单主要用于 Library Manager 的帮助文档等，包括 Library Manager User Guide、Library Manager What's New、Library Manager KPNS、Diagnostics、Virtuoso Documentation Library、Virtuoso Video Library、Virtuoso Rapid Adoption Kits、Virtuoso Learning Map、Virtuoso Custom IC Community、Cadence Online Support、Cadence Training、Cadence Community、Cadence OS Platform Support、Contact Us、Cadence Home 和 About Library Manager 共 16 个子菜单。Help 菜单栏如图 3.17 所示，其描述见表 3.9。

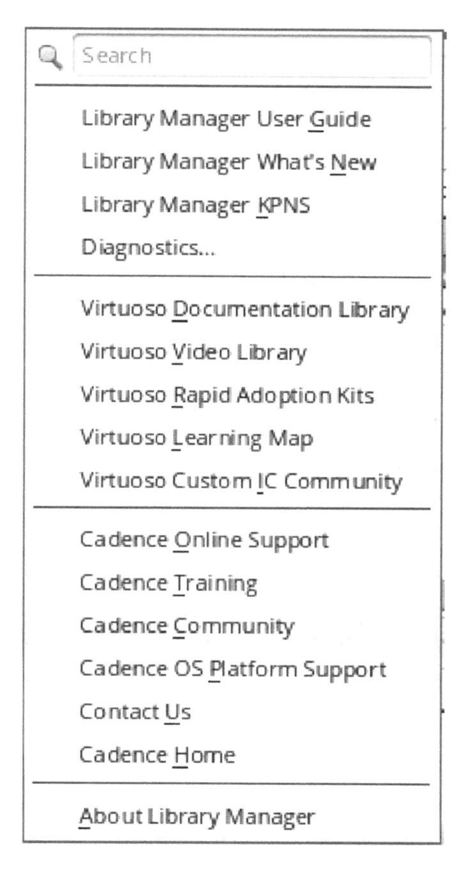

图 3. 17　Library Manager 中 Help 菜单栏

表 3. 9　Library Manager 中的 Help 菜单功能

Help	
Library Manager User Guide	通过 Library Manager User Guide 显示开始帮助
Library Manager What's New	查看 Virtuoso 更新当前版本文档
Library Manager KPNS	打开 Library Manager 已知问题和解决 Cadence 出现的问题
Diagnostics	诊断信息
Virtuoso Documentation Library	打开 Cadence 帮助文档库，默认是 Virtuoso 已知问题文档
Virtuoso Video Library	Virtuoso 视频库
Virtuoso Rapid Adoption Kits	Virtuoso 快速成长套件
Virtuoso Learning Map	Virtuoso 学习成长路线
Virtuoso Custom IC Community	Virtuoso 定制 IC 交流社区
Cadence Online Support	Cadence 在线支持

（续）

Help	
Cadence Training	Cadence 培训相关
Cadence Community	Cadence 交流社区
Cadence OS Platform Support	Cadence 操作系统平台支持
Contact Us	Cadence 联系方式
Cadence Home	Cadence 网站主页
About Library Manager	显示 Cadence Library Manager 版本信息

3.1.2.3 Cadence Virtuoso 617 Library Manager 基本操作

1. 创建新的设计库

1）启动 Cadence Virtuoso 617 软件，在终端窗口中输入命令 Virtuoso&；

2）打开 Library Manager，选择 *Tools—Library Manager*，弹出 Library Manager 界面；

3）在 Library Manager 中选择下拉菜单 *File—New—Library*，单击 OK 按钮，弹出如图 3.18 所示对话框；

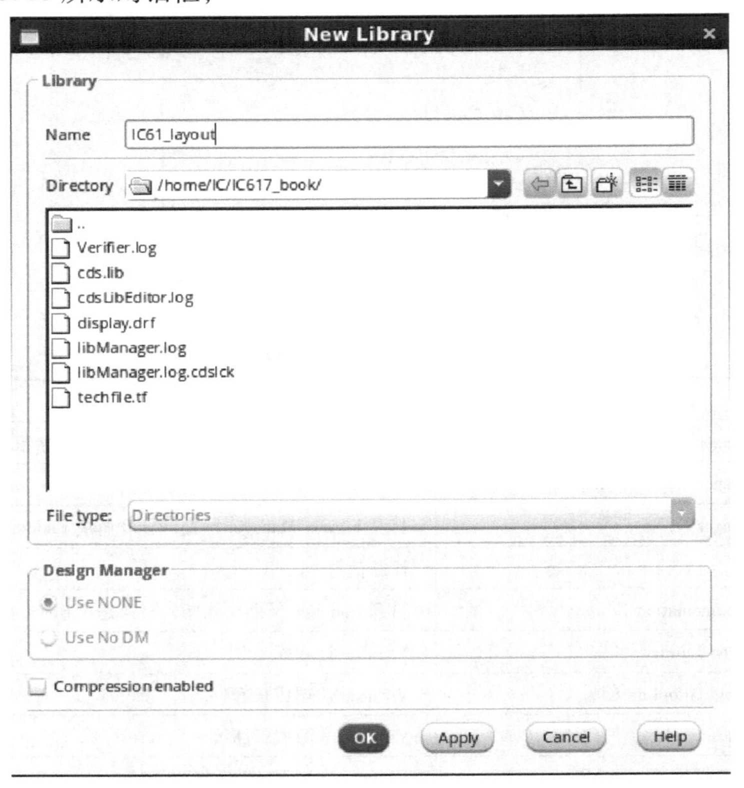

图 3.18　新建设计库对话框

4）在图 3.18 所示对话框中的 Library Name 中键入新建设计库的名称（IC61_layout），单击 OK 按钮，弹出如图 3.19 所示的对话框；

5）在图 3.19 所示的选择工艺文件形式对话框中，选择设计库所对应的工艺文件方式，这里选择链接存在的工艺文件库（Attach to an existing technology library），单击 OK 按钮完成工艺文件选择（其他工艺文件的选择详见图 3.19）；

6）选择相应的工艺库（smic18mmrf），单击 OK 按钮完成新设计库的创建，如图 3.20 所示；

7）创建设计库后，在 Library Manager 中会出现新建的设计库（IC61_layout），如图 3.21 所示。

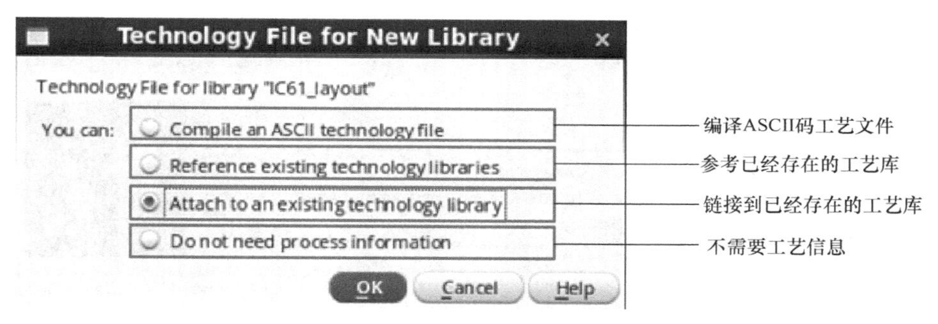

图 3.19　选择工艺文件形式对话框

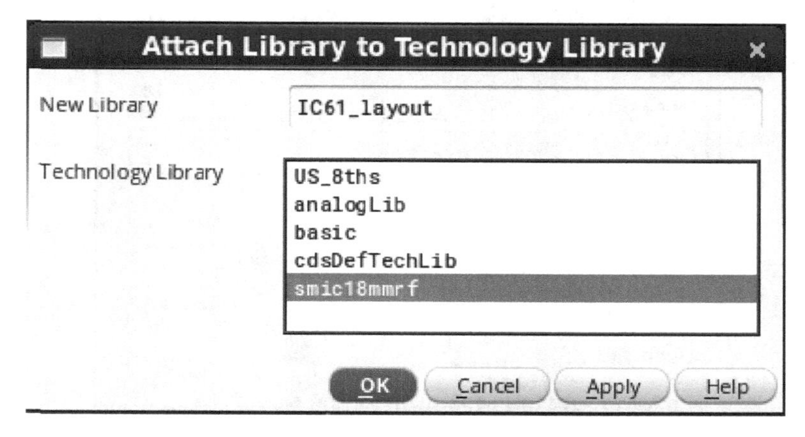

图 3.20　选择相应的工艺库

2. 创建新的单元视图

1）打开 Library Manager，弹出 Library Manager 界面；

2）在 Library Manager 中选择建立单元视图所在的设计库（IC61_layout）；

3）在 Library Manager 中选择下拉菜单 *File—New—Cell View*，弹出如图 3.22 所示对话框；

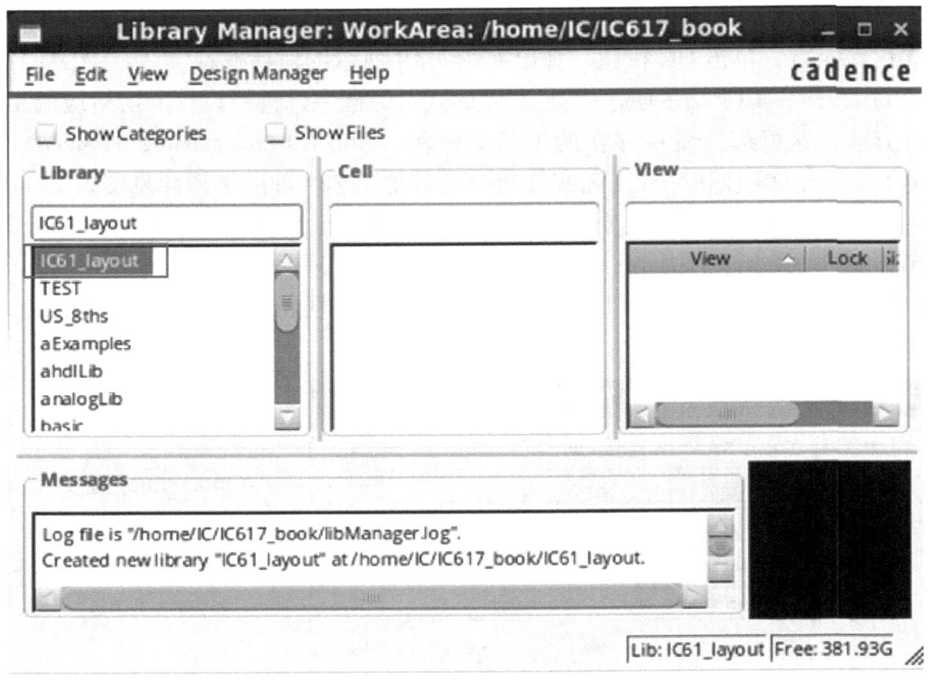

图 3.21　新建设计库后的显示结果

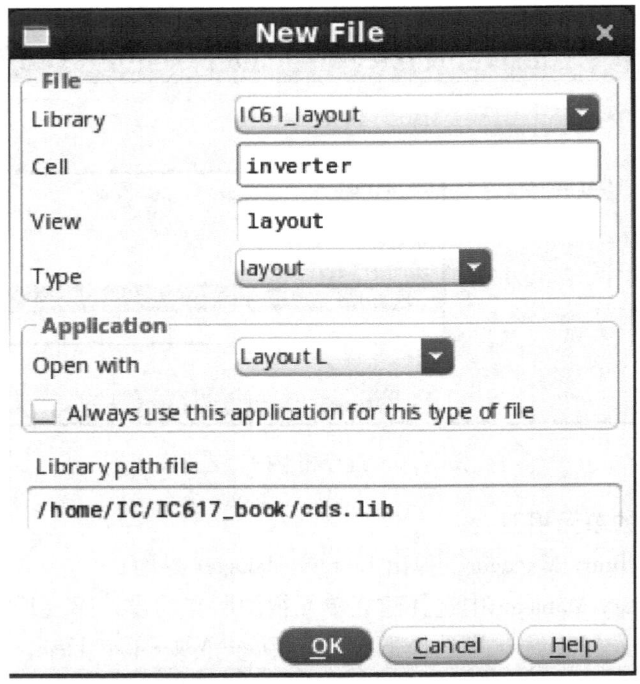

图 3.22　新建单元 Cell View 对话框

4）在图 3.22 所示的对话框中，在 Cell 选项中填入（inverter），在 Type 下拉菜单中选择相应的类型名称（layout），在 View 选项中会自动载入默认的视图名称（layout），在 Application 中的 Open With 自动选择 Layout L 程序打开；

5）单击 OK 按钮完成单元视图的创建，系统会自动打开所建的单元视图，如图 3.23 所示。

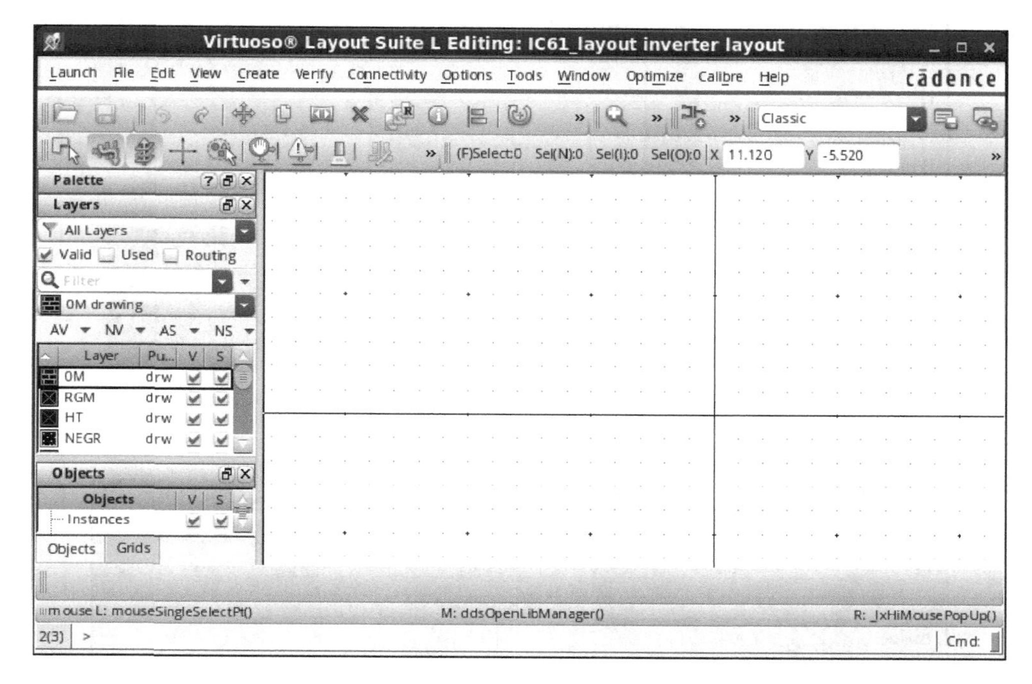

图 3.23　新建单元后自动打开视图

3. 打开单元视图

1）打开 Library Manager，弹出 Library Manager 界面；

2）在 Library Manager 界面中，依次选择要打开的库名（Library）、单元名（Cell）和视图名称（View），如图 3.24 所示；

3）在 Library Manager 的下拉菜单中选择 *File—Open—Cell View* 后，弹出打开的单元视图，如图 3.25 所示。

4. 复制设计库

1）打开 Library Manager，弹出 Library Manager 界面；

2）按照图 3.18 ~ 图 3.21 新建复制的设计库（IC61_layout_copy）；

3）鼠标左键选择被复制的设计库（IC61_layout），如图 3.26 所示；

4）在 Library Manager 中的 Edit 下拉菜单中选择 Copy，出现如图 3.27 所示的对话框；

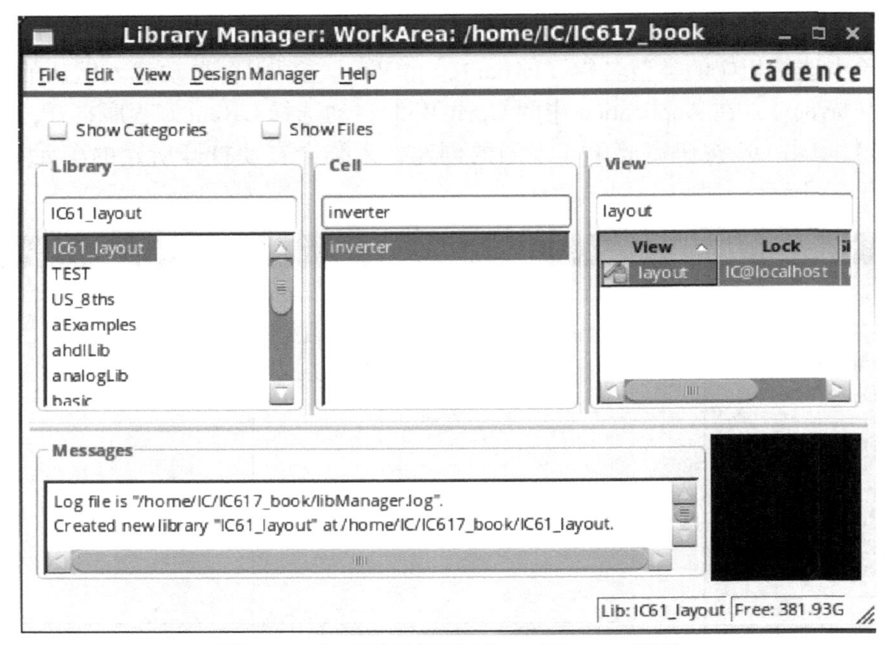

图 3.24　打开单元视图 Library Manager 界面

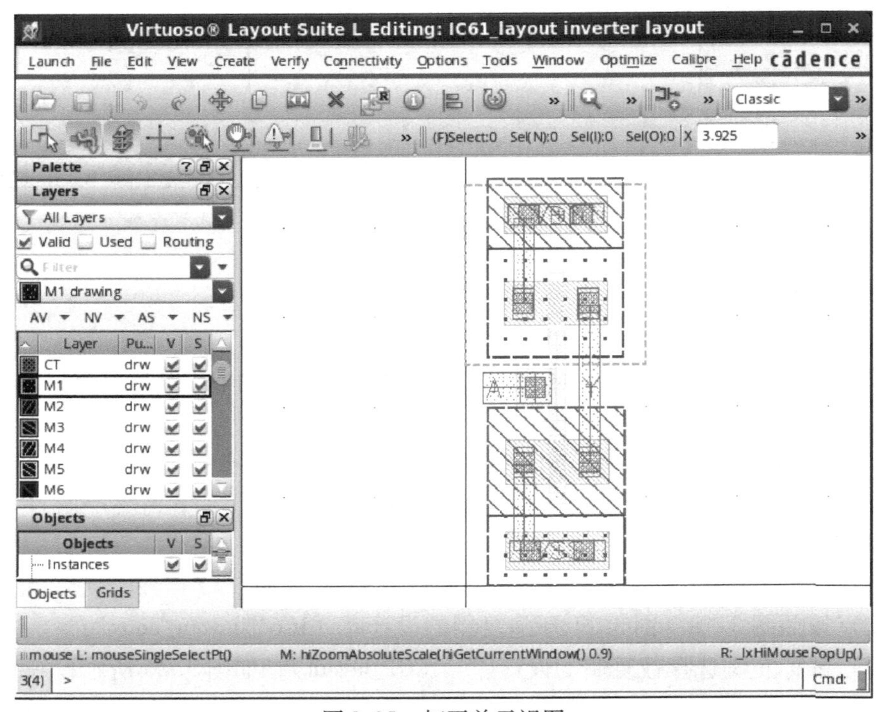

图 3.25　打开单元视图

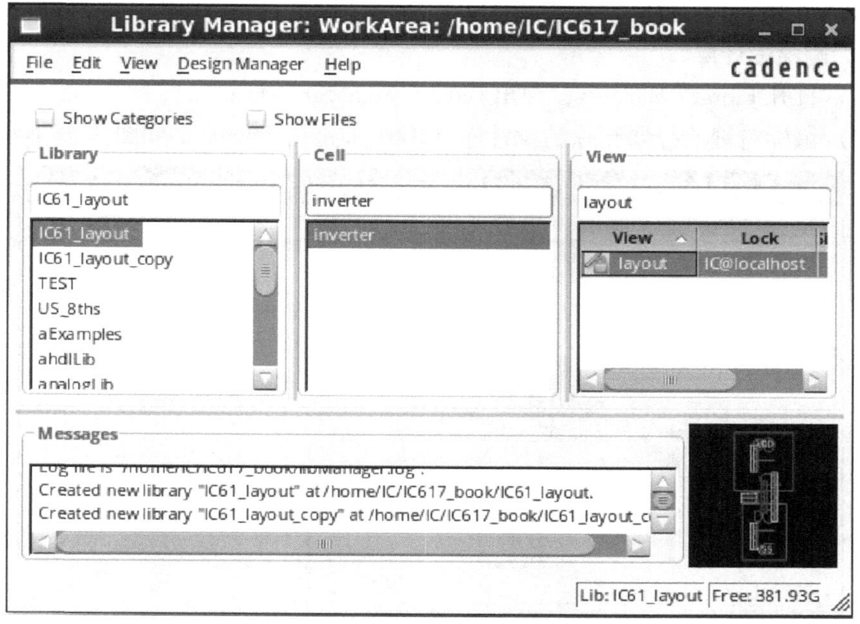

图 3.26　选择被复制的设计库

图 3.27　复制设计库对话框

5）将 Update Instances 选项开启，单击 OK 按钮完成设计库的复制。

5. 删除设计库

1）打开 Library Manager，弹出 Library Manager 界面；

2）鼠标右键选择要删除的设计库（IC61_layout_delete），如图 3.28 所示；

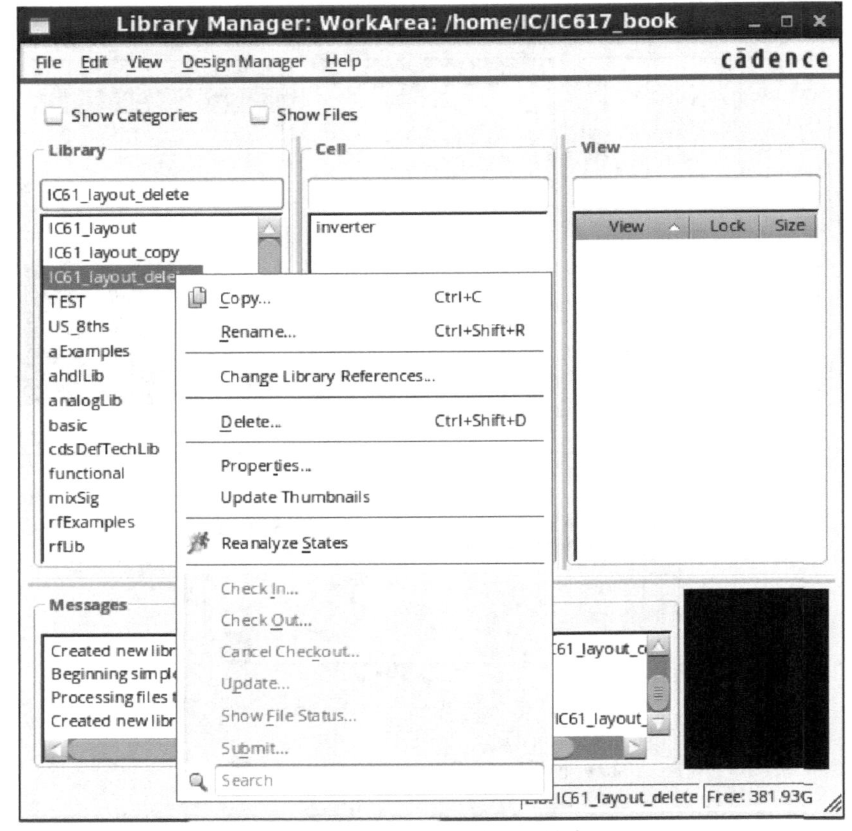

图 3.28　选择要删除的设计库

3）鼠标左键单击 Delete，出现如图 3.29 所示的对话框；

4）将需要删除的设计库移至左侧对话框，单击 OK 按钮完成。

6. 重新命名设计库

1）打开 Library Manager，弹出 Library Manager 界面；

2）鼠标右键选择要重新命名的设计库（IC61_layout_copy），如图 3.30 所示；

3）鼠标左键单击 Rename，出现如图 3.31 所示对话框；

4）在 To Library 中填入重新命名的设计库名称（IC61_layout_rename），单击 OK 按钮完成，如图 3.32 所示。

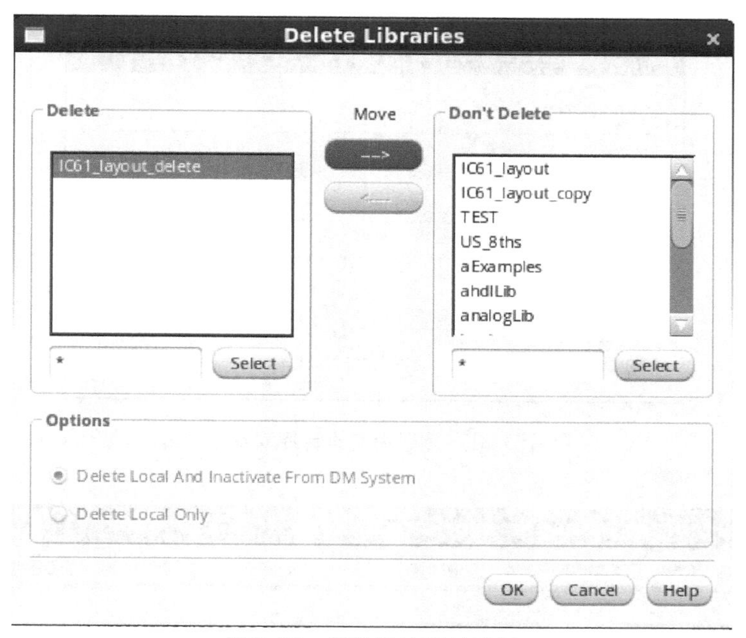

图 3.29　删除设计库对话框

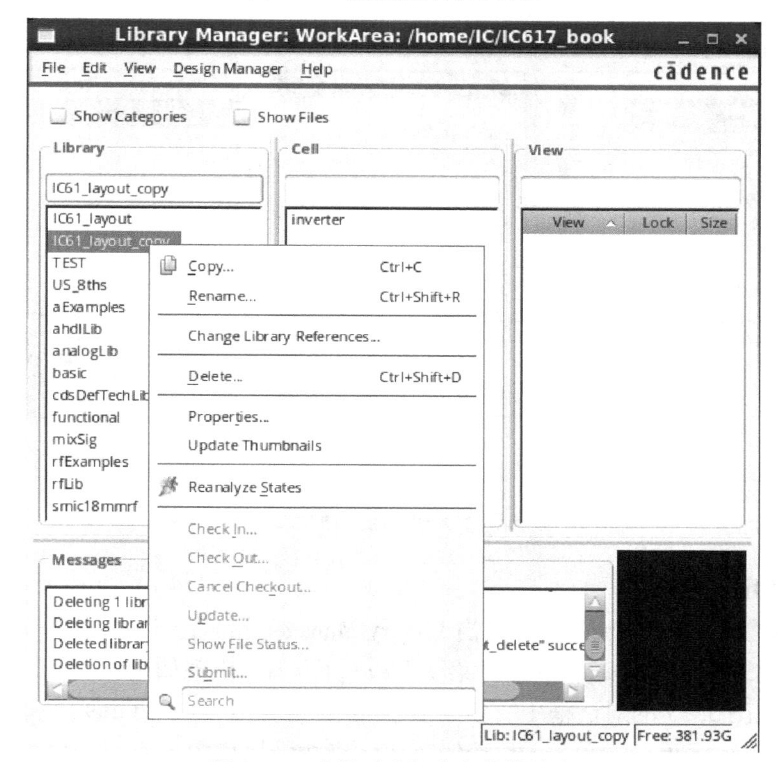

图 3.30　选择要重新命名的设计库

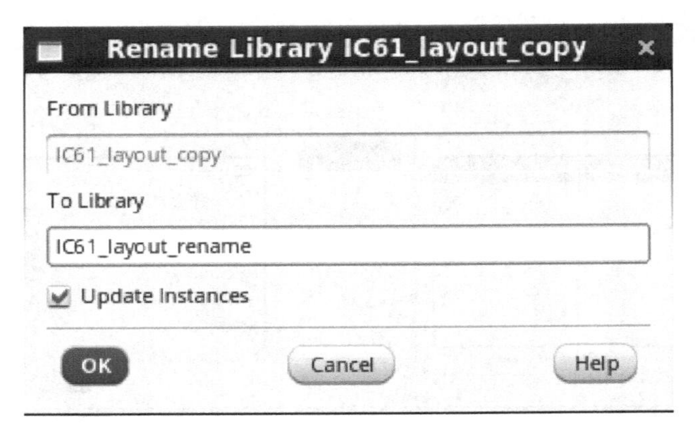

图 3.31　重新命名设计库对话框

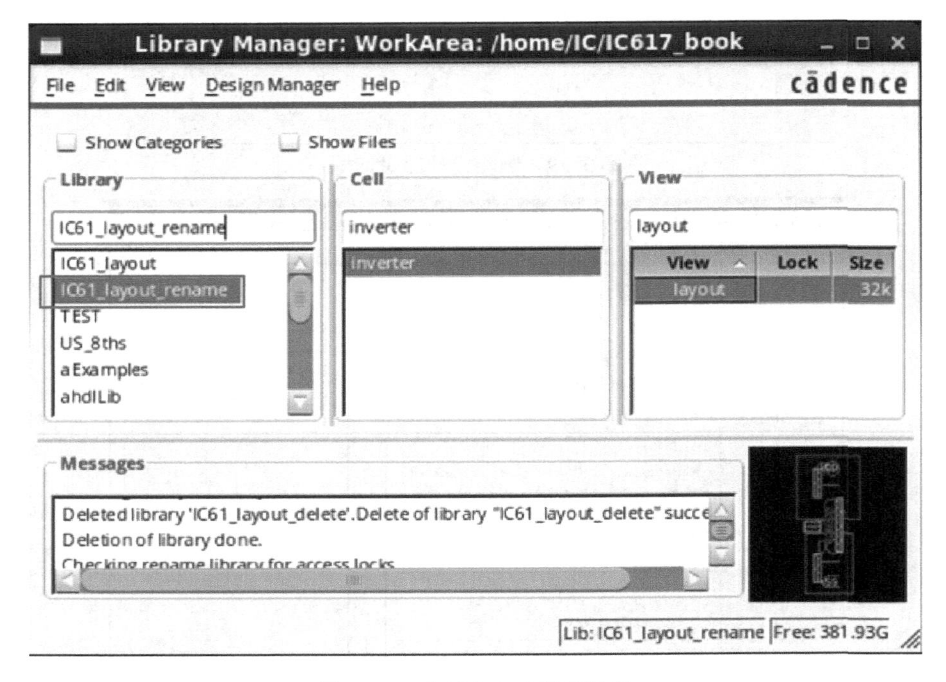

图 3.32　重新命名后的设计库

7. 查找单元视图

1）打开 Library Manager，弹出 Library Manager 界面；

2）在 Library Manager 中选择菜单 *View—Filters*，出现如图 3.33 所示对话框；

3）在图 3.33 的对话框中，填入查找的单元名称（Cell Filter）和查找的视图名称（View Filter），单击 OK 按钮完成，查找结果如图 3.34 所示。

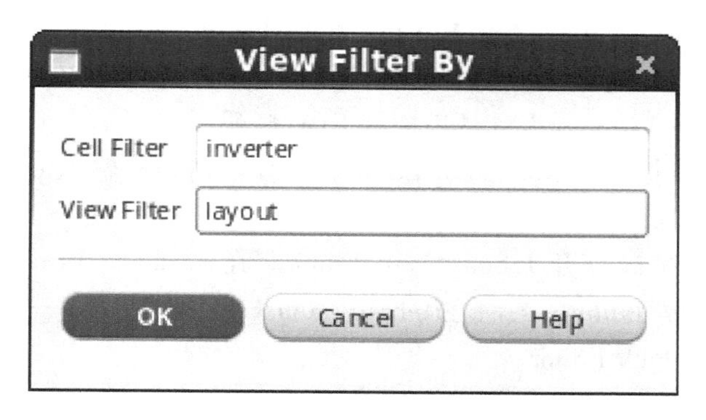

图 3.33　查找单元视图对话框

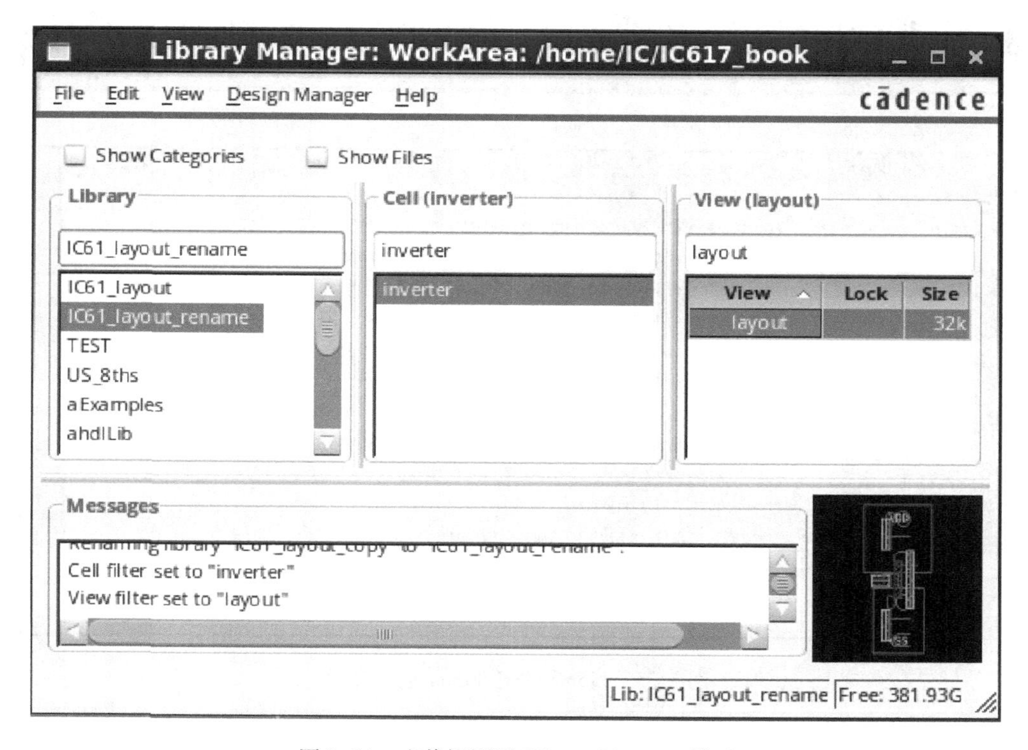

图 3.34　查找视图后 Library Manager 界面

3.1.3　Cadence Virtuoso 617 Library Path Editor 操作介绍 ★★★

Cadence Virtuoso 617 Library Path Editor（库路径编译器）主要用于管理项目库中的路径信息，包括查看、编辑在 cds. lib 文件中定义的库信息，其中，cds. lib 文件需要包含在设计中使用的参考库和设计库。

3.1.3.1 Cadence Virtuoso 617 Library Path Editor 的启动

Cadence Virtuoso 617 Library Path Editor 既可以在终端窗口使用命令打开，也可以通过 Cadence Virtuoso 设计环境中的 CIW 打开。

1）终端窗口打开 Library Path Editor。在终端窗口中输入 cdsLibEditor -cdslib cds.lib 即可启动 Library Path Editor。

2）Virtuoso 窗口打开 Library Path Editor。在 Cadence Virtuoso CIW 中选择 *Tools—Library Path Editor*，或者在 Library Manager 中选择 *Edit—Library Path Editor*，启动 Library Path Editor。

通过以上两种方式中的一种，启动 Library Path Editor 后，界面如图 3.35 所示。

Library Path Editor: /home/IC/IC617_book/cds.lib [NameSpace CDBA] (I

File Edit View Design Manager Help cādence

Libraries

	Library	Path
3	rfExamples	/opt/Cadence/IC617/tools.lnx86/dfII/samples/artist/rfExamples
4	rfLib	/opt/Cadence/IC617/tools.lnx86/dfII/samples/artist/rfLib
5	ahdlLib	/opt/Cadence/IC617/tools.lnx86/dfII/samples/artist/ahdlLib
6	aExamples	/opt/Cadence/IC617/tools.lnx86/dfII/samples/artist/aExamples
7	mixSig	/opt/Cadence/IC617/tools.lnx86/dfII/samples/artist/mixSig
8	cdsDefTechLib	/opt/Cadence/IC617/tools.lnx86/dfII/etc/cdsDefTechLib
9	basic	/opt/Cadence/IC617/tools.lnx86/dfII/etc/cdslib/basic
10	analogLib	/opt/Cadence/IC617/tools.lnx86/dfII/etc/cdslib/artist/analogLib
11	functional	/opt/Cadence/IC617/tools.lnx86/dfII/etc/cdslib/artist/functional
12	US_8ths	/opt/Cadence/IC617/tools.lnx86/dfII/etc/cdslib/sheets/US_8ths
13	IC61_layout	/home/IC/IC617_book/IC61_layout
14	IC61_layout_rename	/home/IC/IC617_book/IC61_layout_rename

图 3.35 Library Path Editor 启动界面

3.1.3.2 Cadence Virtuoso 617 Library Path Editor 的操作介绍

下面详细介绍 Cadence Virtuoso 617 中 Library Path Editor 的各种操作步骤。

1. 创建库定义文件

如果当前设计目录不包含库定义文件，选择 Library Path Editor 界面中的菜单项 *File—New*，或者键入快捷键 Ctrl + N 进行创建，创建后出现对话框如图 3.36所示。

选择 Cadence“cds.lib”后，出现一个空白的库定义文件界面，如图 3.37 所示。

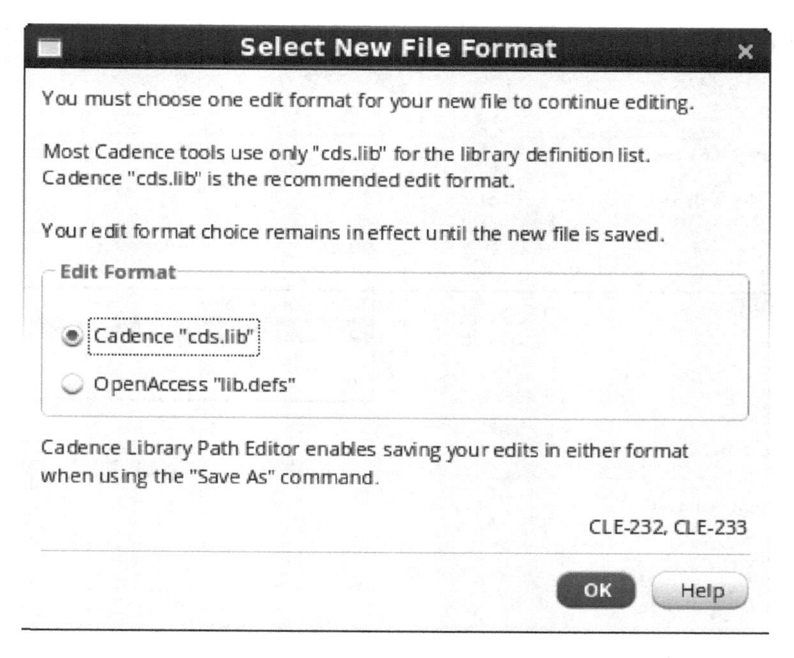

图 3.36 创建库定义文件对话框

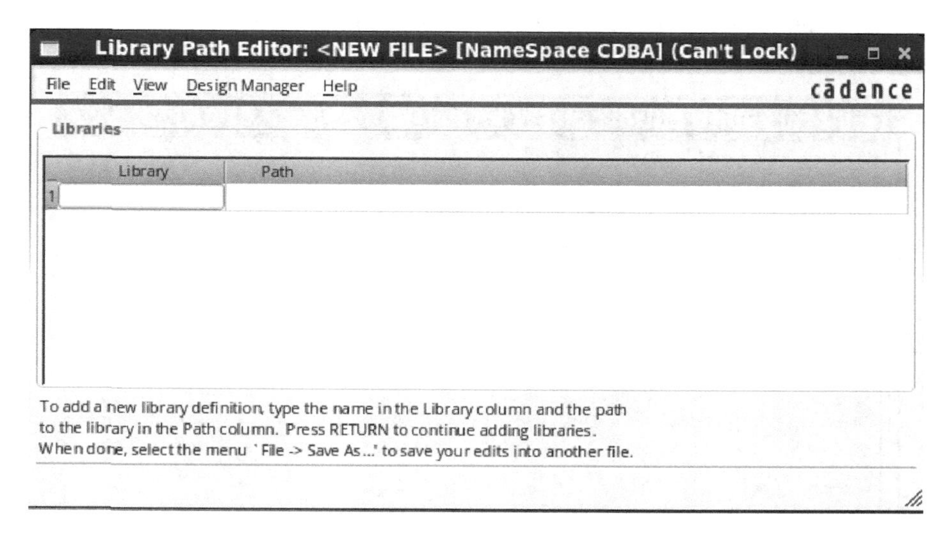

图 3.37 空白库定义文件界面

选择 Library Path Editor 下的 Edit – Add Library 菜单（Ctrl + Shift + i），在弹出的对话框里，在 Directory 中选择加入新库的路径，在 Library 中选中需要加入的新库的库名，如图 3.38 所示。单击 OK 按钮完成新库的建立，如图3.39所示。

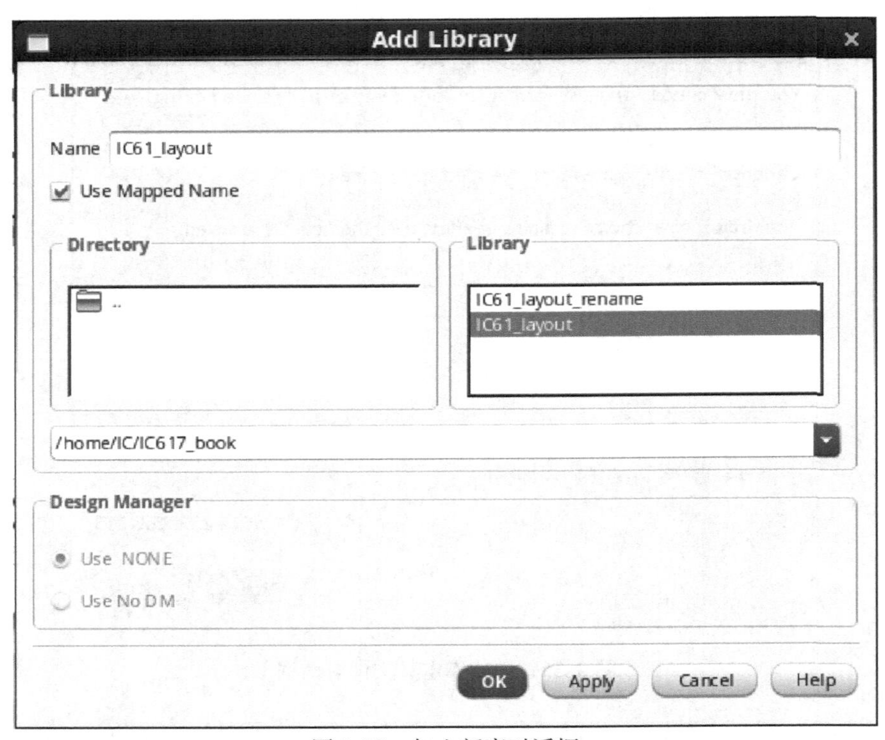

图 3. 38　加入新库对话框

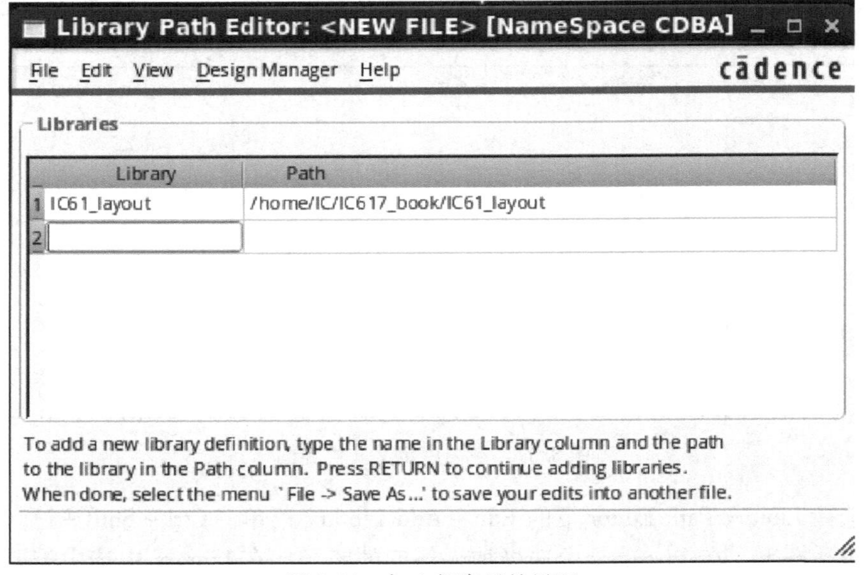

图 3. 39　加入新库后的界面

在 Library Path Editor 的主界面中选择菜单 *File—Save As*，弹出界面如图 3.40 所示。单击 OK 按钮完成新库文件的建立。

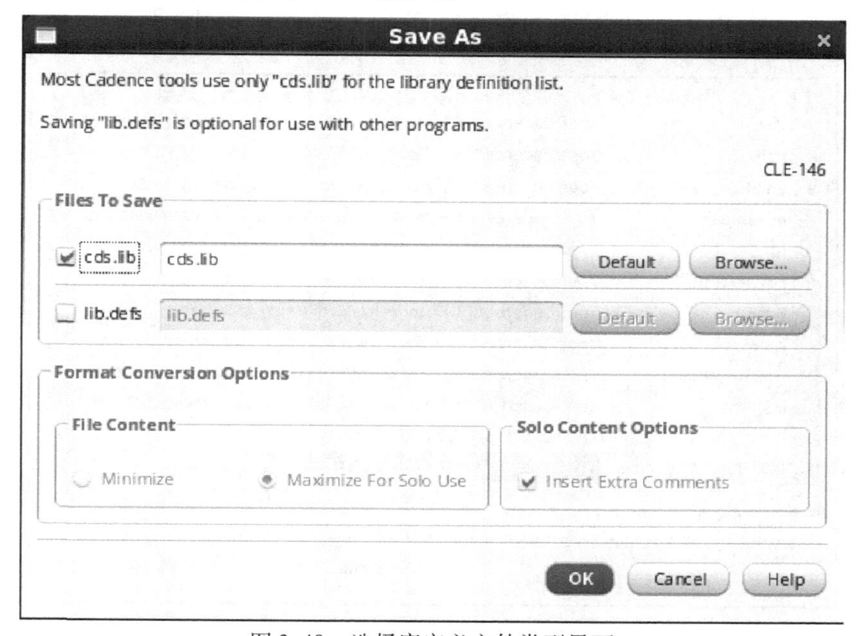

图 3.40　选择库定义文件类型界面

另外还有两种库文件的建立方法：

1）将其他目录下的 cds. lib 复制到当前目录下，再根据实际需要进行修改；

2）采用键盘键入文本的方法新建 cds. lib 文件。

2. 从库定义文件中删除库

从库定义文件中删除库，需要说明的是，这种删除方式是一种软删除，只是解除或者取消链接，并没有从硬盘中真正删除库。有以下几种方式从库定义文件中删除库：

1）从 Library Path Editor 中删除；

2）从 cds. lib 文件中删除。

其中，从 cds. lib 文件中删除库文件只需要将定义库链接相应的行信息删除，然后保存文件即可，这里不做具体介绍，只介绍从 Library Path Editor 中删除库的具体步骤。

打开 Library Path Editor 主界面，鼠标右键单击需要删除的库名和路径所在行，如图 3.41 所示。

如图 3.41 所示，鼠标左键单击 Delete 后，Library Path Editor 界面如图 3.42 所示。

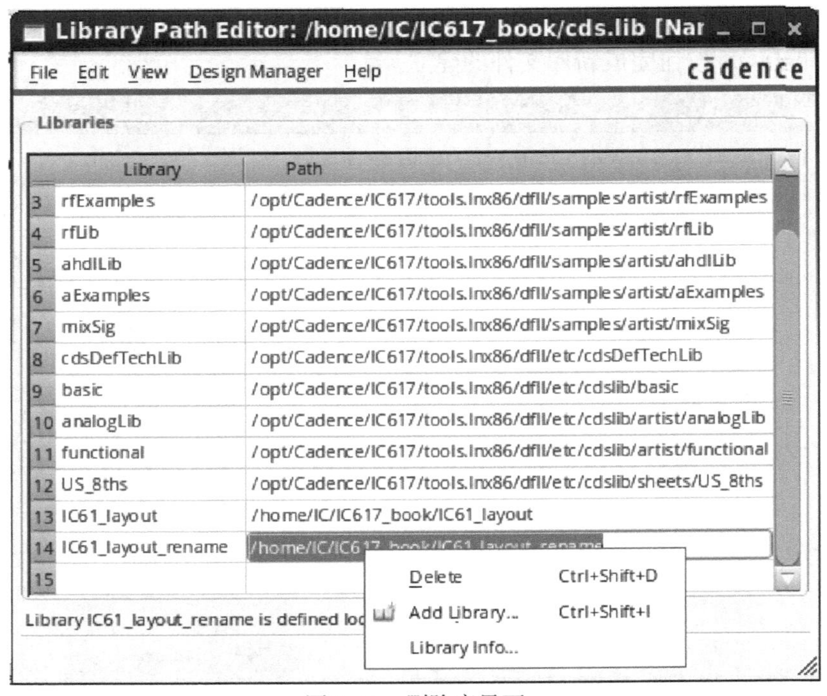

图 3.41　删除库界面

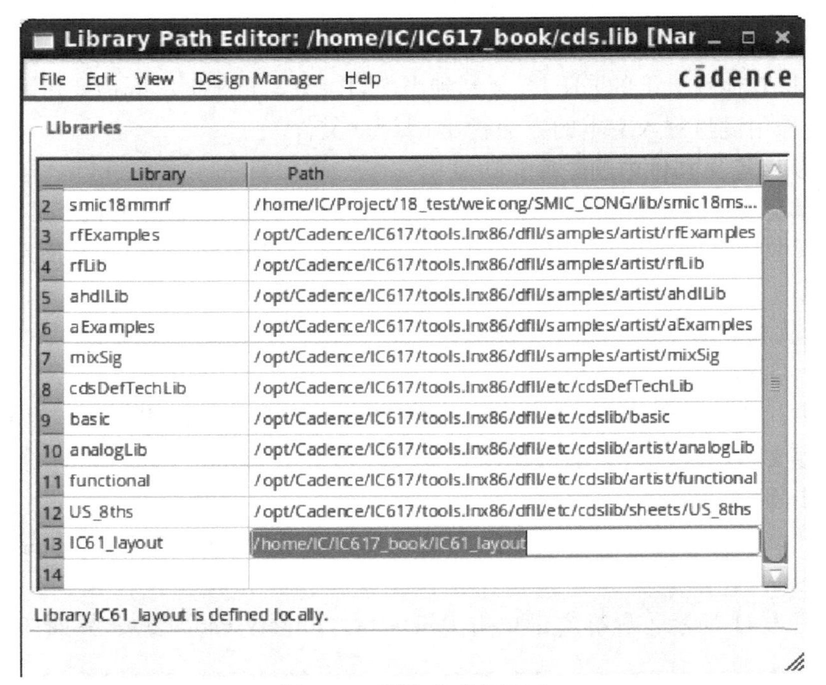

图 3.42　删除库后的界面

选择菜单 *File—Save As* 将修改后的文件进行保存即可。

3. 包含已经存在的库文件

Library Path Editor 可以将已经存在的库文件采用包含（Include）的方式加载到当前的库文件定义中，下面介绍具体的方法如下。

在 Library Path Editor 主界面中选择菜单 *View—Include Files*，出现的对话框如图 3.43 所示。

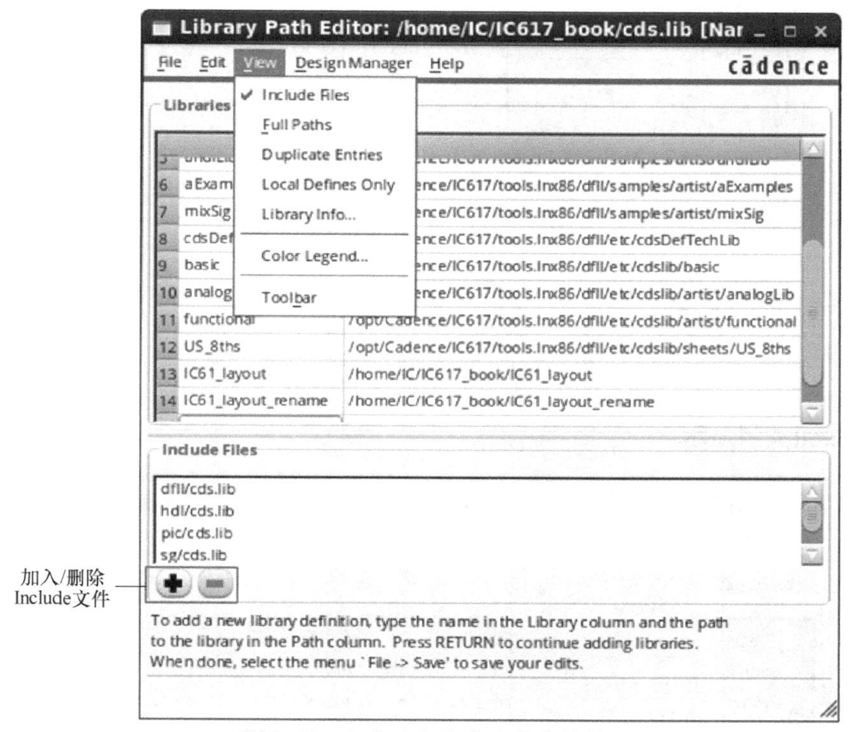

图 3.43　包含已存在库文件菜单栏

通过“加入/删除 Include 文件”选项来进行加入或者删除 Include 文件。最后通过选择 *File—Save As* 菜单保存修改信息。

4. 路径显示开关

Library Path Editor 编译器既可以显示 cds.lib 文件的相对路径，也可以显示其绝对路径，并通过选项开关进行切换。默认情况下，Library Path Editor 编译器显示的是相对路径。通过菜单 *View—Full Paths* 来进行切换，如图 3.44 所示。

5. 文件库信息显示

Library Path Editor 编译器可进行库的信息查询，可通过此选项查看指定库的信息。可通过单击菜单 *View—Library Info* 来进行查询，如图 3.45 所示。单击 Library Info 菜单后，显示指定库信息（例如 analogLib），如图 3.46 所示。可通过

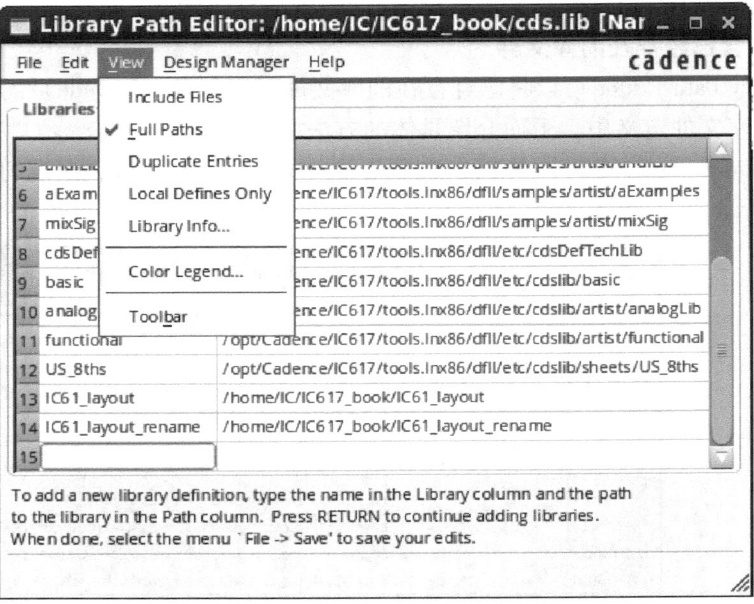

图 3.44　切换相对路径/绝对路径开关选项

Close 按钮关闭显示。

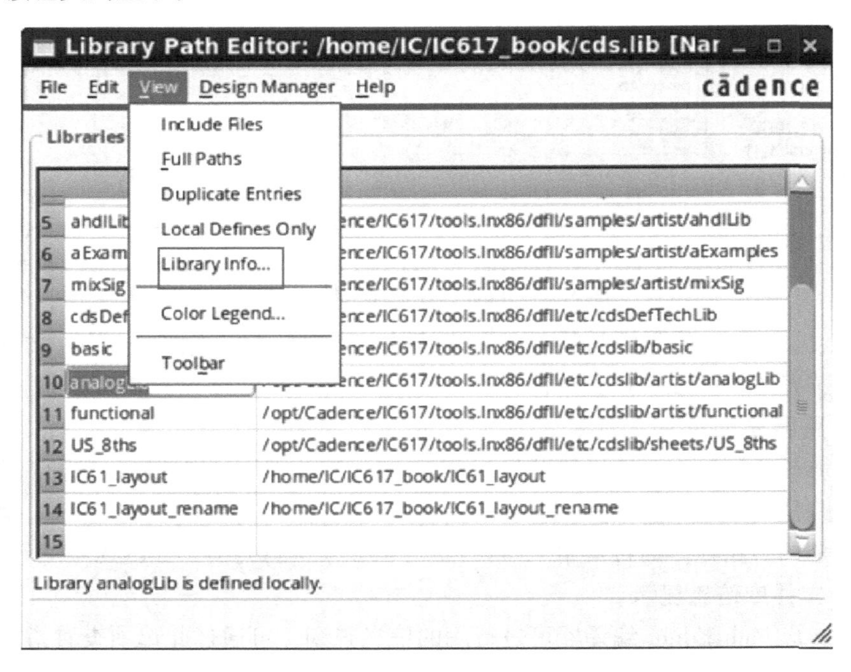

图 3.45　文件库信息查询选项菜单

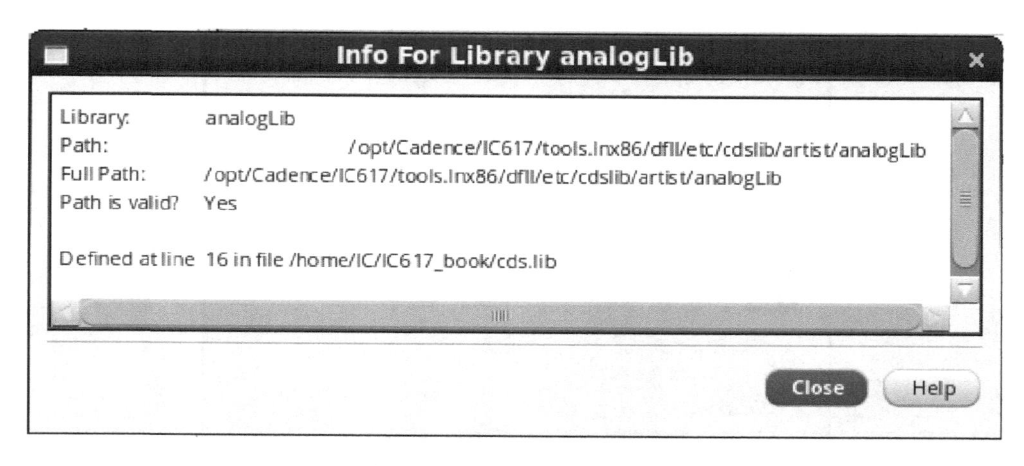

图 3.46　指定文件库信息显示

6. 字体颜色图例

在 Library Path Editor 编译器中可查询字体颜色图例，可通过字体颜色判断错误类型。可通过单击菜单 *View—Color Legend* 来进行查询，如图 3.47 所示。单击 Color Legend 菜单后，显示字体颜色图例信息，如图 3.48 所示，图例信息注释见表 3.10。

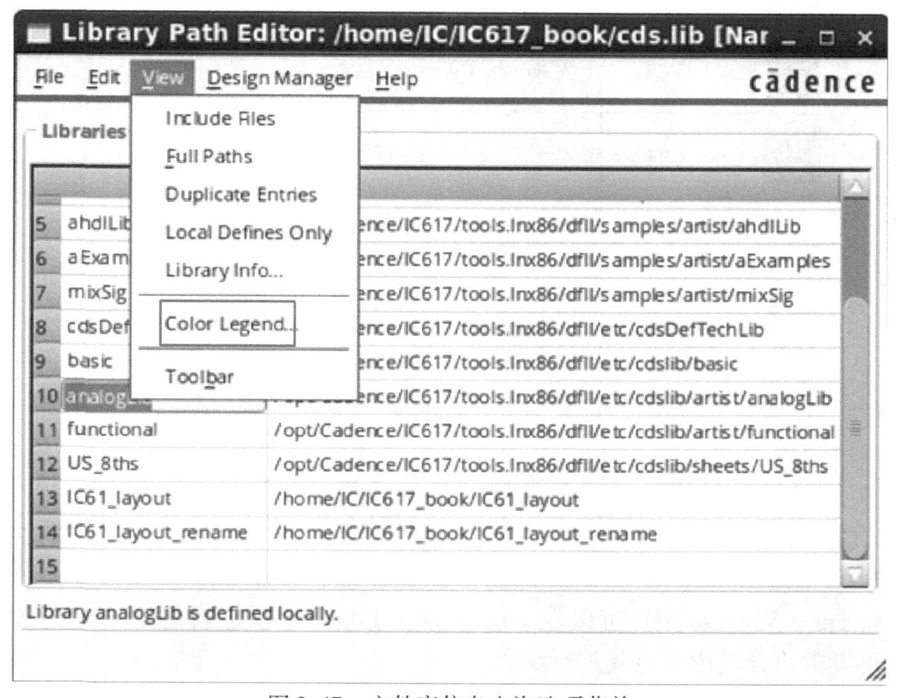

图 3.47　文件库信息查询选项菜单

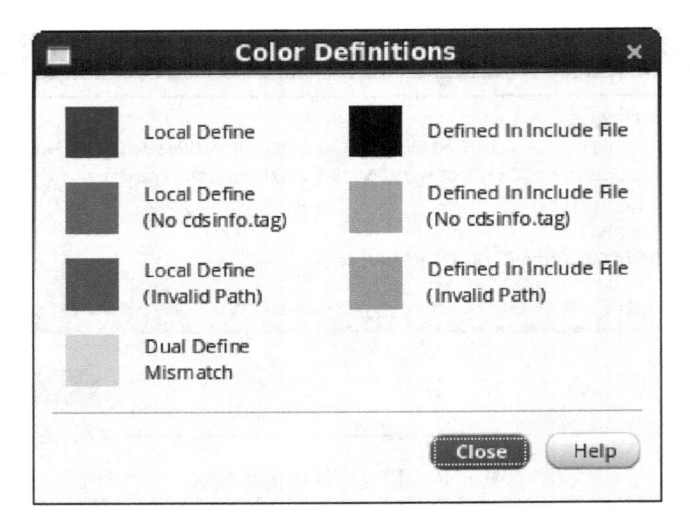

图 3.48　Library Path Editor 字体颜色定义图例

表 3.10　Library Path Editor 字体颜色定义图例注释

序号	颜色图例	颜色	注释
1		蓝	本地定义的库文件（正常）
2		黑	在 Include 文件中定义的库文件（正常）
3		绿	本地定义的库文件（无 cdsinfo. tag）
4		浅蓝	在 Include 文件中定义的库文件（无 cdsinfo. tag）
5		红	本地定义的库文件（路径错误）
6		橙	在 Include 文件中定义的库文件（路径错误）
7		黄	双重定义不匹配

7. 可选编辑锁定

Cadence Virtuoso 用户可以在 Library Path Editor 中锁定当前的 cds. lib 文件，使之可以阻止其他用户对其进行编辑。

1）锁定文件。选择菜单 *Edit—Exclusive Lock*，如图 3.49 所示，锁定后的 Library Path Editor 如图 3.50 所示，其显著特点就是在标题栏上方出现“Locked”字样，表明此 Library Path Editor 已经被锁定，不能被其他用户编辑，只能通过 *File—Save As* 进行另存库链接文件，无法使用 Save 对其进行保存。

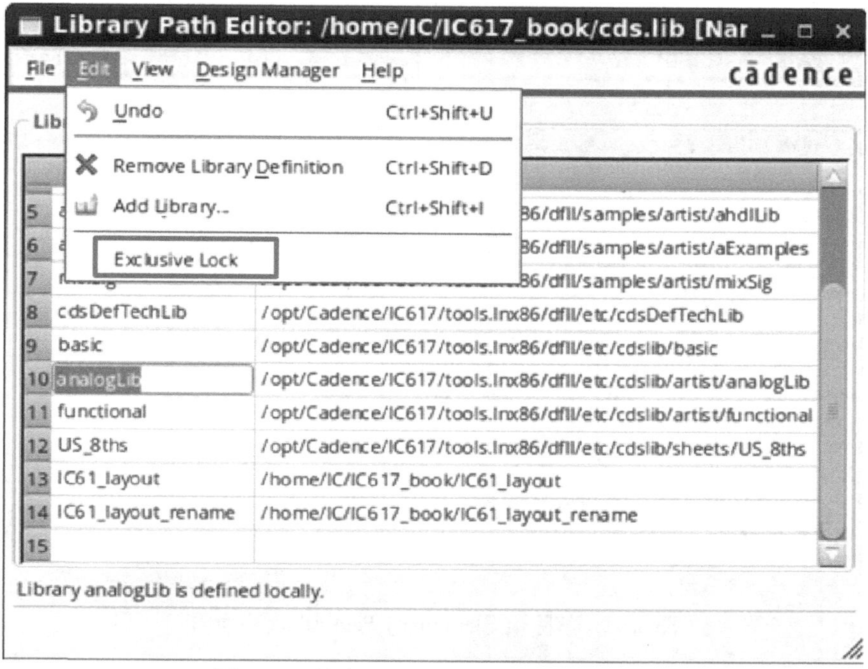

图 3.49　锁定 Library Path Editor 选项菜单

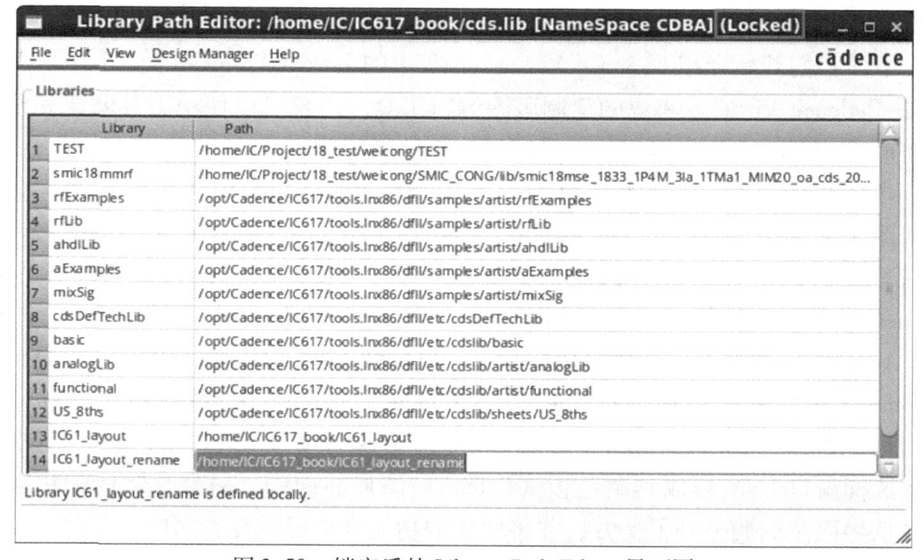

图 3.50　锁定后的 Library Path Editor 界面图

2）锁定解除。再次选择菜单 *Edit—Exclusive Lock*，解除锁定的 Library Path Editor，如图 3.51 所示，其显著特点就是在标题栏上方出现“Not Locked”字样，表明此 Library Path Editor 已经解除锁定（默认状态）。

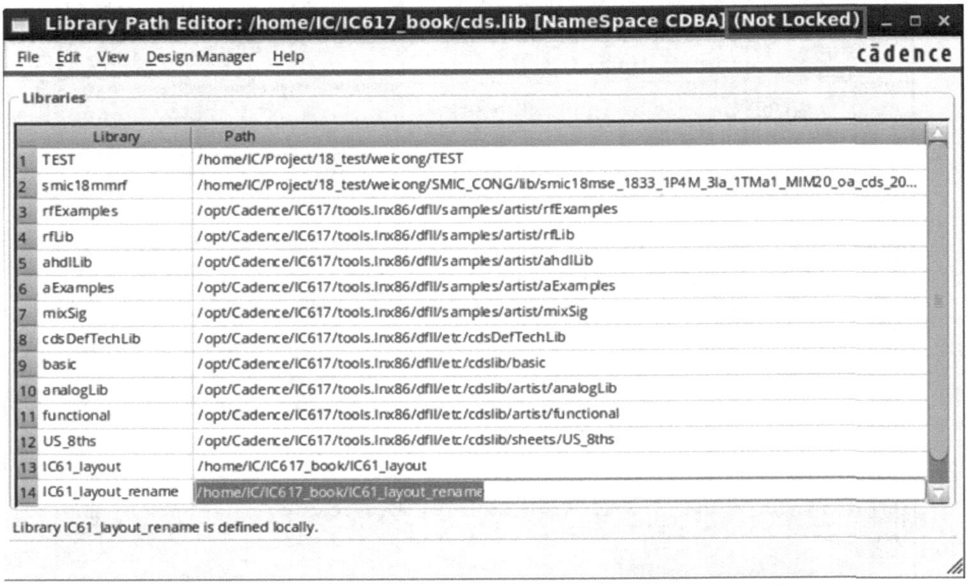

Library Path Editor: /home/IC/IC617_book/cds.lib [NameSpace CDBA] (Not Locked)

File Edit View Design Manager Help cādence

Libraries

	Library	Path
1	TEST	/home/IC/Project/18_test/weicong/TEST
2	smic18mmrf	/home/IC/Project/18_test/weicong/SMIC_CONG/lib/smic18mse_1833_1P4M_3la_1TMa1_MIM20_oa_cds_20...
3	rfExamples	/opt/Cadence/IC617/tools.lnx86/dfII/samples/artist/rfExamples
4	rfLib	/opt/Cadence/IC617/tools.lnx86/dfII/samples/artist/rfLib
5	ahdlLib	/opt/Cadence/IC617/tools.lnx86/dfII/samples/artist/ahdlLib
6	aExamples	/opt/Cadence/IC617/tools.lnx86/dfII/samples/artist/aExamples
7	mixSig	/opt/Cadence/IC617/tools.lnx86/dfII/samples/artist/mixSig
8	cdsDefTechLib	/opt/Cadence/IC617/tools.lnx86/dfII/etc/cdsDefTechLib
9	basic	/opt/Cadence/IC617/tools.lnx86/dfII/etc/cdslib/basic
10	analogLib	/opt/Cadence/IC617/tools.lnx86/dfII/etc/cdslib/artist/analogLib
11	functional	/opt/Cadence/IC617/tools.lnx86/dfII/etc/cdslib/artist/functional
12	US_8ths	/opt/Cadence/IC617/tools.lnx86/dfII/etc/cdslib/sheets/US_8ths
13	IC61_layout	/home/IC/IC617_book/IC61_layout
14	IC61_layout_rename	/home/IC/IC617_book/IC61_layout_rename

Library IC61_layout_rename is defined locally.

图 3.51 解除锁定的 Library Path Editor 界面图

3.1.4 Cadence Virtuoso 617 Layout Editor 界面介绍★★★

下面我们开始介绍 Cadence Virtuoso 617 中的 Layout Editor 界面。Layout Editor 是 Cadence Virtuoso 集成的定制版图编辑工具。用户可以使用工具创建和设计任何形式的版图，并且使用该工具进行高效的层次化设计。

当从 Cadence Virtuoso 617 打开一个新的版图视图（Layout View）时，会出现如图 3.52 所示的 Layout Editor 的图形界面。Cadence Virtuoso 617 Layout Editor 界面主要由以下几个部分构成：窗口标题栏（Window Title）、菜单栏（Menu Banner）、快捷图标栏（Icon Menu）、状态栏（Status Banner）、设计区域（Design Area）、元素选择属性栏（Selected）、鼠标状态栏（Mouse Settings）、提示栏（Prompt Line）和调色板（Palette）。与 Cadence Virtuoso 51 系列相比，Virtuoso 617 版图设计环境界面有较大的优化，首先是重新设置了菜单栏的选项，其次将层次选择窗口 LSW 集成到调色板（Palette）图形界面中，另外，默认的快捷图标栏从界面左侧调整到了上方，并将增加的功能直接显示在界面中。

以下详细介绍 Cadence Virtuoso 617 版图编辑器界面中各部分的作用和功能。

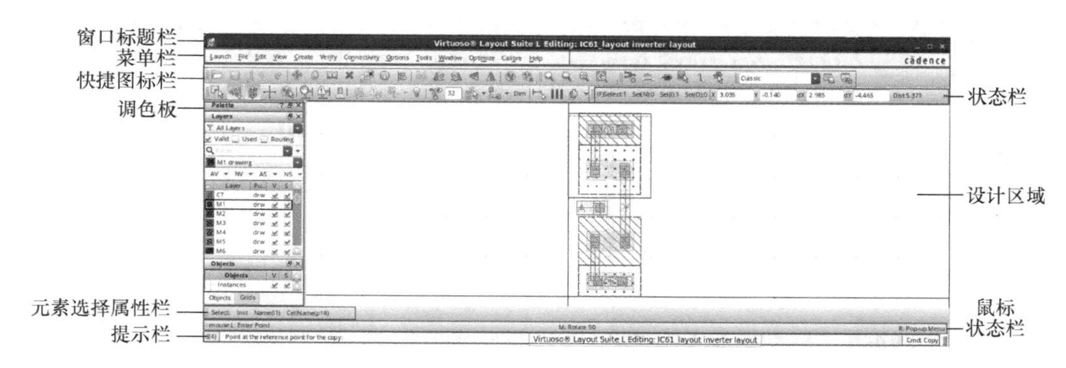

图 3.52　Cadence Virtuoso 617 版图编辑器界面

3.1.4.1　窗口标题栏（Window Title）

窗口标题栏在 Cadence Virtuoso 617 版图编辑器的最顶端，如图 3.53 所示，主要显示以下信息：应用名称、库名称、单元名称以及视图名称。

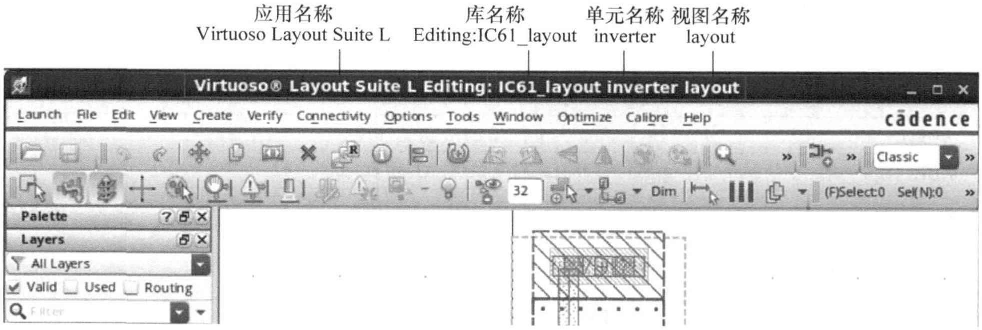

应用名称　库名称　单元名称　视图名称
Virtuoso Layout Suite L　Editing:IC61_layout　inverter　layout

图 3.53　Cadence Virtuoso 617 窗口标题栏说明示意图

3.1.4.2　菜单栏（Menu banner）

菜单栏在 Cadence Virtuoso 617 版图编辑器的上端，在窗口标题栏之下，显示版图编辑菜单。菜单栏主要包括启动（Launch）、文件（File）、编辑（Edit）、视图（View）、创建（Create）、验证（Verify）、连接（Connectivity）、选项（Options）、工具（Tools）、窗口（Window）、优化（Optimize）、Calibre 嵌入式工具（Calibre）、帮助（Help）共 13 个主菜单，如图 3.54 所示。同时每个主菜单包含若干个子菜单，版图设计者可以通过菜单栏来选择需要的命令以及子命令，其主要流程如下：鼠标左键点击主菜单，然后将指针指向选择的命令，最后再左键点击。需要说明的是，当菜单中某个选项是灰色，那么此选项是不能操作的；当版图打开为只读状态时，版图的修改命令选项是不允许操作的。下面将详细介绍主菜单以及子菜单的主要功能。

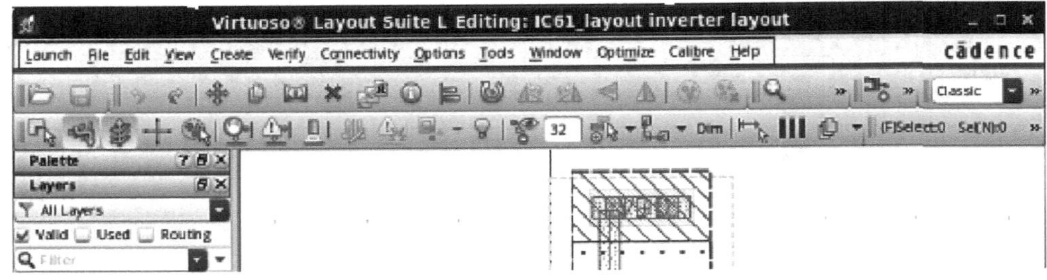

图 3.54　菜单栏界面图

1. Launch（启动菜单）

启动菜单（Launch）主要完成电路仿真工具 ADE（Analog Design Environment）和版图工具 Layout 的调用以及转换，主要包括 ADE L、ADE XL、ADE GXL、ADE Explorer、ADE Assembler、Layout L、Layout XL、Layout GXL、Layout EAD、Pcell IDE、Configure Physical Hierarchy 和 Plugins。当选择启动菜单 Launch 下的其他工具之后，返回版图设计工具，选择 Layout 选项。Launch 菜单功能见表 3.11，界面图如图 3.55 所示。

表 3.11　Layout Editor Launch 菜单

Launch		
ADE L		打开 ADE 仿真环境
ADE XL		打开 ADE XL 仿真环境
ADE GXL		打开 ADE GXL 仿真环境
ADE Explorer		打开 ADE Explorer 开发环境
ADE Assembler		打开 ADE Assembler 开发环境
Layout L		返回 Layout 版图编辑器
Layout XL		打开 Layout XL 版图编辑器
Layout GXL		打开 Layout GXL 版图编辑器
Layout EAD		打开 Layout EAD 版图编辑器
Pcell IDE		采用 Skill 语言进行参数化单元集成环境开发
Configure Physical Hierarchy		配置物理层次化结构（Layout XL/GXL）
Plugins（将其他工具加入菜单栏）	Debug Abutment	调试 Abutment 工具
	Debug CDF	调试 CDF 工具
	Dracula Interactive	启动版图验证工具 Dracula 交互界面
	High Capacity Power IR/EM	大容量功率 IR/EM 分析
	IC Packaging（SiP）	系统封装选项
	Parasitics	启动寄生参数分析
	Pcell	启动 Pcell 编译环境
	Power IR/EM	启动功耗 IR/EM 分析
	Simulation	启动仿真工具

2. File（文件菜单）

文件菜单（File）主要完成对单元的操作，主要包括New、Open、Close、Save、Save a Copy、Discard Edits、Save Hierarchically、Make Read Only、Export Image、Properties、Summary、Print、Print Status、Bookmarks、Set Default Application、Close All 和 Export Stream from VM，每个菜单包括若干个子菜单，菜单功能如表 3.12 所示，文件菜单如图 3.56 所示。

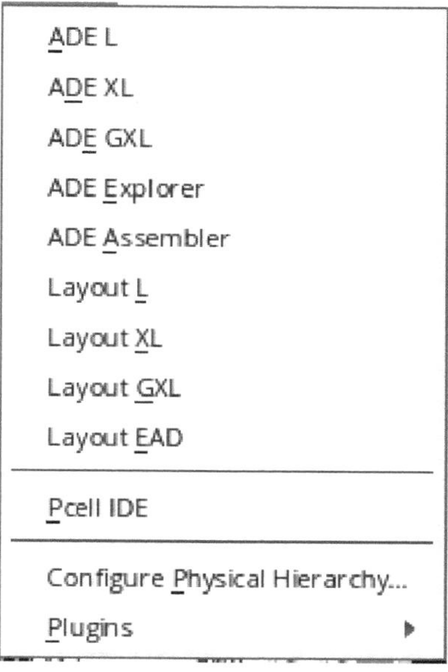

图 3.55　Launch 菜单栏界面图

表 3.12　Design 菜单功能描述

File		
New		新建版图视图
Open　F5		打开版图视图
Close　ctrl + W		关闭版图视图
Save		保存当前视图
Save a Copy		另存当前视图
Discard Edits		放弃编辑
Save Hierarchically		层次化保存
Make Read Only		当前版图视图在只读和可编辑之间进行转换
Export Image		将当前版图以图片形式导出
Properties　Shift + Q		查看选中单元属性信息
Summary		当前版图视图的信息汇总
Print		打印选项
Print Status		查看打印机打印状态
Bookmarks	Add Bookmarks	在工具栏中加入新书签
	Manage Bookmarks	管理书签
Set Default Application		设置默认应用
Close All		关闭所有视图
Export Stream from VM		快速导出版图 gdsII 文件

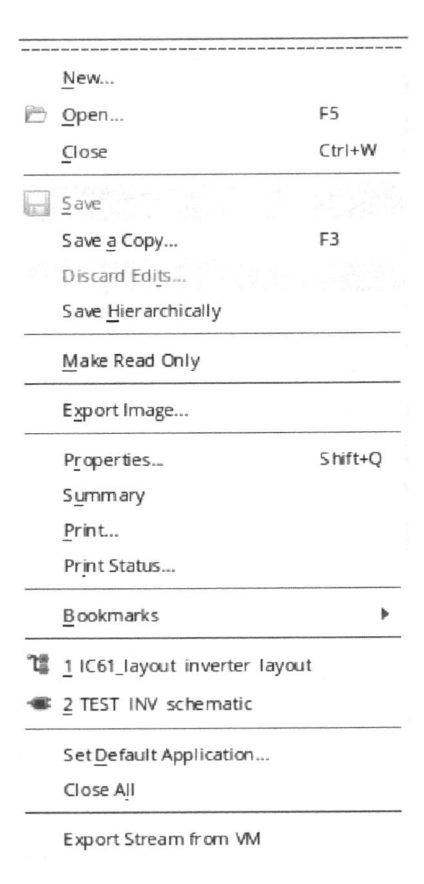

图 3.56　File 菜单栏界面图

3. Edit（编辑菜单）

编辑菜单（Edit）主要完成当前单元视图的具体操作，主要包括 Undo、Redo、Move、Copy、Stretch、Delete、Repeat Copy、Quick Align、Flip、Rotate、Basic、Advanced、Convert、Hierarchy、Group、Fluid Pcell、Select 和 DRD Targets。每个菜单包括若干个子菜单，菜单功能描述见表 3.13，编辑菜单如图 3.57 所示。

表 3.13　Edit 菜单功能描述

Edit		
Undo　U		退回上一次操作
Redo　Shift + U		重复上一次操作
Move　M		移动选中的单元图形
Copy　C		复制选中的单元图形

（续）

Edit			
Stretch S			拉伸选中的单元图形
Delete Del			删除选中的单元图形
Repeat Copy H			重复复制选中的图形
Quick Align A			快速对齐选中的图形
Flip Ctrl + J	Flip Vertical		垂直翻转选中的图形
	Flip Horizontal		水平翻转选中的图形
Rotate Shift + O	Rotate Left		向左旋转选中单元
	Rotate Right		向左旋转选中单元
Basic	Chop	Shift + C	切割选择的单元层
	Merge	Shift + M	合并重叠的单元层
	Yank	Y	选择单元层
	Paste	Shift + Y	粘贴选中的单元层
	Properities	Q	显示所有被选中单元的属性信息
Advanced	Reshape	Shift + R	改变选中单元层的形状
	Split	Ctrl + S	切分选中单元层
	Modify Corner		改变选中单元层的拐角弧度
	Size		改变选中单元层的比例大小
	Attach/Detach	V	改变两个单元层的隶属关系
	Move Origin		移动版图的原点位置
	Align		对齐选中单元层
	Slot		加入版图层 slot
Convert	To Mosaic		将选中单元层改成镶嵌模式
	To Instance		将选中单元层转换成器件
	To Polygon		将选中单元层改成多边形模式
	To PathSeg		将选中单元层转换成多块路径形式
	To Path		将选中单元层转换成路径形式
Hierarchy	Descend Edit		进入下层单元，可编辑模式
	Descend Read		进入下层单元，只读模式
	Return	Shift + B	返回上一层单元
	Return To Level	B	选择返回单元层次
	Return To Top		返回到单元顶层
	Edit In Place	X	本单元层次编辑下层单元

（续）

Edit		
Hierarchy	Tree　　Shift + T	以树状形式显示下层单元
	Make Editable	单元只读模式转换为可编辑模式
	Refresh	刷新
	Make Cell	重新构成单元
	Flatten	打散选中单元
Group	Add to Group	将单元加入到分组中
	Remove from Group	将单元从分组中移除
	Ungroup	取消分组定义
Fluid Pcell	Chop	切掉选中单元层部分
	Merge	合并选中相同单元层
	Convert to Polygon	将其他图形形式转换为多边形
	Tunnel	图形交叠穿过
	Heal	恢复 Pcell
	Clean Overlapping Contact	清除互相重叠的接触孔
	Clean	清除操作
Select	Select All　　Ctrl + A	选择所有单元层
	Deselect All　　Ctrl + D	取消选择单元层
	Select By Area Shift + A	根据区域选择单元层
	Select By Line	根据连线位置选择单元层
	Extend selection to object　　J	将该选项扩展到所选元器件或单元
	Previous Saved Set	前一次保存的单元层组
	Next Saved Set	下一个保存的单元层组
	Save/Restore	保存/恢复
	Set Selection Protection	设置选择保护
	Clear Selection Protection	清除选择保护
	Clear All Selection Protection	清除所有选择保护
	Override Selection Protection	覆盖选择保护
	Highlight Protection Objects	高亮保护单元
	Selection Protection Options	选择保护选项
DRD（Design Rule Driven）Targets	Set Target from Selection	从已选器件中设定需要符合设计规则的器件
	Clear Targets	清除需要符合设计规则的器件
	Add Selection to Targets	增加器件到需要符合设计规则的器件组中
	Remove Selection from Targets	从已选符合设计规则的器件组中移除选中器件

Undo　U
Redo　Shift+U
Move　M
Copy　C
Stretch　S
Delete　Del
Repeat Copy　H
Quick Align　A
Flip
Rotate
Basic
Advanced
Convert
Hierarchy
Group
Fluid Pcell
Select
DRD Targets

图 3.57　Edit 菜单栏界面图

4. View（视图菜单）

视图菜单（View）主要完成当前设计单元视图的可视变化，包括 Zoom In、Zoom Out、Zoom To Area、Zoom To Grid、Zoom To Selected、Zoom To Fit All、Zoom To Fit Edit、Magnifier、Dynamic Zoom、Pan、Redraw、Area Display、Show Coordinates、Show Angles、Show Selected Set、Save/Restore 和 Background。每个主菜单包括若干个子菜单，菜单功能描述见表 3.14，视图菜单如图 3.58 所示。

表 3.14　View 菜单功能描述

View			
Zoom In	Ctrl + Z		放大视图 1 倍
Zoom Out	Shift + Z		缩小视图 1 倍
Zoom To Area	Z		圈定选定的区域进行放大
Zoom To Grid	Ctrl + G		放大到格点
Zoom To Selected	Ctrl + T		将选中的单元层最大化显示
Zoom To Fit All	F		显示全图
Zoom To Fit Edit	Ctrl + X		以编辑形式进入到下一层次
Magnifier			将光标显示区放大显示

（续）

View		
Dynamic Zoom		动态放大缩小
Pan　　Tab		将选择的单元层居中显示
Redraw　　Ctrl + R		重新载入视图
Area Display	Set	设置显示层次级别
	Delete	删除设置
	Delete All	删除所有显示级别设置
Show Coordinates		显示选中单元层拐角坐标
Show Angles		显示选中单元层拐角角度
Show Selected Set		文本形式显示选中单元/单元层信息
Save/Restore	Previous View	返回到前一个视图
	Next View	进入到下一个视图
	Save View	保存当前视图
	Restore View	恢复保存视图
Background		将其他单元版图作为背景

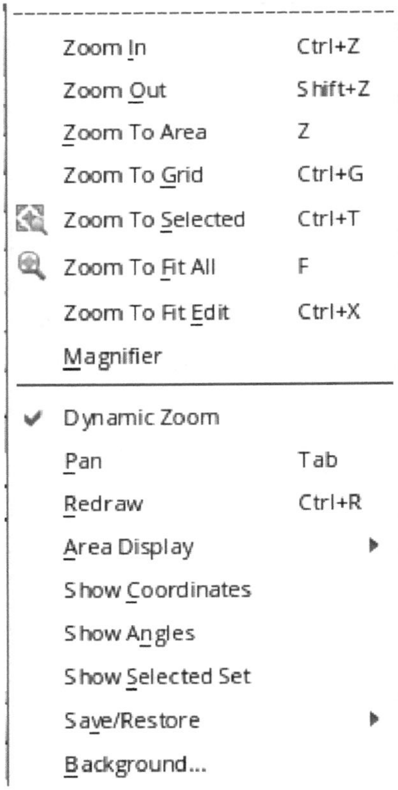

Zoom In　Ctrl+Z
Zoom Out　Shift+Z
Zoom To Area　Z
Zoom To Grid　Ctrl+G
Zoom To Selected　Ctrl+T
Zoom To Fit All　F
Zoom To Fit Edit　Ctrl+X
Magnifier
Dynamic Zoom
Pan　Tab
Redraw　Ctrl+R
Area Display
Show Coordinates
Show Angles
Show Selected Set
Save/Restore
Background...

图 3.58　View 菜单栏界面图

5. Create（创建菜单）

创建菜单（Create）主要完成当前设计单元视图中单元形状的创建和改变，此菜单需要单元视图处于可编辑模式，主要包括 Shape、Wiring、Instance、Pin、Label、Via、Multipart Path、Fluid Guard Ring、MPP Guard Ring、Slot、P&R Objects、Group 和 microwave。每个主菜单包括若干个子菜单，菜单功能描述见表3.15，创建菜单如图3.59所示。

表3.15 Create 菜单功能描述

Create		
Shape	Rectangle　R	创建矩形图形
	Polygon　Shift + P	创建多边形图形
	Path	创建路径式图形
	Circle	创建圆形图形
	Ellipse	创建椭圆形图形
	Donut	创建环形图形
Wiring	Wire　P	创建路径式互连线
	Bus　Ctrl + Shift + X	创建路径式总线
Instance　I		调用单元
Pin		创建端口
Label　L		创建标识
Via　O		调用接触孔/通孔
Multipart Path		创建多路径
Fluid Guard Ring		创建保护环
MPP Guard Ring　Shift + G		创建多路式保护环
Slot		创建金属层沟槽
P&R Objects	Blockage	创建阻挡层
	Row	创建行
	Custom Placement Area	创建定制布局区域
	Clusters	创建组群
	Track Patterns	启用单元层跟踪模式
	P&R Boundary	布局布线边界定义
	Snap Boundary	定义转弯边界
	Area Boundary	定义区域边界
	Cluster Boundary	组边界定义
Group		组合单元
Microwave	Trl	创建传输线
	Bend	创建弯曲线
	Taper	创建逐渐变窄线

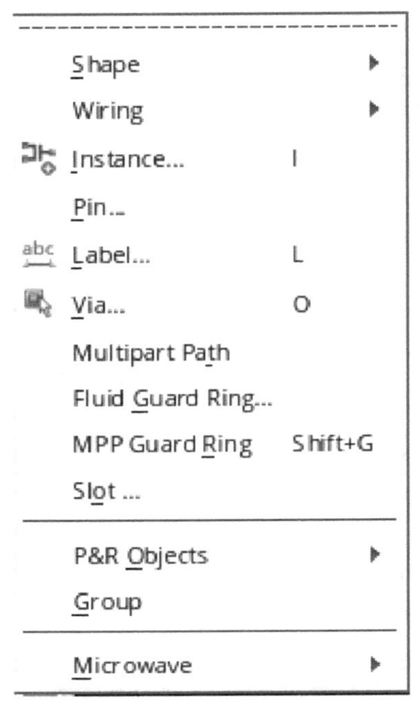

图 3.59　Create 菜单栏界面图

6. Verify（验证菜单）

验证菜单（Verify）主要用于检查版图设计的准确性，此菜单的 DRC 菜单功能需要单元视图处于可编辑模式，主要包括 DRC、Extract、ConclCe、ERC、LVS、Shorts、Probe、Markers 和 Selection。每个主菜单包括若干个子菜单，菜单功能描述见表 3.16，验证菜单如图 3.60 所示。

表 3.16　Verify 菜单功能描述

Verify		
DRC		DRC 对话框
Extract		参数提取对话框
ConclCe		寄生参数简化工具
ERC		ERC 对话框
LVS		LVS 对话框
Shorts		启动短路定位插件
Probe		打印方式设定
Markers	Explain	错误标记提示
	Find	查找错误标记
	Delete	删除选中的错误标记
	Delete All	删除所有错误标记
Selection		—

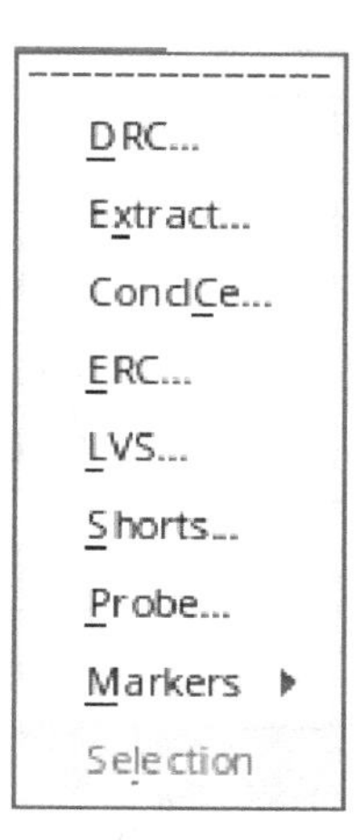

图 3. 60　Verify 菜单栏界面图

7. Connectivity（连接菜单）

连接菜单（Connectivity）主要用于准备版图的自动布线并显示连接错误信息，包括 Pins 和 Nets 两个菜单，如图 3. 61 所示，菜单功能描述见表 3. 17。

表 3. 17　Connectivity 菜单功能描述

Connectivity		
Pins	Must Connect	定义必须连接的端口
	Strongly Connected	定义强连接的端口
	Weakly Connected	定义弱连接的端口
	Pseudo Parallel Connect	定义伪并行连接端口
Nets	Mark	高亮连线
	Unmark	取消高亮连线
	Unmark All	取消所有高亮连线
	Save All Mark Nets	保存所有高亮连线
	Propagate	产生虚拟互连线
	Add Shape to Net	在连接线上加入图形
	Remove Shape from Net	从连线上移除图形

8. Options（选项菜单）

选项菜单（Options）主要用于控制所在窗口的行为，包括 Display、Editor、Selection、Magnifier、DRD Edit、Toolbox、Highlight 和 Dynamic Display，菜单功能描述见表 3. 18，选项菜单如图 3. 62 所示。

表 3.18　Options 菜单主要功能描述

Options	
Display　E	显示选项
Editor　Shift + E	版图编辑器选项
Selection	选定方式设定
Magnifier	放大显示选项
DRD Edit	启动设计规则驱动优化
Toolbox	工具箱启动选项
Highlight	高亮选项
Dynamic Display	动态显示选项

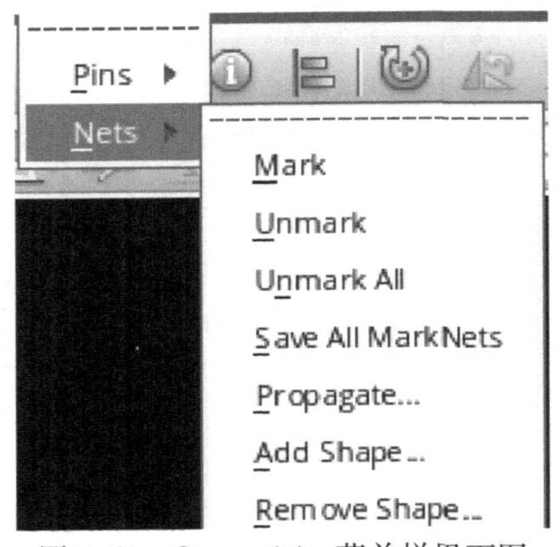

图 3.61　Connectivity 菜单栏界面图

图 3.63 为选项菜单中 Display 选项功能的对话框，用户可以根据自身需要对版图设计环境以及层次显示进行定制，并且可以将定制信息存储在单元、库文件、工艺文件或者指定文件等应用环境下。

Display...　E
Editor...　Shift+E
Selection...
Magnifier...
DRD Edit...
Toolbox...
Highlight...
Dynamic Display...

图 3.62　Options 菜单栏界面图

9. Tools（工具菜单）

工具菜单（Tools）主要用于调用一些常用的工具，主要包括 Find/Replace、Create Measurement、Clear All Measurement、Clear All Measurement In Hierarchy、Enter Points、Remaster Instances、Create Pins From Labels、Tap、Export Label、Layer Generation、Abstract Generation、Technology Database Graph、Pad Opening Info、Express Pcell Manager 和 Cover Obstructions Manager，每个主菜单包括若干个子菜单，菜单功能描述见表 3.19，Tools 工具菜单如图 3.64 所示。

表 3.19　Tools 菜单主要功能描述

Tools	
Find/Replace　Shift + S	查找/替换
Area and Density Calculator	面积和密度计算器
Create Measurement　K	创建标尺
Clear All Measurement　Shift + K	清除当前窗口所有标尺
Clear All Measurement In Hierarchy Ctrl + Shift + K	清除当前单元下所有层次单元标尺
Enter Points　Shift + N	键入中心点显示坐标
Remaster Instances	重新定义主单元名称

（续）

Tools	
Create Pins From Labels	从标记生成端口
Tap　　T	捕捉图形信息，传递给生成的图形
Export Label	标记导出
Layer Generation	单元层生成工具
Abstract Generation	导出 Abstract 选项
Technology Database Graph	查看工艺文件库列表
Pad Opening Info	压焊点开窗信息
Express Pcell Manager	快速 Pcell 管理器
Cover Obstructions Manager	覆盖障碍物管理器

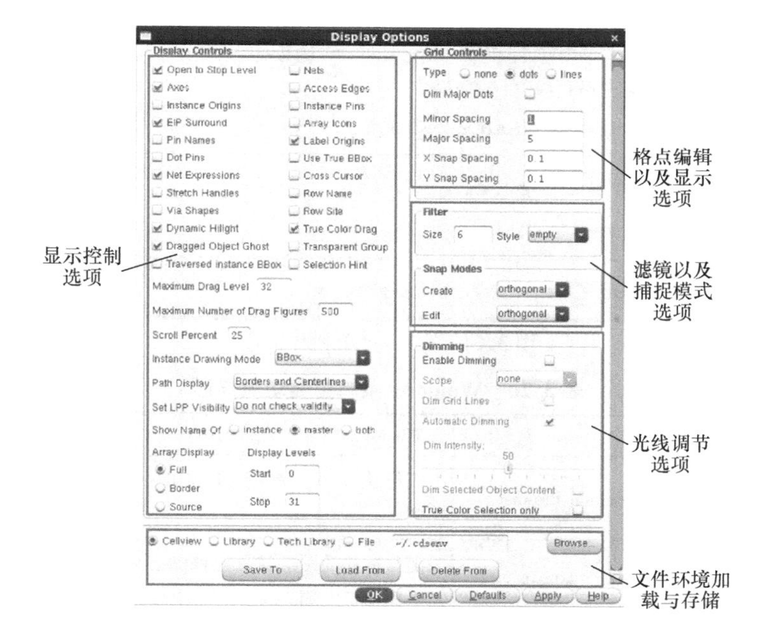

图 3.63　Display 菜单对话框

10. Windows（窗口管理菜单）

窗口管理工具菜单（Windows）主要用于窗口界面管理，主要包括 Assistants、Toolsbars、Workspaces、Tabs 和 Copy Window，每个主菜单包括若干个子菜单，菜单功能描述见表 3.20，Windows 窗口管理菜单工具菜单如图 3.65 所示。

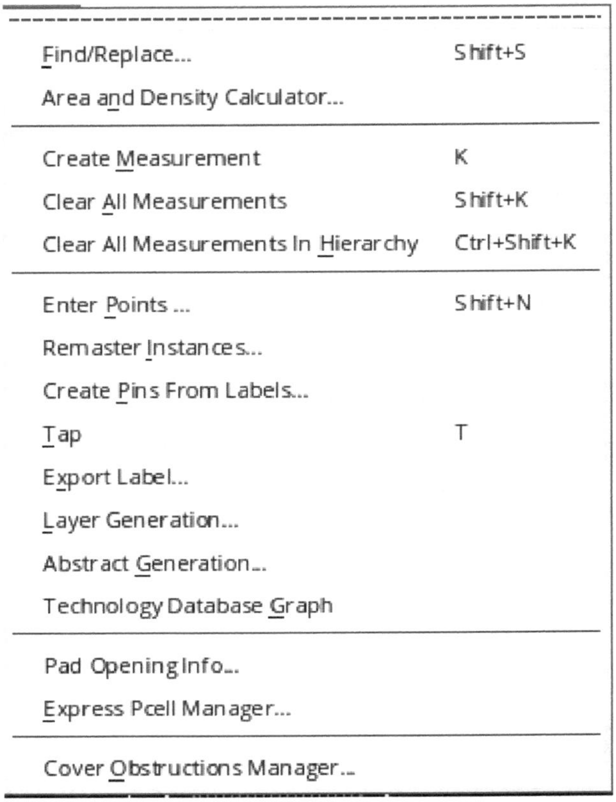

Find/Replace... Shift+S
Area and Density Calculator...

Create Measurement K
Clear All Measurements Shift+K
Clear All Measurements In Hierarchy Ctrl+Shift+K

Enter Points ... Shift+N
Remaster Instances...
Create Pins From Labels...
Tap T
Export Label...
Layer Generation...
Abstract Generation...
Technology Database Graph

Pad Opening Info...
Express Pcell Manager...

Cover Obstructions Manager...

图 3.64　Tools 菜单栏界面图

表 3.20　Windows 菜单主要功能描述

Windows		
Assistants（此选项菜单全部显示在界面窗口左侧或者右侧）	Annotation Browser	反标浏览器，查看 DRC/DFM 信息，显示在界面窗口左侧
	Dynamic Selection	随鼠标移动图形或者器件动态显示选中全部信息，显示在界面窗口左侧
	Search	查找关键字下的所有信息，显示在界面窗口右侧
	Property Editor	显示选中单元的物理属性，显示在界面窗口左侧
	Palette	调出调色板界面，显示在界面窗口左侧
	Navigator	界面左侧是否调出导航图标
	World View	全景显示版图信息
	Toggle Visibility　F11	界面左侧图标是否显示
Toolbars		显示窗口菜单选项，勾选中的菜单显示在菜单栏

（续）

Windows		
Workspaces	Basic	基本模式调色板窗口
	Classic	经典模式显示调试版窗口
	Save As	将定义好的模式另存为自定义模式
	Delete	删除自定义模式
	Load	加载自定义、基本和经典模式
	Set Default	将其中一种定义为默认模式
	Revert to Saved	返回到上次已存模式
Tabs	1：VirtuosoR Layout Suite L Editing：IC61_layout inverter layout	当前窗口 窗口编号：标题栏
	Close Current Tab	关闭当前窗口
	Close Other Tabs	关闭其他窗口
Copy Window		将此窗口复制并打开

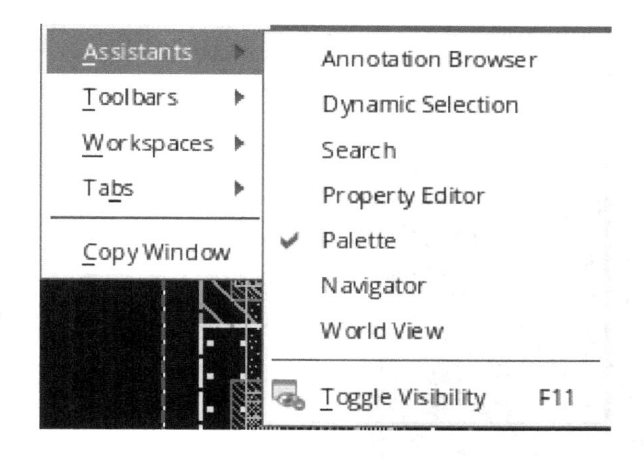

图 3. 65 Windows 菜单栏界面图

11. Optimize（优化管理菜单）

优化管理工具菜单（Optimize）主要用于优化界面管理，包括 Execute Flow、Options、Execute Utility 和 Browse Constraints，每个主菜单包括若干个子菜单，菜单功能描述见表 3. 21，Optimize 优化管理菜单工具菜单如图 3. 66 所示。

表 3.21　Optimize 优化菜单主要功能描述

Optimize		
Execute Flow		执行 Migration 流程
Options		优化流程选项
Execute Utility	Run Script	执行脚本文件，格式为 qrt
	Copy This View to Layout	将此视图复制为 Layout 视图
	Flatten All Pcells	打散所有 pcell 单元
	Flatten All Multipart Paths	打散所有多路径单元
	Unlink Labels	解除标识与版图层次关系
	Center Linked Labels	全景显示版图信息
	Resize Labels	重新定义标识尺寸
	Reabut Pcells	重新优化摆放 Pcell
	Release License	发布使用许可
Browse constraints		加载缓存中的约束条件

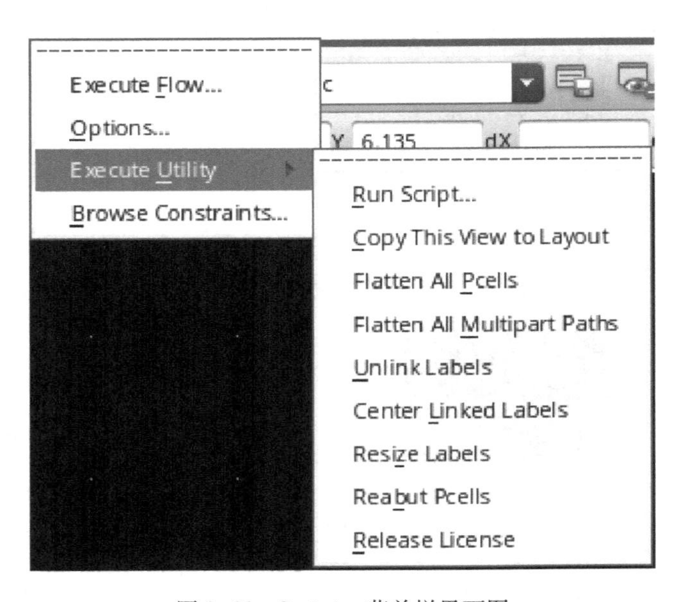

图 3.66　Optimize 菜单栏界面图

12. Calibre（后端物理验证 Calibre 菜单）

后端验证工具菜单（Calibre）是一个可选集成菜单选项，当在系统隐藏文件 .cdsinit 中选择加载 calibre 工具时，此菜单才能出现在主菜单选项中。Calibre 菜单与 Cadence 软件无缝连接，直接从 Virtuoso 环境中调用电路和版图信息进行后端物理验证，加速了设计者开发流程。Calibre 菜单主要包括 Run nmDRC、Run DFM、Run nmLVS、Run PERC、Run PEX、Start RVE、Clear Highlights、Setup 和 About，其中，Setup 主菜单包括 5 个子菜单，菜单功能描述见表 3.22，Calibre 后端验证工具菜单如图 3.67 所示。

表 3.22　Calibre 后端物理验证菜单主要功能描述

Calibre		
Run nmDRC		启动设计规则检查（DRC）程序
Run DFM		启动可制造性规则检查（DFM）程序
Run nmLVS		启动版图电路图一致性检查（LVS）程序
Run PERC		启动电路可靠性验证检查（PERC）程序
Run PEX		启动寄生参数提取（PEX）检查程序
Start RVE		启动结果查看环境（RVE）程序
Clear Highlights		清除所有高亮显示
Setup	Layout Export	版图数据导出选项
	Netlist Export	网表数据导出选项
	Calibre View	Caliber 视图选项
	RVE	结果查看环境（RVE）启动选项
	Socket	端口号信息
About		Calibre 软件与 cadence 环境交互信息

13. Help（帮助菜单）

帮助菜单（Help）主要用于查阅 Virtuoso 软件帮助文档，包括 Search、Layout L User Guide、Layout L What's New、Layout L KPNS、Virtuoso Documentation Library、Virtuoso Video Library、Virtuoso Rapid Adoption Kits、Virtuoso Learning Map、Virtuoso Custom IC Community、Cadence Online Support、Cadence Training、Cadence Community、Cadence OS Platform Support、Contact Us、Cadence Home 和 About Virtuoso，菜单功能描述见表 3.23，Help 工具菜单如图 3.68 所示。

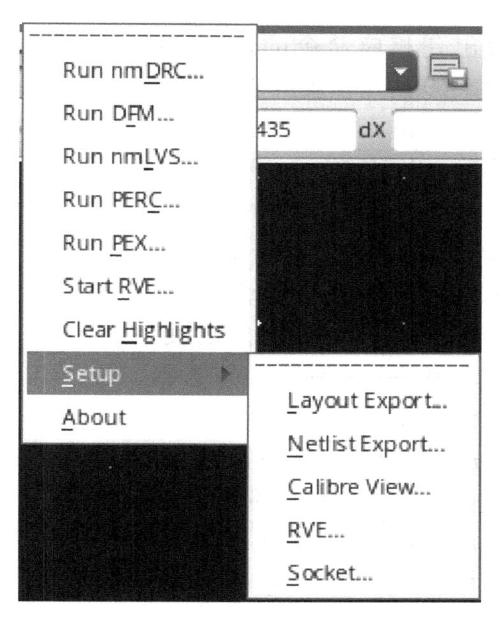

图 3.67　Calibre 菜单栏界面图

表 3.23　Help 菜单主要功能描述

Help	
Search	帮助查找对话框
Layout L User Guide	Layout L 用户指南
Layout L What' s New	Layout L 软件更新信息
Layout L KPNS	Layout L 出现的问题以及解决方案
Virtuoso Documentation Library	Virtuoso 软件文档库
Virtuoso Video Library	Cadence 视频库
Virtuoso Rapid Adoption Kits	Virtuoso 快速成长套件
Virtuoso Learning Map	Virtuoso 学习成长路线
Virtuoso Custom IC Community	Virtuoso 用户 IC 社区
Cadence Online Support	Cadence 在线支持
Cadence Training	Cadence 培训
Cadence Community	Cadence 论坛社区
Cadence OS Platform Support	Cadence 操作系统平台支持
Contact Us	Cadence 联系方式
Cadence Home	Cadence 网站主页
About Virtuoso	关于 Virtuoso

14. 命令表单

当我们尝试使用一个命令时，可以通过命令表单选择命令的设置，通常情况下可以在单击菜单命令或使用快捷键后，再单击功能键 F3，即会出现相应命令的表单。例如，如图 3.69 所示，点击“复制”命令或者按下快捷键（c）后，点击 F3 功能键，出现如图 3.69 所示的命令表单，默认情况下 Snap Mode 为 orthogonal，如果用户需要，可以将 Snap Mode 修改为 diagonal（45°复制）、anyAngle（任意角度复制）、orthogonal（横纵两个方向复制）等设置，也可以将所选择的单元、版图层进行 Rotate（90°逆时针选择复制）、Sideways（左右镜像复制）或者 Upside Down（上下镜像复制）操作。基本上所有的操作命令都有命令表单可选。

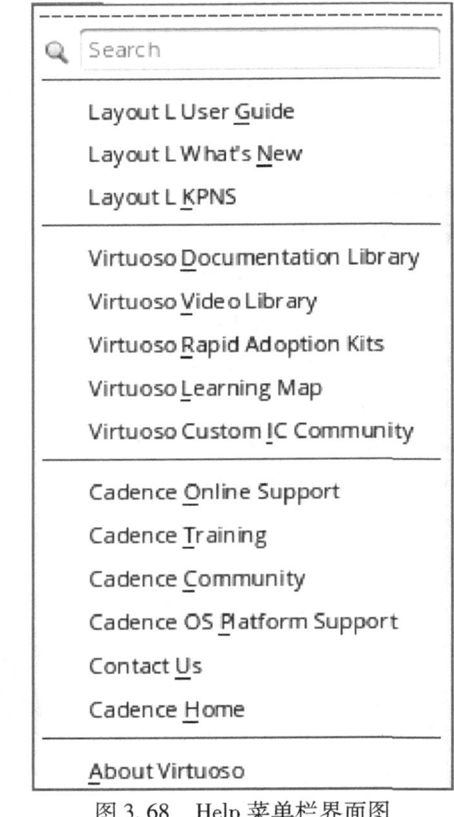

图 3.68　Help 菜单栏界面图

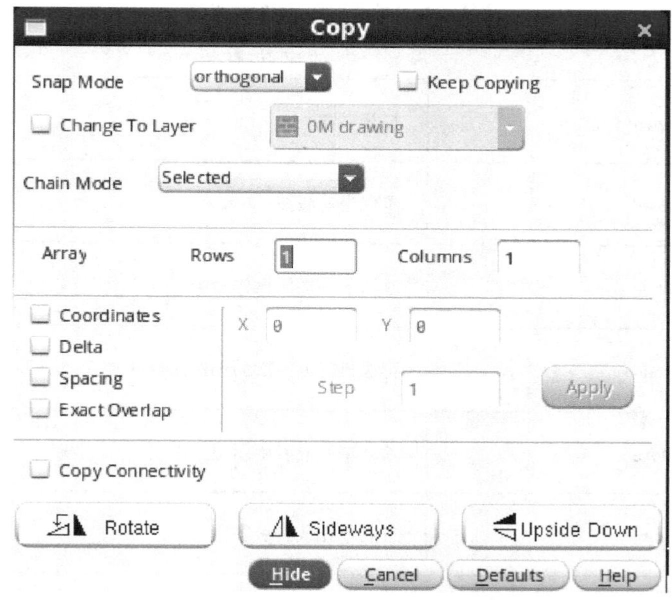

图 3.69　“复制”命令的表单

3.1.4.3　快捷图标菜单（Icon Menu）

快捷图标菜单位于 Cadence Virtuoso 617 版图编辑器菜单栏下方，设定的目的在于为版图设计者提供常用的版图编辑命令。在当前单元视图处于可读模式，某些可编辑菜单呈灰度状态，不可使用。快捷图标菜单栏如图 3.70 所示，在总界面的位置如图 3.71 所示，快捷图标菜单功能见表 3.24。

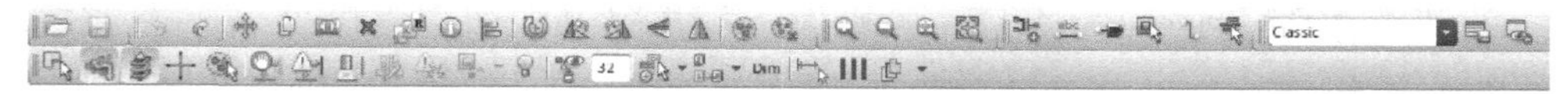

图 3.70　快捷图标菜单栏

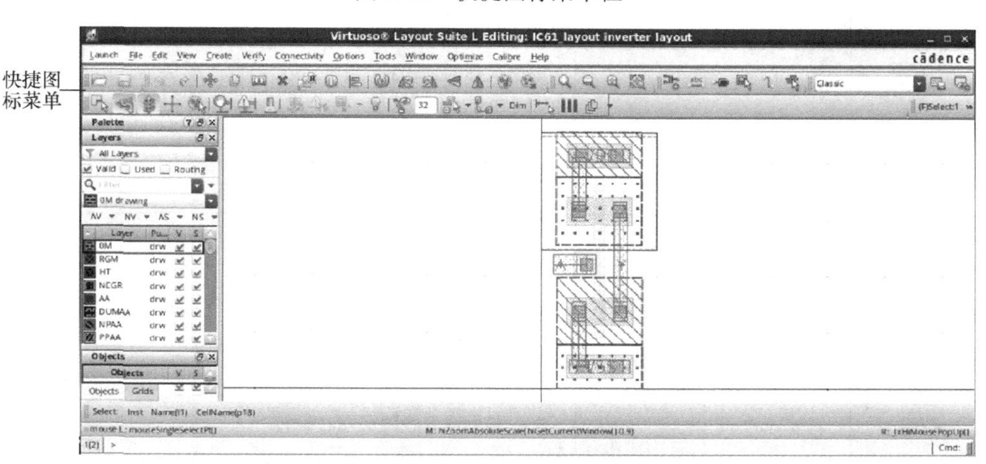

图 3.71　快捷图标菜单栏在总界面的位置

表 3.24　快捷图标菜单功能表

图标	对应功能	
	Open	打开视图
	Save	保存当前版图
	Undo	取消上一次的操作命令
	Redo	再次执行上一次的操作命令
	Move	移动单元或者版图层
	Copy	复制单元或者版图层
	Stretch	拉伸版图层
	Delete	删除单元或者版图层
	Repeat Copy	重复复制单元或者版图层
	Edit Property	编辑器件或者版图层属性
	Align	按照选择的方式对齐版图层
	Rotate	根据选择的方式对选中的单元或者版图层进行旋转（90°/180°/270°）
	Rotate Left	选中单元或者版图层向左旋转 90°
	Rotate Right	选中单元或者版图层向右旋转 90°
	Flip Vertical	选中单元或者版图层上下翻转
	Flip Horizon	选中单元或者版图层左右翻转

（续）

图标	对应功能	
	Create Group	将多个单元或版图层创建组
	Ungroup	将多个单元或版图层创建组解除
	Zoom In	将当前视图放大 2 倍
	Zoom Out	将当前视图缩小 2 倍
	Zoom to Fit	将当前视图调整到合适的尺寸
	Zoom to Selected	将当前选中的单元或版图调整到合适的尺寸
	Create Instance	调用器件
	Create Label	创建标识
	Create Pin	创建端口
	CreateVia	创建通孔
	Create Wire	创建互连线
	Create Bus	创建总线
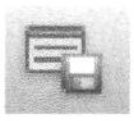	Save Workspace	将快捷菜单栏设置另存
	Toggle Assistance	是否显示调色板（Palette）模块
	Select Mode：Full/Partical	选择模式：全选/部分选择
	Path Spine：ON/OFF	Path 中轴线开启或关闭

（续）

图标	对应功能	
	Via Stack：ON/OFF	是否使用堆叠通孔
	Create/Edit Snap Mode：Angle/Diagonal/Orthogonal	创建单元/版图层模式 任意角/90°/45°
	Transparent Group：ON/OFF	创建新单元是否透明显示
	DRD Enforce：ON/OFF	设计规则驱动 DRD 强制是否执行
	DRD Notify：ON/OFF	DRD 提示是否执行（设计规则显示）
	DRD Post - Edit：ON/OFF	DRD 提示显示是否执行
	Constraint Aware Editing：ON/OFF	限制条件编辑提醒是否执行
	Update Connectivity information When Design is Modified	当设计修改后，更新连线信息
	Selection Granularity：ON/OFF	选择间隔开启或关闭
	InfoBalloon：ON/OFF	是否以浮动窗的形式显示光标
31	Display Stop Level（0 ~ 31）	显示版图层次（0 ~ 31 可选）
	Create Snap Mode：Any Angle/Diagonal/Othogonal/L90XFirst/L90YFirst	创建单元模式： 任意角/45°/90°/X 方向优先/Y 方向优先
	Edit Snap Mode：Any Angle/Diagonal/Orthogonal/Horizontal/Vertical	编辑模式： 任意角/45°/90°/只横向/只纵向
Dim	Dimming ON/OFF	是否明暗相间显示版图信息
	Dynamic Measurement ON/OFF	是否动态显示测量信息
	Highlight Aligned Edge ON/OFF	是否高亮对齐边沿
	Layer Scope：All/Active/Edge/ Palette /Selectable	版图层显示方式

3.1.4.4　设计区域（Design Area）

Cadence Virtuoso 617 设计区域位于版图编辑器设计窗口的中央，如图 3.72 所示，在设计区域内可以创建、编辑目标版图层或者单元，包括创建多边形、矩形、圆形等形状，移动、复制、拉伸版图层，调用单元等。在设计区域内可以根据需要将格点开启或者关闭，格点之间的间隔可以根据工艺进行选择，格点可以有效地帮助用户创建图形。

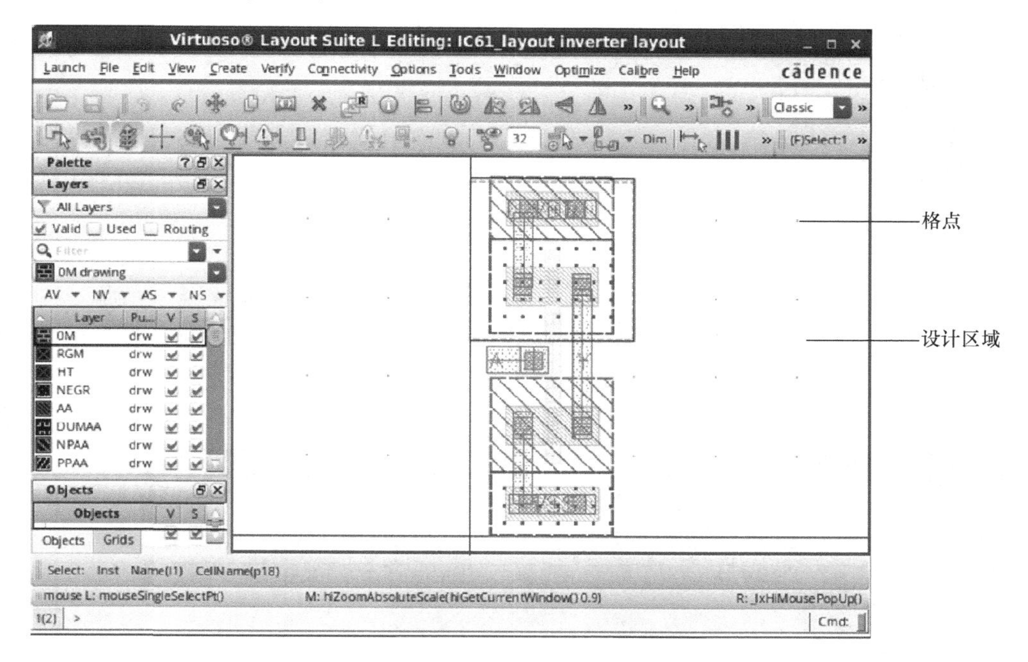

图 3.72　设计区域示意图

3.1.4.5　鼠标状态栏（Mouse Setting）

鼠标状态栏如图 3.73 所示，处于 Cadence Virtuoso 617 版图编辑器设计窗口的下部，主要用来实时提示版图设计者鼠标左键、中键和右键的工作状态。如图 3.72所示为其中一种状态，L：Enter Point 代表鼠标左键可以键入设计点；M：Rotate 90 代表选中图形后，如果点击鼠标右键，那么选中的图形会逆时针旋转 90°；R：Pop－up Menu 代表鼠标右键可以键入弹起式菜单。

3.1.4.6　提示栏（Prompt Line）

提示栏如图 3.74 所示，处于 Cadence Virtuoso 617 版图编辑器设计窗口的最下方，主要用来提示版图设计者当前使用的命令信息，如果没有任何信息，则表明当前无命令执行操作。图 3.74 所示的 “Point at the reference point for the copy” 表示当前使用的是复制命令（copy），等待用户选型复制的参考位置。

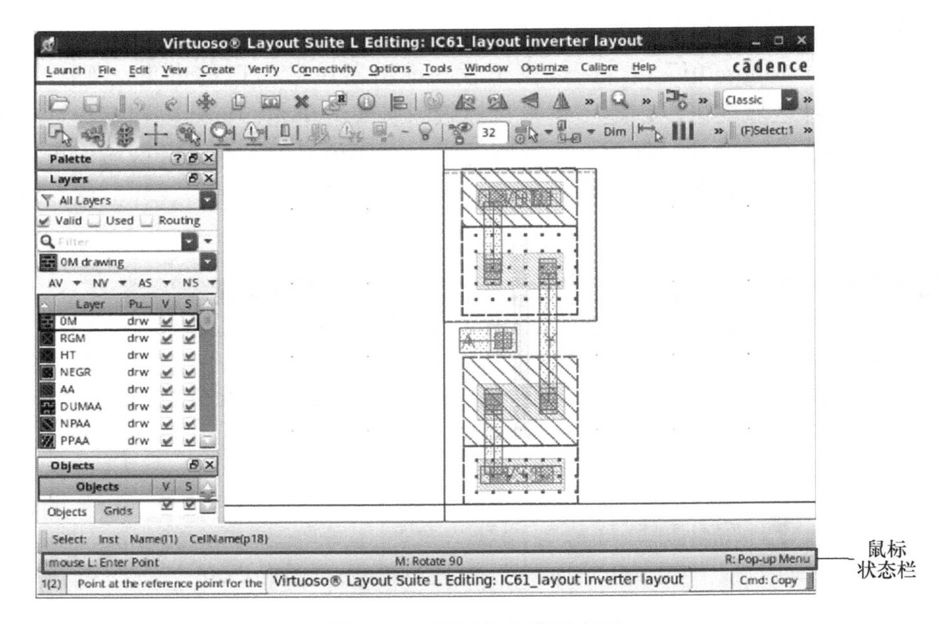

图 3.73　鼠标状态栏示意图

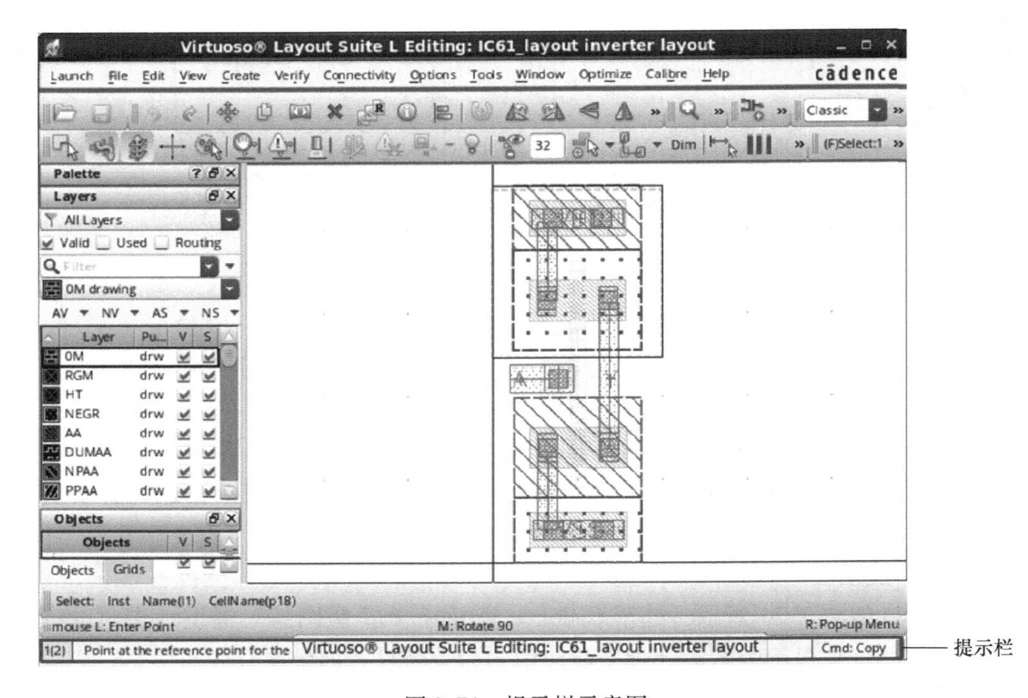

图 3.74　提示栏示意图

3.1.4.7　状态栏（Status）

状态栏如图 3.75 所示，处于 Cadence Virtuoso 617 版图编辑器设计窗口上方靠右位置，主要用来提示版图设计者当前选择版图层和单元的数量，鼠标所在坐标的位置，以及横纵坐标的位移，其中，（F）Select：代表当前选中的总数；Sel（N）：代表当前选中的互连线数；Sel（I）：代表当前选中的单元数；Sel（O）：代表当前选中的所有版图层、单元数（不包含 Instance 调用命令进来的器件和单元）；X 代表光标当前的横坐标位置；Y 代表光标当前的纵坐标位置；dX 代表相对参考坐标移动的横向位移；dY 代表相对参考坐标移动的纵向位移。

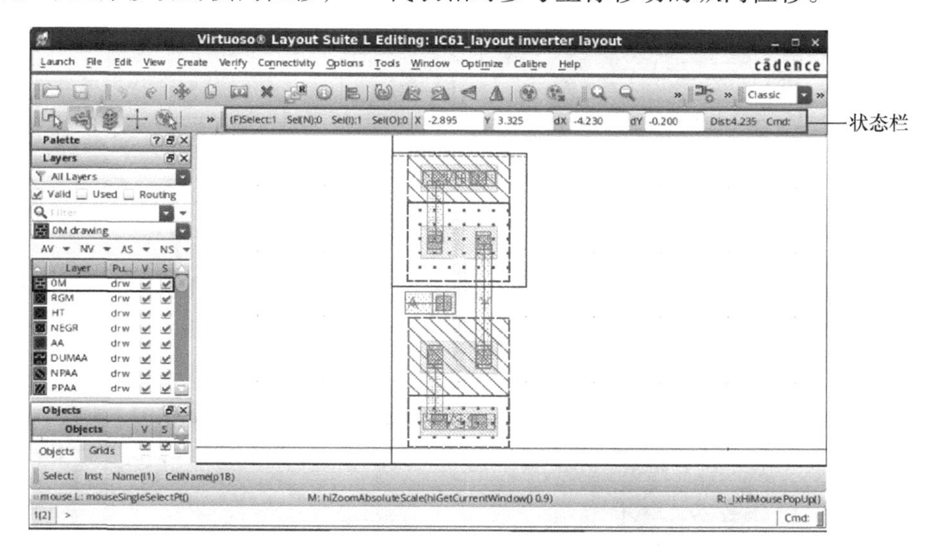

图 3.75　状态栏示意图

3.1.4.8　元素选择属性栏（Selected）

元素选择属性栏如图 3.76 所示，处于 Cadence Virtuoso 617 版图编辑器设计窗口下方靠左位置，主要用来提示版图设计者当前选中的版图元素的属性，如图 3.76所示的“Select：Inst Name（I1）和 CellName（p18）”分别代表已经选中版图层或者单元（可显示：Select/Null/Pre - select：）；调用器件 Inst（可显示：Inst/Via/PathSeg/Label 等）；器件例化信息 Name（I1）（可显示：Name/Layer/ViaDef/Text 等）和具体属性（可显示：Width/CellName/Layer 等），具体解释为当前选中的是一个采用调用命令插入的单元、单元名称为 p18、单元例化名称为 I1。

3.1.4.9　调色面板（Palette）

调色面板是 Cadence Virtuoso 617 相对 Virtuoso 51 系统中最大的改变，它将原 Virtuoso 51 中的层次选择窗口（Layers）、目标选择（Objects）和格点

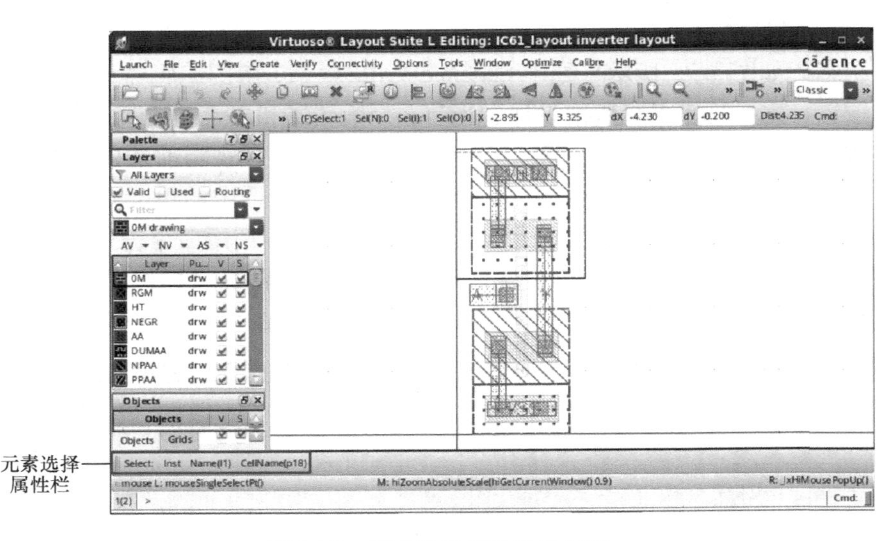

图 3.76　元素选择属性栏示意图

（Grids）功能集成到一起并嵌入到 Virtuoso 617 的版图设计窗口中，其主要功能和选项与 Virtuoso 51 基本相同。Cadence Virtuoso 617 的调色面板（palette）视图如图 3.77 所示。

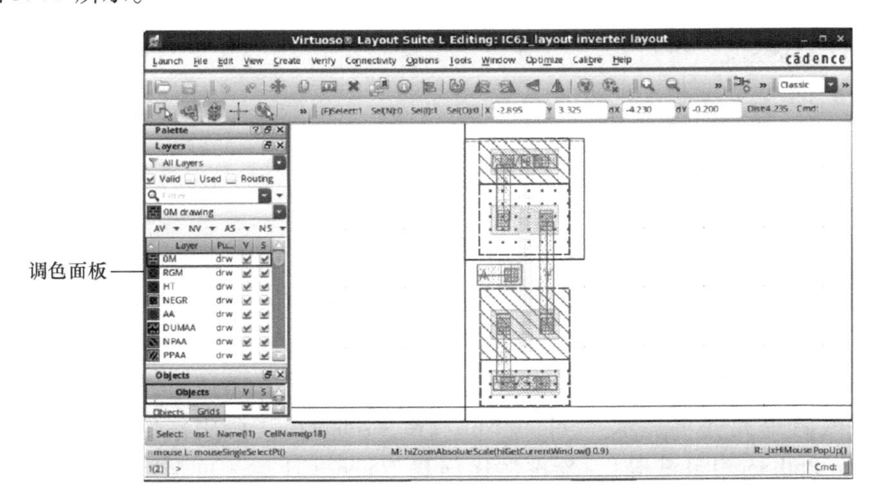

图 3.77　调色面板视图

图 3.78 所示的版图编辑视图中的调色面板是嵌入到版图编辑工具中的，用户可以根据使用习惯将调色面板单独调出使用。默认启动 Cadence Virtuoso 617 时，调色面板是嵌入到版图编辑工具中的，如果单独调用，需点击图 3.78 所示的浮动/集成图标即可，如果不用其中一个或几个功能，可以采用删除功能图标

将其删除，不再显示。如果调色面板处于单独调用状态，再次点击浮动/集成图标，则调色面板返回集成状态。单独调用调色面板如图 3. 79 所示，内部功能一览图如图 3. 80 所示。

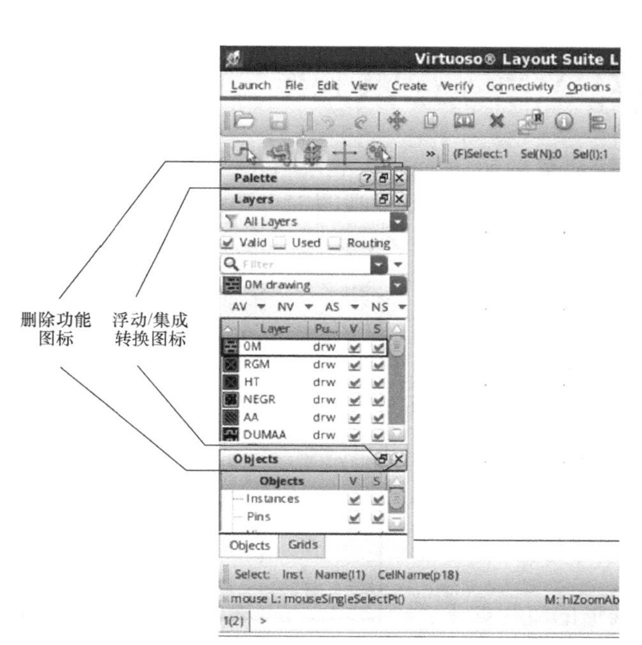

图 3. 78　调色面板的浮动/集成转换和删除功能图标

图 3. 79　单独调用调色面板示意图

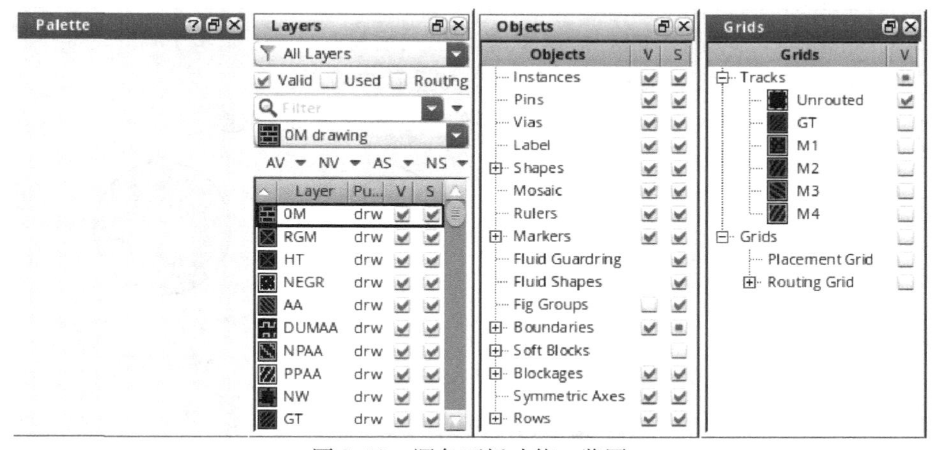

图 3. 80　调色面板功能一览图

图3.80所示的调色面板功能一览图主要包括3个部分，分别为版图层（Layers）、目标（Objects）和格点（Grids）。其中，Layers功能菜单相当于Virtuoso51中的LSW，主要包括版图层编辑所需要的信息，可选全部版图层显示，具体属性，版图层是否可见（V），是否可选择（S），全部显示（Vis），全部可选择（Sel），全部不可选择以及可用版图层；Objects目标菜单包括各种版图层以及单元信息是否可见（V）和可选（S）。

3.2 Virtuoso基本操作

本节主要通过菜单栏、快捷键等命令的方式来介绍Cadence Virtuoso 617的基本操作，基本操作主要包括创建、编辑和窗口视图三大类。

3.2.1 创建圆形 ★★★

创建圆形命令是采用预定的版图层来创建圆形。当点击菜单 *Create—Shape—Circle*，再点击F3时出现图3.81所示的创建圆形对话框。其中，Shape Type为圆的可选类型，有整圆、半圆、1/4圆等可选；Radius为预先设定的圆的半径，只有Specify radius选中时，Radius才可以填入数据。

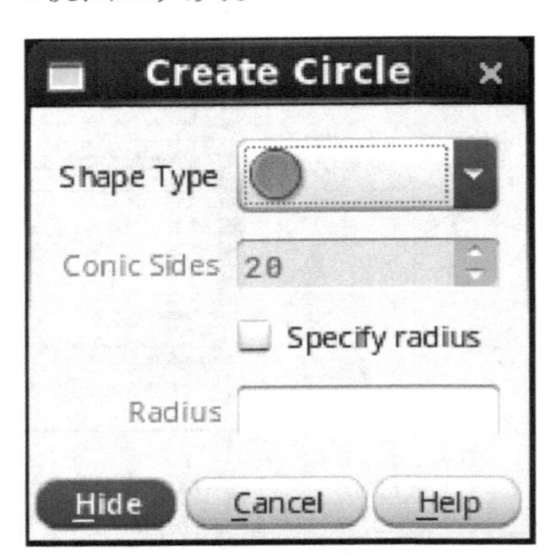

图3.81 创建圆形对话框

如图3.82所示，创建圆形的流程如下：

1）在调色面板的Layers窗口选择需要创建圆形的版图层；

2）选择命令 *Create—Shape—Circle*；

3）在如图3.80所示的对话框中键入相关信息；

4）在版图设计区域通过鼠标左键键入圆形的圆心；

5）通过鼠标键入步骤4）中的半径位置，完成矩形创建。

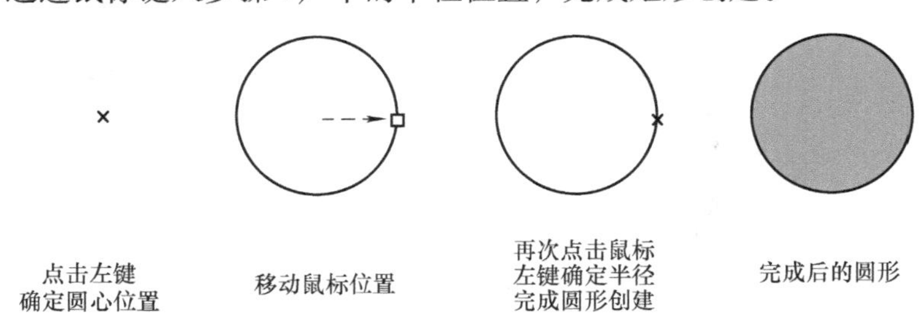

图3.82 创建圆形流程

3.2.2 创建矩形 ★★★

创建矩形命令是采用预定的版图层来创建矩形。当点击菜单 *Create—Shape—Rectangle* 或者快捷键 r，再点击 F3 时出现图 3.83 所示的创建矩形对话框。其中，Net Name 可为连线命名；Enable Smart Snapping 选项开启，用户可以在原有矩形的基础上自动扩展矩形形状；Specify size开启时，可以输入宽度（Width）和高度（Height）来定义矩形；当 Create as ROD Object 选项开启时，需要对 ROD Name 进行命名，此名在单元中必须是独一的，不能与其他任何图形、组合器件重名；Slotting Enable 选项开启时，软件根据工艺文件中的 slot 规则，自动将宽金属加入 slot，并可以通过选项 Specify width，area 来定义 slot 的宽度、面积、行列数和间距。

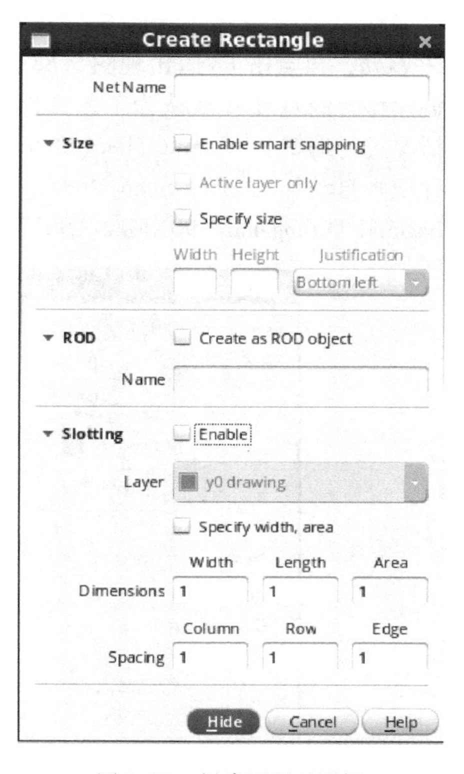

图 3.83 创建矩形对话框

如图 3.84 所示，创建矩形的流程如下：

1）在调色面板的 Layers 窗口选择需要创建圆形的版图层；
2）选择命令 *Create—Shape—Rectangle* 或者快捷键［r］；
3）在对话框中键入如图 3.82 所示选项；
4）在版图设计区域通过鼠标左键键入矩形的第一个角；
5）通过鼠标键入步骤 4）中的矩形对角，完成矩形创建。

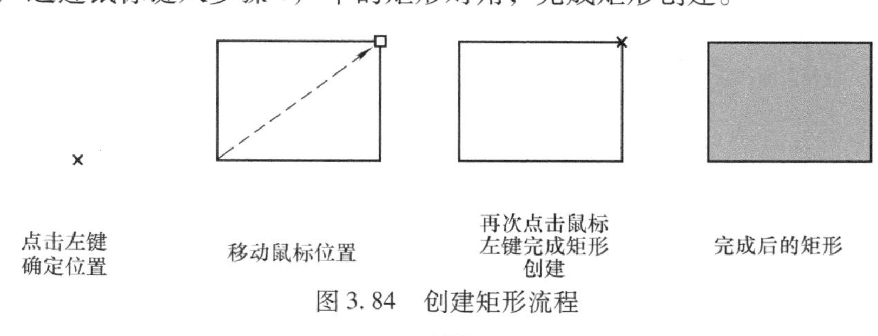

图 3.84 创建矩形流程

3.2.3 创建路径 ★★★

创建路径命令用来采用预定的版图层来创建路径。当点击菜单 *Create—Shape—Path*，再点击 F3 时出现图 3.85 所示的创建路径对话框。其中，Width 选项为创建路径的宽度（默认为工艺文件中定义的版图层次的最小宽度，可根据实际情况进行编辑）；Enable Metal Slotting 选项为是否在宽度大于指定宽度时按照设计规则自动加入 Slot；Snap Mode 为路径出现转弯时默认的方式，有 Anyangle/Diagonal/Orthogonal/L90XFirst/L90YFirst 共五个选项可选。

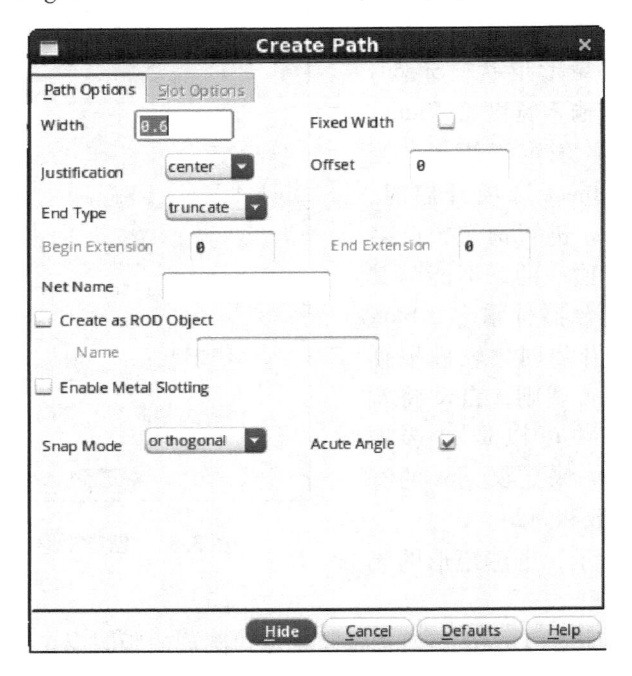

图 3.85 创建路径对话框

如图 3.86 所示，创建路径形状的流程如下：

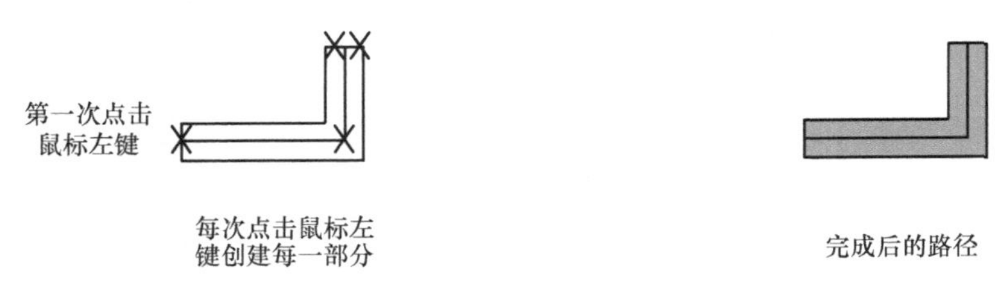

图 3.86 创建路径形状流程

1）在调色面板的 Layers 窗口选择需要创建路径的版图层；

2）选择命令 *Create—Shape—Path*；

3）在版图设计区域通过鼠标左键键入路径的第一个点；

4）移动光标并键入另外一个点；

5）继续移动光标并键入第三个点，以此类推；

6）双击鼠标完成路径的创建。

3.2.4　创建标识名★★★

创建标识名命令用来在版图单元或版图层中创建端口信息。图 3.87 为创建标识名的对话框，Label（Pattern）为需要键入的标识名；Label Layer/Purpose 为标识层选项，其中 Use current entry layer 为选择当前选中版图层作为标识层，Use same layer as shape，select purpose 为软件自动为光标选中的版图层加入标识，Auto 为自动加入标识，Select layer 为可以从调色面板中选择任意一层作为版图层的标识层；Label Options 为标识选项；Scan Line Auto Step 可以按照一定的规律加入多个标识；Snap Mode 为加入标识的方向选择；Rotate 为逆时针旋转 90°标识名；Sideways 为 Y 轴镜像标识名；Upside Down 为 X 轴镜像标识名。

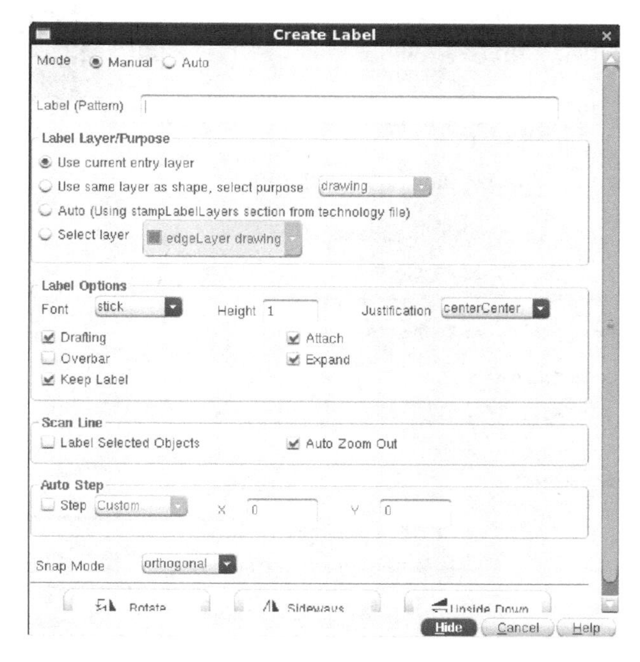

图 3.87　创建标识名对话框

创建标识名的流程如下：

1）选择命令 *Create—Label* 或者快捷键［l］；

2）Label 区域填入名称；

3）选择字体（Font）和高度（Height）；

4）设置关联（Attach on）；

5）在版图设计区域用鼠标点击放置位置，必要的话可以旋转或者对称翻转改变标识位置；

6）点击标识与版图层进行关联。

3.2.5 调用器件和阵列 ★★★

调用器件和阵列命令用来在版图单元中调用独立单元和单元阵列。图 3.88 为调用器件和阵列的对话框（当调用器件时），其中，Library、Cell、View 和 Names 分别为调用单元的库、单元、视图位置和调用名称；Mosaic 中的 Rows 和 Columns 用于设置调用器件和阵列的行数和列数，Delta Y 和 Delta X 分别为调用阵列中各单元的 Y 方向和 X 方向的间距。

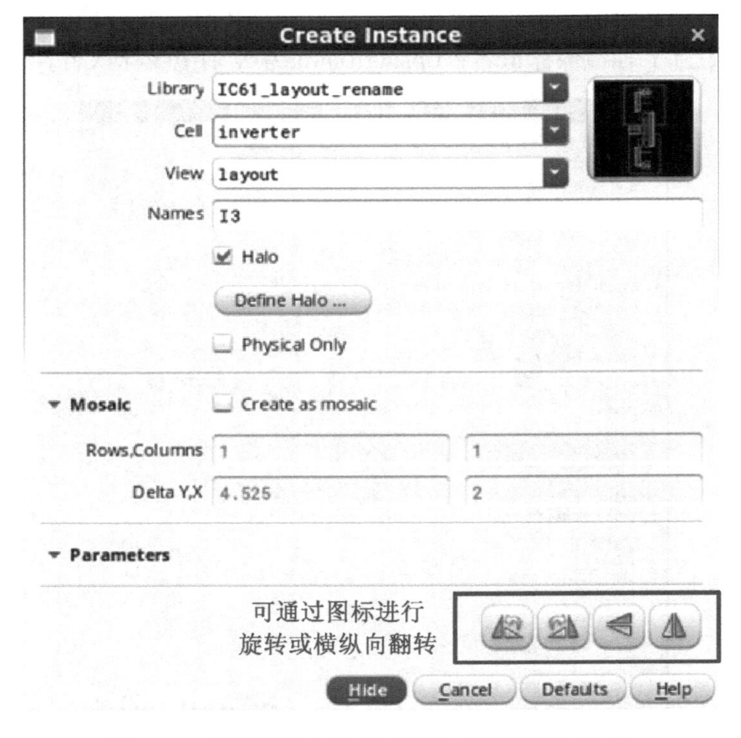

图 3.88　调用器件和阵列对话框（当调用器件时）

如图 3.89 所示，调用器件的流程如下：

1）选择命令 *Create—Instance* 或者快捷键［i］；

2）选择或者填入 Library、Cell 和 View；
3）将鼠标光标移至版图设计区域；
4）对调用单元进行旋转或者镜像操作；
5）点击鼠标将器件放置在需要放置的位置。

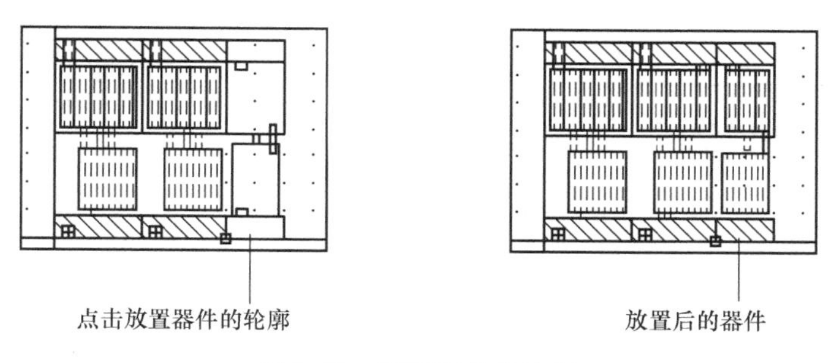

图 3.89　调用器件的流程

调用器件和阵列对话框如图 3.90 所示，需要分别键入 Rows、Columns、DeltaX 和 DeltaY 等信息。

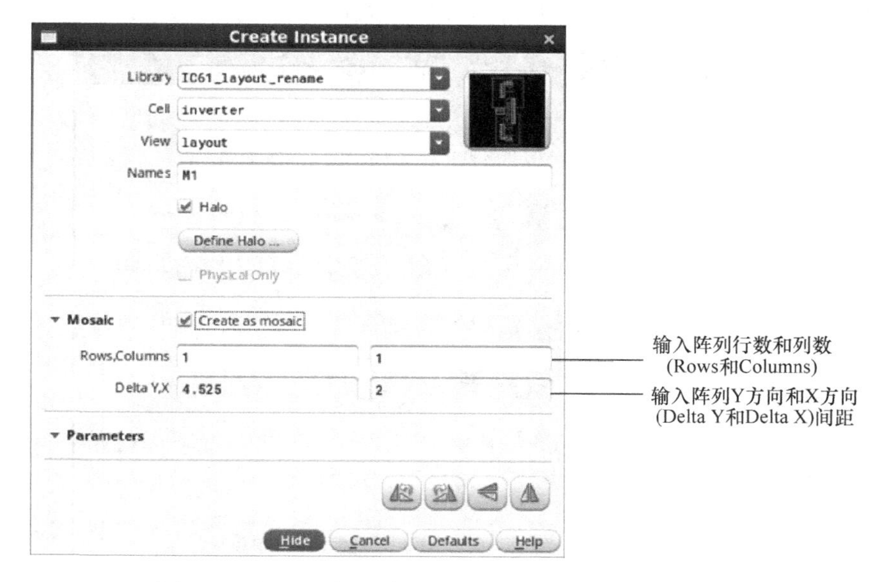

图 3.90　调用器件和阵列对话框（当调用器件阵列时）

如图 3.91 所示，调用器件阵列的流程如下：
1）选择命令 *Create—Instance* 或者快捷键［i］；
2）选择或者填入 Library、Cell 和 View；
3）依次填入 Rows、Columns、Delta Y 和 Delta X 的信息；

4）将鼠标光标移至版图设计区域；

5）对调用单元进行旋转或者镜像操作；

6）点击鼠标将器件放置到需要放置的位置。

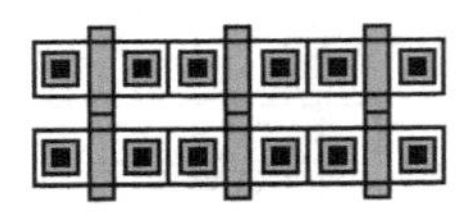

放置好的阵列

图 3.91　调用器件阵列示意图

3.2.6　创建接触孔和通孔 ★★★

创建接触孔和通孔命令用来在版图单元中创建接触孔（Contact）和通孔（Via）。图 3.92 为创建接触孔和通孔的对话框，Mode 为加入接触孔和通孔的模式，Single 为加入一类孔，Stack 为加入堆叠类接触孔，Auto 为在相邻层交界处自动加入接触孔；Compute From 为通过计算方式加入接触孔和通孔的数量；Via Definition

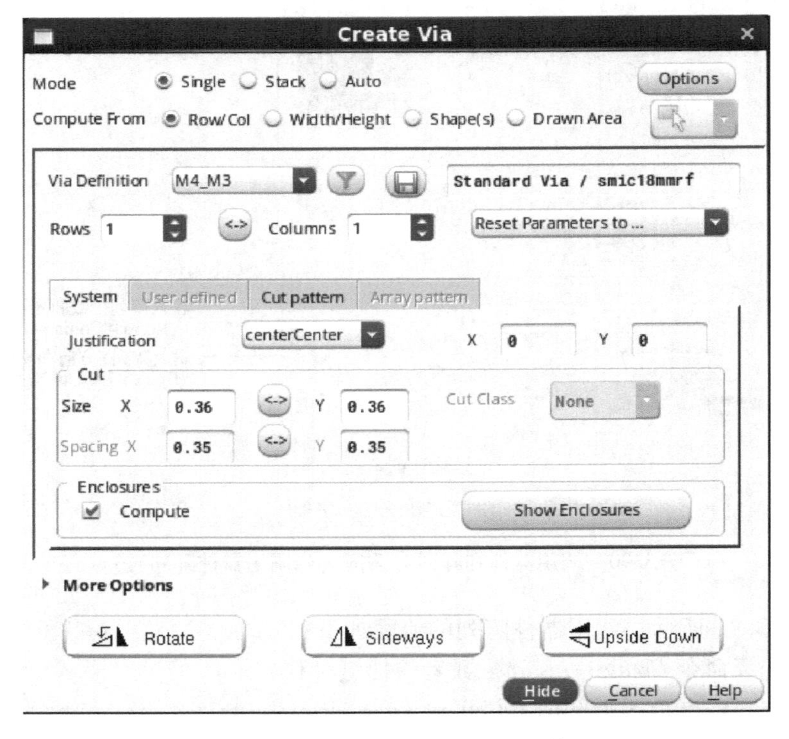

图 3.92　创建接触孔和通孔对话框

为加入接触孔和通孔的类型；Justification 为设置接触孔阵列原点；Rows 和 Columns 分别为设置接触孔的行数和列数，Size 中 X 和 Y 分别为接触孔或通孔 X 方向和 Y 方向的长度，Spacing 中 X 和 Y 分别为设置接触孔阵列的 X 方向和 Y 方向的间距；Enclosures 为接触孔或者通孔相关金属层包围孔的距离，选择 Compute 为工具自动按照工艺文件选择参数，如不勾选 Compute，则可根据需要自定义；Rotate 为逆时针旋转 90°接触孔，Sideways 为 Y 轴镜像接触孔，Upside Down 为 X 轴镜像接触孔。

创建接触孔的流程如下：

1）选择命令 *Create—Via* 或者快捷键［o］；

2）在 Mode 区域选择加入接触孔方式（Single/Stack/Auto）；

3）在 Via Definition 区域选择接触孔和通孔类型；

4）填入需要插入接触孔的行数和列数；

5）填入插入接触孔阵列 X 方向（Spacing X）和 Y 方向（Spacing Y）的间距；

6）在版图设计区域放置接触孔阵列，如图 3.93 所示。

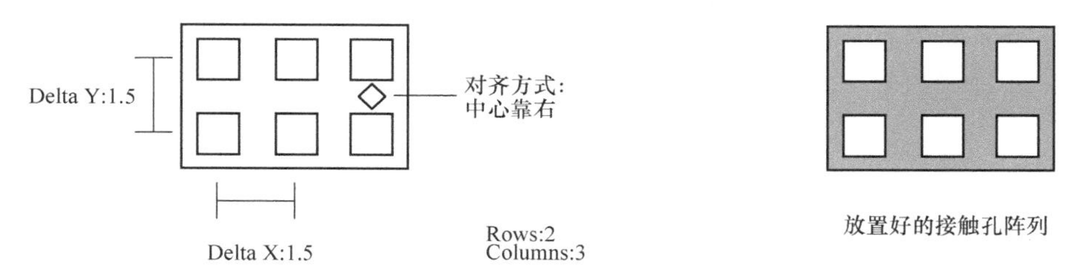

图 3.93　接触孔阵列的放置

3.2.7　创建环形图形 ★★★

创建环形命令是采用预定的版图层来创建环形。当点击菜单 *Create—Shape—Donut*，可创建环形。

如图 3.94 所示，创建环形图形流程如下：

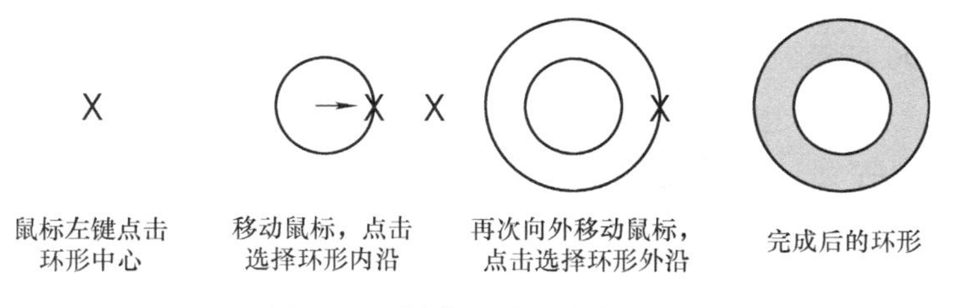

图 3.94　创建环形图形流程图

1）在调色板区域选择创建环形的版图层；
2）选择命令 *Create—Shape—Donut*；
3）点击鼠标选择环形的中心点；
4）移动鼠标并点击完成环形内沿；
5）移动鼠标并点击完成环形外沿，完成环形图形创建。

3.2.8 移动命令 ★★★

移动命令用来完成将一个或者多个被选中的图形和单元从一个位置移动到另外一个位置。图 3.95 为移动命令对话框，其中，Snap Mode 控制图形移动的方向，可选项为 Anyangle/diagonal/orthogonal/horizontal/vertical；Change To Layer 设置改变层信息；Chain Mode 设置移动器件链，用来选择哪些器件或者版图层参加本次移动操作；Delta 表示在当前位置移动 X 和 Y 方向的相对距离，而 Coordinates 表示移动到 X 和 Y 定义的版图坐标轴绝对坐标处，Rotate 为顺时针旋转 90°，Sideways 为 Y 轴镜像，Upside Down 为 X 轴镜像。

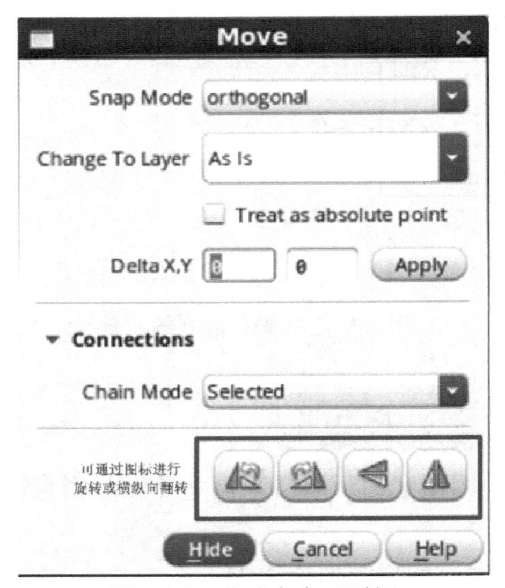

图 3.95 移动命令对话框

如图 3.96 所示，使用移动命令流程如下：

点击鼠标左键移动目标　　　　移动后的目标

图 3.96 移动命令操作示意图

1）选择 *Edit—Move* 命令或者快捷键［m］；
2）选择一个或者多个图形［此操作可与步骤 1）对调］；
3）点击鼠标作为移动命令的参考点（移动起点）；
4）移动鼠标并将鼠标移至移动命令的终点，完成移动命令操作。

3.2.9　复制命令 ★★★

复制命令是将一个或者多个被选中的图形复制到另外一个位置。图 3.97 为复制命令对话框，其中，Snap Mode 控制复制图形的方向（Anyangle/diagonal/orthogonal/horizontal/vertical）；Keep Copying 选中表示可以重复 Copy 操作；Array - Rows/Columns 用于设置复制图形的行数和列数；Change To Layer 用于设置改变层信息；Chain Mode 用于设置复制器件链；Delta 表示在当前位置复制选中的单元或者版图层后在 X 和 Y 方向移动的相对距离，Coordinates 表示复制选中的单元或者版图层后，移动到 X 和 Y 定义的版图坐标轴绝对坐标处，Spacing 表示复制选中的单元或者版图层后，移动到距离被复制对象 X 和 Y 定义的位置，Exact Overlap 表示是否考虑复制后器件重叠；Rotate 为逆时针旋转 90°复制，Sideways 为 Y 轴镜像复制，Upside Down 为 X 轴镜像复制。

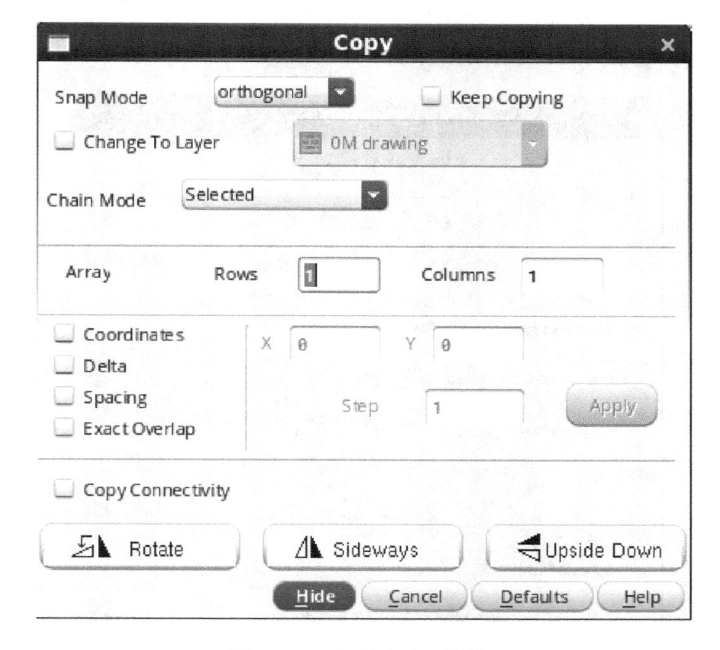

图 3.97　复制命令对话框

如图 3.98 所示，使用复制命令流程如下：
1）选择 *Edit—Copy* 命令或者快捷键［c］；

2）选择一个或者多个图形［此操作可与步骤1）对调］；

3）点击鼠标作为复制命令的参考点（复制起点）；

4）移动鼠标并将鼠标移至终点，完成新图形复制命令操作。复制命令也可将图形复制至另外版图视图中。

图 3.98　复制命令操作示意图

3.2.10　拉伸命令 ★★★

拉伸命令可以通过拖动角和边缘将选中的版图层缩小或者扩大，此操作对单元无效。图 3.99 为拉伸命令对话框，其中，Snap Mode 控制拉伸图形的方向（可选方向为 Anyangle/diagonal/orthogonal/horizontal/vertical 之一），Lock angles 开启时不允许改变拉伸图形的角度；Chain Mode 设置拉伸图形链；Via Mode 为接触孔选项（Stretch Metal/Stretch Row/Col）；Delta X 和 Y 分别设置拉伸的新图形与原图形的 X 方向和 Y 方向的距离。

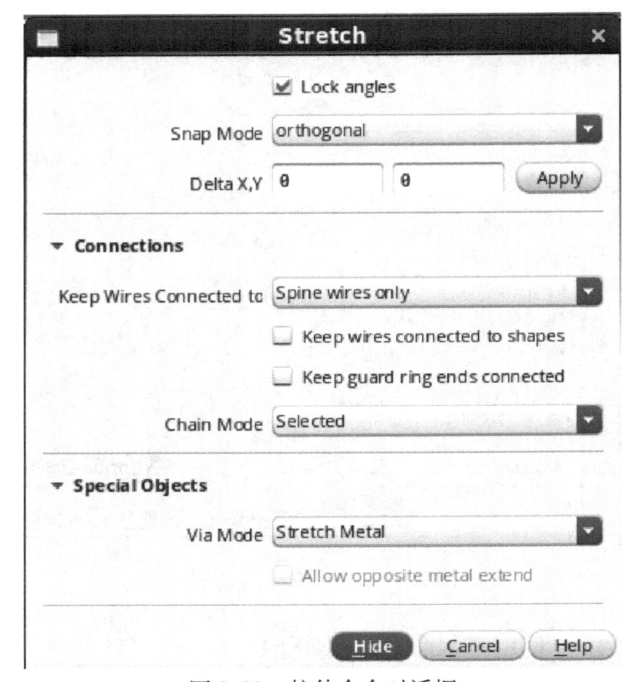

图 3.99　拉伸命令对话框

如图 3.100 所示，使用拉伸命令流程如下：

1）选择 *Edit—Stretch* 命令或者快捷键［s］；

2）选择一个或者多个图形的边或者角；

3）移动鼠标直到拉伸目标点；

4）点击鼠标左键完成拉伸操作。

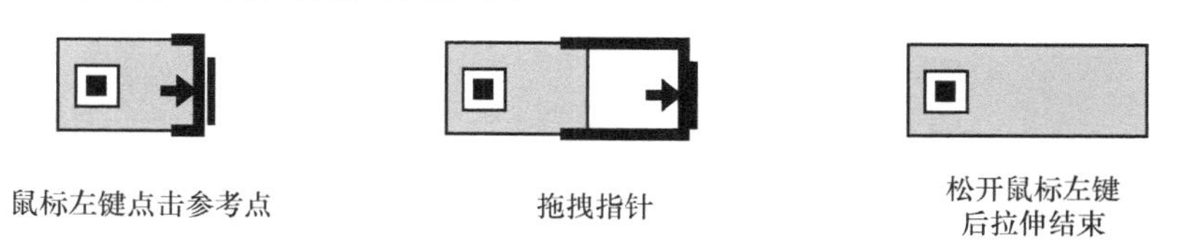

图 3.100　拉伸命令操作示意图

3.2.11　删除命令 ★★★

删除命令可以删除版图图形或者单元，可以通过以下方式之一完成被选中图形的删除命令：①鼠标左键选择 *Edit—Delete* 菜单；②点击键盘 Delete 键；③点击图标栏上的 Delete 图标。图 3.101 为删除命令对话框，其中，Net Interconnect 用来设置删除任何被选中的路径、与连线相关的组合器件，以及非端口图形；Chain Mode 设置删除图形链，All 代表删除链上的所有器件，Selected 代表仅删除被选中的器件，Selected Plus Left 代表删除器件包括被选择以及链上所有左侧的器件。Selected Plus Right 代表删除器件包括被选择以及链上所有右侧的器件。

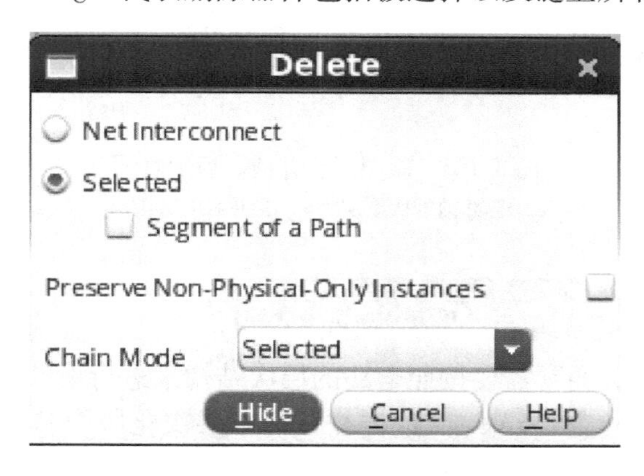

图 3.101　删除命令对话框

3.2.12　合并命令 ★★★

合并命令可以将多个相同层上的图形进行合并，组成一个图形，合并后的图形一般为多边形，如图 3. 102 所示。

合并命令流程如下：

1）选择命令 *Edit—basic—Merge* 或者快捷键［Shift－m］；

2）选择一个或者多个在同一层上的图形，这些图形必须是互相重叠或毗邻的。图 3. 103 为版图层合并前、后的示意图。

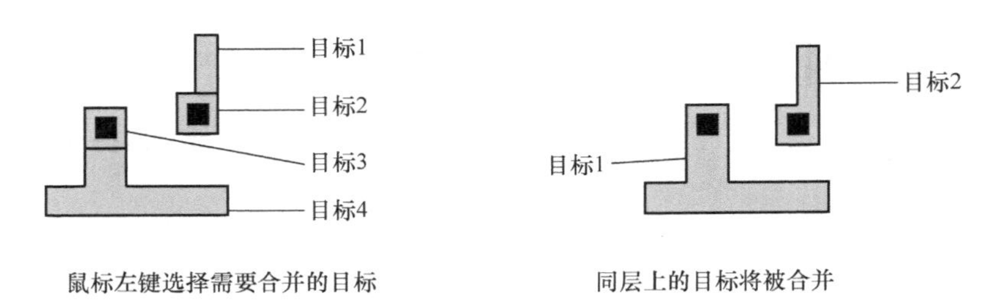

图 3. 102　合并命令示意图

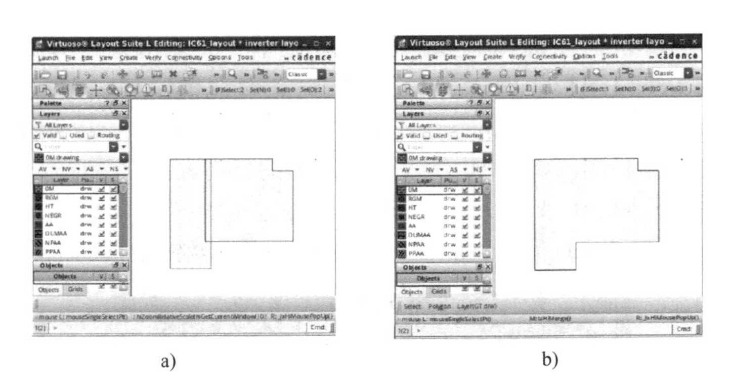

图 3. 103　版图层合并前、后示意图

a）合并前的版图层　b）合并后的版图层

3. 2. 13　改变层次关系命令 ★★★

在版图设计时，通常需要按照电路的层次结构来进行设计，这样有利于通过版图电路图一致性检查（LVS）。这样往往需要层次化版图结构，有时需要改变当前的版图层次结构和关系。改变层次关系命令可以将现有单元中的一个或者几个版图层/器件/单元组成一个独立的单元（单元层次上移），也可以将一个单元分解（单元层次下移）。单元层次上移命令为 Make Cell，即合并，单元层次下移命令为 Flatten，即打散。

Make Cell 命令对话框如图 3. 104 所示，其中，Library/Cell/View 分别代表建立新单元的库、单元和视图名称；Type 可以选择建立新单元的类型，Replace selected figures 代表可替换选中的单元；Origin 代表设置建立新单元的原点坐标，可以在右侧的 X 和 Y 中进行设置，也可以通过鼠标光标设置原点；Cluster 可以将该单元划归到某一个设计组中。

Make Cell 命令流程如下：

1）选择构成新单元的所有版图图形/器件/单元；

2）选择命令 *Edit—Hierarchy—Make Cell*；

3）键入新单元的库名、单元名和视图名；

4）选择建立新单元类型，如没有特殊要求，选择 none；

5）单击 OK 按钮完成 Make Cell 命令，如图 3.105 所示。

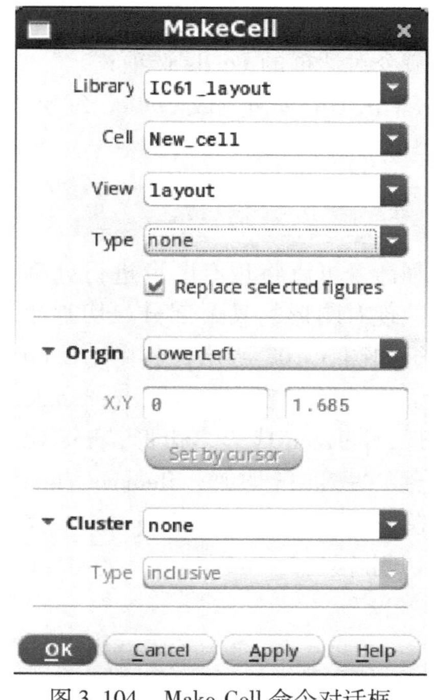

图 3.104　Make Cell 命令对话框

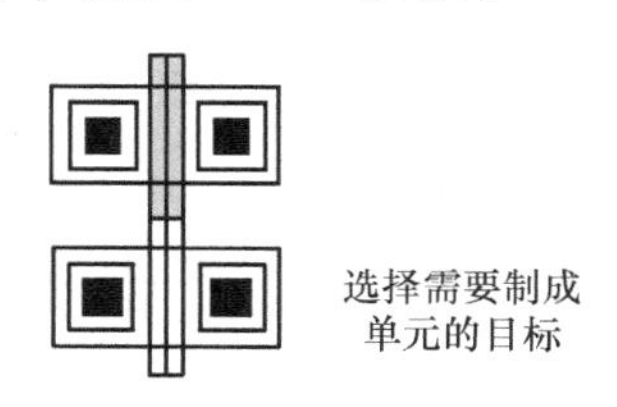

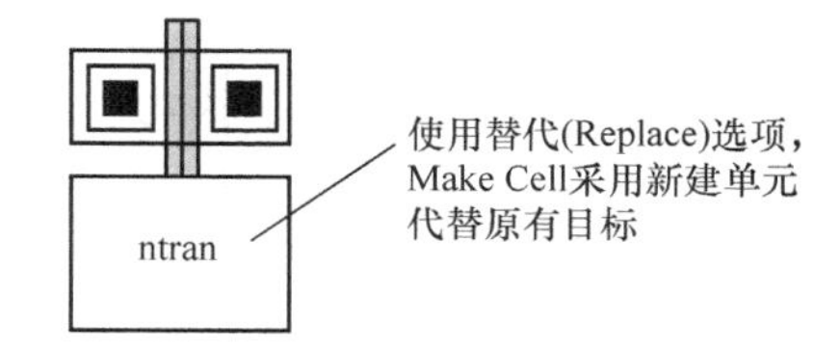

图 3.105　Make Cell 命令操作示意图

Flatten 命令对话框如图 3.106 所示，其中，Hierarchy Level 可以选择打散一层（one level）、打散到可显示层（displayed levels）或者用户可自定义打散的层次数（user level），Pcells 代表是否打散参数化单元；Vias 代表是否打散通孔；Preserve 下面的 Pins 代表是否打散后端口的连接信息，Pins Geometries 代表打散单元后是否保留端口 pin 的尺寸，ROD Objects 代表是否保留 ROD 的属性，Selections 代表是否保留所有打散后图形的选择性，Detached blockages 代表打散单元后是否删除有关联性的阻挡层。

Flatten 命令流程如下：

1）选择打散的所有的器件组合；

2）选择命令 *Edit—Hierarchy—Flatten*；

3）选择打散模式为 one level 或者 displayed levels 或者 user level；

4）如果是参数化单元，需要选中 Flatten 命令对话框的 Pcells 选项；

5）单击 OK 按钮完成 Flatten 命令，如图 3.107 所示。

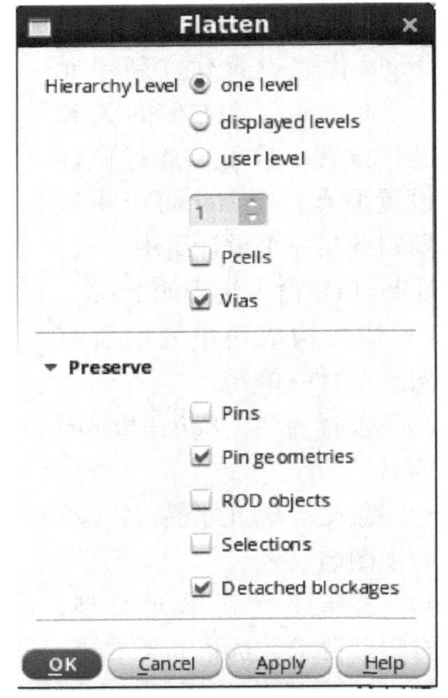

图 3.106　Flatten 命令对话框

3.2.14　切割命令 ★★★

切割命令可以将现有图形进行分割或者切除现有图形的某个部分。切割命令对话框如图 3.108 所示，其中，Chop Shape 可以选择切割的形状，rectangle 代表矩形，polygon 代表多边形，line 代表采用线方式进行切割，Remove chop 代表删除切割掉的部分，Chop array 代表可以切割阵列。

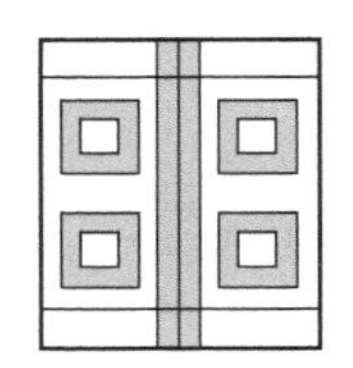

原始器件(实线内部部分)包括4个接触孔

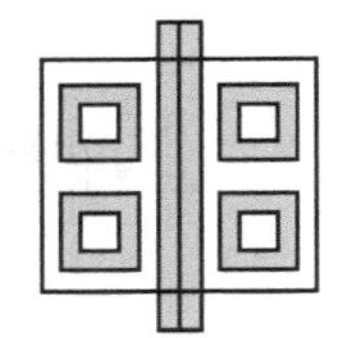

打散一层(接触孔器件没有被打散)

打散到最底层

图 3.107　Flatten 命令操作示意图

切割命令流程如下：

1）选择命令 *Edit—basic—Chop* 或者快捷键［Shift - c］；

2）选择一个或者多个图形；

3）在切割模式选项中选择 rectangle 模式；

4）鼠标点击矩形切割的第一个角；

5）移动鼠标选择矩形切割的对角，完成矩形切割操作，如图 3.109 所示。

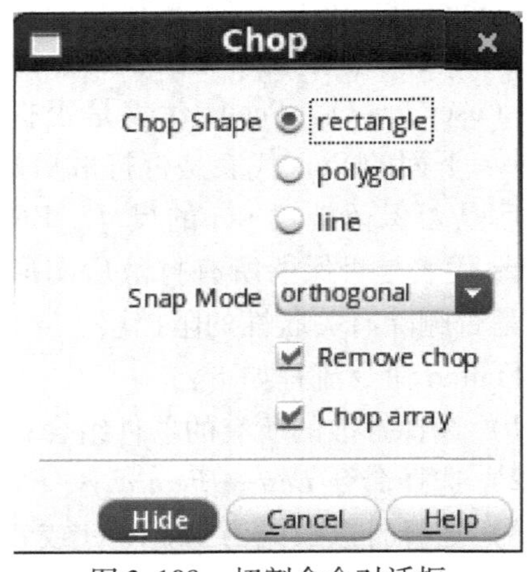

图 3.108　切割命令对话框

图 3. 109 切割命令操作示意图

3. 2. 15 旋转命令 ★★★

旋转命令可以改变选择的图形和图形组合的方向。Rotate 命令对话框如图 3. 110所示，其中 Angle of Rotation 可以输入旋转的角度，当移动光标时，其数值会发生相应的变化；Snap Mode 可以选择旋转的角度（Anyangle/diagonal/orthogonal/horizontal/vertital）；Precision 可以设置选择角度的准确度（1°/0. 1°/任意准确度角度）。

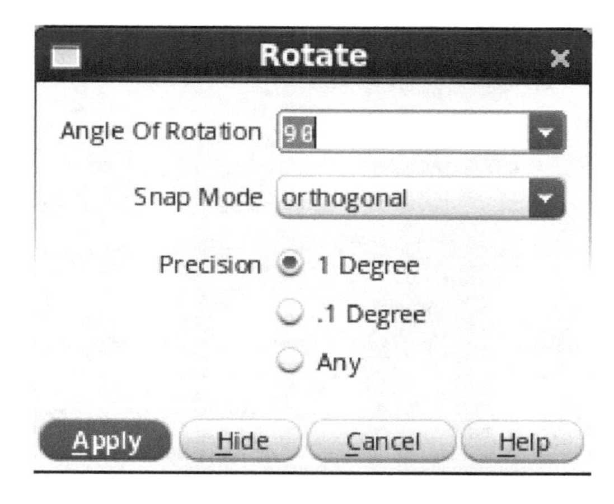

图 3. 110 旋转命令对话框

旋转命令可以采用对话框，也可以采用鼠标中键完成。

采用对话框完成旋转命令流程如下：

1） 选择命令 *Edit—Rotate—Rotate* 或者快捷键 [Shift - o]；

2） 选择版图中的图形；

3） 利用鼠标在版图中点击参考点，先选择 Snap Mode，然后在 Angle of Rotation 对话框中填入旋转的角度；

4） 点击 Apply 完成旋转操作。

采用鼠标中键完成选择操作流程如下：

1） 选择版图中的图形或者单元；

2） 进行 Move 或者 Copy 操作；

3） 连续点击鼠标中键可完成选中图形或者单元的逆时针旋转操作。

3.2.16 属性命令 ★★★

属性命令可以查看或者编辑选中的版图图形以及器件的属性。不同的图形结构、图形组合具有不同的属性对话框，下面简单介绍器件属性和矩形属性。

图 3.111 为查看和编辑器件属性的对话框。其中图标“ > ”代表所选器件组中下一个器件的属性；图标“ < ”代表所选器件组中上一个器件的属性；Attribute 代表器件的特性，根据器件类型不同显示出其特性也不同；如果选择多个器件，Common 可显示所有选中器件的共同信息，并可对所有选择器件的属性进行批量修改；Parameter 选项可以编辑器件的参数等。

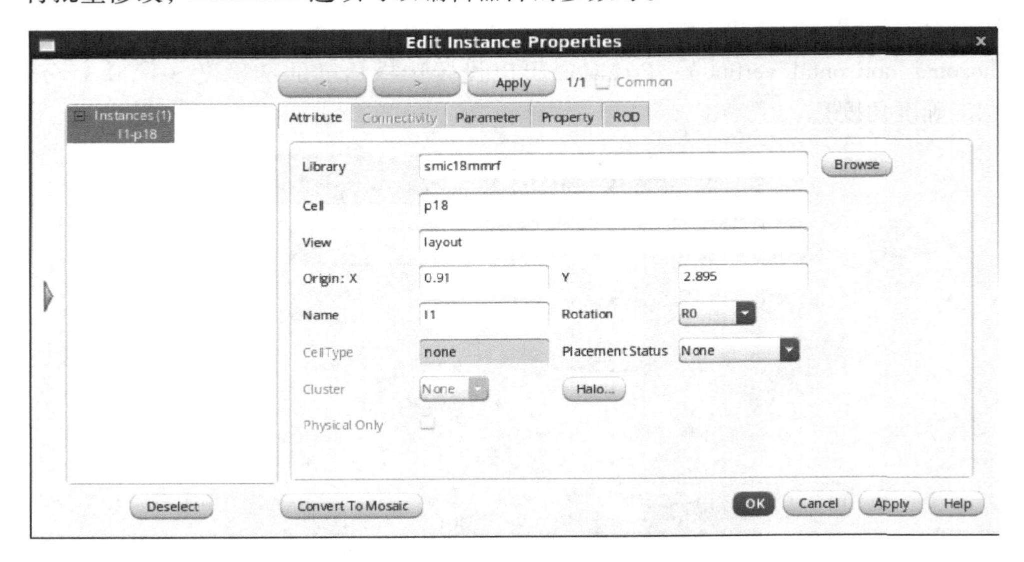

图 3.111 查看和编辑器件属性对话框

查看器件属性流程如下：

1）选择命令 *Edit—Basic—Properties* 或者快捷键［q］；

2）选择一个或者多个器件，此时显示第一个器件的属性；

3）单击合适的按钮查看属性对话框中的属性信息；

4）单击 Common 查看所选器件的共同属性；

5）单击图标“ > ”按钮显示下一个器件的属性；

6）单击图标“ < ”按钮显示上一个器件的属性；

7）单击 Cancel 按钮关闭对话框，单击 Apply 按钮应用当前属性信息，单击 OK 按钮应用当前属性信息并退出。

图 3.112 为查看和编辑矩形属性的对话框，其中，Layer 为矩形用到的版图层；Left 和 Bottom 代表矩形的左下角坐标；Right 和 Top 代表矩形的右上角坐标；

Width 和 Height 代表矩形的宽度和高度。

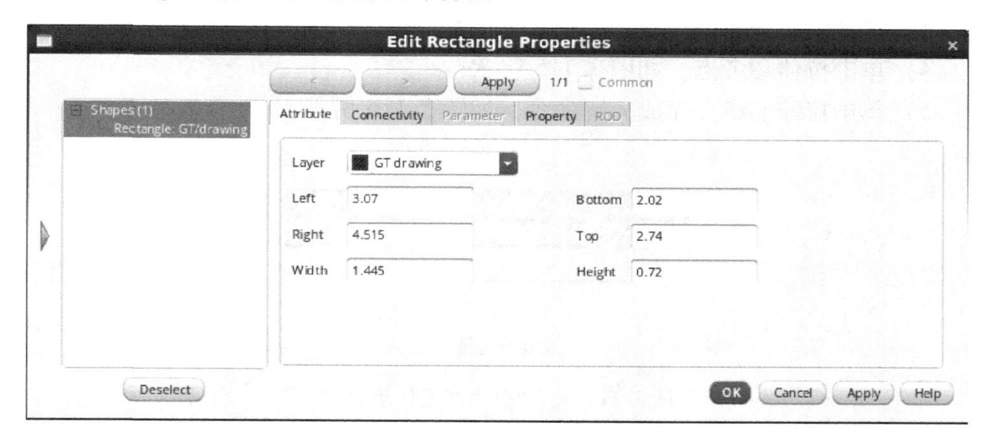

图 3.112　查看和编辑矩形属性对话框

查看和编辑矩形属性流程如下：

1）选择命令 *Edit—Basic—Properties* 或者快捷键［q］；

2）选择一个或者多个矩形，此时显示第一个矩形的属性；

3）单击 Next 按钮显示第二个矩形的属性，以此类推；

4）键入需要修改的矩形的属性；

5）单击 OK 按钮确认并关闭对话框。

3.2.17　分离命令 ★★★

分离命令可以将版图图形切分并改变形状。分离命令的对话框如图 3.113 所示，选中 Lock angles 选项防止用户改变分离目标的角度，Snap Mode 选项可以选择分离拉伸角度，其下拉菜单中，anyAngle 为任意角度；diagonal 为对角线角度；orthogonal 为互相垂直角度；horizontal 为水平角度；vertical 为竖直角度。Keep wires connected to shapes 选项保持互连线始终连接到该图形上。

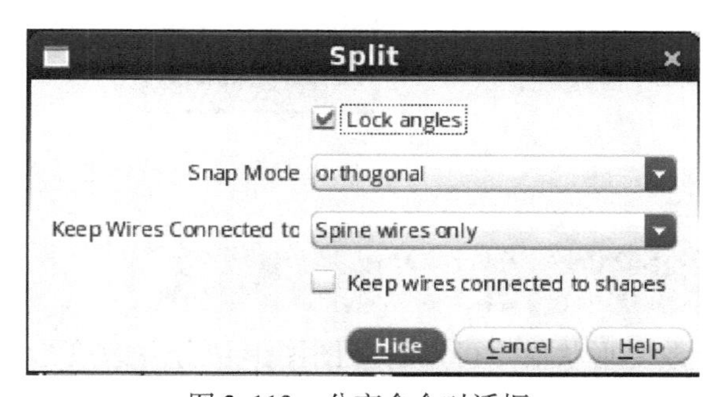

图 3.113　分离命令对话框

分离命令流程如下：

1）选择想要分离的版图图形；

2）选择命令 *Edit—Advanced—Split* 或者快捷键［Control + s］；

3）单击创建分离线折线，如图 3.114 所示；

4）单击拉伸参考点，如图 3.115 所示；

5）单击拉伸的终点完成分离命令，如图 3.116 所示。

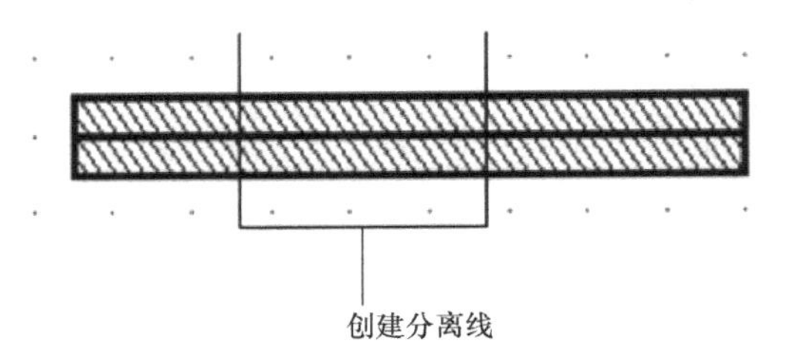

图 3.114　创建分离线操作示意图

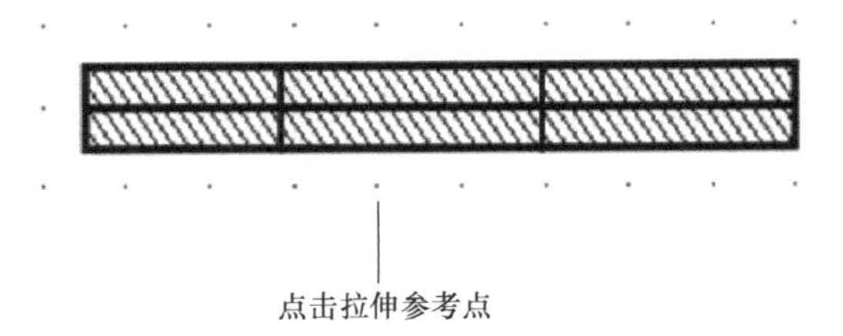

图 3.115　点击拉伸参考点操作示意图

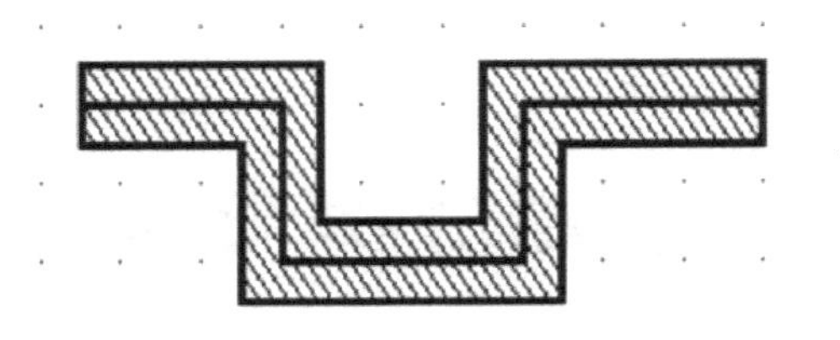

图 3.116　分离拉伸之后的效果

3.2.18　改变形状命令 ★★★

改变形状命令可以将版图图形切分并改变形状。改变形状命令的对话框如图 3.117所示，其中，选择 Mode 选项是通过矩形（rectangle）还是直线（line）来改变形状，Snap Mode 选项可以选择分离改变形状的角度，其下拉菜单中，anyAngle 为任意角度；diagonal 为对角线角度；orthogonal 为互相垂直角度；L90XFirst 为优先横向 90°；L90YFirst 为优先纵向 90°。

改变形状命令流程如下：

1）选择命令 *Edit—Advanced—Reshape* 或者快捷键［Shift + R］；

2）在对话框中选择矩形(rectangle)；

3）选择与改变形状相同的版图层，在改变形状版图层上点击鼠标左键圈选矩形图形，圈选矩形必须与原版图形状存在重叠区域即可。图 3.118 为改变形状命令执行举例。

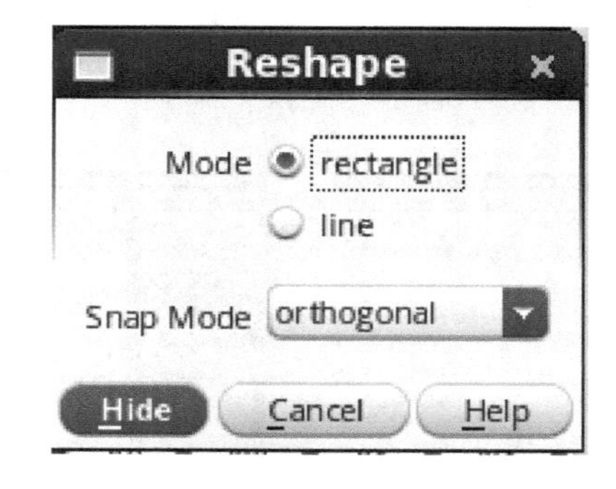

图 3.117　改变形状命令对话框

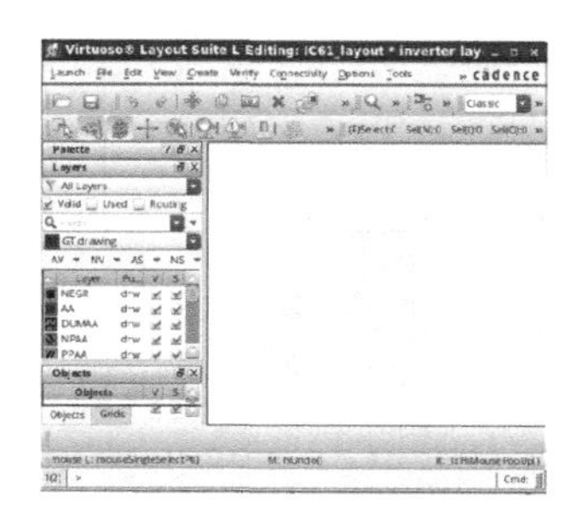

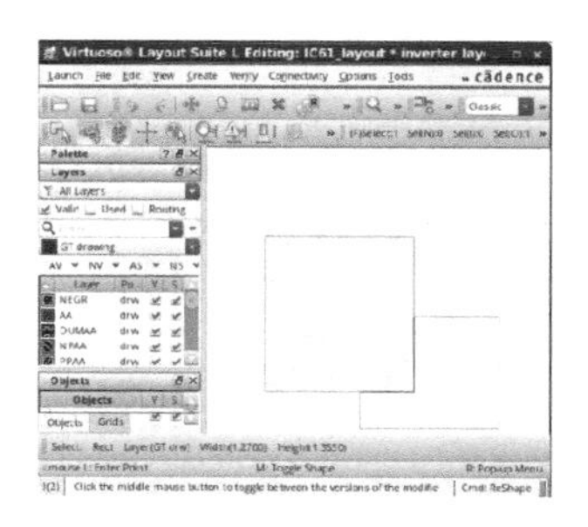

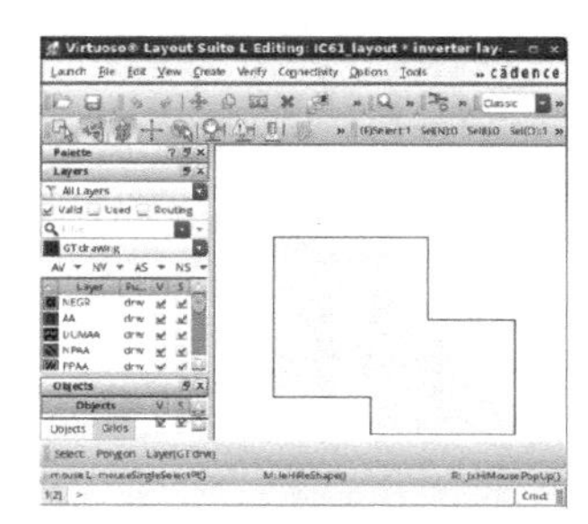

图 3.118　改变形状命令执行举例

3.2.19　版图层扩缩命令 ★★★

版图层扩缩命令可以根据用户需要在版图绘制过程中对某一版图层进行整体的扩大或者缩小操作，版图层扩缩命令的对话框如图 3.119 所示，其中，Increase Size By Value 右边输入的数值为正时为外扩，数值为负时为收缩。

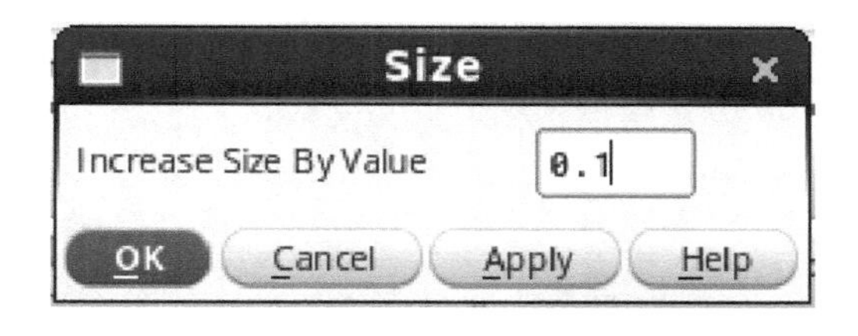

图 3.119　版图层扩缩命令对话框

版图层扩缩命令流程如下：

1）选择需要外扩/收缩的版图层；

2）选择命令 *Edit—Advanced—Size*；

3）在对话框中输入外扩/收缩的数值，完成版图层的外扩或者收缩，图3.120为版图层扩缩命令执行举例。其中图 b 和图 c 的有色框为版图原始尺寸。

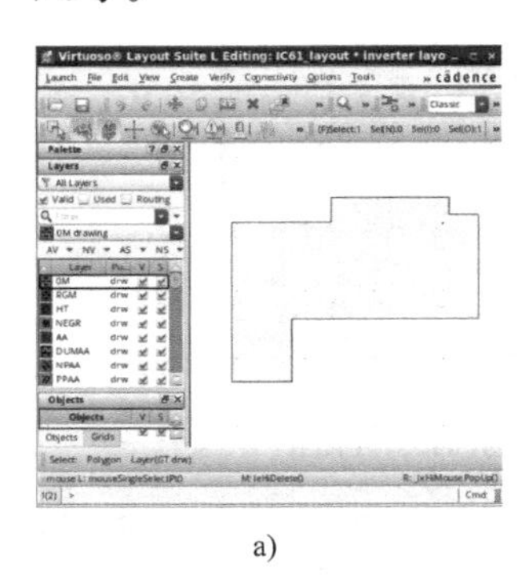

a)

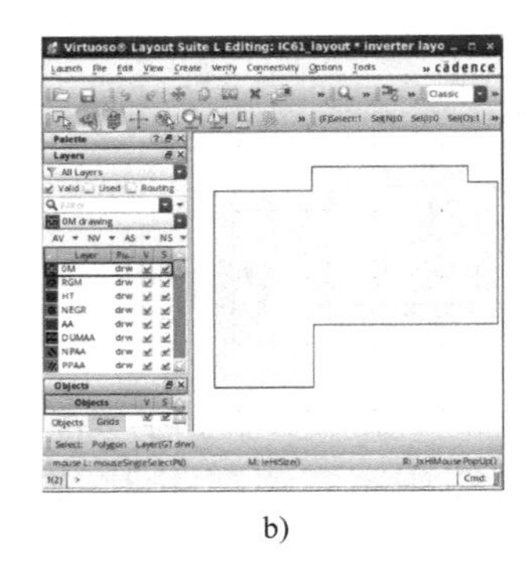

b)

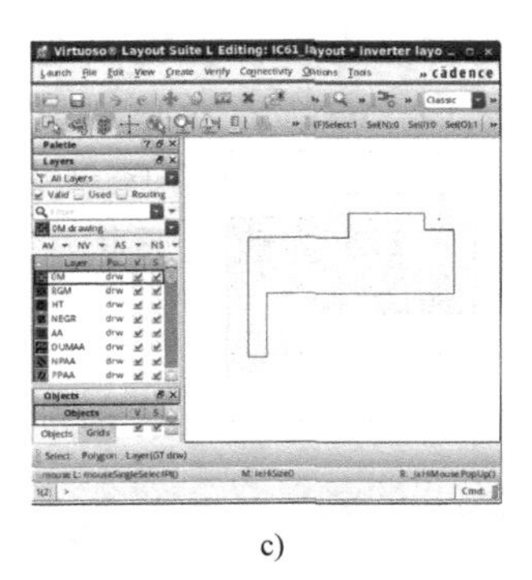

c)

图3.120 版图层扩缩命令执行举例

a）版图层原始尺寸 b）size 0.3 后的版图层尺寸 c）size −0.3 后的版图层尺寸

第4章 Mentor Calibre版图验证工具

随着超大规模集成电路芯片集成度的不断提高，芯片规模日益增大。作为集成电路物理实现的关键环节，版图物理验证在集成电路错误消除，以及降低设计成本和设计风险方面起着非常重要的作用。版图物理验证主要包括设计规则检查（Design Rule Check，DRC）、电学规则检查（Electronical Rule Check，ERC），以及版图与电路图一致性检查（Layout Vs Schematic，LVS）三个主要部分。业界公认的EDA设计软件提供商都提供版图物理验证工具，如Cadence公司的Assura、Synopsys公司的Hercules，以及Mentor公司的Calibre。在这几种工具中，Mentor Calibre由于具有较好的交互界面、快速的验证算法，以及准确的错误定位，在集成电路物理验证方面具有较高的市场占有率。

4.1 Mentor Calibre版图验证工具简介

Mentor Calibre已经被众多集成电路设计公司、单元库、IP开发商和晶圆代工厂采用作为深亚微米集成电路的物理验证工具。它具有先进的分层次处理能力，是一款在提高验证速度的同时，还可优化重复设计层次化的物理验证工具。Calibre既可以作为独立的工具进行使用，也可以嵌入到Cadence Virtuoso Layout Editor工具菜单中即时调用。本章将采用第二种方式对版图物理验证的流程进行介绍。

4.2 Mentor Calibre版图验证工具调用

Mentor Calibre版图验证工具调用方法有三种：采用Cadence Virtuoso Layout Editor内嵌方式启动、采用Calibre图形界面启动，以及采用Calibre查看器（Calibre View）启动。下面分别介绍这三种调用方法。

4.2.1 采用 Virtuoso Layout Editor 内嵌方式启动 ★★★

采用 Cadence Virtuoso Layout Editor 直接调用 Mentor Calibre 工具需要进行文件设置，在用户的根目录下，找到 . cdsinit 文件，在文件的结尾处添加以下语句即可（其中，calibre. skl 为 calibre 提供的 skill 语言文件）。

load “/usr/calibre/calibre. skl”

加入以上语句之后，存盘并退出文件，进入到工作目录，启动 Cadence Virtuoso 工具。在打开存在的版图视图文件或者新建版图视图文件后，在 Layout Editor 的工具菜单栏上增加了一个名为“Calibre”的新菜单，如图 4.1 所示。利用这个菜单就可以很方便地对 Mentor Calibre 工具进行调用。Calibre 菜单分为 Run nmDRC、Run DFM、Run nmLVS、Run PERC、Run PEX、Start RVE、Clear Highlight、Setup 和 About 等子菜单，表 4.1 为 Calibre 菜单及子菜单功能介绍。

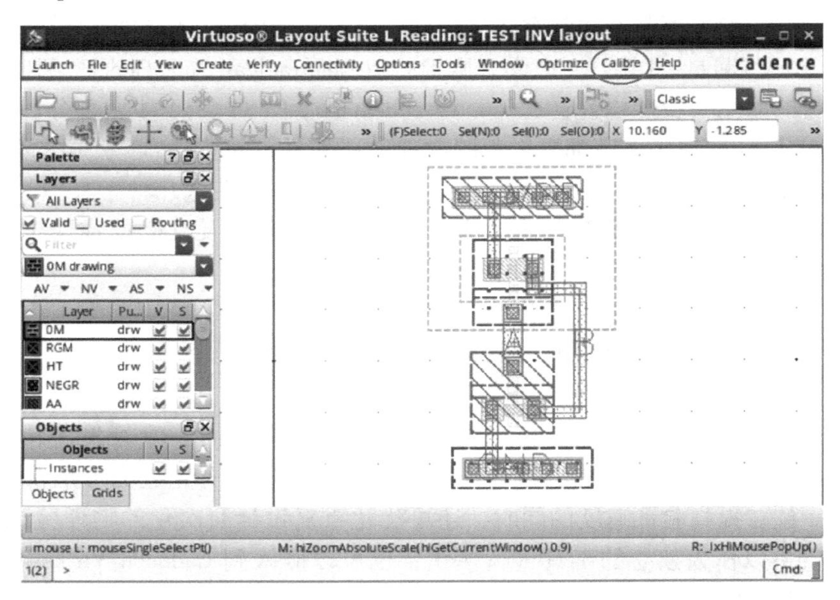

图 4.1 新增的 Calibre 菜单示意图

表 4.1 Calibre 菜单及子菜单功能介绍

Calibre 菜单及子菜单功能		
Run nmDRC		运行 Calibre nmDRC
Run DFM		运行 Calibre DFM（本书暂不考虑）
Run nmLVS		运行 Calibre nmLVS，开始 LVS 验证
Run PERC		运行 Calibre PERC，提取寄生电学参数

（续）

Calibre 菜单及子菜单功能		
Run PEX		运行 Calibre PEX，提取寄生参数
Start RVE		启动运行结果查看环境（RVE）
Clear Highlight		清除版图高亮显示
Setup	Layout Export	Calibre 版图导出设置
	Netlist Export	Calibre 网表导出设置
	Calibre View	Calibre 反标设置
	RVE	运行结果查看环境
	Socket	设置 RVE 服务器 Socket
About		Calibre Skill 交互接口说明

图 4.2～图 4.4 分别为运行 Calibre nmDRC、Calibre nmLVS 和 Calibre PEX 后出现的主界面。

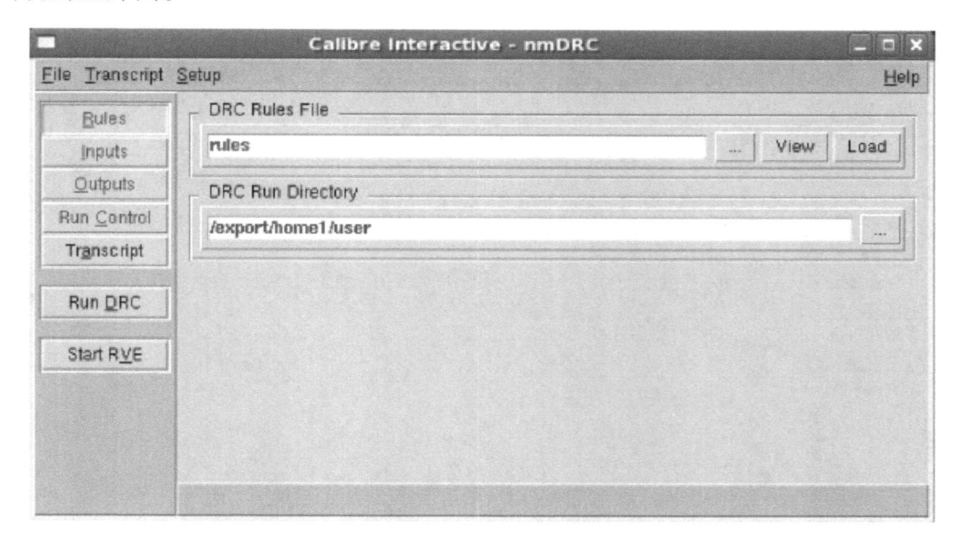

图 4.2　运行 Calibre nmDRC 出现的主界面

4.2.2　采用 Calibre 图形界面启动 ★★★

可以采用在终端输入命令 calibre －gui& 来启动 Mentor Calibre，如图 4.5 所示。

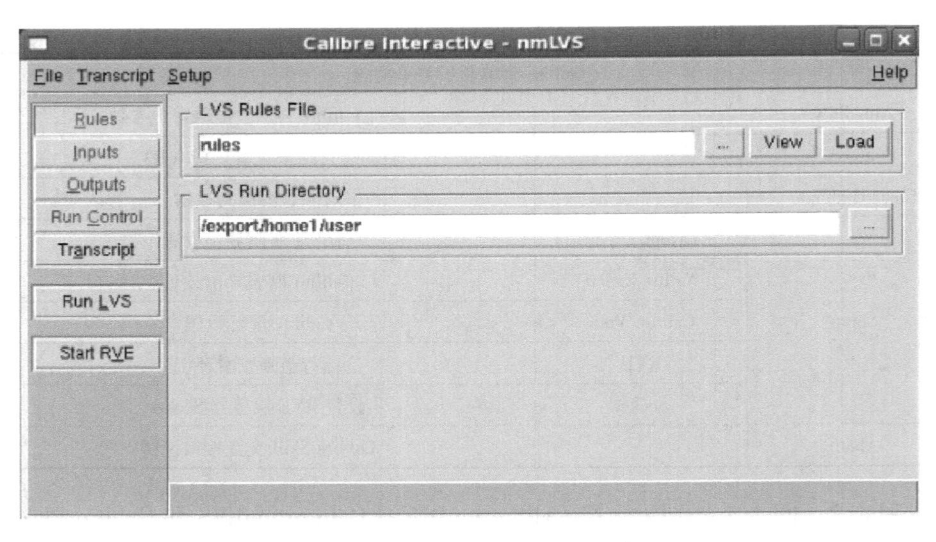

图 4.3　运行 Calibre nmLVS 出现的主界面

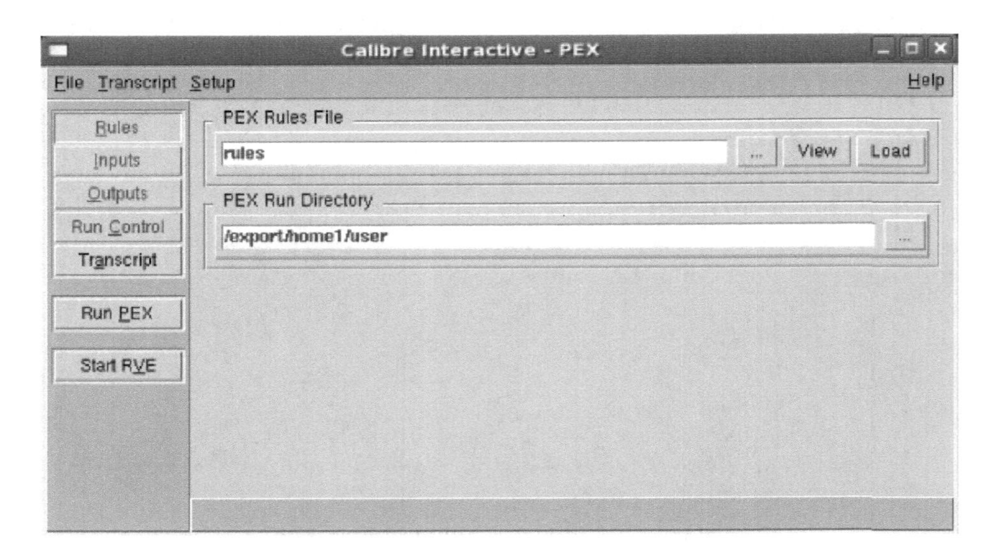

图 4.4　运行 Calibre PEX 出现的主界面

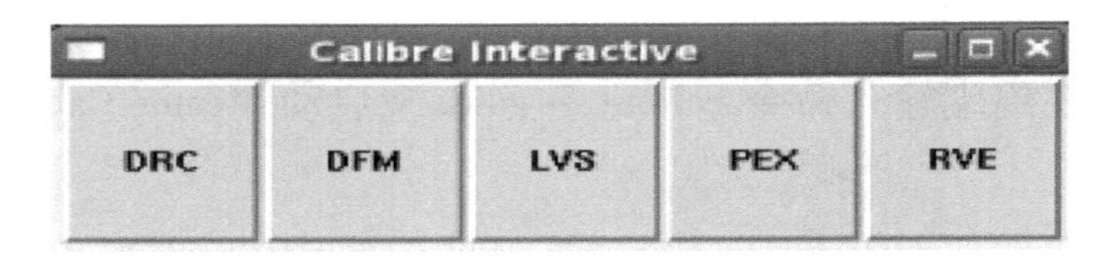

图 4.5　命令行启动 Calibre 界面

如图 4.5 所示，包括 DRC、DFM、LVS、PEX 和 RVE 共 5 个选项，鼠标左键单击相应的选项即可启动相应的工具，其中，单击 DRC、LVS、PEX 选项出现的界面分别如图 4.2 ~ 图 4.4 所示。

4.2.3 采用 Calibre View 查看器启动 ★★★

可以采用在终端输入命令 calibre - drv& 来启动 Mentor Calibre 查看器，通过查看器可对版图进行编辑，同时也可以在查看器中调用 DRC、LVS 以及 PEX 工具继续版图验证。Mentor Calibre 查看器如图 4.6 所示。

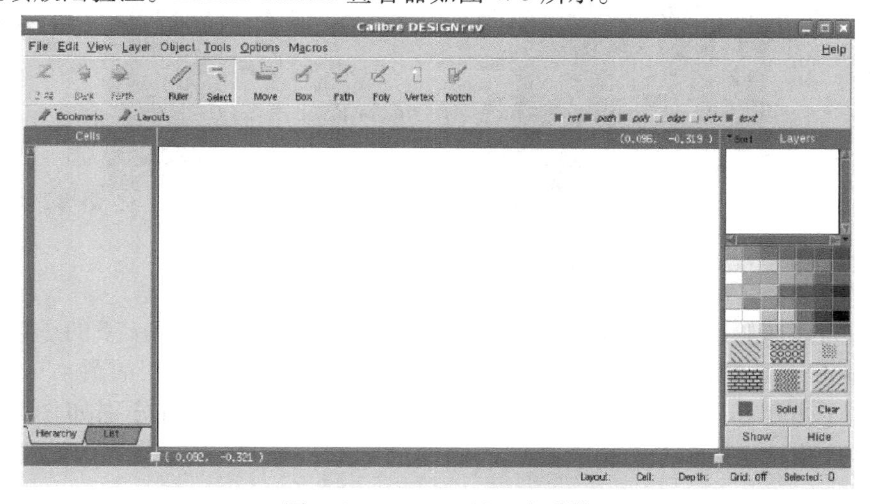

图 4.6 Mentor Calibre 查看器

采用 Calibre View 查看器对版图进行验证时，需要将版图文件读至查看器中，点击菜单 *File—Open layout* 选择版图文件，如图 4.7 所示，然后单击 Open 按钮打开版图，如图 4.8 所示。

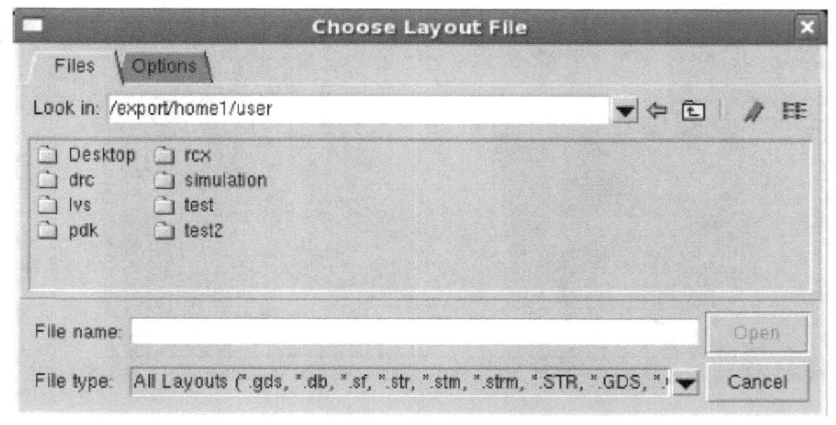

图 4.7 Calibre View 打开版图对话框

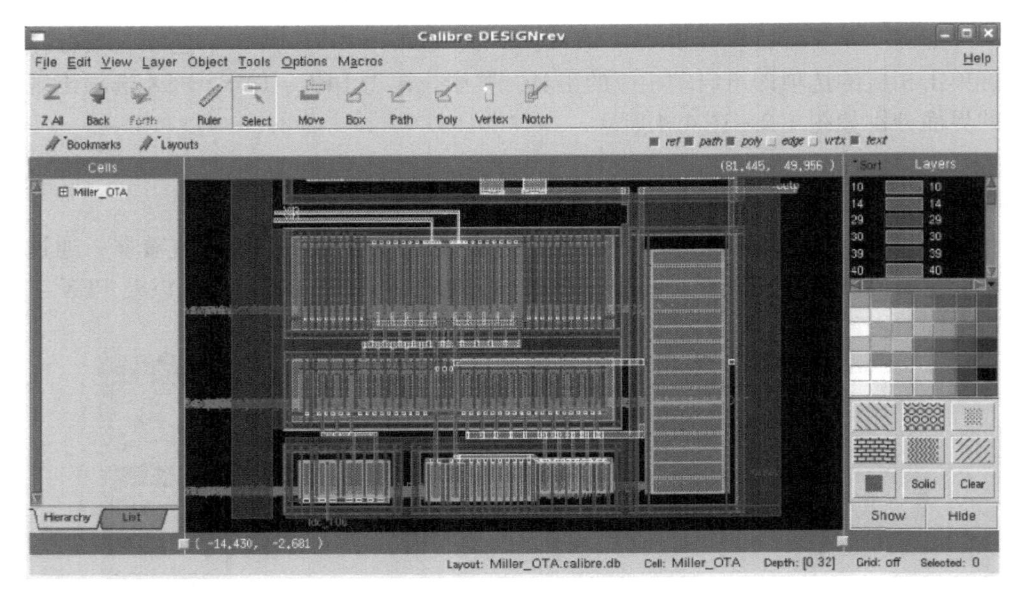

图 4.8　Calibre View 打开后版图显示

进行版图验证时，鼠标左键单击菜单 *Tools—Calibre Interactive* 下的子菜单来选择验证工具（Run DRC、Run DFM、Run LVS 和 Run PEX），如图 4.9 所示。其中，单击 Run DRC、Run LVS、Run PEX 选项出现的界面分别如图 4.2 ~ 图 4.4所示。

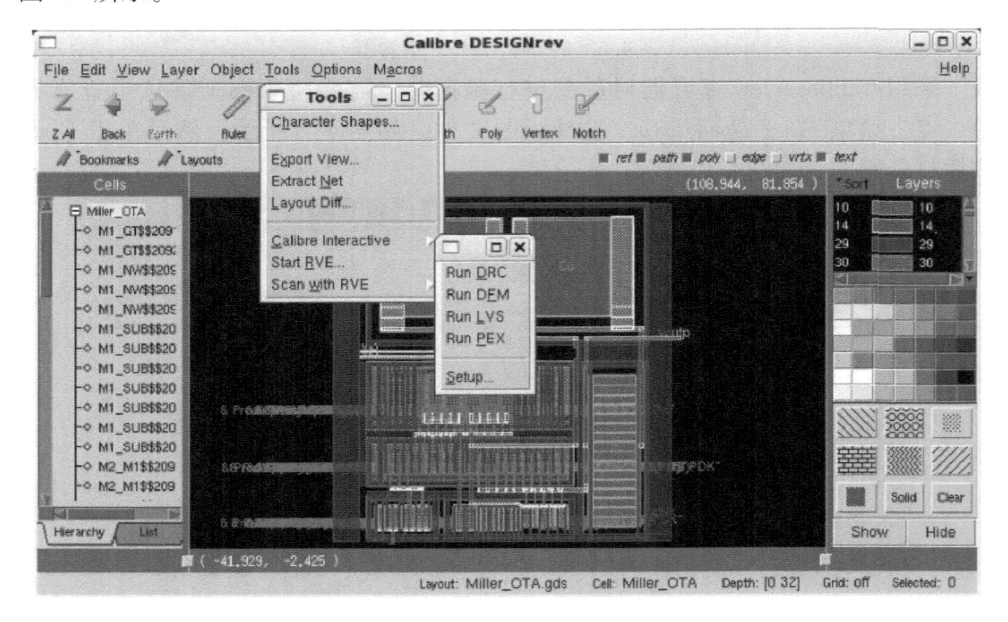

图 4.9　Calibre Interactive 下启动 Calibre 版图验证工具

4.3　Mentor Calibre DRC 验证

4.3.1　Calibre DRC 验证简介 ★★★

DRC 是设计规则检查（Design Rule Check）的简称，主要根据工艺厂商提供的设计规则检查文件，对设计的版图进行检查。其检查内容主要以版图层为主要目标，对相同版图层和相邻版图层之间的关系，以及尺寸进行规则检查。DRC 的目的是保证版图满足流片厂家的设计规则。只有满足厂家设计规则的版图才有可能制造成功，并且符合电路设计者的设计初衷。图 4.10 示出不满足流片厂家设计规则要求的版图与制造出的芯片的差异。

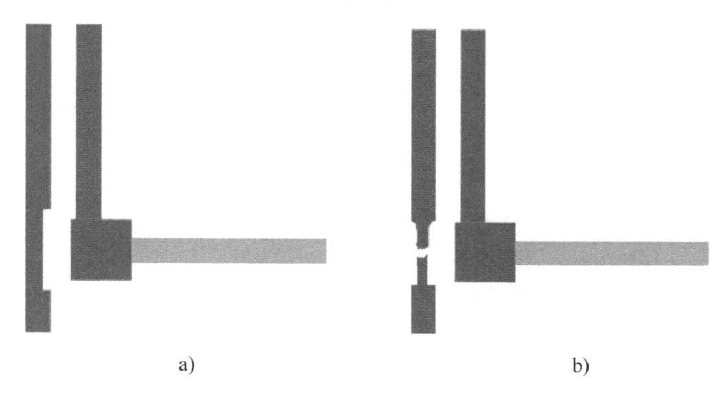

图 4.10　不满足设计规则要求的版图与制造出的芯片对比
a）原始设计的版图　b）制造出的芯片

图 4.10 中可以看出，左侧线条在中下部变窄，而变窄部分如不满足设计规则的要求，在芯片制造过程中就可能发生物理上的断路，造成芯片功能失效。所以在版图设计完成后必须采用流片厂家的设计规则进行检查。

图 4.11 为采用 Mentor Calibre 工具做 DRC 的基本流程图。如图 4.11 所示，采用 Calibre 对输入版图进行 DRC，其输入主要包括两项，一个是设计者的版图数据（layout），一般为 GDSII 格式；另外一个就是流片厂家提供的设计规则（Rule File）。其中，Rule File 中明确了版图设计的要求并介绍如何利用 Calibre 工具做 DRC。Calibre 做完 DRC 后输出处理结果，设计者可以通过一个查看器（Viewer）来查看，并通过提示信息对版图中出现的错误进行修正，直到无 DRC 错误为止。

Calibre DRC 是一个基于边缘（EDGE）的版图验证工具，其图形的所有运算都是基于边缘来进行的，这里的边缘还区分内边和外边，如图 4.12 所示。

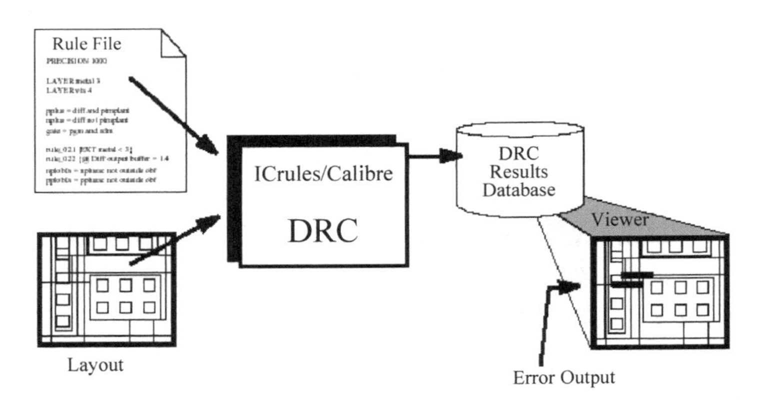

图 4.11　采用 Mentor Calibre 工具做 DRC 的基本流程图

Calibre DRC 文件的常用指令主要包括内边检查（Internal）、外边检查（External）、尺寸检查（Size）、覆盖检查（Enclosure）等，下面主要介绍 Internal、External 和 Enclosure。

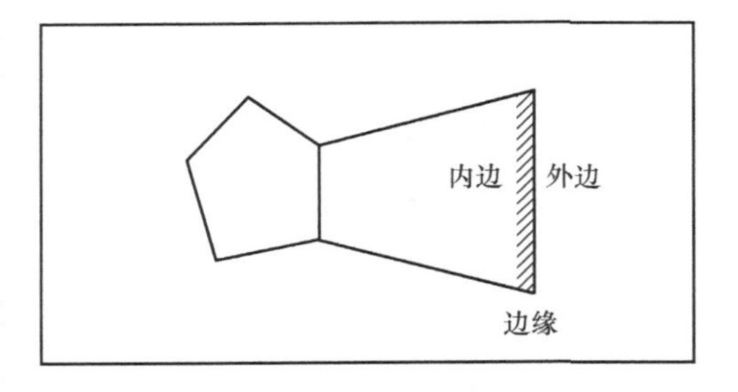

图 4.12　Mentor Calibre 边缘示意图

内边检查（Internal）指令一般用于检查多边形的内间距，可以用来检查同一版图层的多边形的内间距，也可以用来检查两个不同版图层的多边形之间的内间距，如图 4.13 所示。

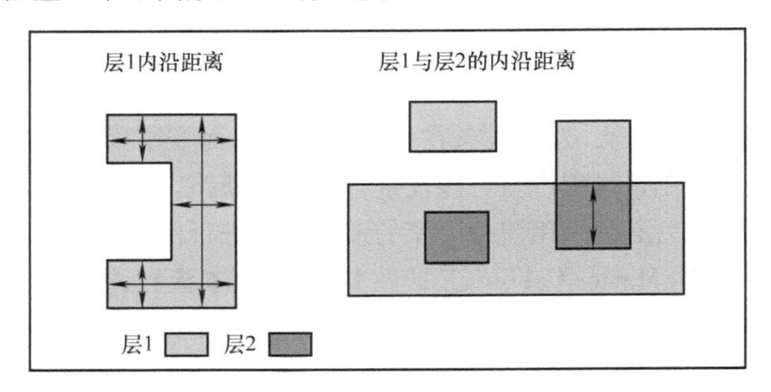

图 4.13　Calibre DRC 内边检查示意图

内边检查的是多边形内边的相对关系，需要注意的是图 4.13 左侧凹进去的相对两边不做检查，这是两边是外边缘的缘故。一般内边检查主要针对的是多边形或者矩形宽度的检查，例如金属最小宽度等。

外边检查（External）指令一般用于检查多边形的外间距，可以用来检查同一版图层的多边形的外间距，也可以用来检查两个不同版图层的多边形的外间距，如图 4. 14 所示。

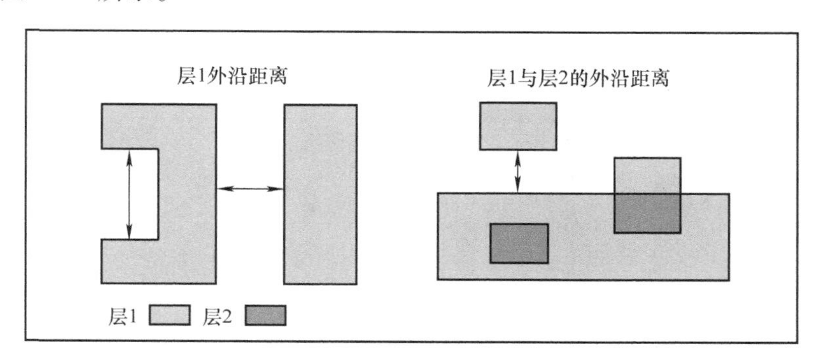

图 4. 14　Calibre DRC 外边检查示意图

外边检查的是多边形外边的相对关系，图 4. 14 对其左侧凹进去的部分上、下两边做检查。一般外边检查主要针对的是多边形或者矩形与其他图形距离的检查，例如同层金属、相同版图层允许的最小间距等。

覆盖检查（Enclosure）指令一般用于检查多边形交叠，可以用来检查两个不同版图层多边形之间的关系，如图 4. 15 所示。

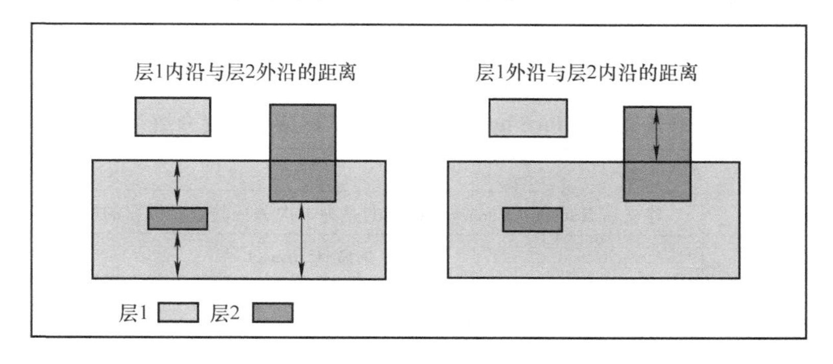

图 4. 15　Calibre DRC 覆盖检查示意图

如图 4. 15 所示，覆盖检查的是被覆盖多边形外边与覆盖多边形内边关系。一般覆盖检查是对多边形被其他图形覆盖，被覆盖图形的外边与覆盖图形内边的检查，例如有源区上多晶硅外延最小距离等。

4. 3. 2　Calibre nmDRC 界面介绍 ★★★

图 4. 16 为 Calibre nmDRC 验证的主界面，同时也为 Rules 选项栏界面。Calibre nmDRC 验证主界面分为标题栏、菜单栏和工具选项栏。

其中，标题栏显示的是工具名称（Calibre Interactive - nmDRC）；菜单栏分

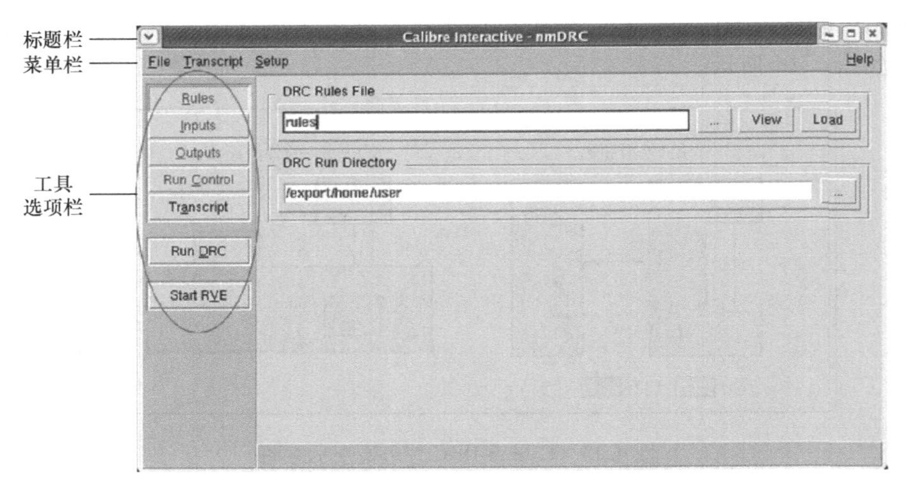

图 4.16　Calibre nmDRC 主界面

为 File、Transcript 和 Setup 三个主菜单，每个主菜单包含若干个子菜单，其子菜单功能见表 4.2 ~ 表 4.4；工具选项栏包括 Rules、Inputs、Outputs、Run Control、Transcript、Run DRC 和 Start RVE 共 7 个选项栏，每个选项栏对应了若干个基本设置，将在后面进行介绍。Calibre nmDRC 主界面中的工具选项栏，红色字体代表对应的选项还没有填写完整，绿色字体代表对应的选项已经填写完整，但是不代表填写完全正确，需要用户对填写信息的正确性进行确认。

表 4.2　Calibre nmDRC 主界面 File 菜单功能介绍

File		
New Runset	建立新 Runset（Runset 中存储的是为本次进行验证而设置的所有选项信息）	
Load Runset	加载新 Runset	
Save Runset	保存 Runset	
Save Runset As	另存 Runset	
View Text File	查看文本文件	
Control File	View	查看控制文件
	Save As	将新 Runset 另存至控制文件
Recent Runsets	最近使用过的 Runsets 文件	
Exit	退出 Calibre nmDRC	

图 4.17 为工具选项栏选择 Rules 时的显示结果，其界面右侧分别为 DRC 规则文件选择（DRC Rules File）和 DRC 运行目录选择（DRC Run Directory）。DRC 规则文件选择定位 DRC 规则文件的位置，其中［...］为选择规则文件在

磁盘中的位置，View 为查看选中的 DRC 规则文件，Load 为加载之前保存过的规则文件；DRC 运行目录为选择 Calibre nmDRC 执行目录，单击［...］可以选择目录，并在框内进行显示。图 4.17 的 Rules 已经填写完毕。

表 4.3　Calibre nmDRC 主界面 Transcript 菜单功能介绍

Transcript	
Save As	可将副本另存至文件
Echo to File	可将文件加载至 Transcript 界面
Search	在 Transcript 界面中进行文本查找

表 4.4　Calibre nmDRC 主界面 Setup 菜单功能介绍

Setup	
DRC Option	DRC 选项
Set Environment	设置环境
Select Checks	选择 DRC 检查选项
Layout Viewer	版图查看器环境设置
Preferences	DRC 偏好设置
Show Tool Tips	显示工具提示

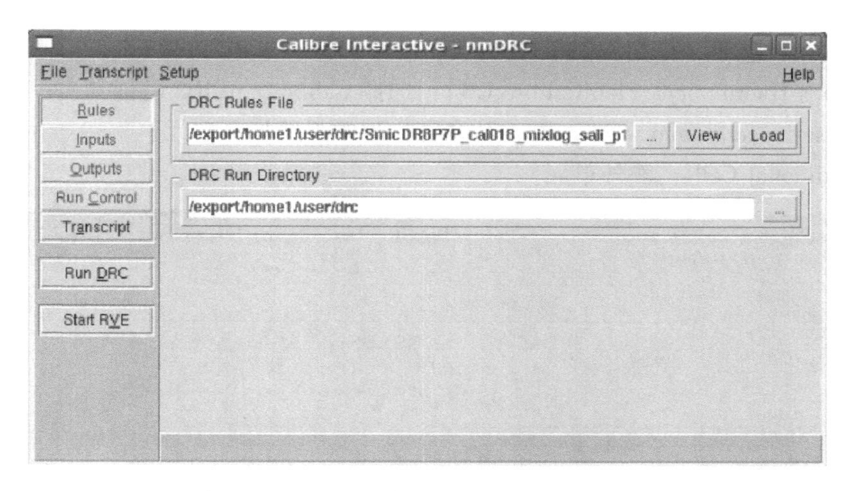

图 4.17　工具选项栏选择 Rules 时的显示结果

图 4.18 为工具选项栏选择 Inputs 时的显示结果。

Layout 选项（见图 4.18）如下：

Run［Hierarchical/Flat/Calibre CB］：选择 Calibre nmDRC 运行方式；

File：版图文件名称；

Format [GDSII/OASIS/LEFDEF/MILKYWAY/OPENACCESS]：版图格式；

Export from layout viewer：高亮为从版图查看器中导出文件，否则使用存在的文件；

Top Cell：选择版图顶层单元名称，如图是层次化版图，则会出现选择框；

Area：高亮后，可以选定做 DRC 版图的坐标（左下角和右上角）。

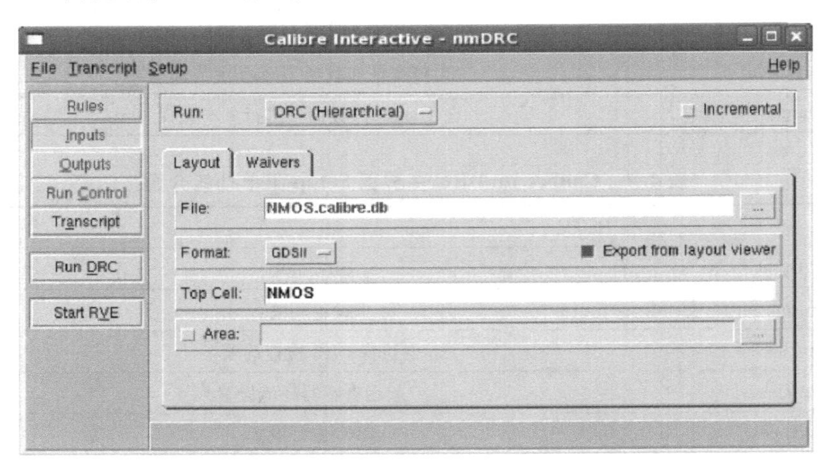

图 4.18　工具选项栏选择 Inputs - Layout 时的显示结果

Waivers 选项（见图 4.19）如下：

Run [Hierarchical/Flat/Calibre CB]：选择 Calibre nmDRC 运行方式；

Preserve cells from waiver file：从舍弃文件中保留如下单元；

Additional Cells：额外单元。

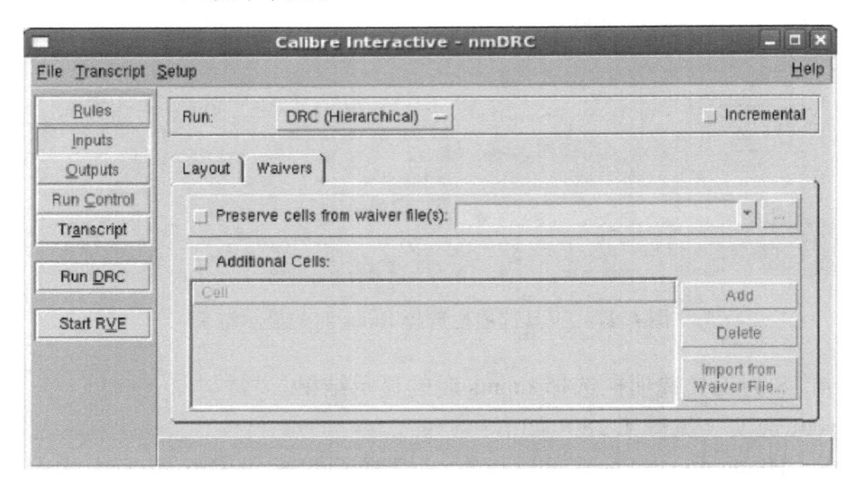

图 4.19　工具选项栏选择 Inputs - Waivers 时的显示结果

图 4.20 为工具选项选择 Outputs 时的显示结果，图 4.20 的显示可分为上下两个部分，上面为 DRC 检查后输出结果选项；下面为 DRC 检查后报告选项。

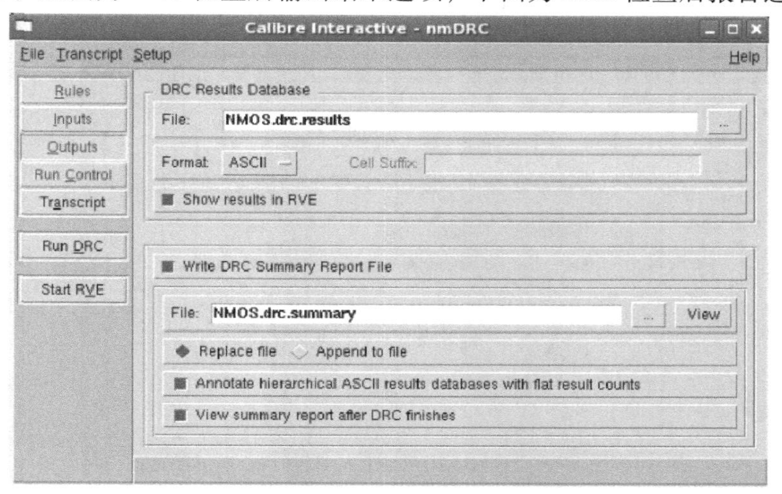

图 4.20 工具选项选择 Outputs 时的显示结果

DRC Results Database 选项如下：

File：DRC 检查后生成数据库的文件名称；

Format：DRC 检查后生成数据库的格式（ASCII、GDSII 或 OASIS 可选）；

Show results in RVE：高亮则在 DRC 检查完成后自动弹出 RVE 窗口；

Write DRC Summary Report File：高亮则将 DRC 总结文件保存到文件中；

File：DRC 总结文件保存路径以及文件名称；

Replace file/Append to file：以替换/追加形式保存文件；

Annotate hierarchical ASCII results databases with flat result counts：以打平方式反标至层次化结果；

View summary report after DRC finishes：高亮则在 DRC 检查后自动弹出总结报告。

图 4.21 为工具选项选择 Run Control 时的显示结果，图 4.21 显示的为 Run Control 中的 Performance 选项卡，另外还包括 Incremental DRC Validation、Remote Execution、Licensing 这三个选项卡。

Performance 选项（见图 4.21）如下：

Run 64 - bit version of Calibre - RVE：高亮表示运行 Calibre - RVE 64 位版本；

Run Calibre on：[Local Host/Remote Host]：在本地/远程运行 Calibre；

Run Calibre：[Single - Threaded/Multi - Threaded/Distributed]：单进程/多进

程/分布式运行 Calibre DRC。

另外，图 4.21 所示的 Incremental DRC Validation、Remote Setup 和 Licensing 三个选项卡的选项一般选择默认即可。

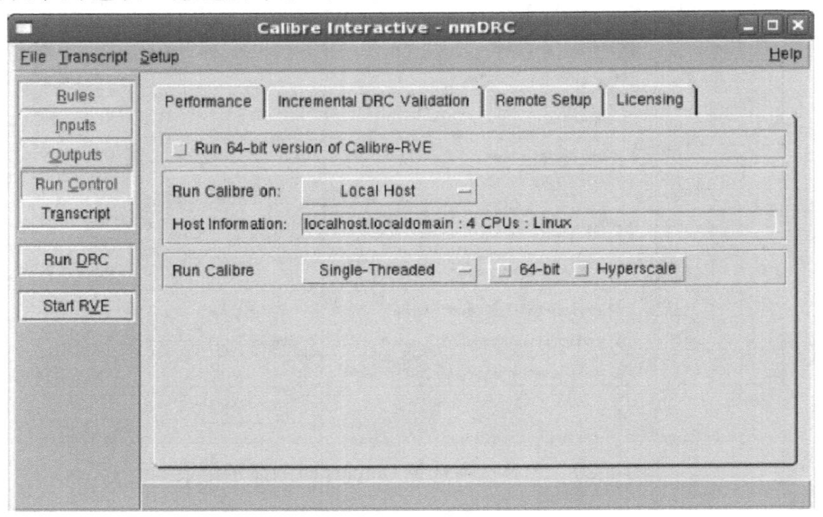

图 4.21　Run Control 菜单中 Performance 选项卡

图 4.22 为工具选项选择 Transcript 时的显示结果，显示 Calibre nmDRC 的启动信息，包括启动时间、启动版本和运行平台等信息。在 Calibre nmDRC 执行过程中，还显示 DRC 的运行进程。

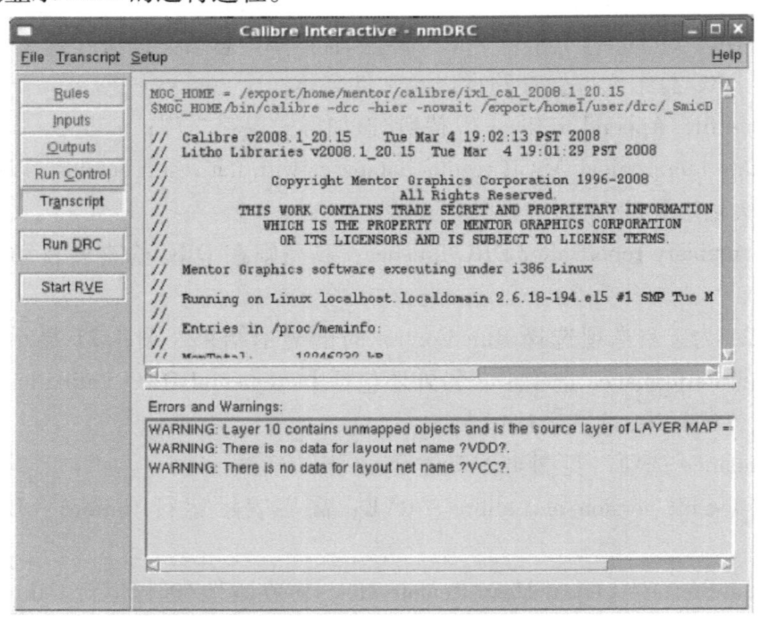

图 4.22　工具选项选择 Transcript 时的显示结果

单击如图 4.22 所示的 Run DRC，立即执行 DRC 检查。

单击如图 4.22 所示的 Start RVE，手动启动 RVE 视窗，启动后的视窗如图 4.23所示。

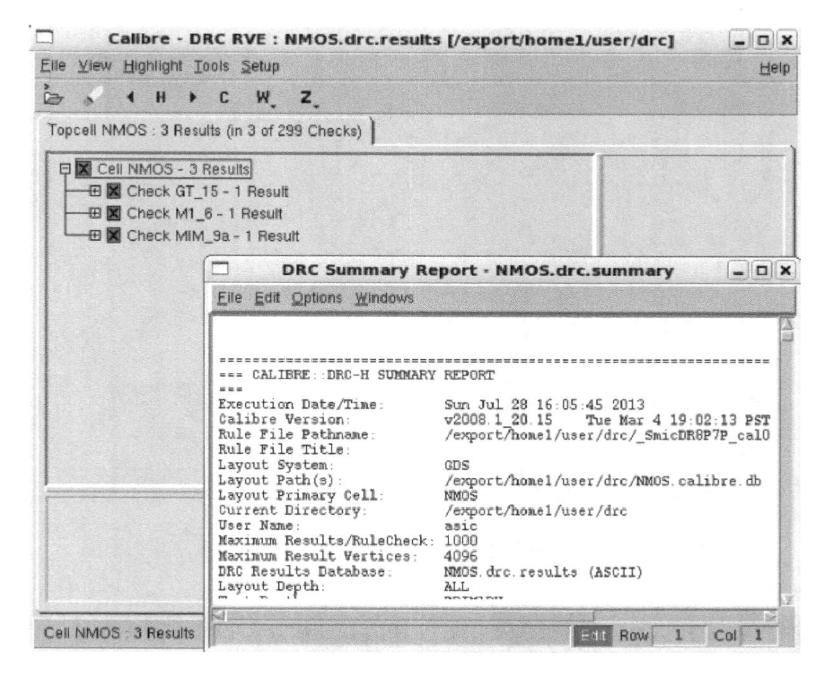

图 4.23　Calibre nmDRC 的 RVE 视窗图

如图 4.23 所示的 RVE 窗口，分为左上侧的错误报告窗口、左下侧的错误文本说明显示窗口，以及右侧的错误对应坐标显示窗口三个部分。其中，错误报告窗口显示了 DRC 检查后所有的错误类型以及错误数量，如果存在红色 X 表示版图存在 DRC 错误，如果显示的是绿色的√，那么表示没有 DRC 错误；错误文本说明显示窗口显示了在错误报告窗口选中的错误类型对应的文本说明；错误对应坐标显示窗口显示了版图顶层错误的坐标。图 4.24 为无 DRC 错误的 RVE 视窗图。

4.3.3　Calibre nmDRC 验证流程举例★★★

下面详细介绍采用 Mentor Calibre 工具对版图进行 DRC 检查的流程，并示出几处修改违反 DRC 规则的错误方法。本节采用内嵌在 Cadence Virtuoso Layout Editor 中的菜单选项来启动 Calibre nmDRC。Calibre nmDRC 的使用流程如下：

1）启动 Cadence Virtuoso 工具命令 virtuoso &，弹出对话框，如图 4.25 所示。

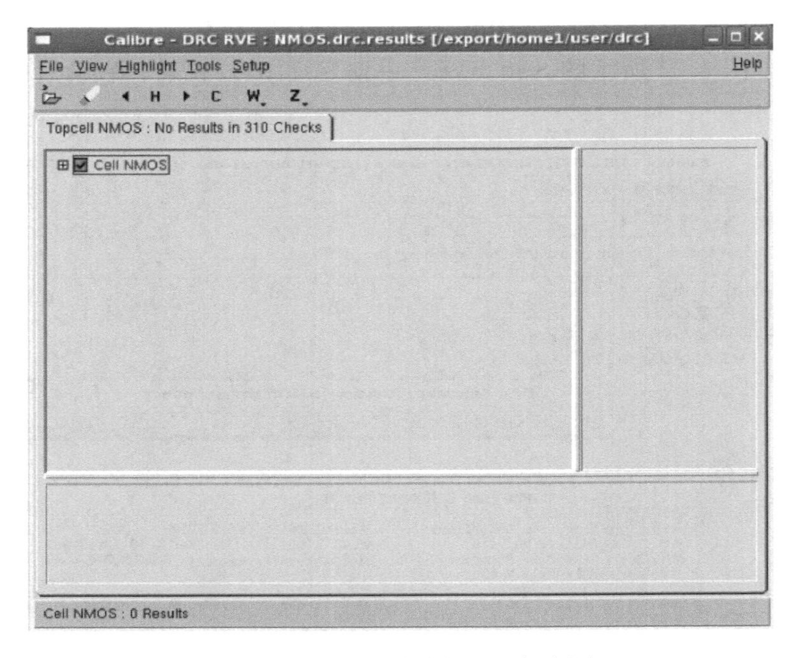

图 4.24　无 DRC 错误的 RVE 视窗图

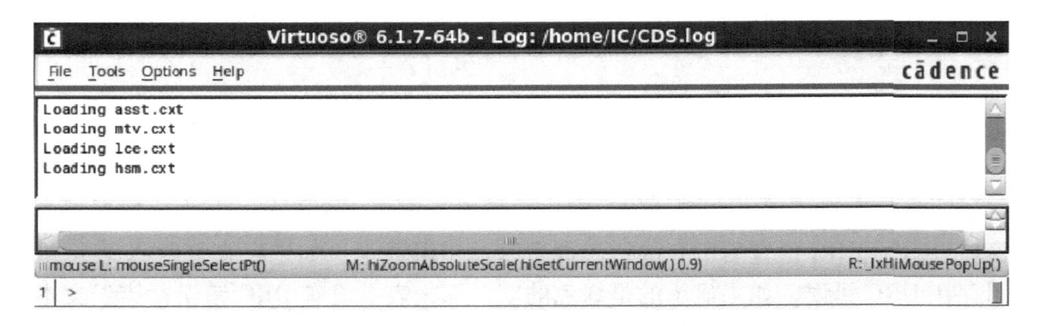

图 4.25　启动 Cadence Virtuoso 对话框

2）打开需要验证的版图视图。选择 *File—Open*，弹出打开版图对话框，在 Library 中选择 TEST，Cell 中选择 Miller_OTA，View 中选择 layout，如图 4.26 所示。

3）单击［OK］按钮，弹出 Miller_OTA 版图视图，如图 4.27 所示。

4）打开 Calibre nmDRC 工具。选择 Miller_OTA 的版图视图工具菜单中的 *Calibre—Run nmDRC*，弹出 Calibre nmDRC 工具对话框，如图 4.28 所示。

5）选择工具选项菜单中的 Rules，并在对话框右侧 DRC Rules File 单击［...］，选择设计规则文件，并在 DRC Run Directory 右侧单击［...］，选择运行

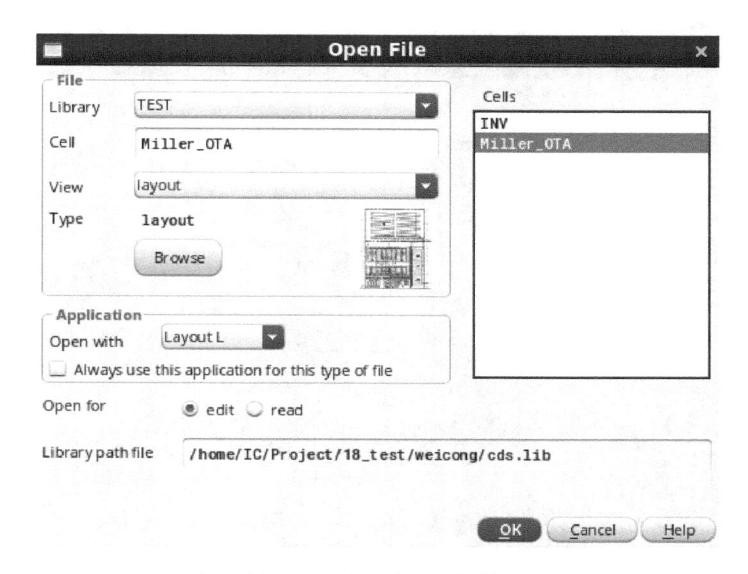

图 4.26　打开版图对话框

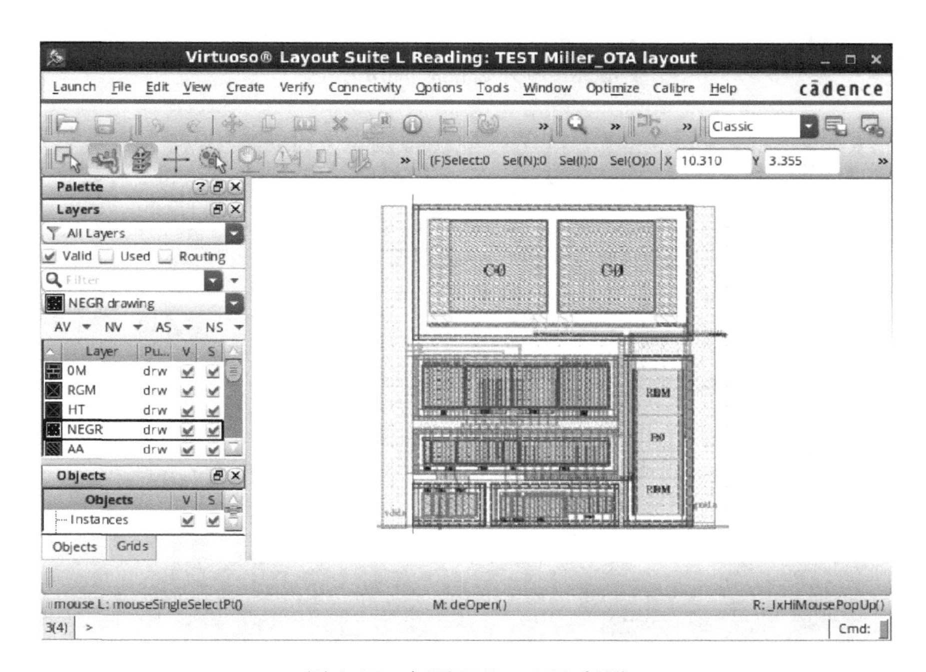

图 4.27　打开 Miller_OTA 版图

目录，如图 4.29 所示。

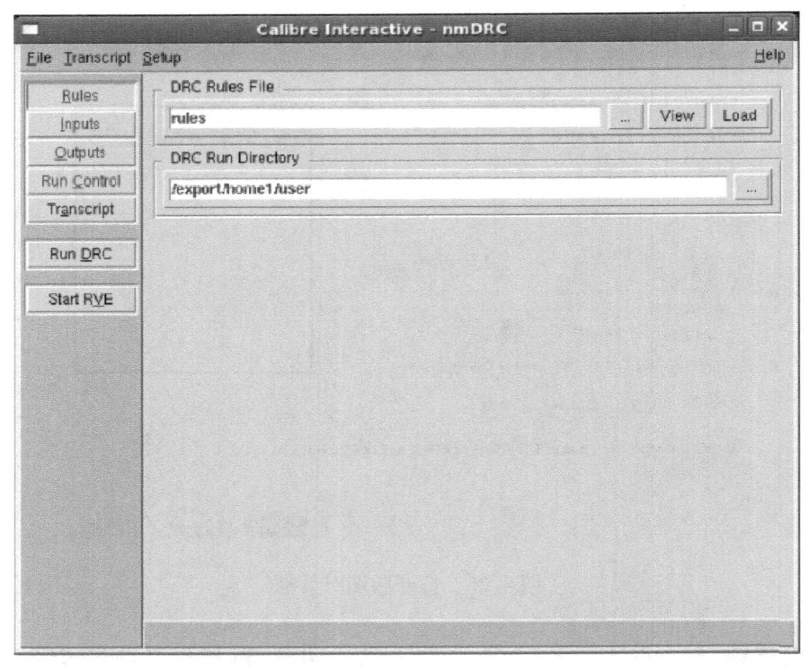

图 4. 28　打开 Calibre nmDRC 工具

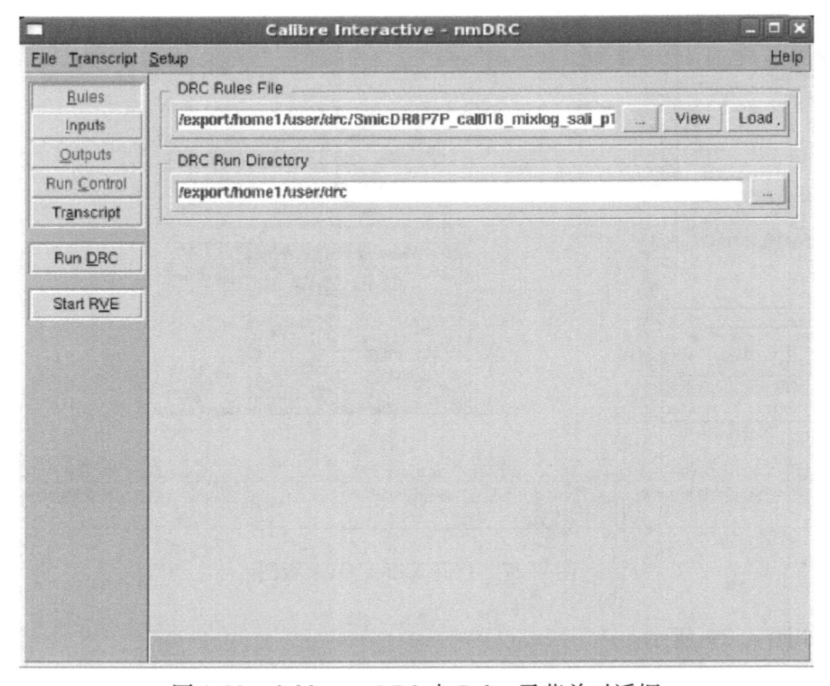

图 4. 29　Calibre nmDRC 中 Rules 子菜单对话框

6）选择工具选项菜单中的 Inputs，并在 Layout 选项中选择 Export from layout viewer 高亮，如图 4. 30 所示。

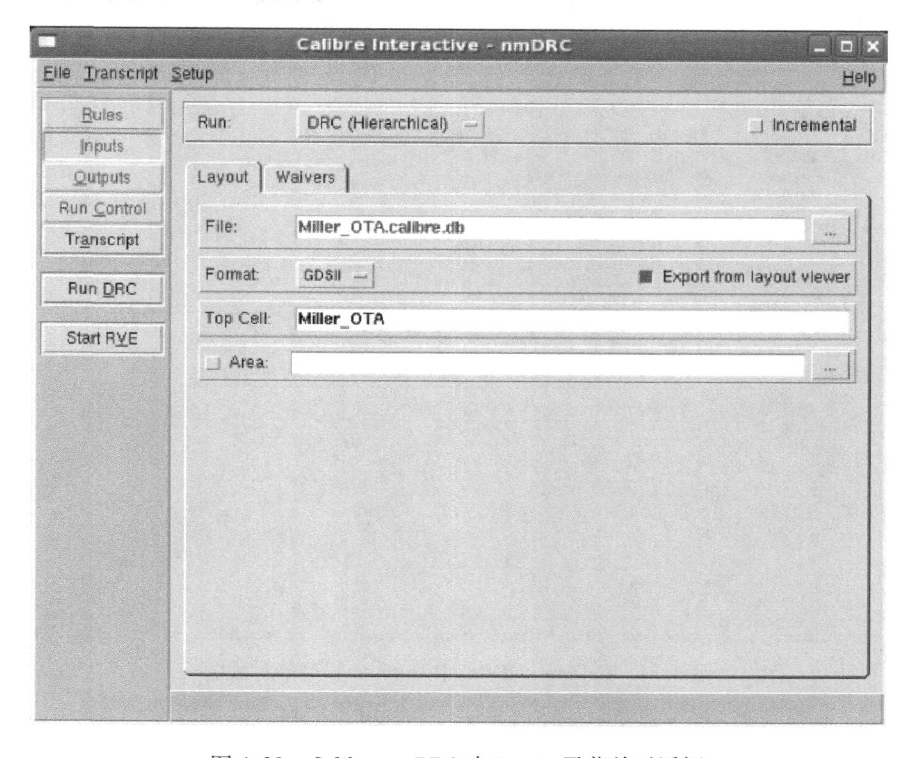

图 4. 30　Calibre nmDRC 中 Inputs 子菜单对话框

7）选择工具选项菜单中的 Outputs，可以选择默认的设置，同时也可以改变相应输出文件的名称，如图 4. 31 所示。

8）Calibre nmDRC 工具选项菜单的 Run Control 菜单可以选择默认设置，单击 Run DRC，Calibre 开始导出版图文件并对其进行 DRC 检查，如图 4. 32 所示。

9）Calibre nmDRC 完成后，软件会自动弹出输出结果 RVE，以及文本格式文件，分别如图 4. 33 和图 4. 34 所示。

10）查看图 4. 33 所示的 DRC 输出结果的图形界面 RVE，查看错误报告窗口表明在版图中存在两个 DRC 错误，分别为 SN_2（SN 区间距小于 0. 44μm）和 M3_1（M3 的最小宽度小于 0. 28μm）。

11）错误 1 修改。鼠标左键点击错误报告窗口 Check SN_2 – 1 Result，并双击下拉菜单中的 01，错误文本显示窗口显示设计规则路径（Rule File Pathname：/export/home1/user/drc/_SmicDR8P7P_cal018_mixlog_sali_p1mt6_1833. drc_）以及违反的具体规则（Minimum space between two SN regions is less than 0. 44μm），DRC 结

果查看图形界面如图 4.35 所示，其版图 DRC 错误定位如图 4.36 所示。

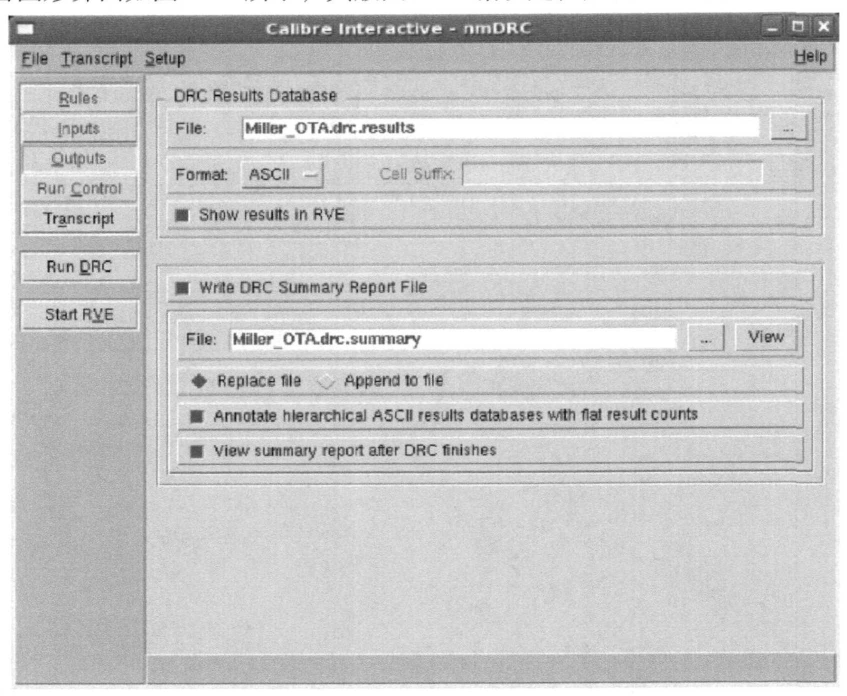

图 4.31　Calibre nmDRC 中 Outputs 子菜单对话框

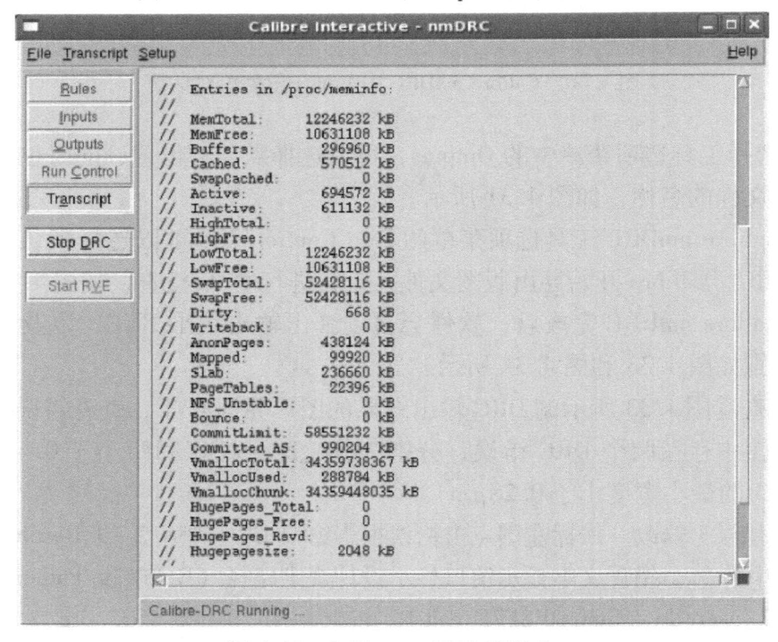

图 4.32　Calibre nmDRC 运行中

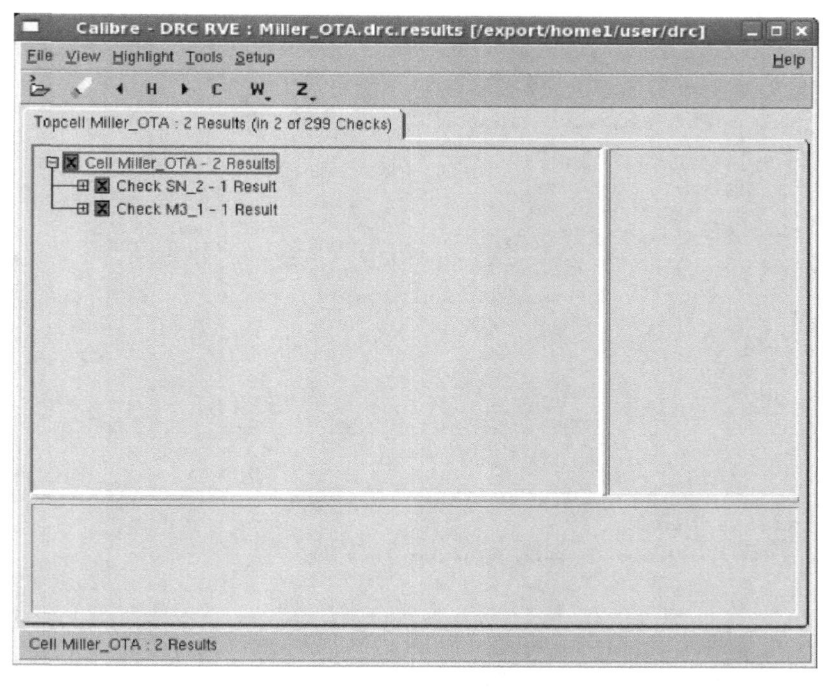

图 4.33　Calibre nmDRC 输出结果查看图形界面 RVE

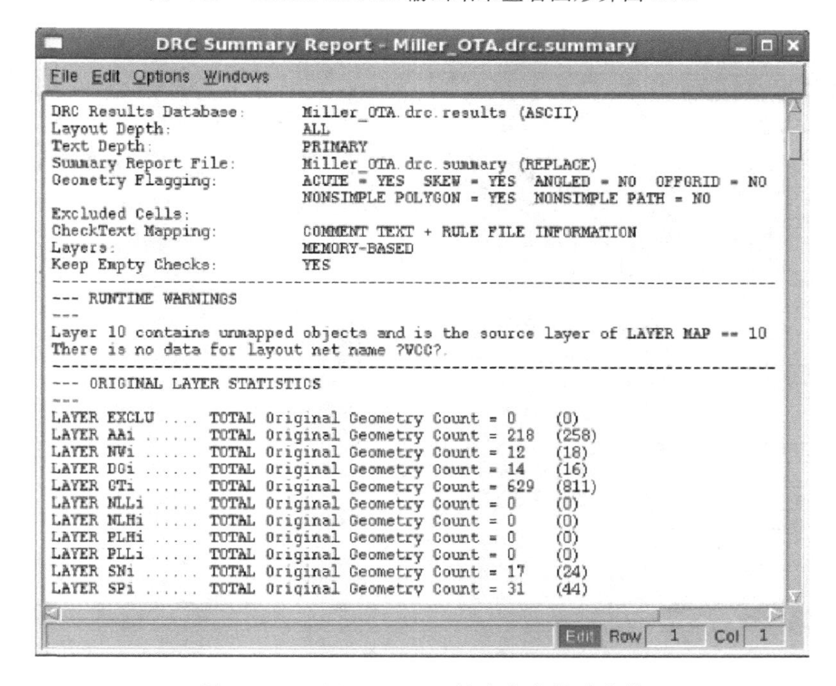


```
DRC Results Database:         Miller_OTA.drc.results (ASCII)
Layout Depth:                 ALL
Text Depth:                   PRIMARY
Summary Report File:          Miller_OTA.drc.summary (REPLACE)
Geometry Flagging:            ACUTE = YES  SKEW = YES  ANGLED = NO  OFFGRID = NO
                              NONSIMPLE POLYGON = YES  NONSIMPLE PATH = NO
Excluded Cells:
CheckText Mapping:            COMMENT TEXT + RULE FILE INFORMATION
Layers:                       MEMORY-BASED
Keep Empty Checks:            YES
--------------------------------------------------------------------------------
--- RUNTIME WARNINGS
---
Layer 10 contains unmapped objects and is the source layer of LAYER MAP -- 10
There is no data for layout net name ?VCC?.
--------------------------------------------------------------------------------
--- ORIGINAL LAYER STATISTICS
---
LAYER EXCLU .... TOTAL Original Geometry Count = 0    (0)
LAYER AAi ...... TOTAL Original Geometry Count = 218  (258)
LAYER NWi ...... TOTAL Original Geometry Count = 12   (18)
LAYER DOi ...... TOTAL Original Geometry Count = 14   (16)
LAYER GTi ...... TOTAL Original Geometry Count = 629  (811)
LAYER NLLi ..... TOTAL Original Geometry Count = 0    (0)
LAYER NLHi ..... TOTAL Original Geometry Count = 0    (0)
LAYER PLHi ..... TOTAL Original Geometry Count = 0    (0)
LAYER PLLi ..... TOTAL Original Geometry Count = 0    (0)
LAYER SNi ...... TOTAL Original Geometry Count = 17   (24)
LAYER SPi ...... TOTAL Original Geometry Count = 31   (44)
```

图 4.34　Calibre nmDRC 输出文本格式文件

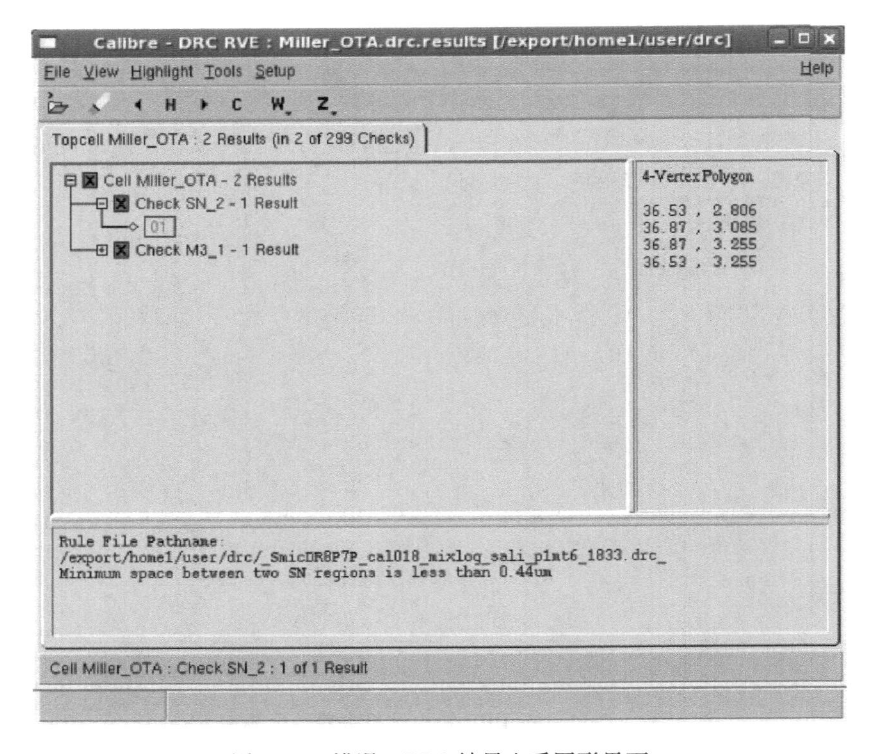

图 4.35　错误 1 DRC 结果查看图形界面

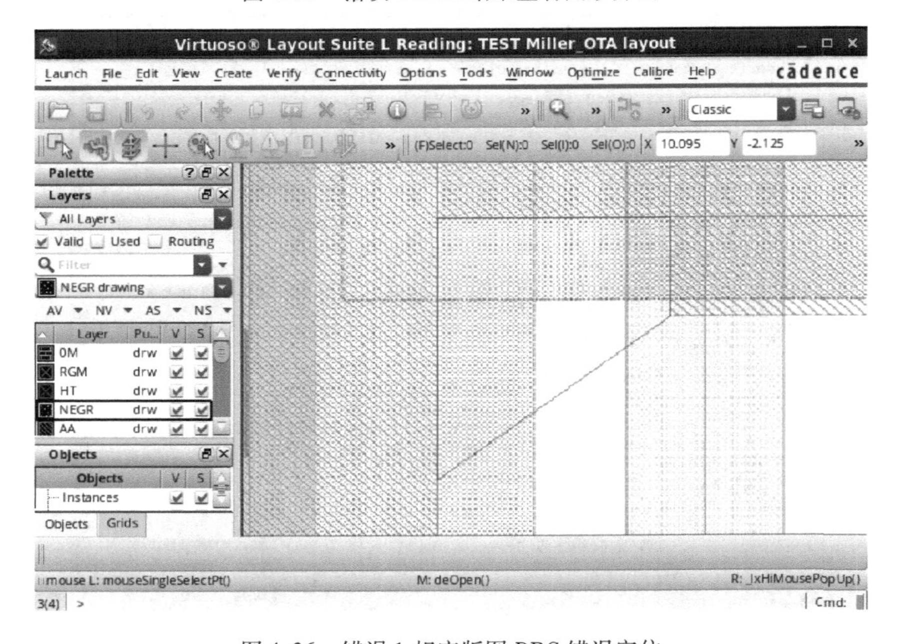

图 4.36　错误 1 相应版图 DRC 错误定位

12）根据提示进行版图修改，将两个 SN 区合并为一个，就不会存在间距问题，修改后的版图如图 4.37 所示。

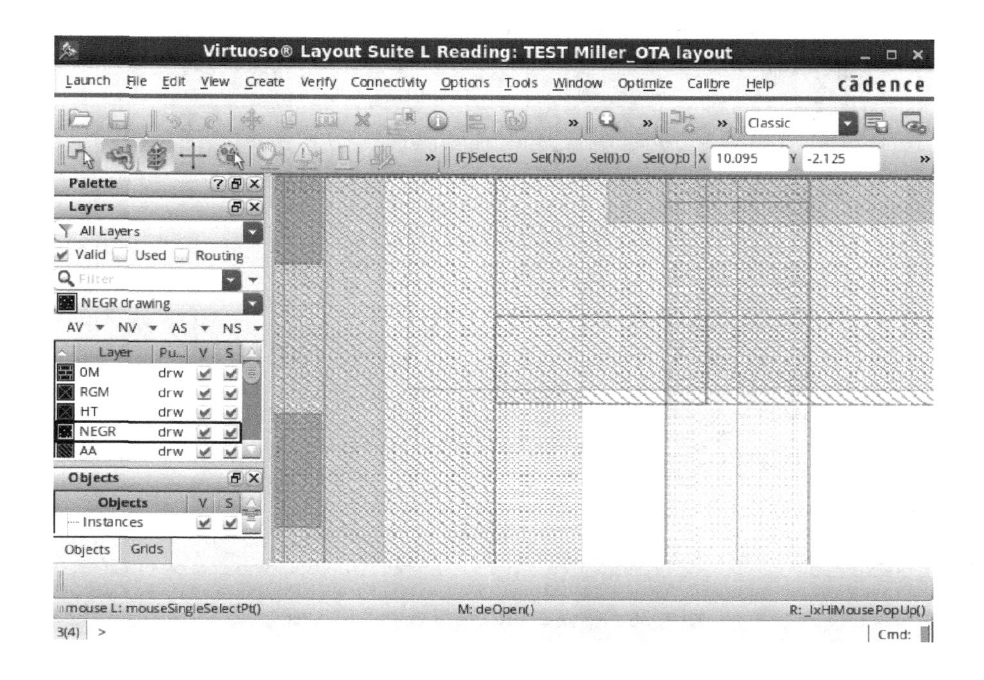

图 4.37　错误 1 修改后的版图

13）错误 2 修改。鼠标左键点击错误报告窗口 Check M3_1 - 1 Result，并双击下拉菜单中的 01，错误文本显示窗口显示设计规则路径（Rule File Pathname：/export/home1/user/drc/_SmicDR8P7P_cal018_mixlog_sali_p1mt6_1833. drc_）以及违反的具体规则（Minimum width of an M3 region is 0.28μm），DRC 结果查看图形界面如图 4.38 所示，相应版图 DRC 错误定位如图 4.39 所示。

14）根据提示进行版图修改，将 M3 的线宽加宽，满足最小线宽要求。修改后的版图如图 4.40 所示。

15）DRC 错误修改完毕后，再次做 DRC，直到所有的错误都修改完毕后出现如图 4.41 所示的界面，表明 DRC 已经通过。

以上完成了 Calibre nmDRC 的主要流程。

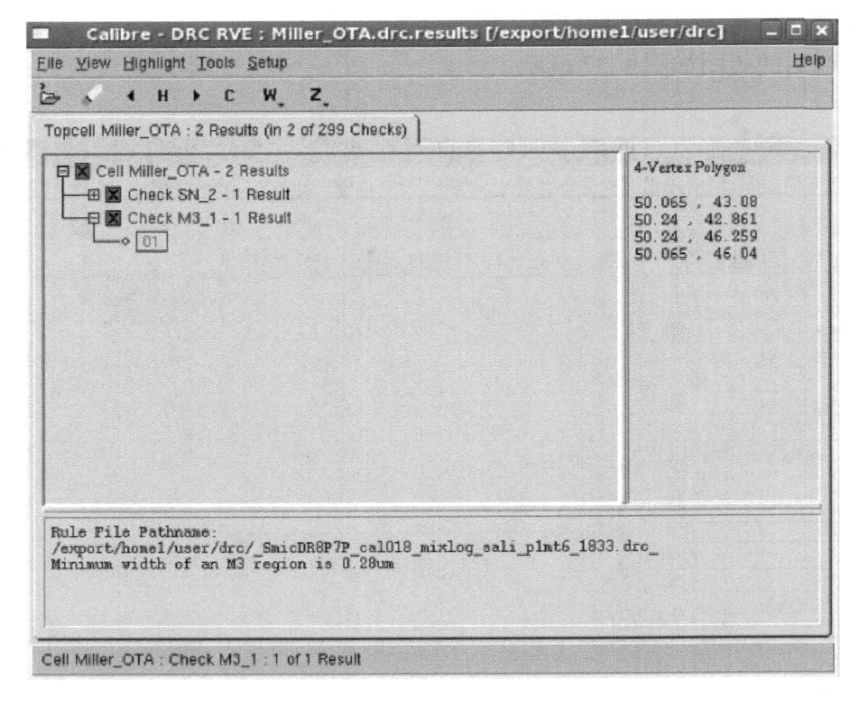

图 4.38　错误 2 DRC 结果查看图形界面

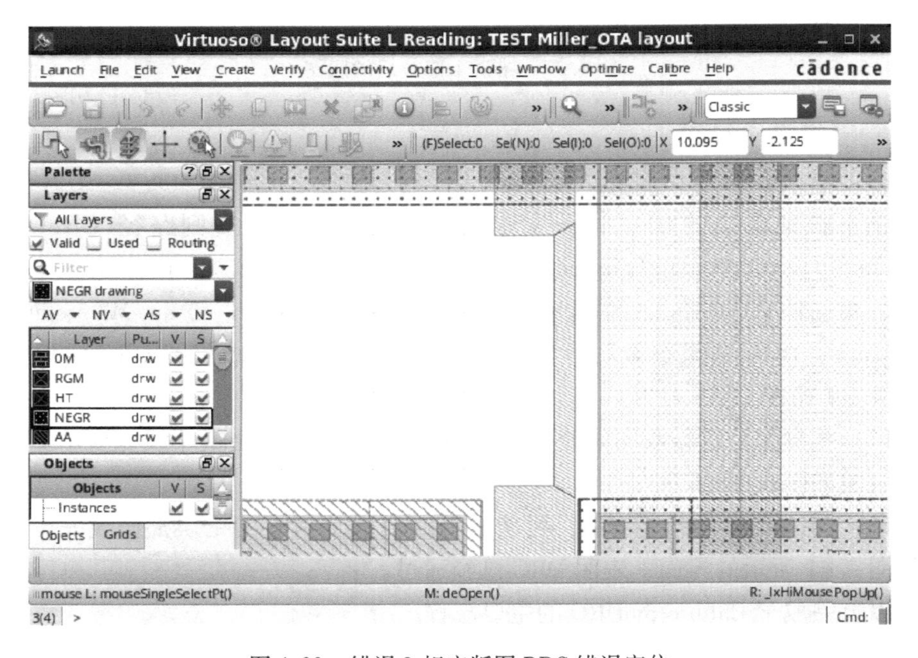

图 4.39　错误 2 相应版图 DRC 错误定位

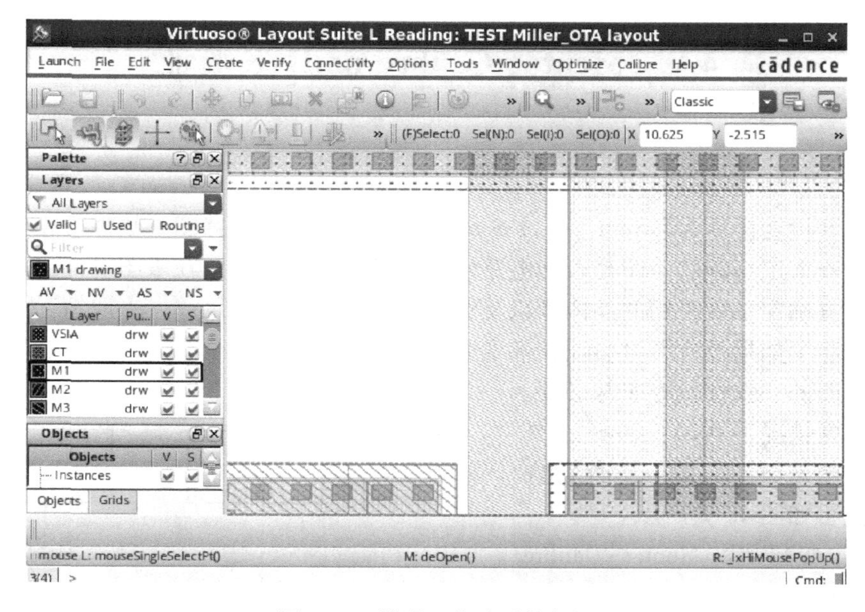

图 4.40　错误 2 修改后的版图

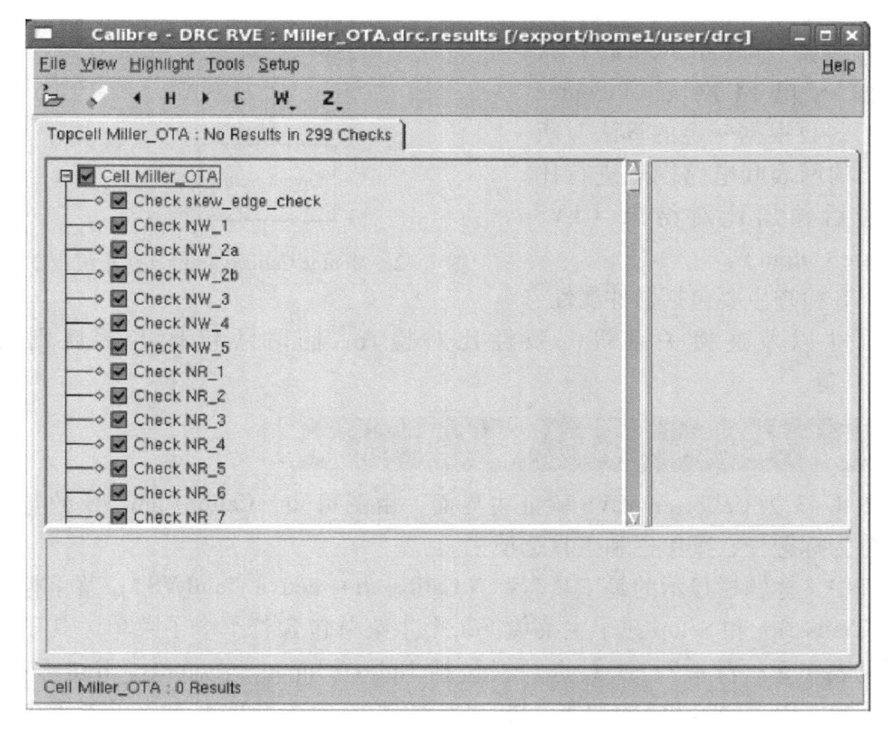

图 4.41　Calibre nmDRC 通过界面

4.4 Mentor Calibre nmLVS 验证

4.4.1 Calibre nmLVS 验证简介 ★★★

LVS 检查全称为 Layout Versus Schematic，即版图与电路图一致性检查。目的在于检查人工绘制的版图是否和电路结构相符。由于电路图在版图设计之初已经经过仿真确定了所采用的晶体管以及各种元器件的类型和尺寸，一般情况下人工绘制的版图如果没有经过验证，基本上不可能与电路图完全相同，所以进行版图与电路图的一致性检查非常必要。

通常情况下利用 Calibre 工具进行版图与电路图的一致性检查时的流程如图 4.42 所示。

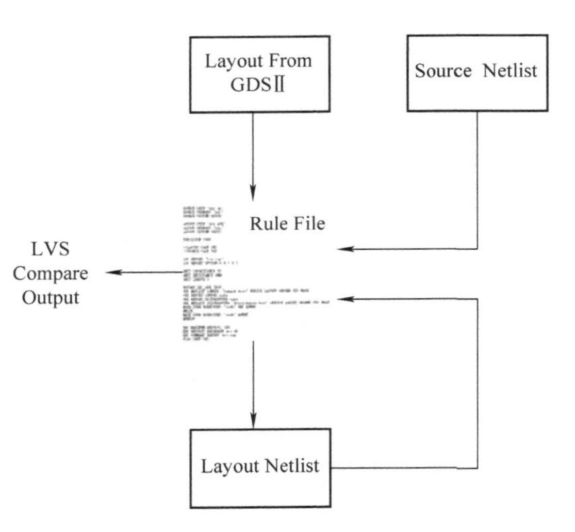

图 4.42　Mentor Calibre nmLVS 基本流程图

图 4.42 为 Mentor Calibre nmLVS 的基本流程，首先，工具先从版图（Layout）根据器件定义规则对器件以及连接关系提取相应的网表（Layout Netlist）；其次，读入电路网表（Source Netlist），再根据一定的算法对版图提出的网表和电路网表进行比对，最后输出比对结果（LVS Compare Output）。

LVS 检查主要包括器件属性、器件尺寸以及连接关系等一致性比对检查，同时还包括电学规则检查（ERC）等。

4.4.2 Calibre nmLVS 界面介绍 ★★★

图 4.43 为 Calibre nmLVS 验证主界面，由图可知，Calibre nmLVS 的验证主界面分为标题栏、菜单栏和工具选项栏。

其中，标题栏显示的是工具名称（Calibre Interactive - nmLVS）；菜单栏分为 File、Transcript 和 Setup 三个主菜单，每个主菜单包含若干个子菜单，其子菜单功能见表 4.5 ~ 表 4.7；工具选项栏包括 Rules、Inputs、Outputs、Run Control、Transcript、Run LVS 和 Start RVE 共 7 个选项栏，每个选项栏对应了若干个基本设置，其内容将在后面进行介绍。Calibre nmLVS 主界面中的工具选项栏，红色

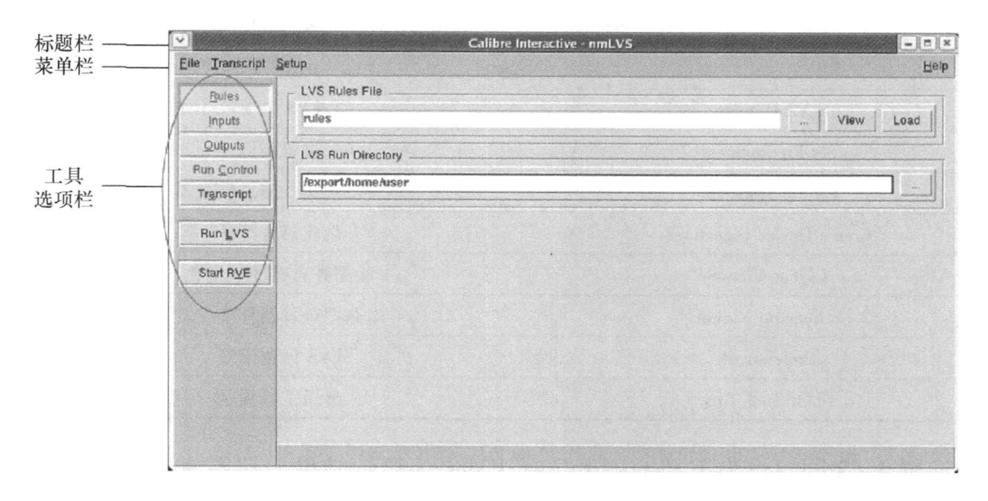

图4.43 Calibre nmLVS验证主界面

字框代表对应的选项还没有填写完整，绿色代表对应的选项已经填写完整，但是不代表填写完全正确，需要用户对填写信息的正确性进行确认。

表4.5 Calibre nmLVS主界面File菜单功能介绍

File		
New Runset	建立新 Runset	
Load Runset	加载新 Runset	
Save Runset	保存 Runset	
Save Runset As	另存 Runset	
View Text File	查看文本文件	
Control File	View	查看控制文件
	Save As	将新 Runset 另存至控制文件
Recent Runsets	最近使用过的 Runsets	
Exit	退出 Calibre nmLVS	

表4.6 Calibre nmLVS主界面Transcript菜单功能介绍

Transcript	
Save As	可将副本另存至文件
Echo to File	可将文件加载至 Transcript 界面
Search	在 Transcript 界面中进行文本查找

表 4.7　Calibre nmLVS 主界面 Setup 菜单功能介绍

Setup	
LVS Options	LVS 选项
Set Environment	设置环境
Verilog Translator	Verilog 文件格式转换器
Create Device Signatures	创建器件特征
Layout Viewer	版图查看器环境设置
Schematic Viewer	电路图查看器环境设置
Preferences	LVS 设置偏好
Show Tool Tips	显示工具提示

图 4.42 同时也为工具选项栏选择 Rules 的显示结果，其界面右侧分别为规则文件选择栏以及规则文件路径选择栏。规则文件选择栏为定位 LVS 规则文件的位置，其中［...］按钮为选择规则文件在磁盘中的位置，View 为查看选中的 LVS 规则文件，Load 为加载之前保存过的规则文件；规则文件路径选择栏为选择 Calibre nmLVS 的执行目录，单击［...］按钮可以选择目录，并在框内进行显示。图 4.44 的 Rules 已经填写完毕。

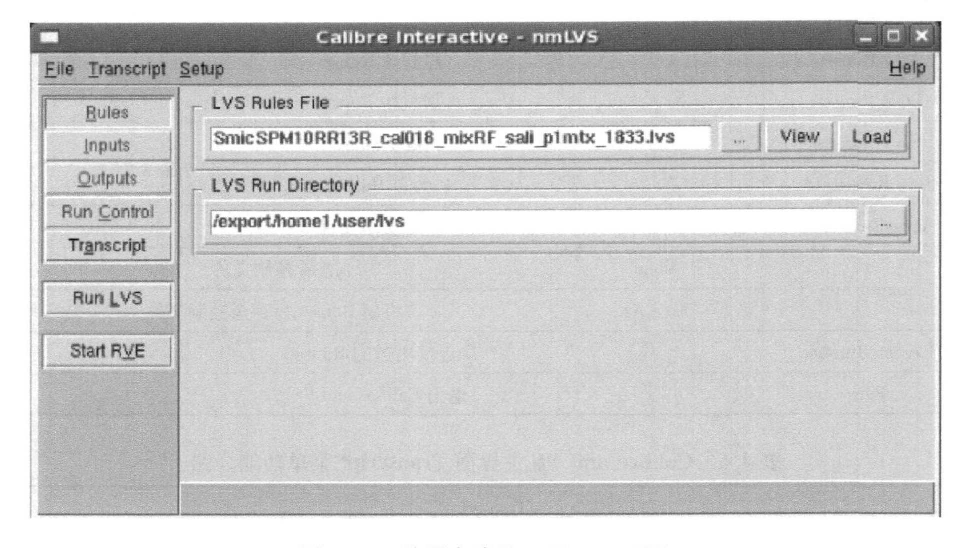

图 4.44　填写完毕的 Calibre nmLVS

图 4.45 为工具选项栏选择 Inputs 下 Layout 的显示结果，图 4.45 可分为上下两个部分，上半部分为 Calibre nmLVS 的验证方法（Hierarchical、Flat 和 Calibre CB 可选）和对比类别（Layout vs Netlist、Netlist vs Netlist 和 Netlist Extraction 可

选)；下半部分为版图（Layout)、网表（Netlist）和层次换单元（H - Cells）的基本选项。

Layout 选项（见图 4.45）如下：

Files：版图文件名称；

Format [GDS/OASIS/LEFDEF/MILKYWAY/OPENACCESS]：版图文件格式可选；

Export from layout viewer：当勾选该选项时，表示从版图中自动提取网表文件；

Top Cell：选择版图顶层单元名称，如果是层次化版图，则会出现选择框；

Layout Netlist：填入导出版图网表文件名称。

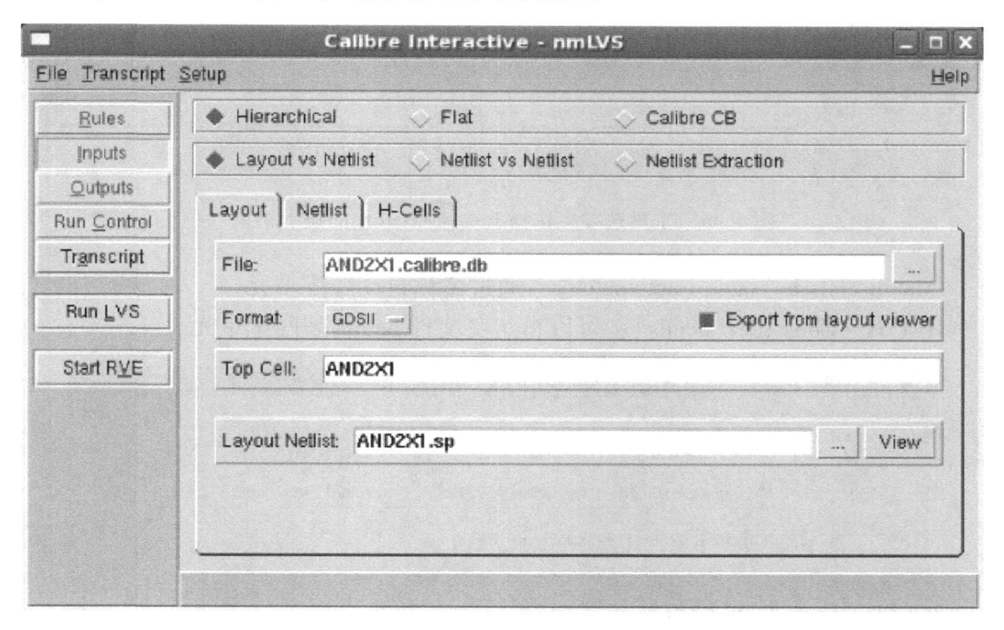

图 4.45 工具选项栏选择 Inputs - Layout 的显示结果

Netlist 选项（见图 4.46）如下：

Files：网表文件名称；

Format [SPICE/VERILOG/MIXED]：网表文件格式 SPICE、VERILOG 和混合可选；

Export from schematic viewer：高亮为从电路图查看器中导出文件；

Top Cell：选择电路图顶层单元名称，如果是层次化版图，则会出现选择框。

H - Cells 选项（见图 4.47，当采用层次化方法做 LVS 时，H - Cells 选项才起作用）如下：

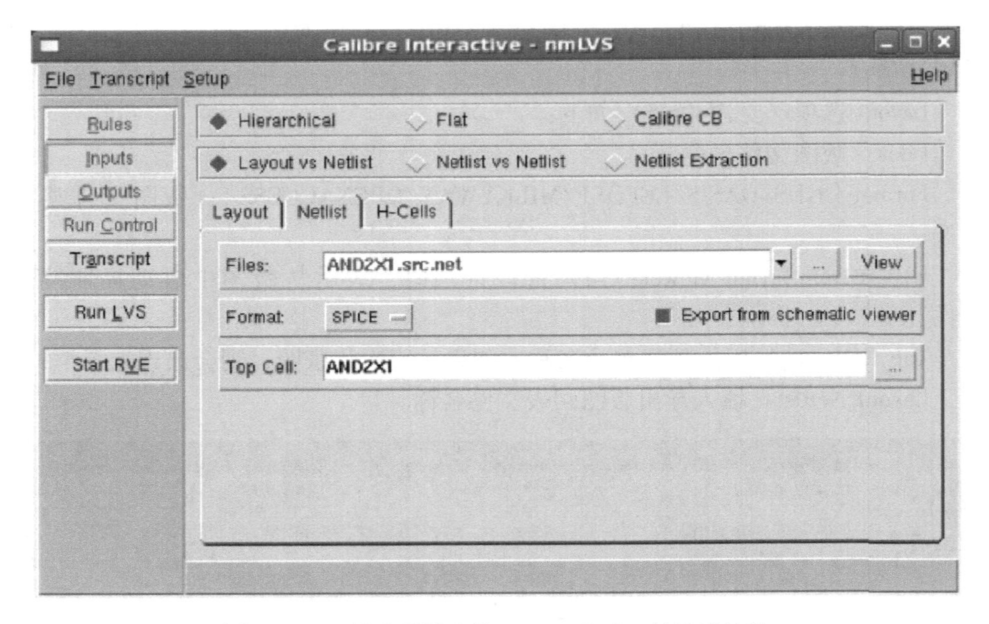

图 4.46　工具选项栏选择 Inputs – Netlist 的显示结果

Match cells by name (automatch)：通过名称自动匹配单元；
Use H – Cells file [hcells]：可以自定义文件 hcells 来匹配单元。

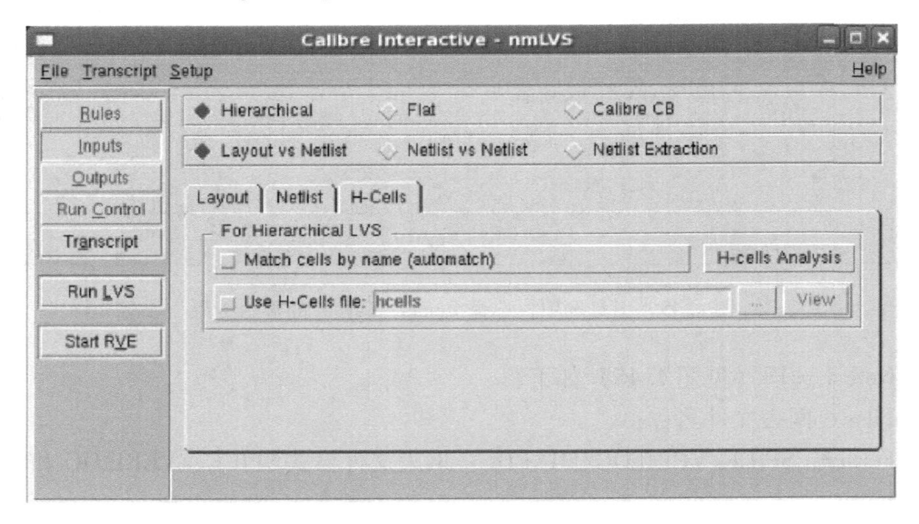

图 4.47　工具选项栏选择 Inputs – H – Cells 的显示结果

图 4.48 为工具选项栏选择 Outputs 的 Report/SVDB 时显示结果，图 4.48 显示的可分为上下两个部分，上面为 Calibre nmLVS 检查后输出结果选项；下面为

SVDB 数据库输出选项。

Report/SVDB 选项（见图 4.48）如下：

LVS Report File：Calibre nmLVS 检查后生成的报告文件名称；

View Report after LVS finished：高亮后 Calibre nmLVS 检查完后自动开启查看器；

Create SVDB Database：高亮后创建 SVDB 数据库文件；

Start RVE after LVS finishes：高亮后 LVS 检查完成后自动弹出 RVE 窗口；

SVDB Directory：SVDB 产生的目录名称，默认为 svdb；

Generate data for Calibre - xRC：将为 Calibre - xRC 产生必要的数据；

Generate ASCII cross - reference files：产生 Calibre 连接接口数据 ASCII 文件；

Generate Calibre Connectivity Interface data：产生 Calibre 与其他软件互连的接口数据。

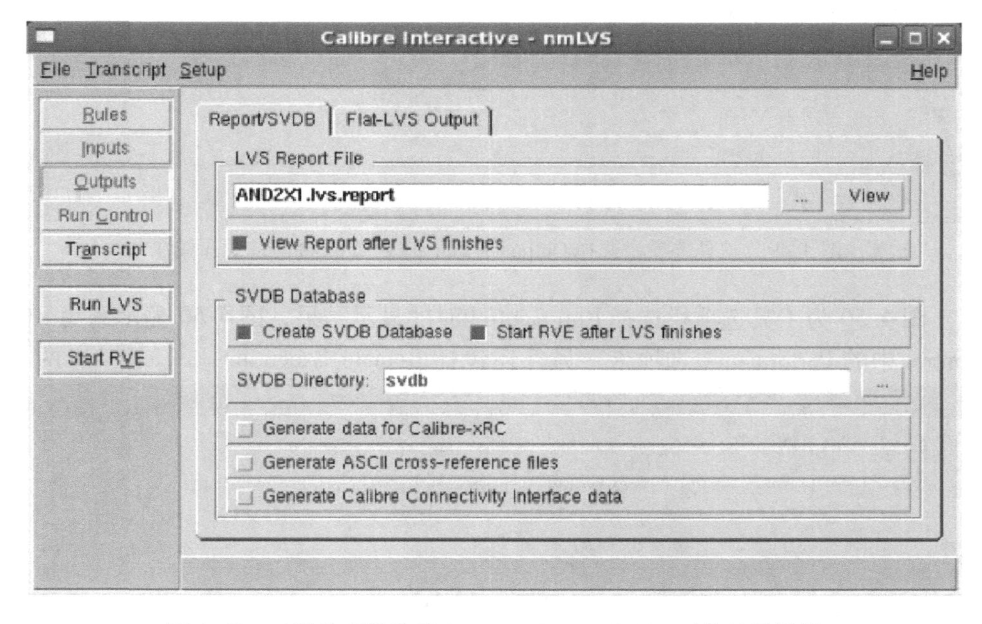

图 4.48　工具选项栏选择 Outputs - Report/SVDB 时的显示结果

图 4.49 为工具选项栏选择 Outputs 的 Flat - LVS Output 显示结果。

Flat - LVS Output 选项（见图 4.49）如下：

Write Mask Database for MGC ICtrace（Flat - LVS only）：为 MGC 保存掩膜数据库文件；

Mask DB File：如果需要保存文件，写入文件名称；

Do not generate SVDB data for flat LVS：不为打散的 LVS 产生 SVDB 数据；

Write ASCII cross - reference files（ixf，nxf）：保存 ASCII 对照文件；

Write Binary Polygon Format（BPF）files：保存 BPF 文件；

Save extracted flat SPICE netlist file：高亮后保存提取打散的 SPICE 网表文件。

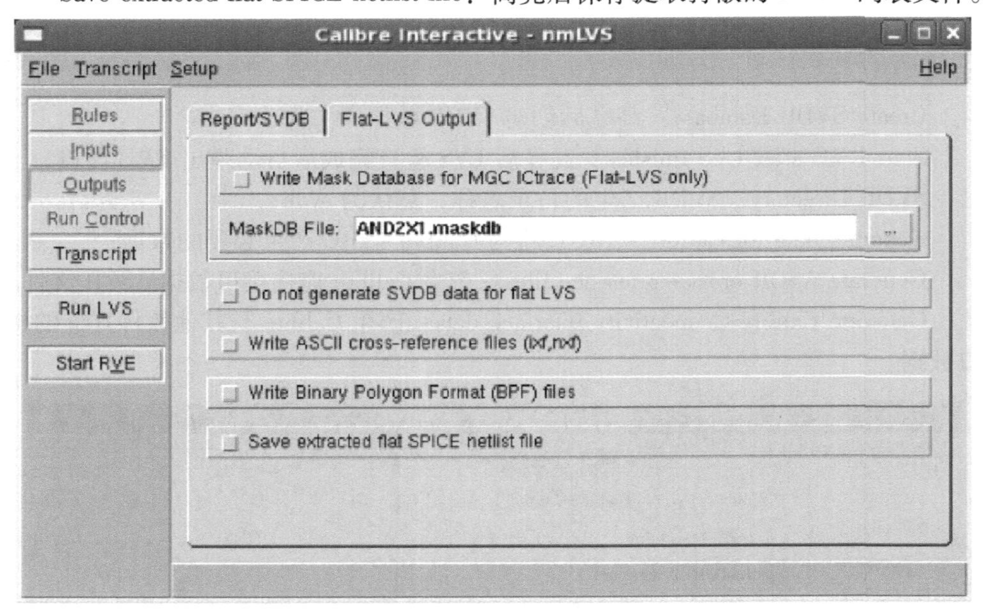

图 4.49　工具选项栏选择 Outputs - Flat - LVS Output 时的显示结果

图 4.50 为工具选项栏选择 Run Control 时的显示结果，图 4.50 显示的为 Run Control 中的 Performance 选项卡，另外还包括 Remote Execution 和 Licensing 两个

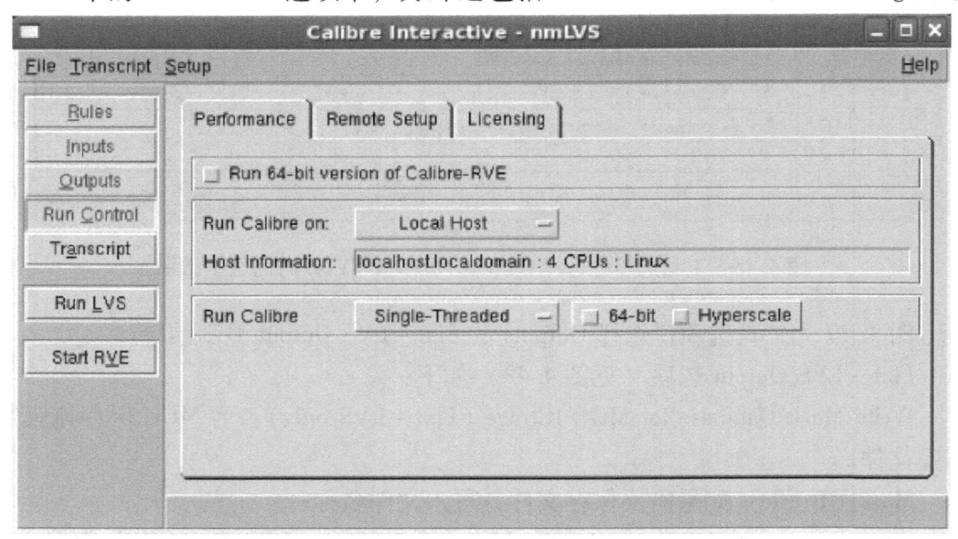

图 4.50　Run Control 菜单中的 Performance 选项卡

选项卡。

Performance 选项（见图 4.50）如下：

Run 64 - bit version of Calibre - RVE：高亮表示运行 Calibre - RVE 64 位版本；

Run Calibre on [Local Host/Remote Host]：在本地或者远程运行 Calibre；

Host Information：主机信息；

Run Calibre [Single Threaded/Multi Threaded/Distributed]：采用单线程、多线程或者分布式方式运行 Calibre。

图 4.50 所示的 Remote Setup 和 Licensing 选项采用默认值即可。

图 4.51 为工具选项栏选择 Transcript 时的显示结果，显示 Calibre nmLVS 的启动信息，包括启动时间、启动版本、运行平台等信息。在 Calibre nmLVS 执行过程中，还显示 Calibre nmLVS 的运行进程。

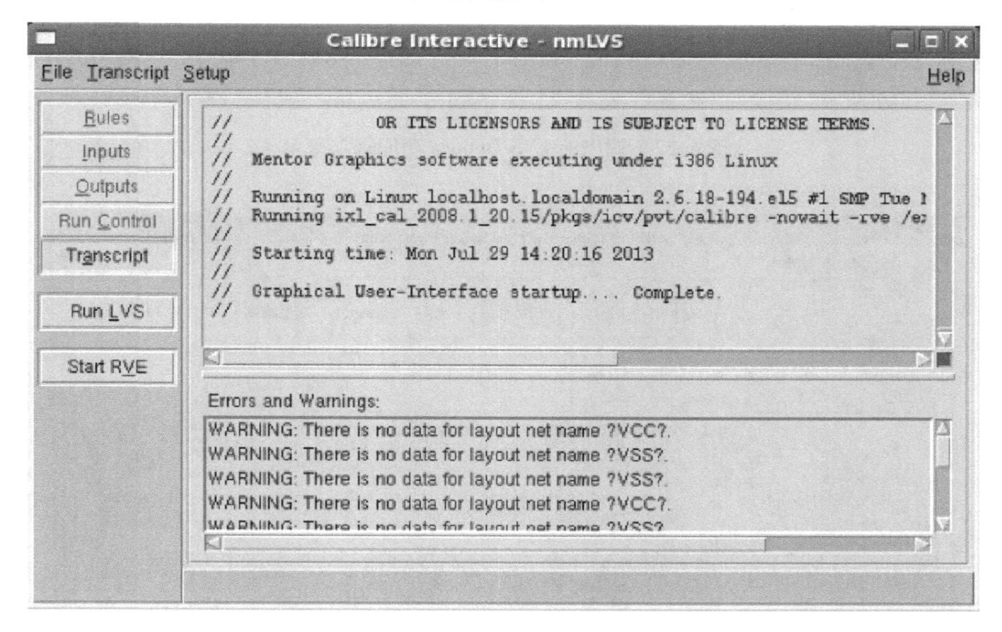

图 4.51　工具选项栏选择 Transcript 时的显示结果

单击菜单 Setup - LVS Option 可以调出 Calibre nmLVS 一些比较实用的选项，如图 4.52 所示。点击图 4.52 圈出的 LVS Options，如图 4.53 所示，主要分为 Supply、Report、Gates、Shorts、ERC、Connect、Includes 和 Database 共 8 个子菜单。

如图 4.53 所示为 LVS Options 功能选项中的 Supply 子菜单，各项功能说明如下：

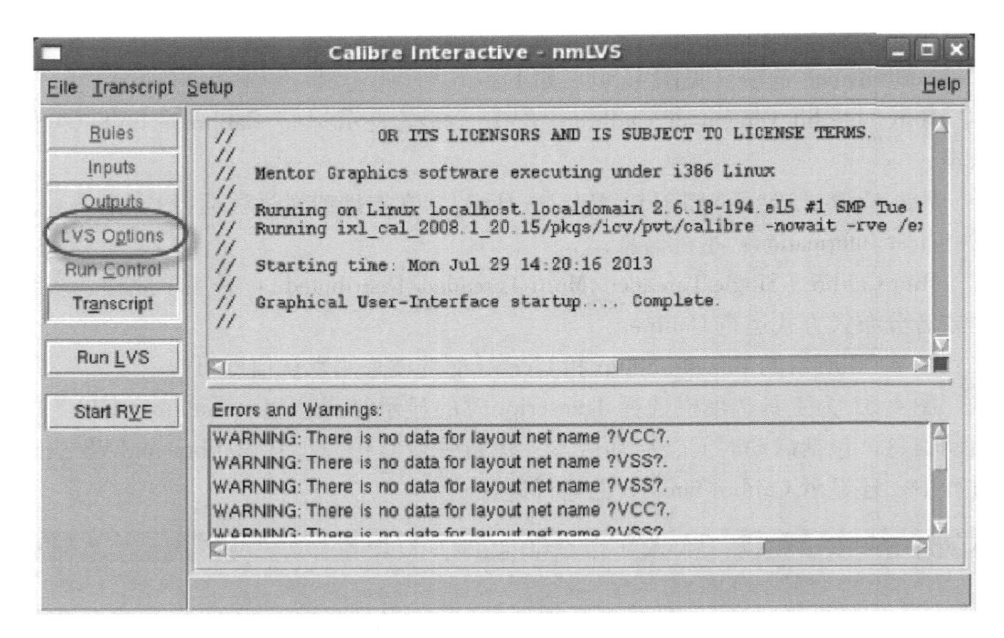

图 4.52　调出的 LVS Options 功能选项菜单

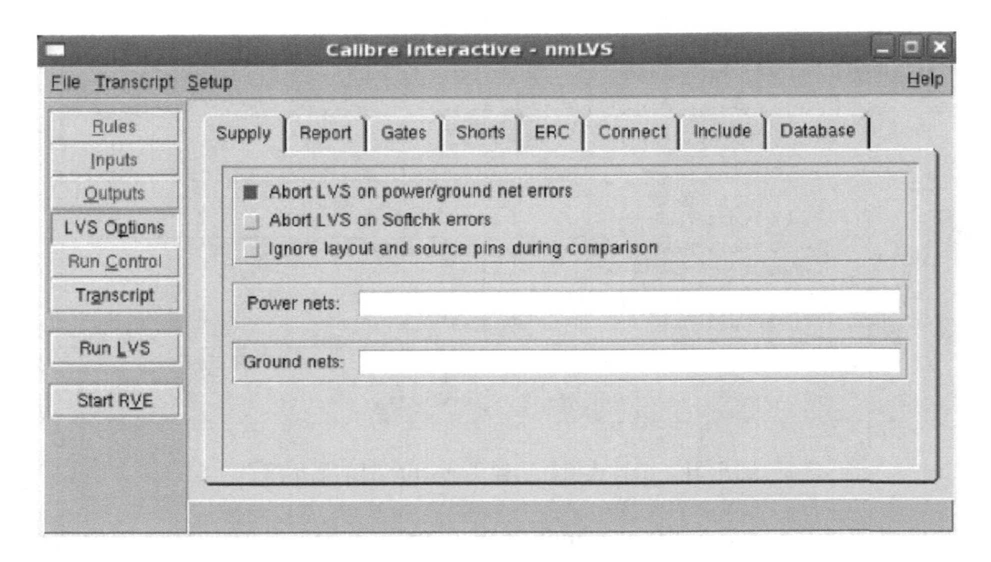

图 4.53　LVS Options 选项 Supply 子菜单

About LVS on power/ground net errors：高亮时，当发现电源和地短路时 LVS 中断；

About LVS on Softchk errors：高亮时，当发现软连接错误时 LVS 中断；

Ignore layout and source pins during comparison：在比较过程中忽略版图和电路中的端口；

Power nets：可以加入电源线网名称；

Ground nets：可以加入地线网名称。

如图 4.54 所示为 LVS Options 功能选项中的 Report 子菜单，各项功能说明如下：

LVS Report Options：[选项较多]：LVS 报告选项；

Max. discrepancies printed in report：报告中选择最大不匹配的数量；

Create Seed Promotions Report：创建模块层次化报告；

Max polygons per seed - promotion in report：每个模块层次化报告中有错误的最大多边形数量。

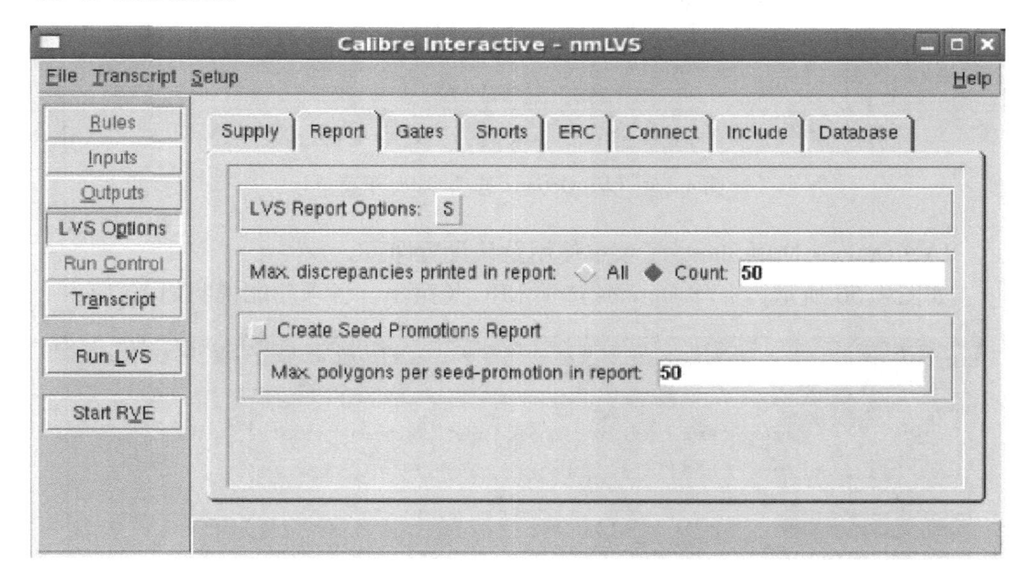

图 4.54　LVS Options 选项 Report 子菜单

如图 4.55 所示为 LVS Options 功能选项中的 Gates 子菜单，各项功能说明如下：

Recognize all gates：高亮后，LVS 识别所有的逻辑门来进行比对；

Recognize simple gates：高亮后，LVS 只识别简单的逻辑门（反相器、与非门、或非门）来进行比对；

Turn gate recognize gate off：高亮后，只允许 LVS 按照晶体管级来进行比对；

Mix subtypes during gate recognize：在逻辑门识别过程中采用混合子类型进行比对；

Filter Unused Device Options：过滤无用器件选项。

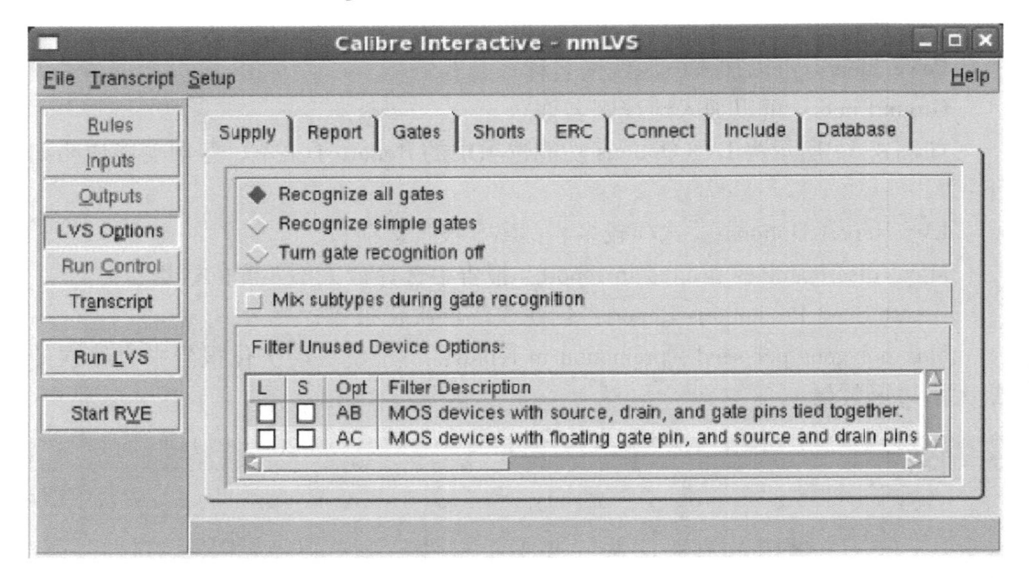

图 4.55　LVS Options 选项 Gates 子菜单

LVS Options 选项 Shorts 子菜单使用默认设置即可。

如图 4.56 所示为 LVS Options 选项 ERC 子菜单，各项功能说明如下：

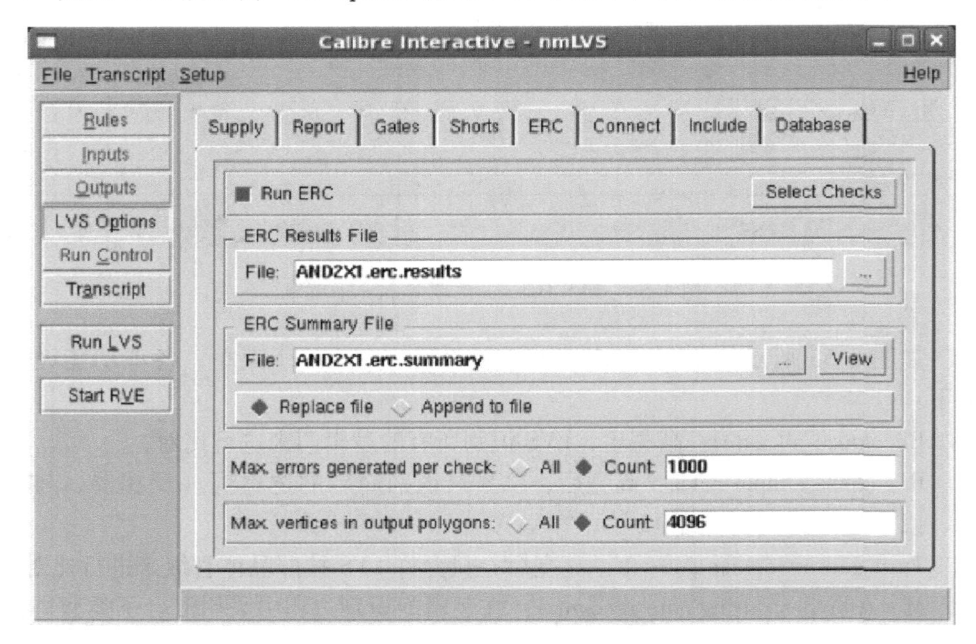

图 4.56　LVS Options 选项 ERC 子菜单

RUN ERC：高亮后，在执行 Calibre nmLVS 的同时执行 ERC，可以选择检查类型；

ERC Results File：填写 ERC 结果输出文件名称；

ERC Summary File：填写 ERC 总结文件名称；

Replace file/Append to file：替换文件或者追加文件；

Max. errors generated per check：每次检查产生错误的最大数量；

Max. vertices in output polygons：指定输出多边形顶点数最大值。

如图 4.57 所示为 LVS Options 选项 Connect 子菜单，各项功能说明如下：

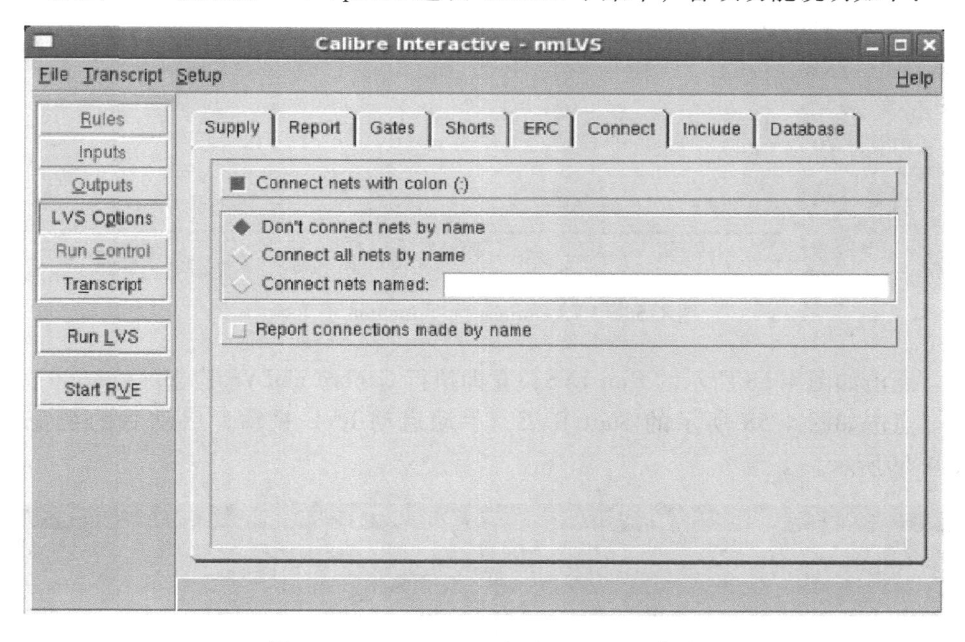

图 4.57　LVS Options 选项 Connect 子菜单

Connect nets with colon（:）：高亮后，版图中有文本标识后以同名冒号结尾的，默认为连接状态；

Don't connect nets by name：高亮后，不采用名称方式连接线网；

Connect all nets by name：高亮后，采用名称的方式连接线网；

Connect nets named：高亮后，只对填写名称的线网采用名称的方式连接线网；

Report connections made by name：高亮后，报告通过名称方式的连接。

如图 4.58 所示为 LVS Options 选项 Include 子菜单，各项功能说明如下：

Include Rule Files：(specify one per line)：包含规则文件；

Include SVRF Commands：包含标准验证规则格式命令。

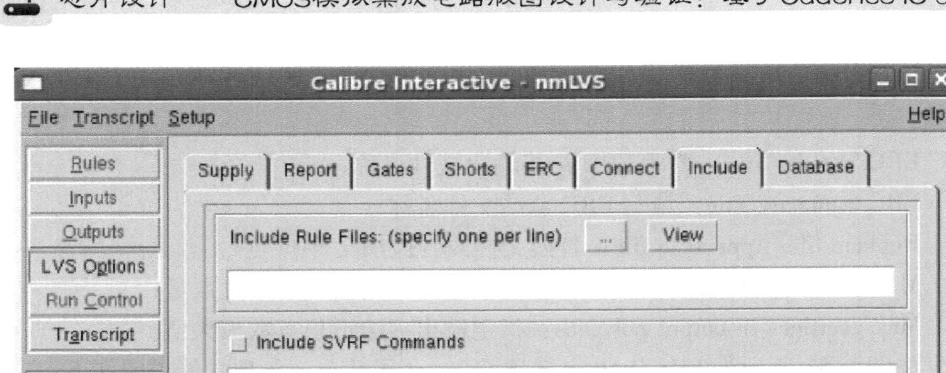

图 4. 58　LVS Options 选项 Include 子菜单

点击如图 4. 58 所示的 Run LVS，立即执行 Calibre nmLVS 检查。

点击如图 4. 58 所示的 Start RVE，手动启动 RVE 视窗，启动后的视窗如图 4. 59所示。

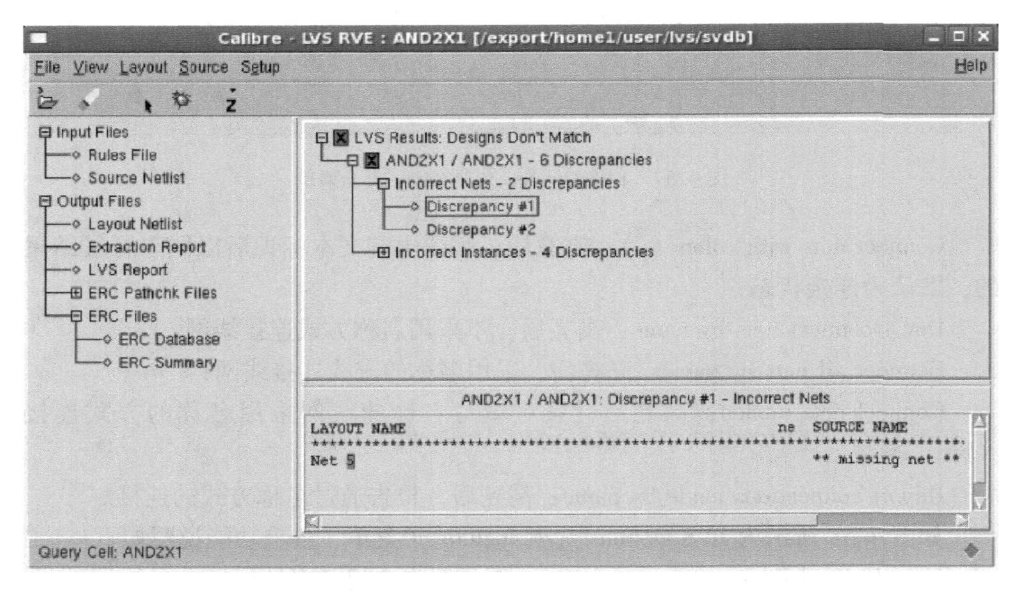

图 4. 59　Calibre nmLVS 的 RVE 视窗图

如图4.59所示的RVE视窗图，分为左侧的LVS结果文件选择框、右上侧的LVS匹配结果，以及右下侧的不一致信息三个部分。其中，LVS结果文件选择框包括了输入的规则文件、电路网表文件，输出的版图网表文件、提取的错误报告、LVS报告、ERC连接路径报告和ERC报告等；LVS匹配结果显示了LVS运行结果；不一致信息包括了LVS不匹配时对应的说明信息。图4.60为LVS通过时的RVE视窗图。同时也可以通过输出报告来查验LVS是否通过，图4.61的标识（对号标识+CORRECT+笑脸）也表明LVS通过。

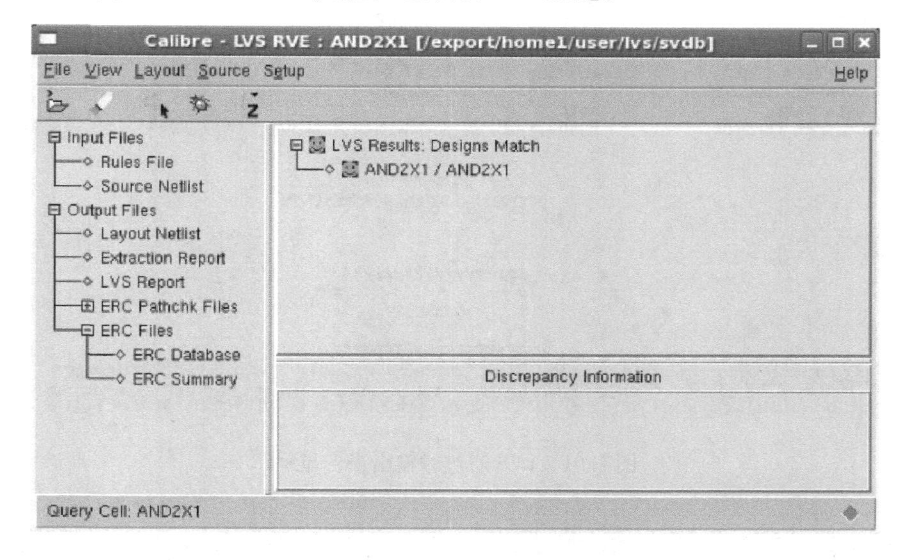

图4.60 LVS通过时的RVE视窗图

4.4.3 Calibre LVS验证流程举例 ★★★

下面详细介绍采用Calibre工具对版图进行LVS检查的流程，并给出几处修改LVS错误的方法。本节采用内嵌在Virtuoso Layout Editor的菜单选项来启动Calibre nmLVS。Calibre nmLVS的使用流程如下：

1）启动Cadence Virtuoso工具命令virtuoso &，弹出对话框，如图4.62所示。

2）打开需要验证的版图视图。选择 *File—Open*，弹出打开版图对话框，在Library中选择TEST、在Cell中选择Miller_OTA、在View中选择layout，如图4.63所示。

3）单击［OK］按钮，弹出Miller_OTA版图视图，如图4.64所示。

4）打开Calibre nmLVS工具。选择Miller_OTA的版图视图工具菜单中的 *Calibre—Run nmLVS*，弹出对话框如图4.65所示。

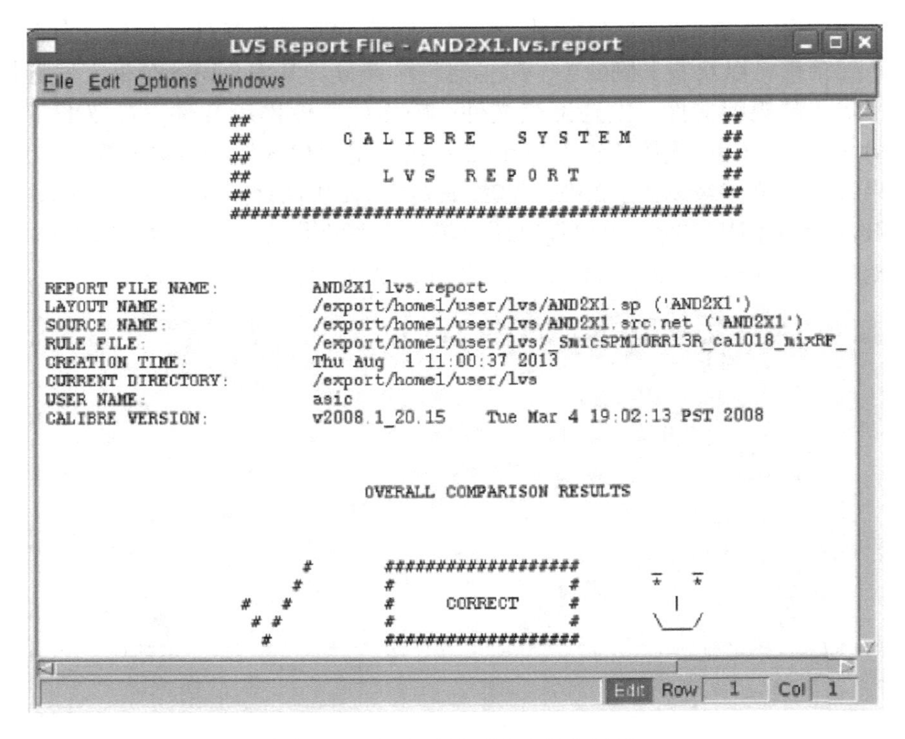

图 4.61　LVS 通过时输出报告显示

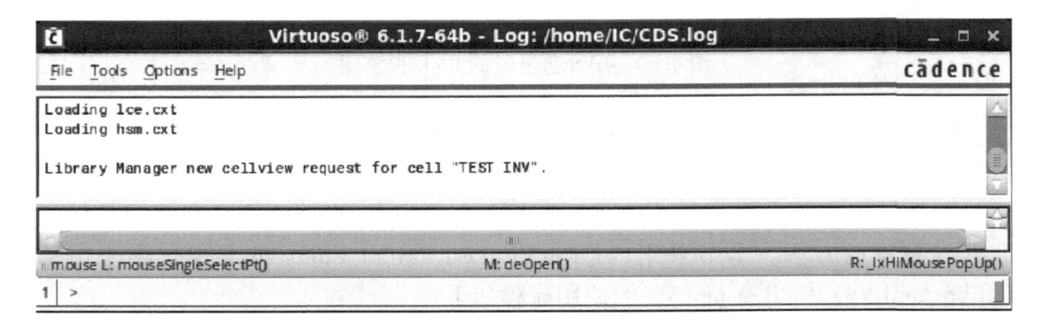

图 4.62　启动 Cadence Virtuoso 对话框

5）选择左侧菜单中的 Rules，并在对话框右侧 LVS Rules File 单击［...］按钮，选择 LVS 匹配文件，并在 LVS Run Directory 右侧单击［...］按钮选择运行目录，如图 4.66 所示。

6）选择左侧菜单中的 Inputs，并在 Layout 选项中选择 Export from layout viewer 高亮，如图 4.67 所示。

7）选择左侧菜单中的 Inputs，选择 Netlist 选项，如果电路网表文件已经存

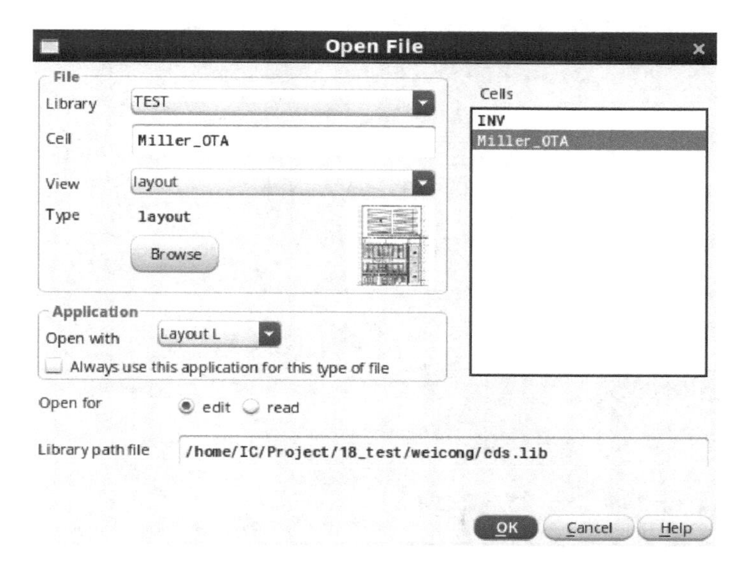

图 4.63　打开版图对话框

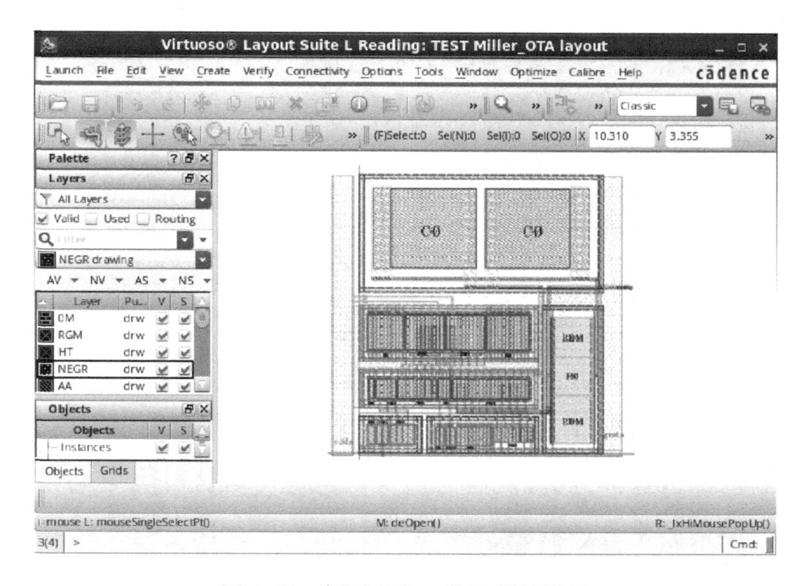

图 4.64　打开 Miller_OTA 版图视图

在，则直接调取，并取消 Export from schematic viewer 高亮；如果电路网表需要从同名的电路单元中导出，那么在 Netlist 选项中选择 Export from schematic viewer 高亮（注意此时必须打开同名的 schematic 电路图窗口，才可从 schematic 电路图窗口从中导出电路网表），如图 4.68 所示。

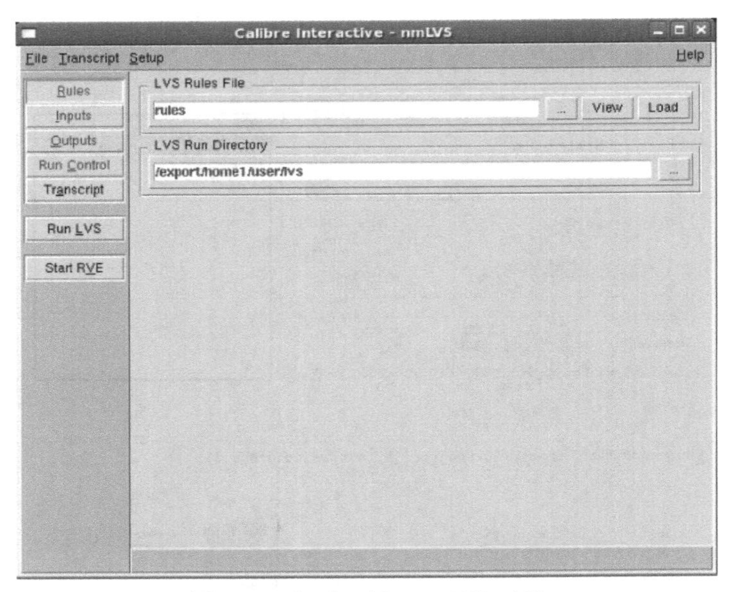

图 4.65　打开 Calibre nmLVS 工具

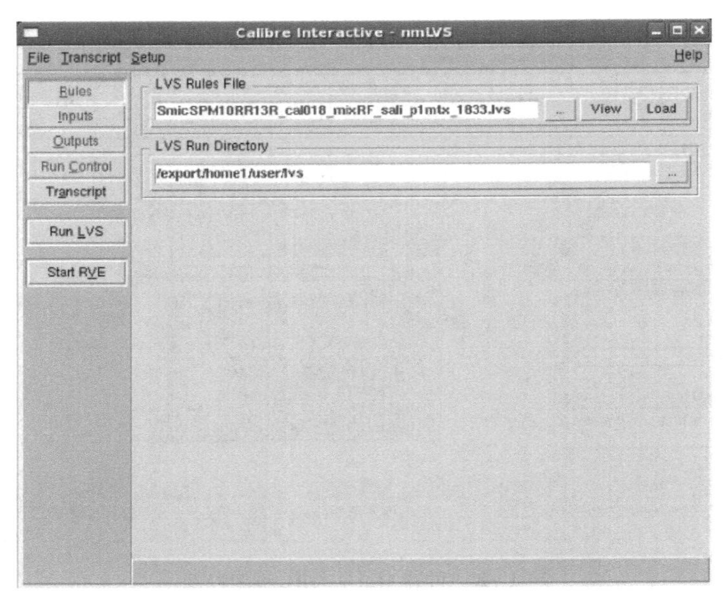

图 4.66　Calibre nmLVS 中 Rules 子菜单对话框

8）选择左侧菜单中的 Outputs，可以选择默认的设置，同时也可以改变相应输出文件的名称。选项 Create SVDB Database 选择是否生成相应的数据库文件，而 Start RVE after LVS finishes 选择在 LVS 完成后是否自动弹出相应的图形界面，如图 4.69 所示。

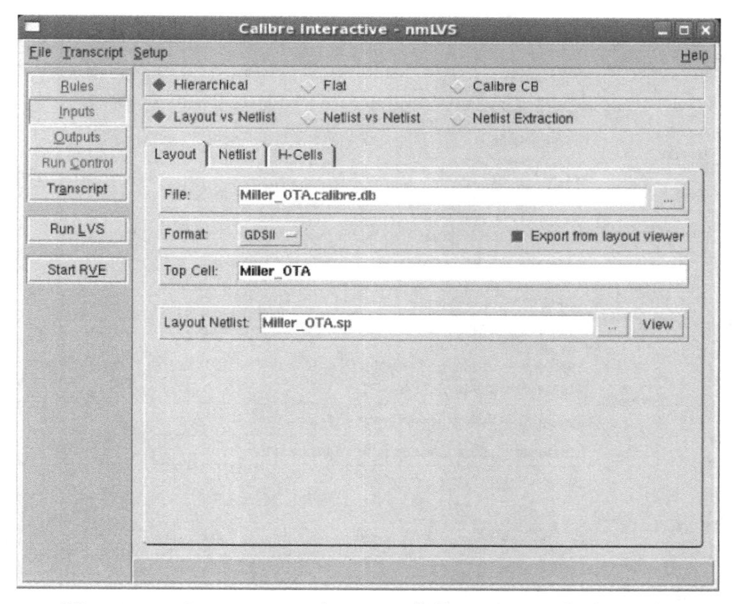

图 4.67　Calibre nmLVS 中 Inputs 菜单 Layout 子菜单对话框

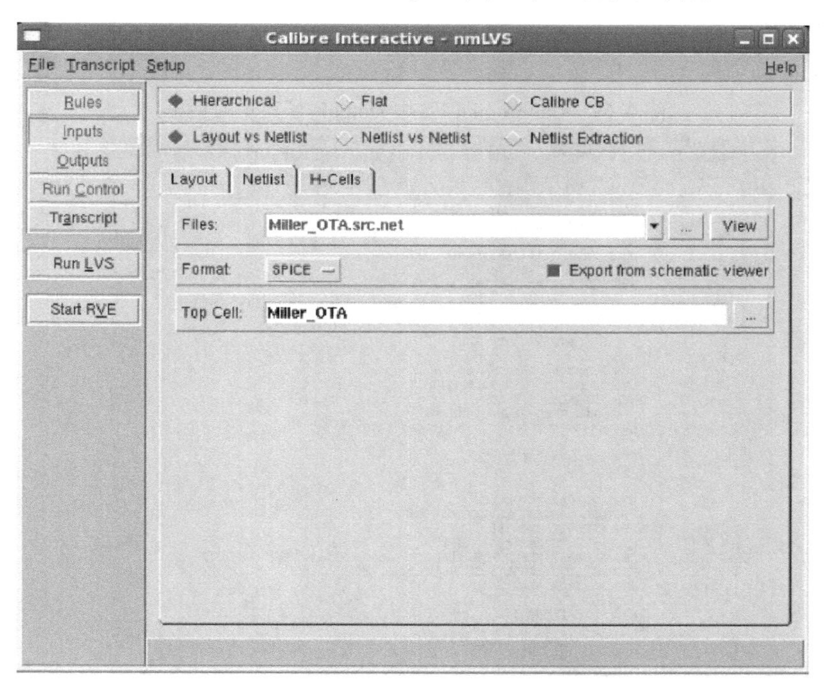

图 4.68　Calibre nmLVS 中 Inputs 菜单 Netlist 子菜单对话框

9）Calibre nmLVS 左侧 Run Control 菜单可以选择默认设置，单击 Run LVS，Calibre 开始导出版图文件并对其进行 LVS 检查，如图 4.70 所示。

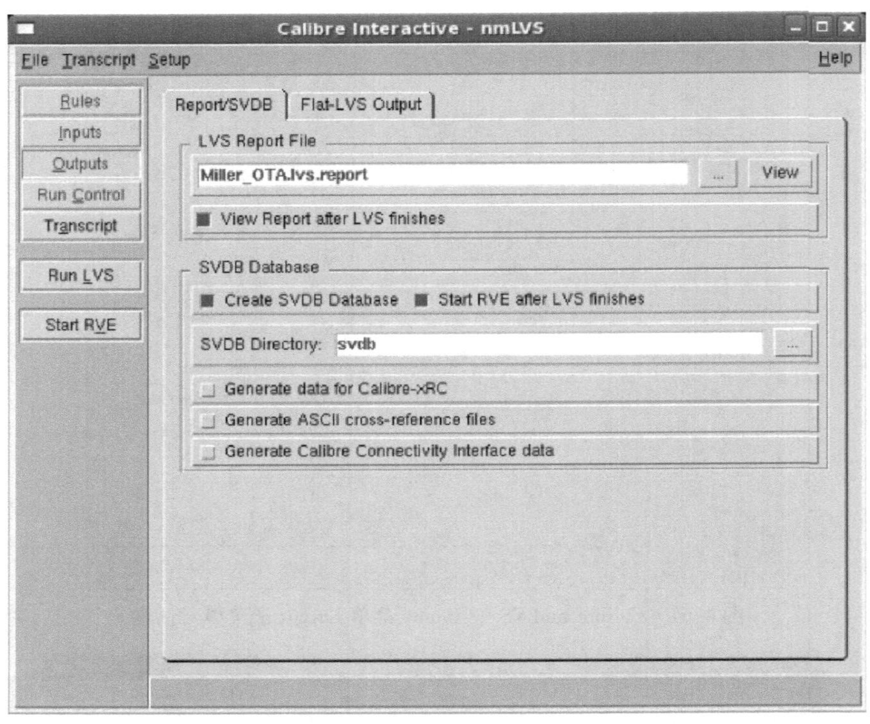

图 4.69　Calibre nmLVS 中 Outputs 子菜单对话框

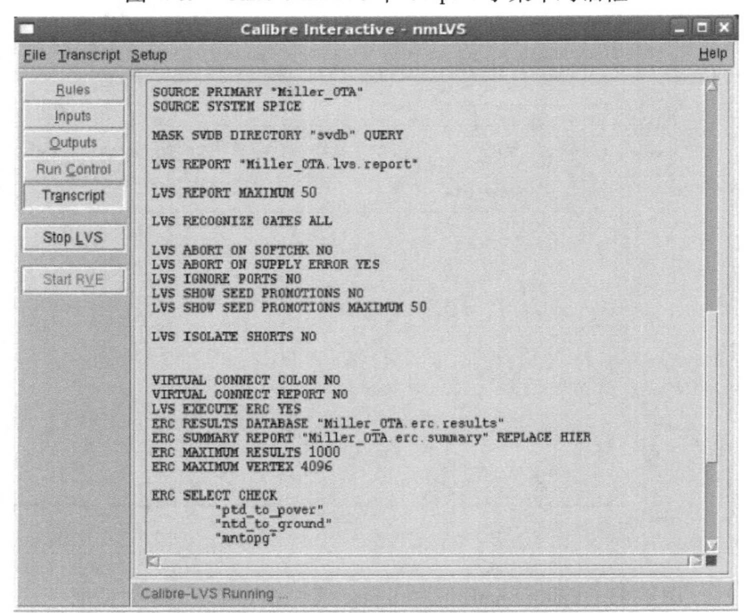

图 4.70　Calibre nmLVS 运行中

10）Calibre nmLVS 完成后，软件会自动弹出输出结果并弹出图形界面（在 Outputs 选项中选择，如果没有自动弹出，可单击 Start RVE 开启图形界面），以便查看错误信息，如图 4.71 所示。

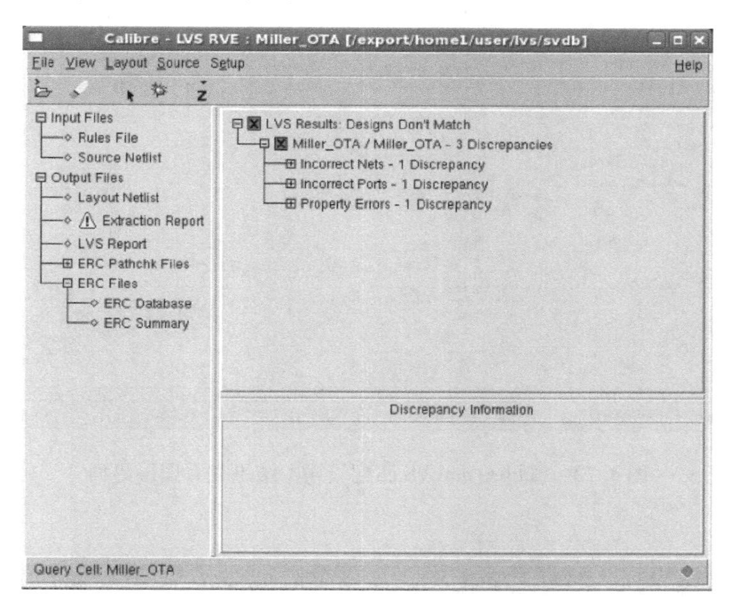

图 4.71　Calibre nmLVS 结果查看图形界面

11）查看图 4.71 所示的 Calibre nmLVS 输出结果的图形界面，表明在版图与电路图存在 3 项（共 3 类）不匹配错误，包括一项连线不匹配、一项端口匹配错误，以及一项器件属性匹配错误。

12）匹配错误 1 修改。单击 *Incorrect Nets—1 Discrepancy*，并单击下拉菜单中的 Discrepancy #1，LVS 结果查看图形界面如图 4.72 所示，双击 LAYOUT NAME 下的高亮“voutp”，呈现版图中的 voutp 连线，如图 4.73 所示。

13）根据 LVS 错误提示信息进行版图修改，步骤 12 中的提示信息表明版图连线 voutp 与电路的 net17 连线短路，应该对其进行修改。

14）匹配错误 2 修改。鼠标左键点击 *Incorrect Ports—1 Discrepancy*，并点击下拉菜单中 Discrepancy #2，相应的 LVS 报错信息查看图形界面如图 4.74 所示，其表明端口 Idc_10u 没有标在相应的版图层上或者没有打标，查看版图相应位置，如图 4.75 所示。

15）图 4.75 所示的标识 Idc_10u 没有打在相应的版图层上，导致 Calibre 无法找到其端口信息，修改方式为将标识上移至相应的版图层上即可，如图 4.76 所示。

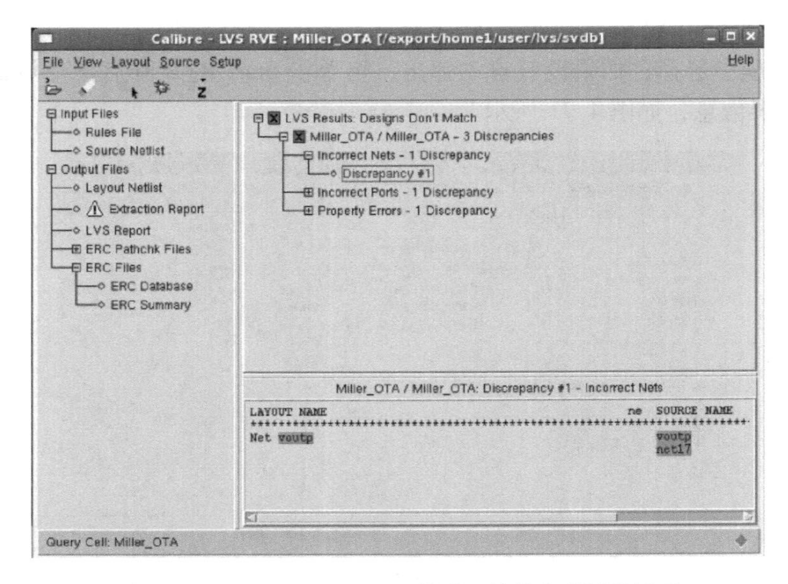

图 4.72　Calibre nmLVS 匹配错误 1 结果查看图形界面

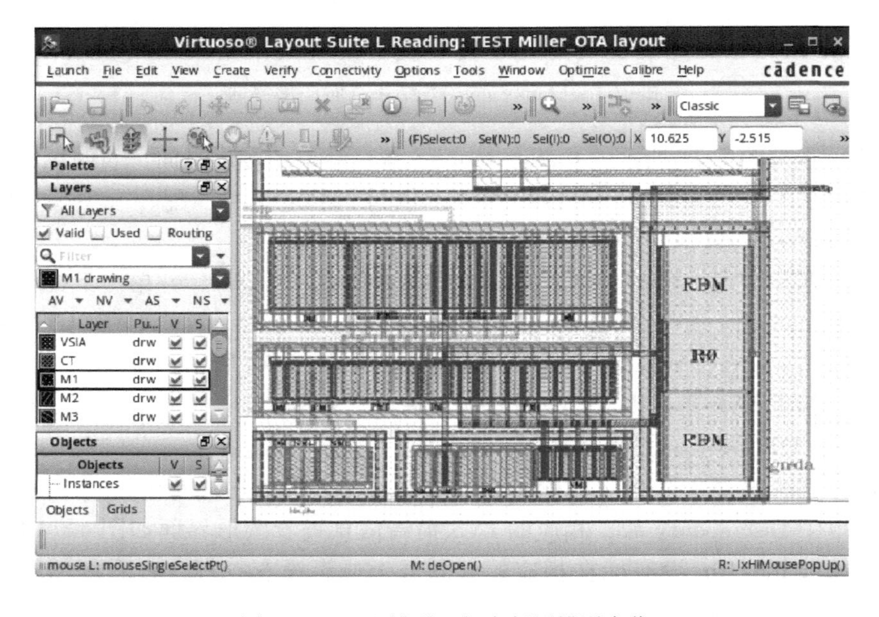

图 4.73　匹配错误 1 相应版图错误定位

16）匹配错误 3 修改。单击 *Property Errors—1 Discrepancy*，并单击下拉菜单中的 Discrepancy #3，相应的 LVS 报错信息查看图形界面如图 4.77 所示，其表明

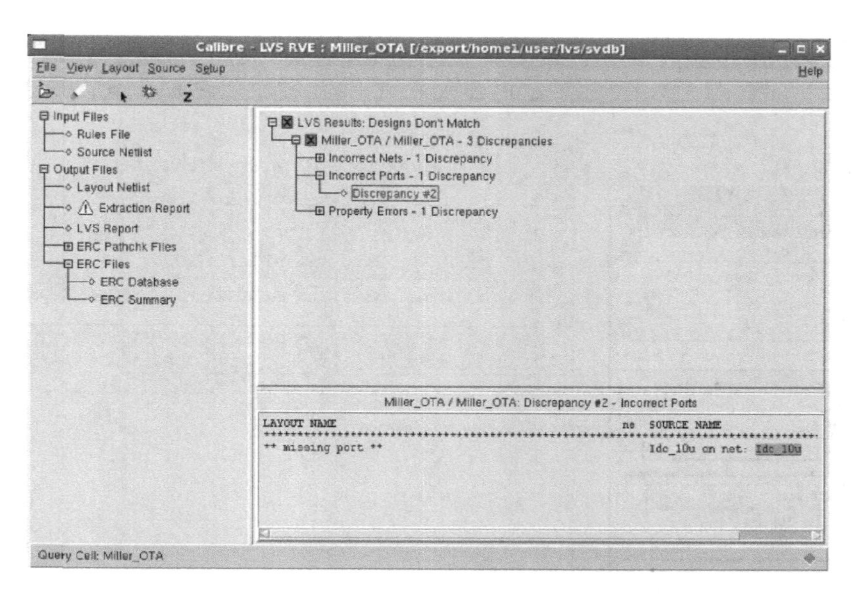

图 4.74　Calibre nmLVS 匹配错误 2 结果查看图形界面

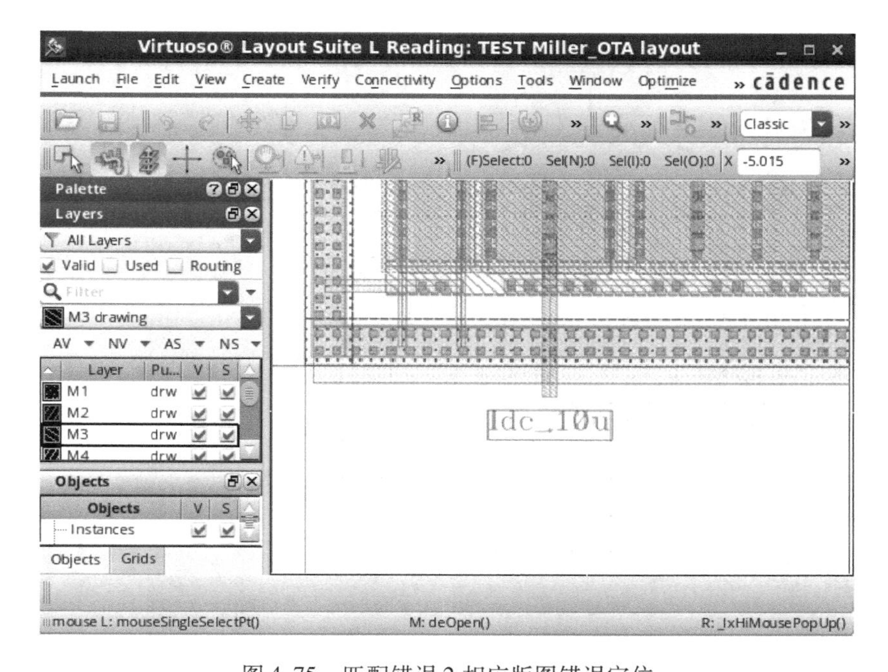

图 4.75　匹配错误 2 相应版图错误定位

版图中器件尺寸与相应电路图中的不一致，查看版图相应位置，如图 4.78 所示。

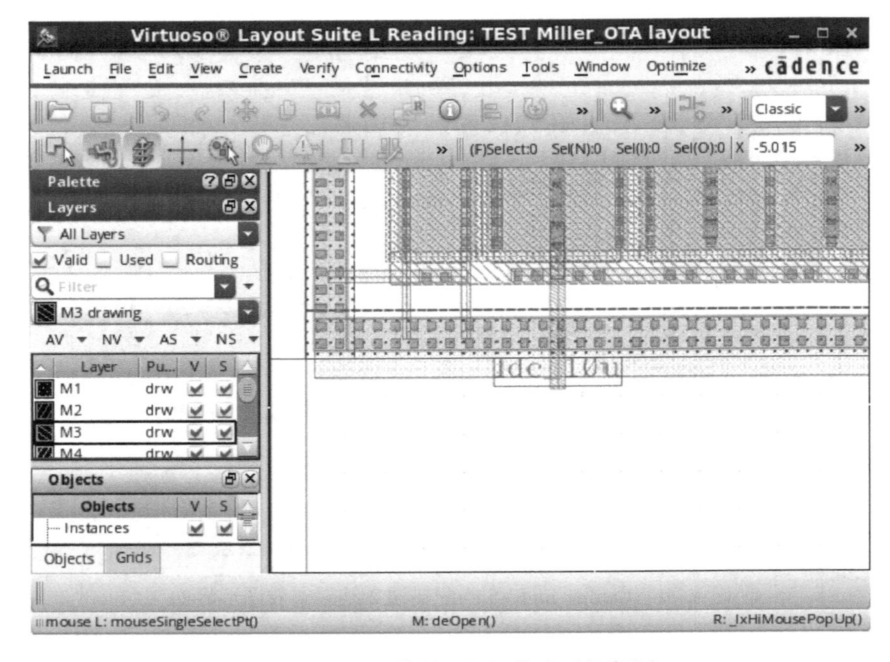

图 4.76　匹配错误 2 标识修改后的版图

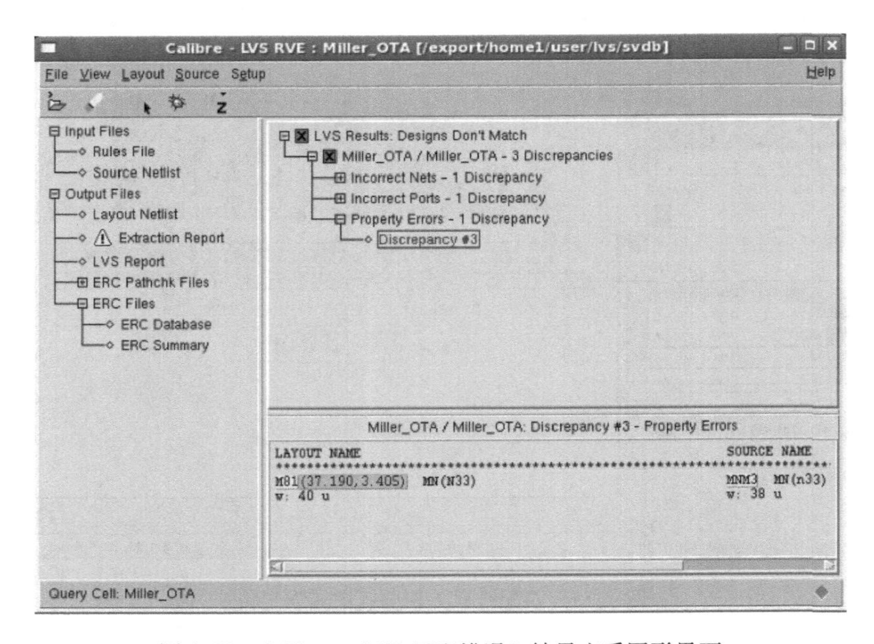

图 4.77　Calibre nmLVS 匹配错误 3 结果查看图形界面

17）图 4.78 所示版图中晶体管的尺寸为 $4\mu m \times 10 = 40\mu m$，而电路图中为 38um，将版图中晶体管的尺寸修改为 $3.8\mu m \times 10 = 38\mu m$ 即可。

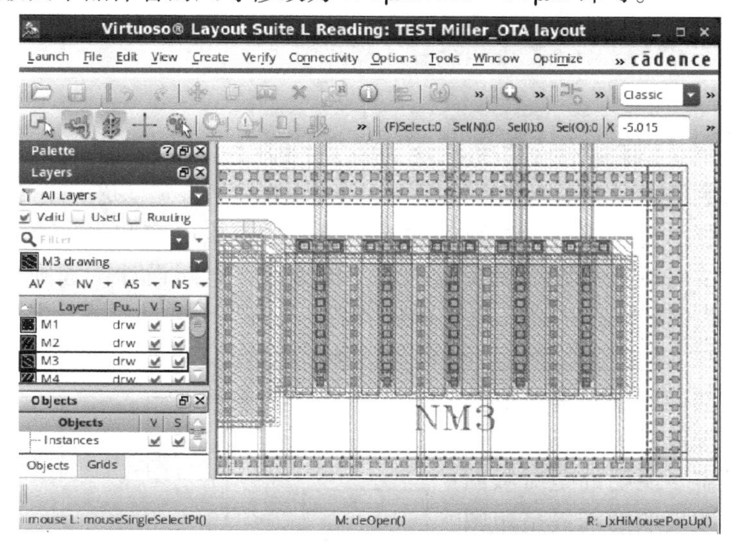

图 4.78　匹配错误 3 相应版图错误定位

18）LVS 匹配错误修改完毕后，再次做 LVS，直到所有的匹配错误都修改完毕，出现如图 4.79 所示的界面，表明 LVS 已经通过。

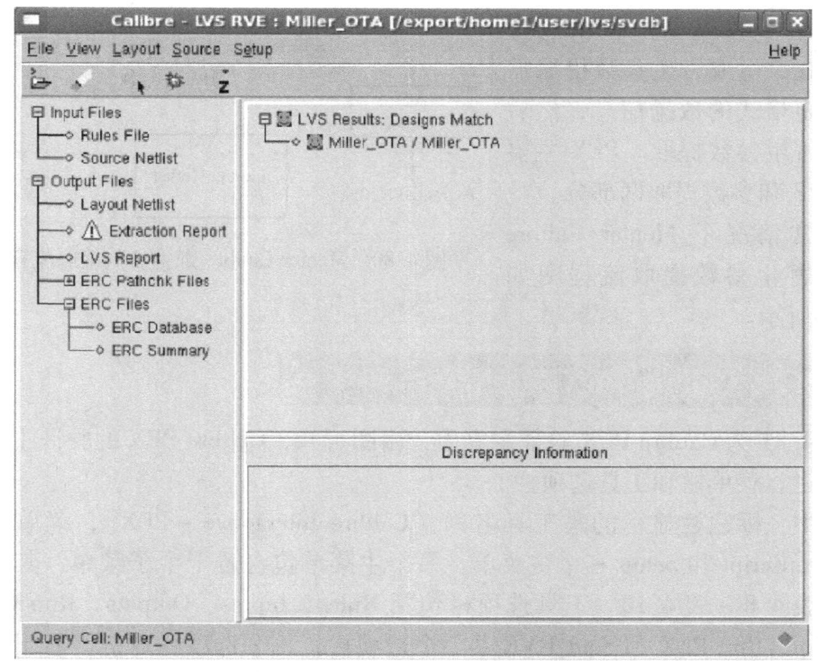

图 4.79　Calibre nmLVS 通过界面

以上完成了 Calibre nmLVS 的主要流程。

4.5 Mentor Calibre 寄生参数提取（PEX）

4.5.1 Calibre PEX 验证简介 ★★★

寄生参数提取（Parasitic Parameter Extraction）是根据工艺厂商提供的寄生参数文件对版图进行其寄生参数（通常为等效的寄生电容和寄生电阻，在工作频率较高的情况下还需要提取寄生电感）的抽取，电路设计工程师可以对提取出的寄生参数网表进行仿真，此仿真的结果由于寄生参数的存在，其性能相比前仿真结果会有不同程度的恶化，使得其结果更加贴近芯片的实测结果，所以版图参数提取的准确程度对集成电路设计来说非常重要。

在这里需要说明的是对版图进行寄生参数提取的前提是版图和电路图的一致性检查必须通过，否则参数提取没有任何意义。所以一般工具都会在进行版图的寄生参数提取前自动进行 LVS 检查，生成寄生参数提取需要的特定格式的数据信息，然后再进行寄生参数提取。PEX 主要包括 LVS 和参数提取两部分。

通常情况下 Mentor Calibre 工具对寄生参数提取流程图如图 4.80所示。

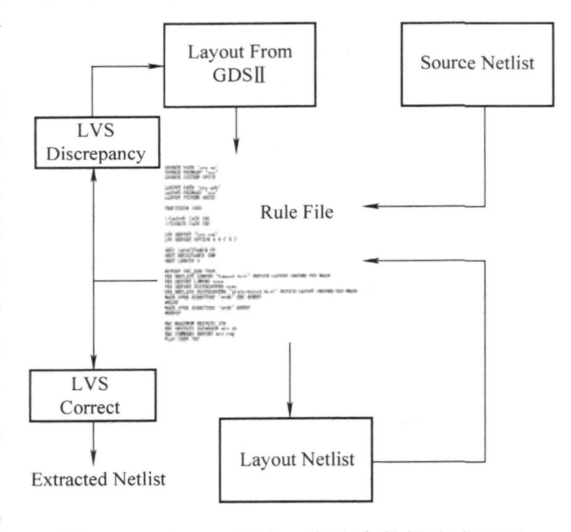

图 4.80　Mentor Calibre 寄生参数提取流程图

4.5.2 Calibre PEX 界面介绍 ★★★

图4.81 为 Calibre PEX 验证主界面，由图可知，Calibre PEX 的验证主界面分为标题栏、菜单栏和工具选项栏。

其中，标题栏显示的是工具名称（Calibre Interactive - PEX），菜单栏分为 File、Transcript 和 Setup 三个主菜单，每个主菜单包含若干个子菜单，其子菜单功能见表 4.8 ~ 表 4.10。工具选项栏包括 Rules、Inputs、Outputs、Run Control、Transcript、Run PEX 和 Start RVE 共 7 个选项栏，每个选项栏对应了若干个基本设置，其内容将在后面进行介绍。Calibre PEX 主界面中的工具选项栏，红色字

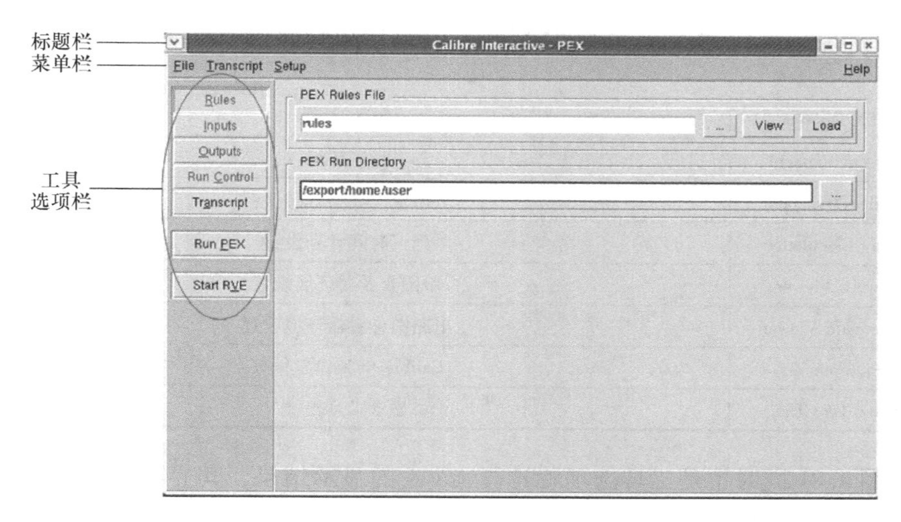

图 4.81　Calibre PEX 验证主界面

框代表对应的选项还没有填写完整，绿色代表对应的选项已经填写完整，但是不代表填写完全正确，需要用户对填写信息的正确性进行确认。

表 4.8　Calibre PEX 主界面 File 菜单功能介绍

File		
New Runset	建立新 Runset	
Load Runset	加载新 Runset	
Save Runset	保存 Runset	
Save Runset As	另存 Runset	
View Text File	查看文本文件	
Control File	View	查看控制文件
	Save As	将新 Runset 另存至控制文件
Recent Runsets	最近使用过的 Runsets	
Exit	退出 Calibre PEX	

表 4.9　Calibre PEX 主界面 Transcript 菜单功能介绍

Transcript	
Save As	可将副本另存至文件
Echo to File	可将文件加载至 Transcript 界面
Search	在 Transcript 界面中进行文本查找

表 4.10　Calibre PEX 主界面 Setup 菜单功能介绍

Setup	
PEX Options	PEX 选项
Set Environment	设置环境
Verilog Translator	Verilog 文件格式转换器
Delay Calculation	延迟时间计算设置
Layout Viewer	版图查看器环境设置
Schematic Viewer	电路图查看器环境设置
Preferences	Calibre PEX 设置偏好
Show Tool Tips	显示工具提示

图 4.81 同时也是工具选项栏选择 Rules 的显示结果，其界面右侧分别为规则文件（PEX Rules File）和路径选择（PEX Run Directory）。规则文件定位 PEX 提取规则文件的位置，其中，［...］为选择规则文件在磁盘中位置的按钮；［View］为查看选中的 PEX 以及提取规则文件的按钮；［Load］为加载之前保存过的规则文件的按钮。路径选择为选择 Calibre PEX 的执行目录，单击［...］按钮可以选择目录，并在框内进行显示。图 4.82 的 Rules 已经填写完毕。

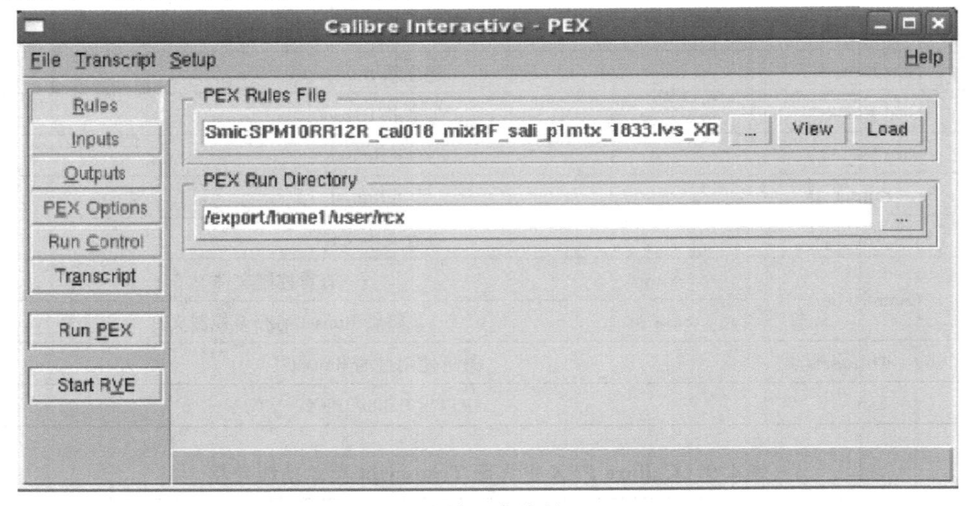

图 4.82　Rules 填写完毕的 Calibre PEX

工具选项栏 Inputs 包括 Layout、Netlist、H－Cells、Blocks 和 Probes 共 5 个子菜单，图 4.83～图 4.87 分别为工具选项栏选择 Inputs 的子菜单 Layout、Netlist、H－Cells、Blocks 和 Probes 的显示结果。

Layout 选项（见图 4.83）如下：

Files：版图文件名称；

Format [GDS/OASIS/LEFDEF/MILKYWAY/OPENACCESS]：版图文件格式可选；

Export from layout viewer：当勾选该选项时，表示从版图中自动提取网表文件；

Top Cell：选择版图顶层单元名称，如果是层次化版图，则会出现选择框。

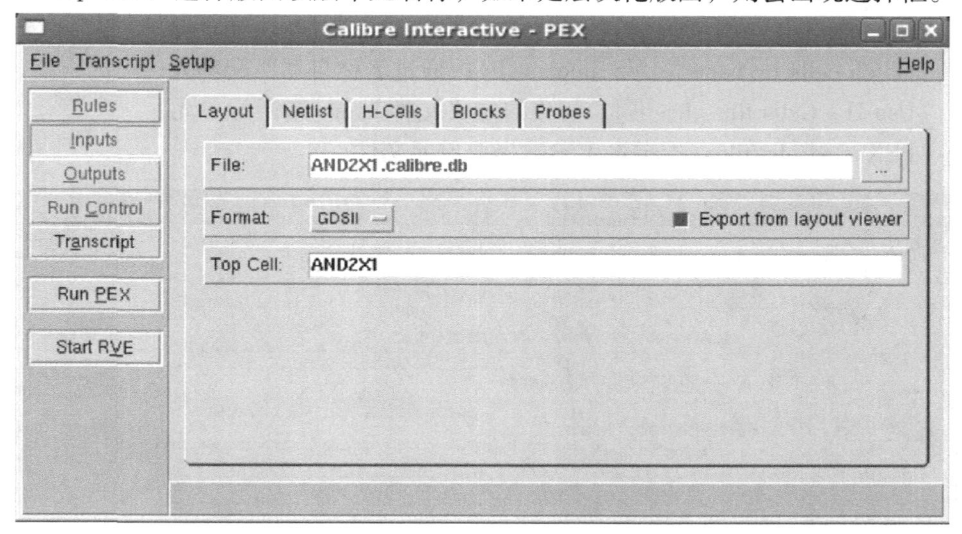

图 4.83　工具选项栏选择 Inputs – Layout 的显示结果

Netlist 选项（见图 4.84）如下：

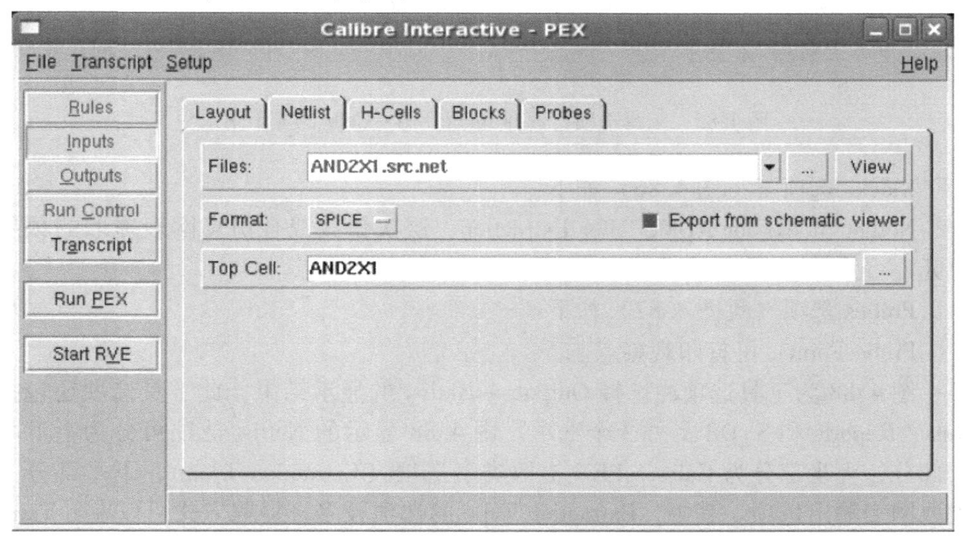

图 4.84　工具选项栏选择 Inputs – Netlist 的显示结果

Files：网表文件名称；

Format [SPICE/VERILOG/MIXED]：网表文件格式 SPICE、VERILOG 和混合可选；

Export from schematic viewer：高亮为从电路图查看器中导出文件；

Top Cell：选择电路图顶层单元名称，如果是层次化版图，则会出现选择框。

H - cells 选项（见图 4.85，当采用层次化方法做 LVS 时，H - Cells 选项才起作用）如下：

Match cells by name（LVS automatch）：通过名称自动匹配单元；

Use H - Cells file [hcells]：可以自定义文件 hcells 来匹配单元；

PEX x - Cells file：指定寄生参数提取单元文件。

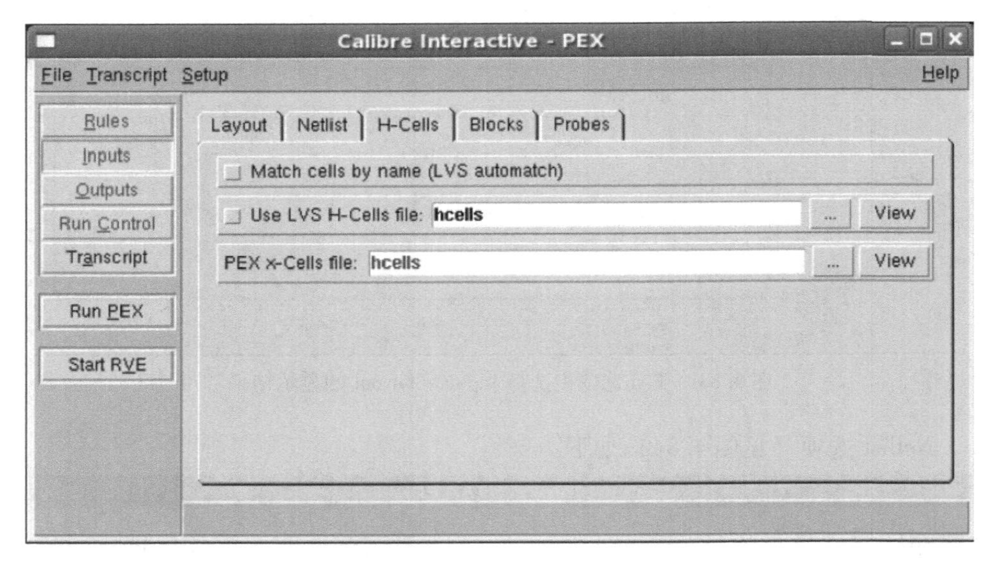

图 4.85　工具选项栏选择 Inputs - H - Cells 的显示结果

Blocks 选项（见图 4.86）如下：

Netlist Blocks for ADMS/Hier Extraction：层次化或混合仿真网表提取的顶层单元。

Probes 选项（见图 4.87）如下：

Probe Point：可打印观察点。

图 4.88 为工具选项栏选择 Outputs - Netlist 的显示结果，此工具选项还包括 Nets、Reports 和 SVDB 另外 3 个选项。图 4.88 显示的 Netlist 选项可分为上下两个部分，上半部分为 Calibre PEX 提取类型选项（Extraction Type）；下半部分为提取网表输出选项。其中，Extraction Type 的选项较多，提取方式可以在 [Transistor Level/Gate Level/Hierarchical/ADMS] 中选择，提取类型可在 [R + C + CC/

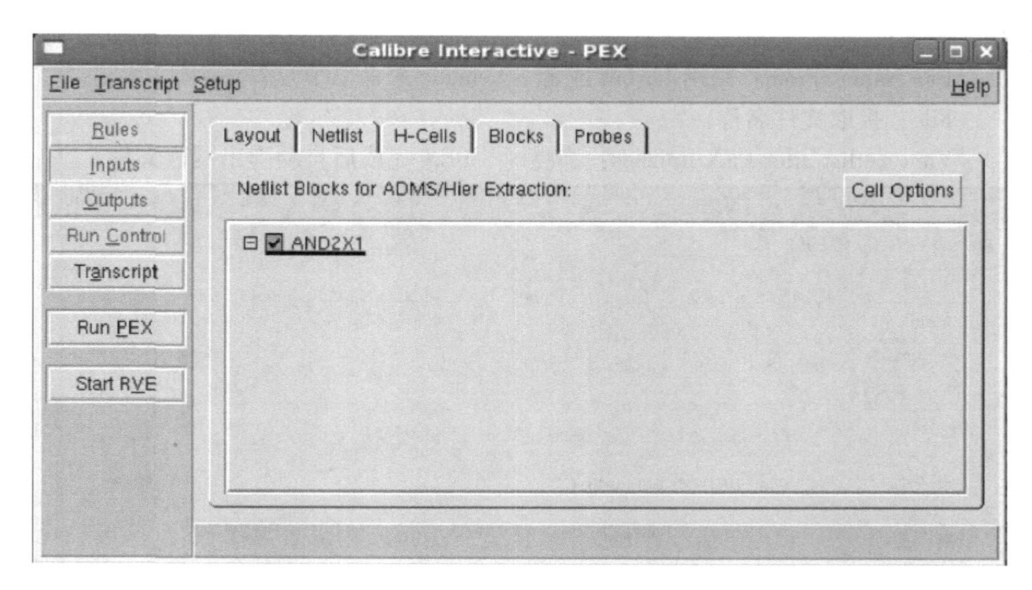

图 4.86　工具选项栏选择 Inputs – Blocks 的显示结果

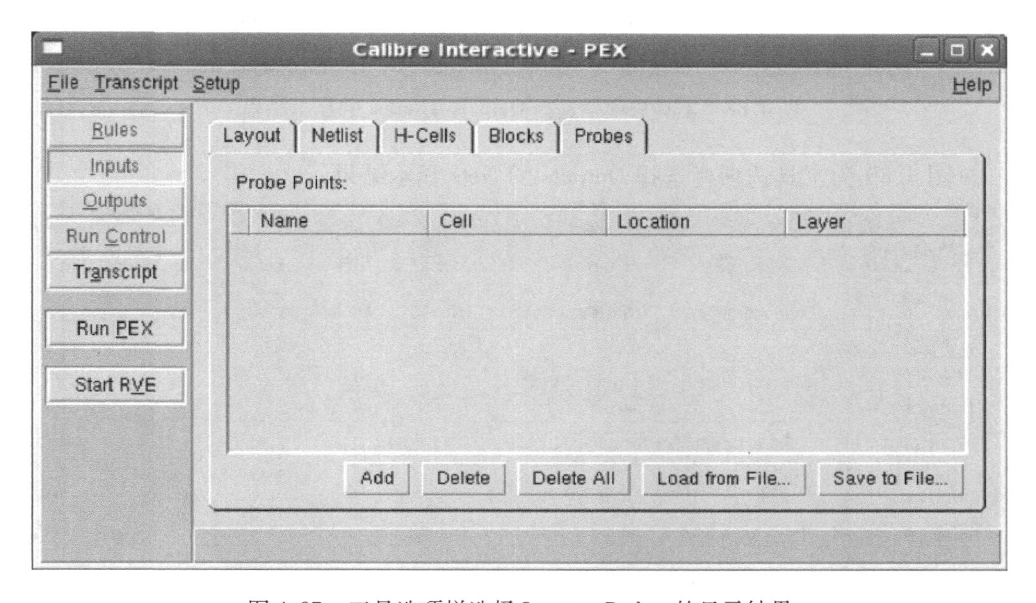

图 4.87　工具选项栏选择 Inputs – Probes 的显示结果

R + C/R/C + CC/No R/C］中进行选择，是否提取电感可在［No Inductance/L（Self Inductance）/ L + M（Self + Mutual Inductance）］中选择。

Netlist 选项（见图 4.88）如下：

Format［CALIBREVIEW/DSPF/ELDO/HSPICE/SPECTRE/SPEF］：提取文件

格式选择；

Use Names From：采用 Layout 或者 Schematic 来命名节点；

File：提取文件名称；

View netlist after PEX finishes：高亮时，PEX 完成后自动弹出网表文件。

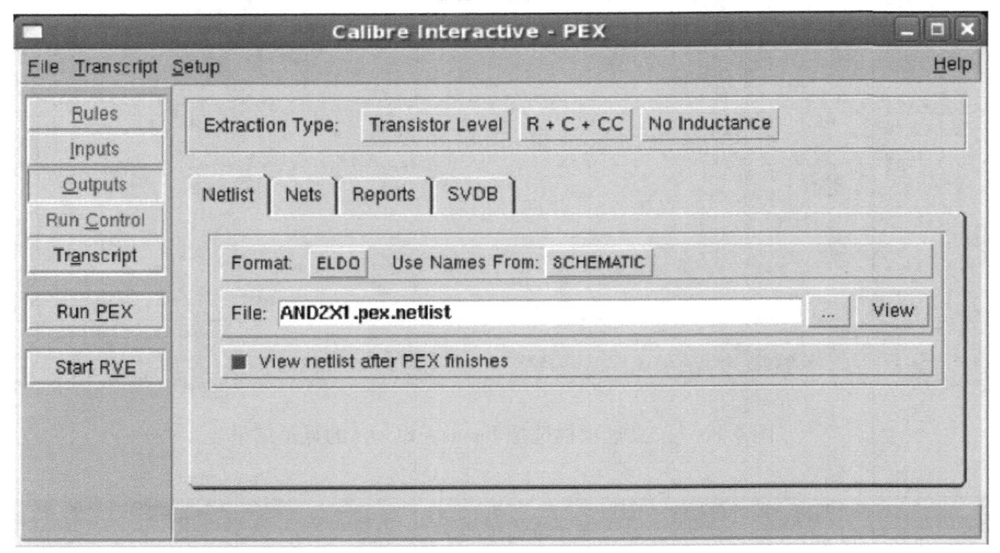

图 4.88　工具选项栏选择 Outputs – Netlist 的显示结果

图 4.89 为工具选项栏选择 Outputs 的 Nets 显示结果。

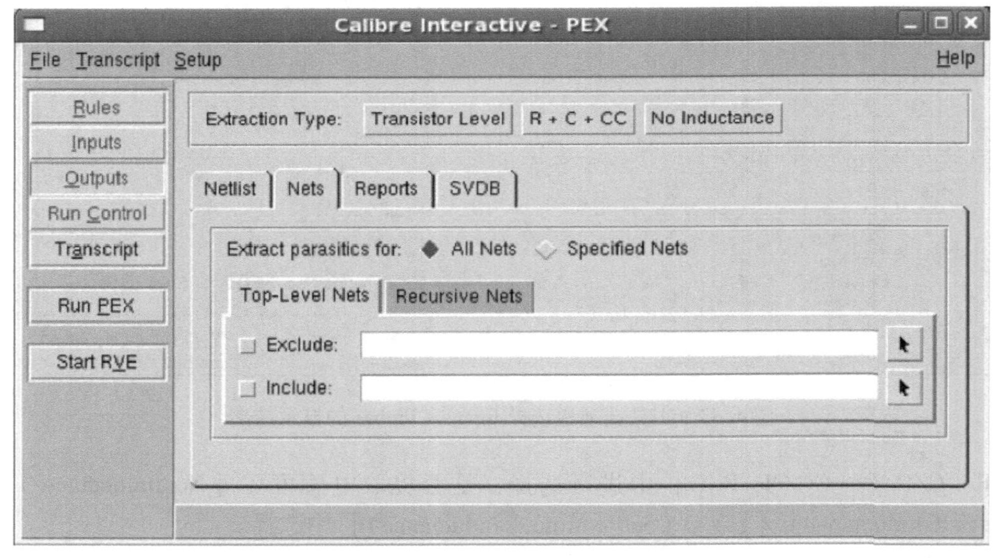

图 4.89　工具选项栏选择 Outputs – Nets 的显示结果

Nets 选项（见图 4.89）如下：

Extract parasitic for All Nets/Specified Nets：为所有连线/指定连线提取寄生参数；

Top - Level Nets：如果指定连线提取可以说明提取（Include）/不提取（Exclude）线网的名称。

图 4.90 为工具选项选择 Outputs 的 Reports 显示结果。

Reports 选项（见图 4.90）如下：

Generate PEX Report：高亮则产生 PEX 提取报告；

PEX Report File：指定产生 PEX 提取报告名称；

View Report after PEX finishes：高亮则在 PEX 结束后自动弹出提取报告；

LVS Report File：指定 LVS 报告文件名称；

View Report after LVS finished：高亮则在 LVS 完成后自动弹出 LVS 报告结果。

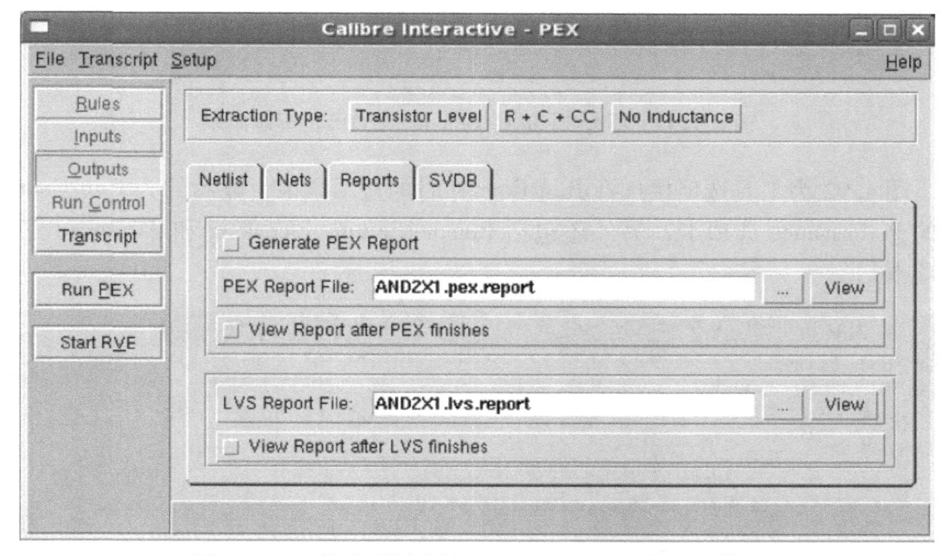

图 4.90　工具选项栏选择 Outputs - Reports 的显示结果

图 4.91 为工具选项栏选择 Outputs 的 SVDB 显示结果。

SVDB 选项（见图 4.91）如下：

SVDB Directory：指定产生 SVDB 的目录名称；

Start RVE after PEX：高亮则在 PEX 完成后自动弹出 RVE；

Generate cross - reference data for RVE：高亮则为 RVE 产生参照数据；

Generate ASCII cross - reference files：高亮则产生 ASCII 参照文件；

Generate Calibre Connectivity Interface data：高亮则产生 Calibre 连接接口数据；

Generate PDB incrementally：高亮则逐步产生 PDB 数据库文件。

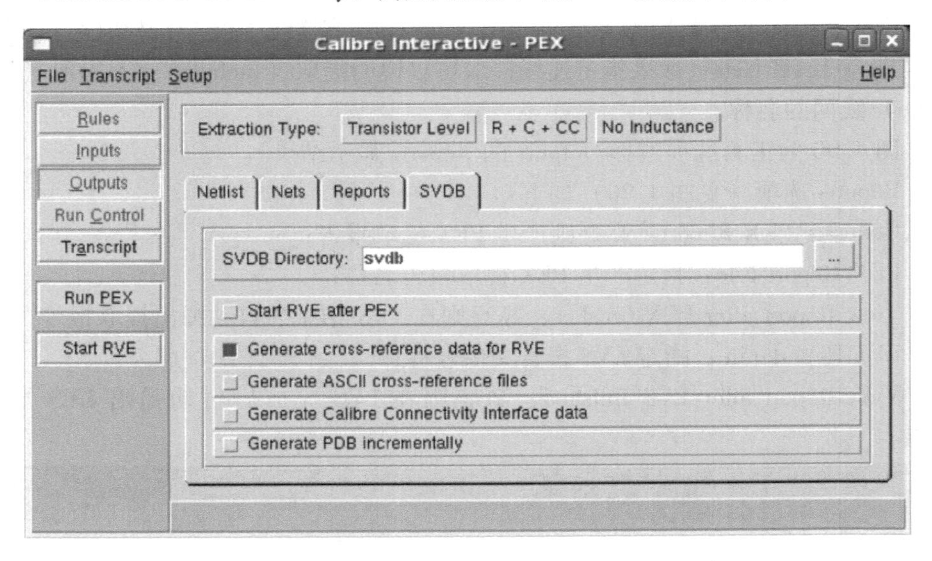

图 4.91 工具选项栏选择 Outputs – SVDB 的显示结果

图 4.92 为工具选项栏选择 Run Control 时的显示结果，显示的为 Run Control 中的 Performance 选项卡，另外还包括 Remote Setup、Licensing 和 Advanced 三个选项卡。

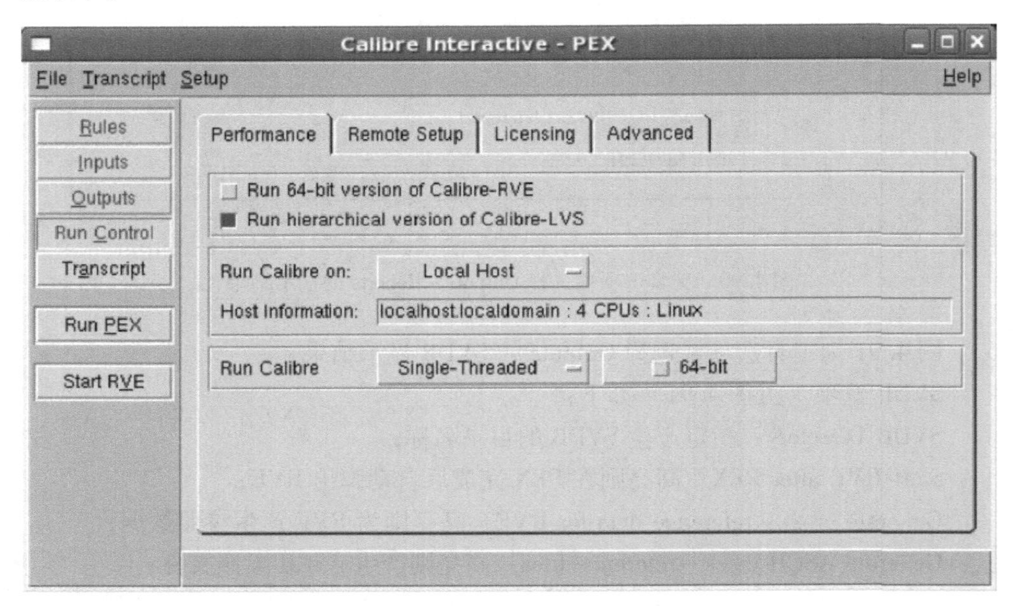

图 4.92 Run Control 菜单中 Performance 选项卡

Performance 选项（见图 4.92）如下：

Run 64 - bit version of Calibre - RVE：高亮表示运行 Calibre - RVE 64 位版本；

Run hierarchical version of Calibre - LVS：高亮则选择 Calibre - LVS 的层次化版本运行；

Run Calibre on [Local Host/Remote Host]：在本地或者远程运行 Calibre；

Host Information：主机信息；

Run Calibre [Single Threaded/Multi Threaded/Distributed]：采用单线程、多线程或者分布式方式运行 Calibre。

图 4.92 所示的 Remote Setup、Licensing 和 Advanced 选项一般不需要改动，采用默认值即可。

图 4.93 为工具选项栏选择 Transcript 时的显示结果，显示 Calibre PEX 的启动信息，包括启动时间、启动版本、运行平台等信息。在 Calibre PEX 执行过程中，还将显示运行进程。

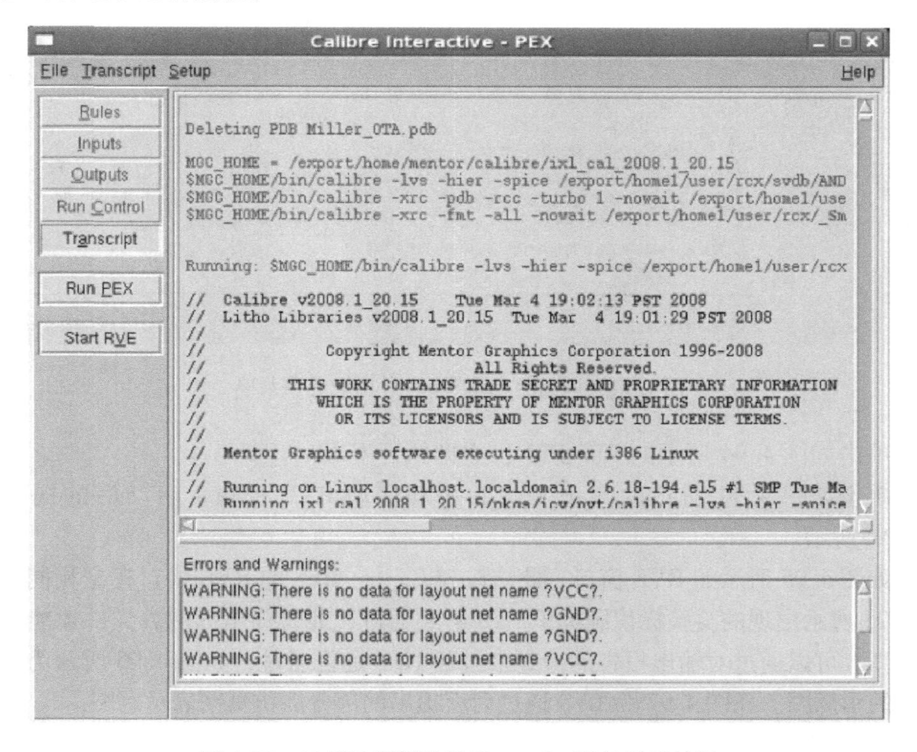

图 4.93　工具选项栏选择 Transcript 时的显示结果

单击菜单 *Setup—PEX Options* 可以调出 Calibre PEX 一些比较实用的选项，如

图 4.94 所示。单击图 4.94 所示的 PEX Options 选项，主要分为 Netlist、LVS Options、Connect、Misc、Include、Inductance 和 Database 共 7 个子菜单。PEX Options 与上一小节描述的 LVS Options 类似，所以本节对其不再做过多介绍。

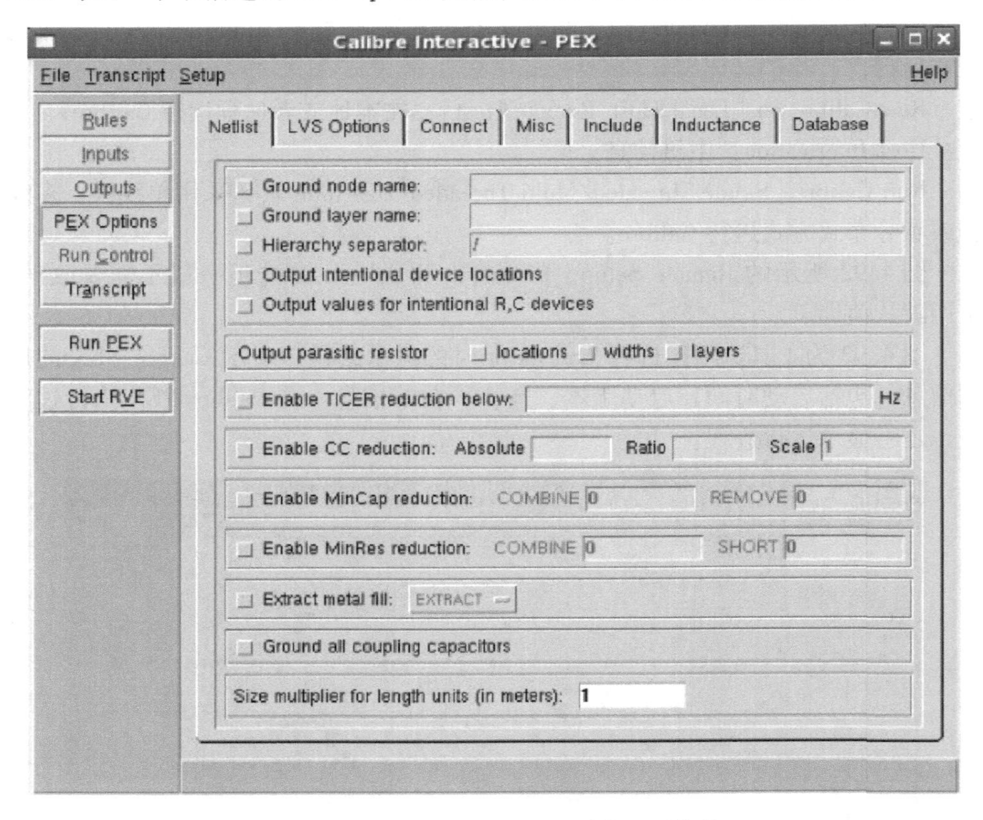

图 4.94　调出的 PEX Options 功能选项菜单

单击如图 4.94 所示的 Run PEX，立即执行 Calibre PEX。

单击如图 4.94 所示的 Start RVE，手动启动 RVE 视窗，启动后的视窗如图 4.95所示。

如图 4.95 所示的 RVE 窗口，此窗口与 Calibre LVS 的 RVE 窗口完全相同。如图 4.95 所示出现的笑脸标识则标识 LVS 已经通过，此时提出的网表文件才能进行后仿真。可以通过对输出报告的检查来判断 LVS 是否通过，如图 4.96 所示为 LVS 通过的示意图。而图 4.97 为 LVS 通过后反提出的部分后仿真网表示意图。

4.5.3　Calibre PEX 流程举例 ★★★

下面详细介绍采用 Mentor Calibre 工具对版图进行寄生参数提取的流程。本

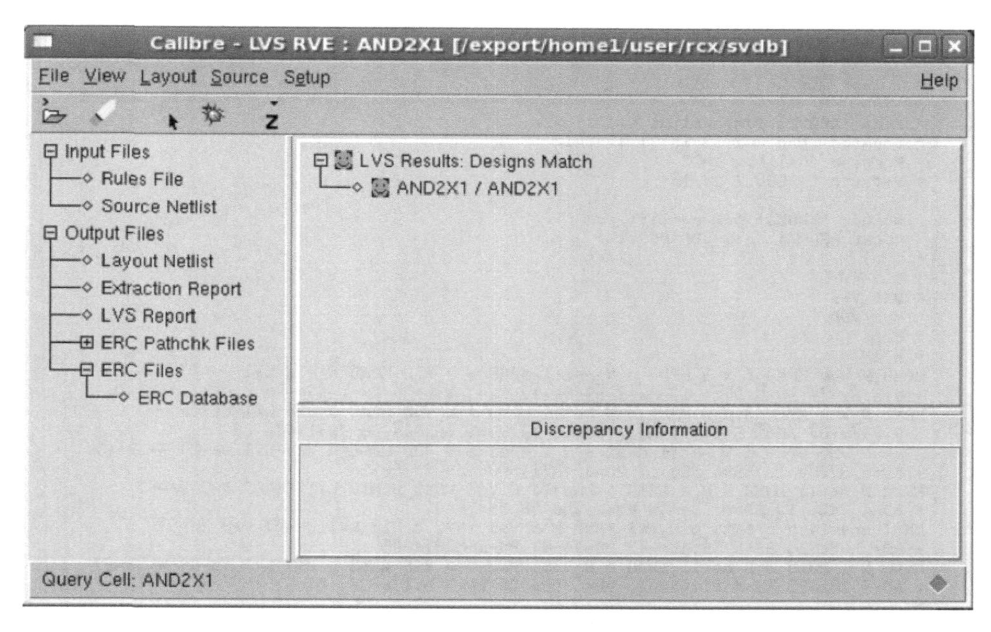

图 4.95　Calibre PEX 的 RVE 视窗图

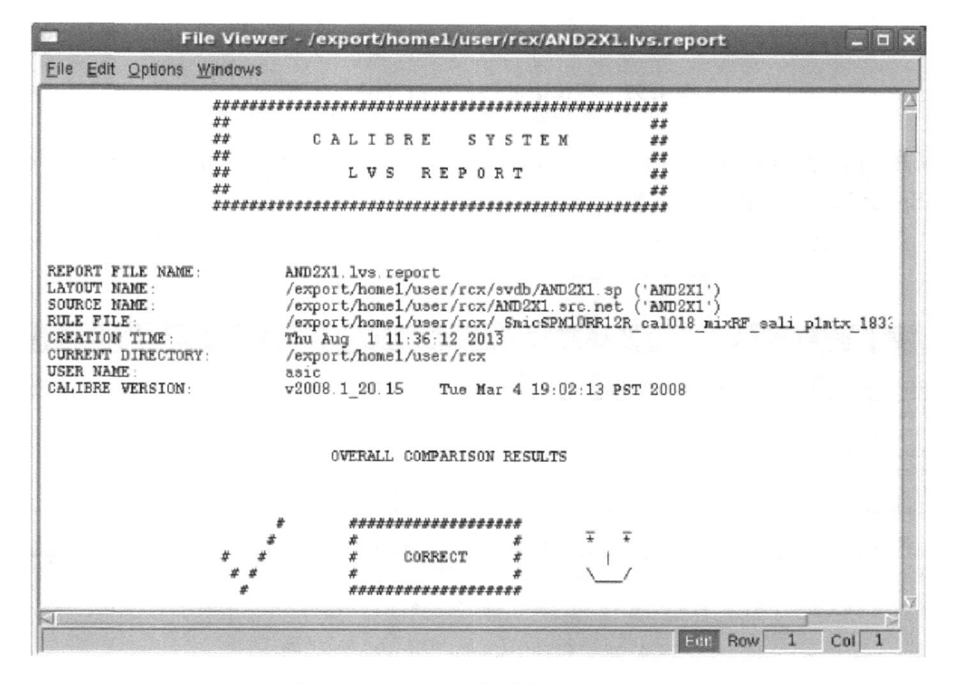

图 4.96　LVS 通过时输出报告显示

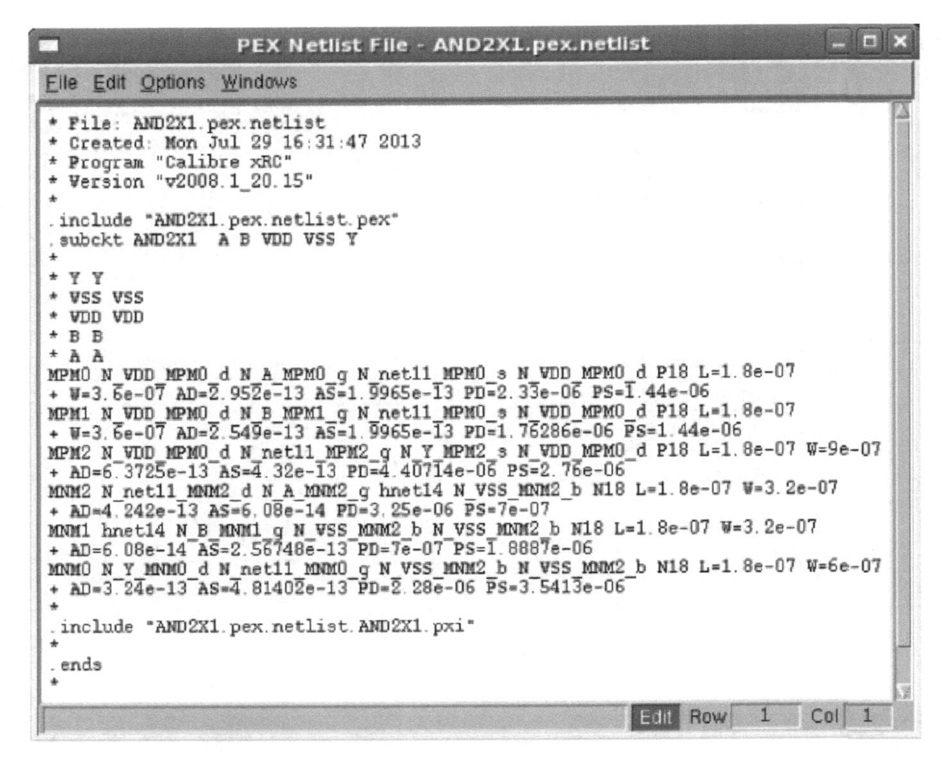

图 4.97　反提出的部分后仿真网表示意图

节采用内嵌在 Cadence Virtuoso Layout Editor 中的菜单选项来启动 Calibre PEX。Calibre PEX 的操作流程如下：

1）启动 Cadence Virtuoso 工具命令 virtuoso &，弹出对话框，如图 4.98 所示。

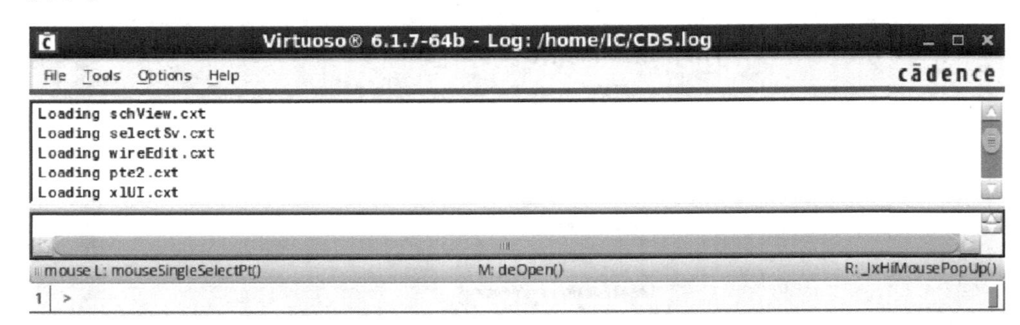

图 4.98　启动 Cadence Virtuoso 对话框

2）打开需要验证的版图视图。选择 *File—Open*，弹出打开版图对话框，在

Library 中选择 TEST、在 Cell 中选择 Miller_OTA、在 View 中选择 layout，如图 4. 99所示。

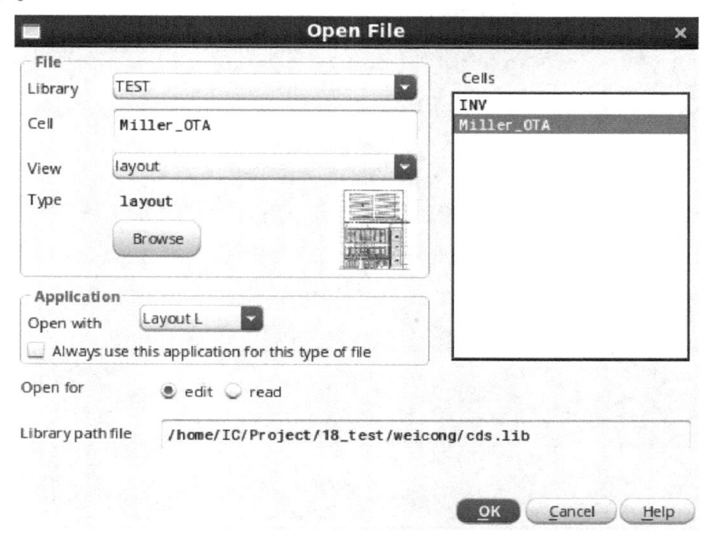

图 4. 99　打开版图对话框

3）单击［OK］，弹出 Miller_OTA 版图视图，如图 4. 100 所示。

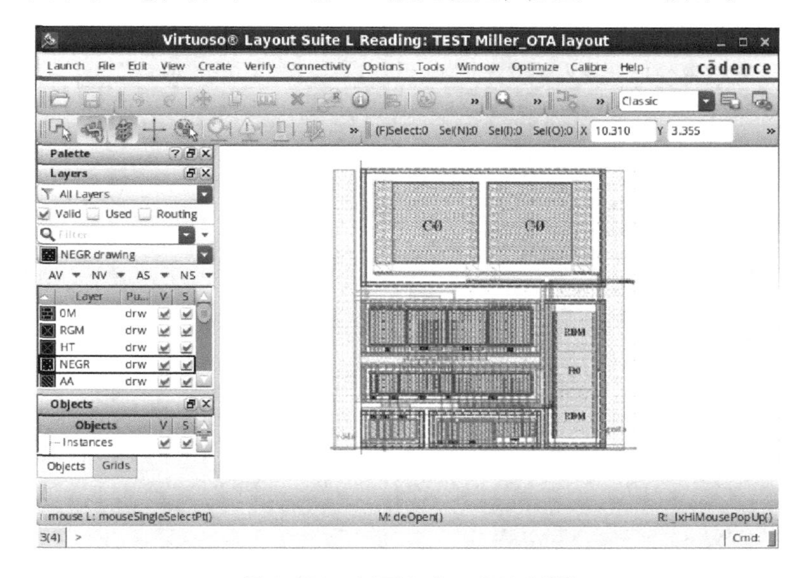

图 4. 100　打开 Miller_OTA 版图

4）打开 Calibre PEX 工具对话框。选择 Miller_OTA 的版图视图工具菜单中的 *Calibre—Run PEX*，弹出 PEX 工具对话框，如图 4. 101 所示。

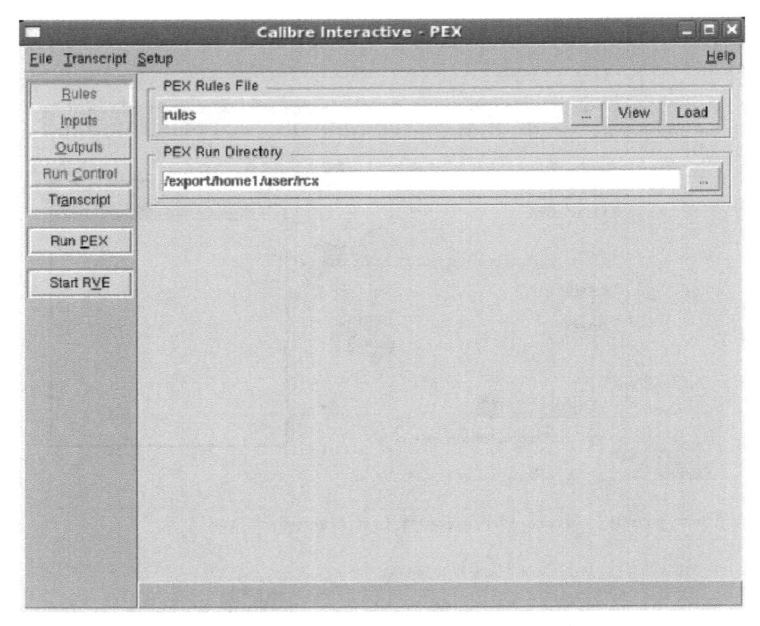

图 4.101　打开 Calibre PEX 工具对话框

5）选择左侧菜单中的 Rules，并在对话框右侧 PEX Rules File 单击［...］按钮选择提取文件，并在 PEX Run Directory 右侧单击［...］按钮选择运行目录，如图 4.102 所示。

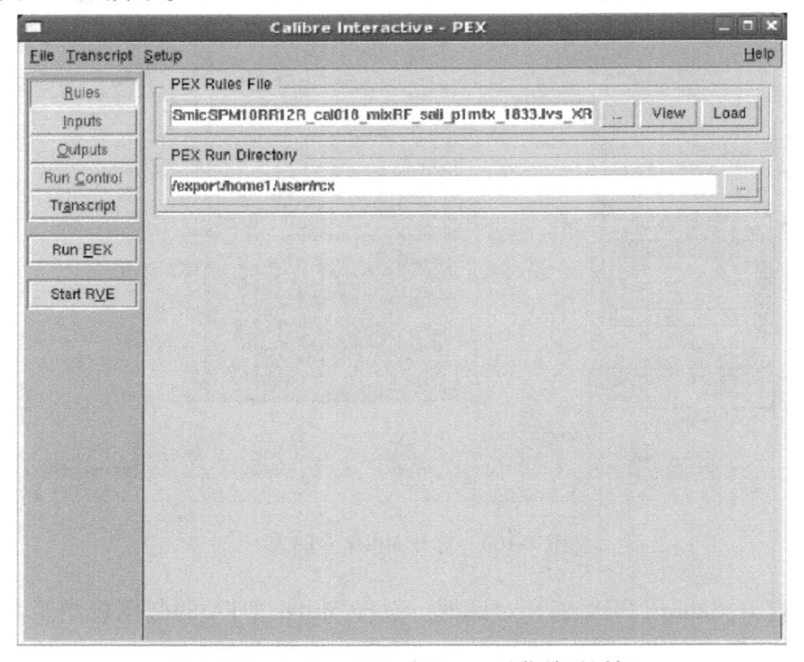

图 4.102　Calibre PEX 中 Rules 子菜单对话框

6）选择左侧菜单选项中的 Inputs，并在 Layout 选项中选择 Export from layout viewer 高亮，如图 4. 103 所示。

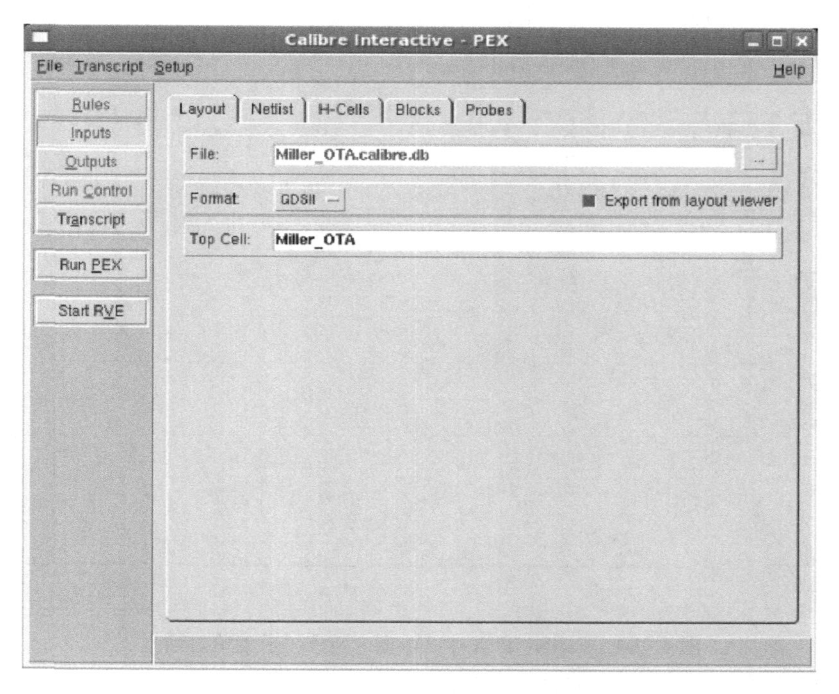

图 4. 103　Calibre PEX 中 Inputs – Layout 子菜单对话框

7）选择左侧菜单中的 Inputs，选择 Netlist 选项，如果电路网表文件已经存在，则直接调取，并取消 Export from schematic viewer 高亮；如果电路网表需要从同名的电路单元中导出，那么在 Netlist 选项中选择 Export from schematic viewer 高亮（注意此时必须打开同名的 schematic 电路图窗口，才可从 schematic 电路图窗口从中导出电路网表），如图 4. 104 所示。

8）选择左侧菜单中的 Outputs 选项，将 Extraction Type 选项修改为 Transistor Level – R + C – No Inductance，表明是晶体管级提取，提取版图中的寄生电阻和电容，忽略电感信息；将 Netlist 子菜单中的 Format 修改为 SPICE，表明提出的网表需采用 Hspice 软件进行仿真，也可以选择 CALIBREVIEW/ELDO/SPECTRE 等工具的格式导出，在对应的工具中进行仿真；其他菜单（Nets、Reports、SVDB）选择默认选项即可，如图 4. 105 所示。

9）Calibre PEX 左侧 Run Control 菜单可以选择默认设置，单击 Run PEX，Calibre 开始导出版图文件并对其进行参数提取，如图 4. 106 所示。

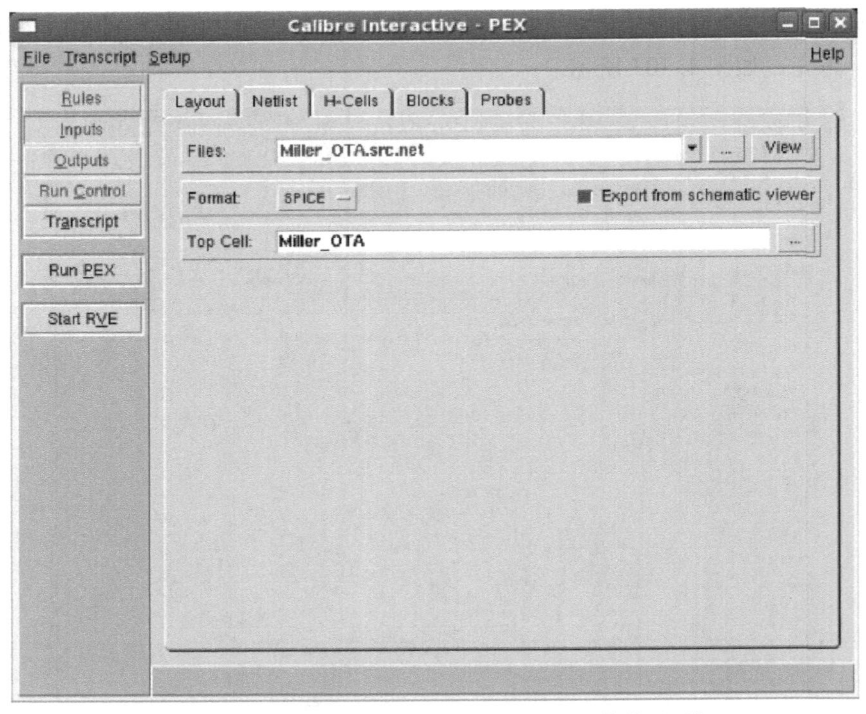

图 4.104　Calibre PEX 中 Inputs – Netlist 子菜单对话框

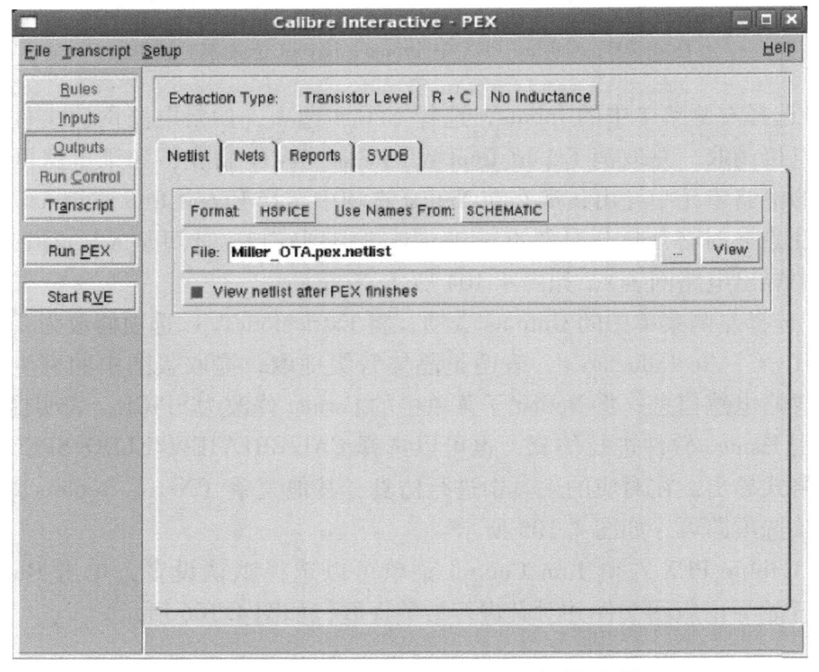

图 4.105　Calibre PEX 中 Outputs 子菜单对话框

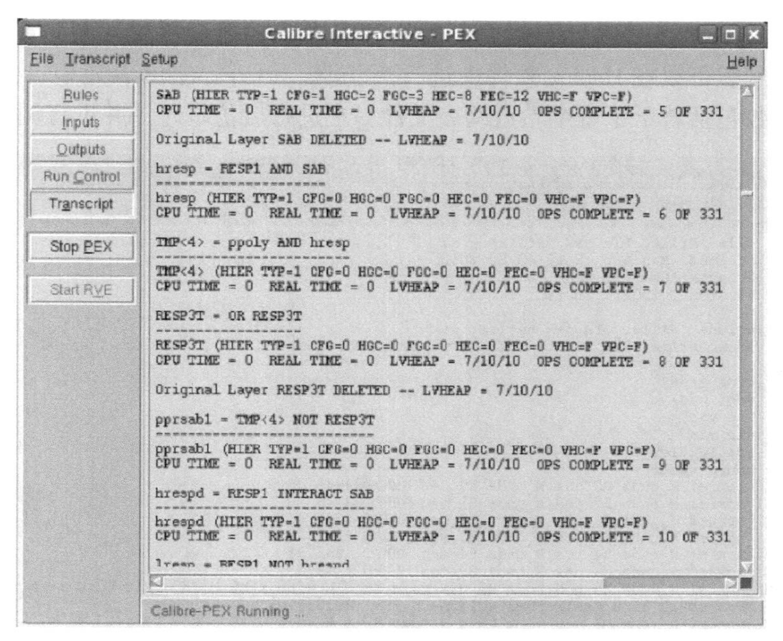

图 4.106　Calibre PEX 运行中

10）Calibre PEX 完成后，软件会自动弹出输出结果并弹出图形界面（在 Outputs 选项中选择，如果没有自动弹出，可单击 Start RVE 开启图形界面），以便查看错误信息，Calibre PEX 运行后的 LVS 结果如图 4.107 所示。

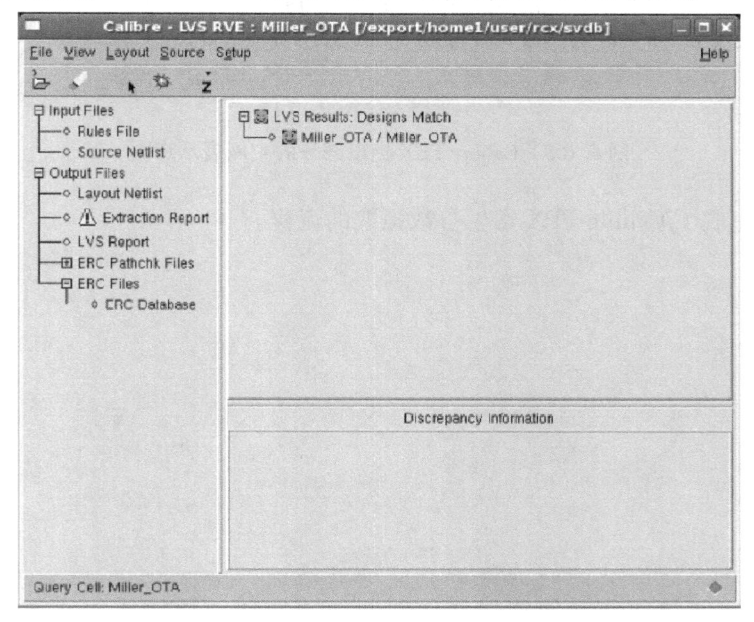

图 4.107　Calibre LVS 结果查看图形界面

11）在 Calibre PEX 运行后，同时会弹出参数提取后的主网表，如图 4.108 所示，此网表可以在 Hspice 软件中进行后仿真。另外，主网表还根据选择提取的寄生参数包括若干个寄生参数网表文件，在进行后仿真时一并进行调用。

图 4.108　Calibre PEX 提出部分的主网表示意图

以上完成了 Calibre PEX 寄生参数提取的流程。

第5章 CMOS模拟集成电路版图设计与验证流程

在分析了 Cadence IC 617 版图工具 Virtuoso 和验证工具 Mentor Calibre 的基础上，本章将以一个单级跨导放大器电路为实例，介绍进行模拟集成电路设计的电路建立、电路前仿真、版图设计、验证、反提，以及电路后仿真、输入/输出单元环拼接，直到 GDSII 数据导出的全过程，使读者对 CMOS 模拟集成电路从设计到流片的全过程有一个直观的概念和了解。

5.1 设计环境准备

1. 工艺库准备

在进行设计之前，电路和版图工程师需要从工艺厂商那获得进行设计的工艺库设计包，即通常所说的 PDK（Process Design Kit）文件包。这个设计包中主要包含六方面内容：①进行设计所需要的晶体管、电阻、电容等元器件模型库（包括支持 Spectre、Hpsice、ADS 多种仿真工具的电路图模型、版图模型和 VerilogA 行为级模型等）；②进行仿真调用的库文件（分别支持 spectre 和 hspice 的 . lib 文件）；③验证和反提规则文件（DRC、LVS、ANT 和 PEX 等规则文件以及相应的说明文档）；④输入/输出单元的网表和版图模型；⑤display. drf 文件（显示版图层信息所必需的文件，放置于启动目录之下）；⑥techfile. tf 文件（定义该工艺库相应的设计规则，在建立设计库时需要编译该文件或者直接将设计库关联至模型库）。最后将设计包中的元器件模型库放置在一个固定目录下，方便启动 Cadence IC 617 软件时进行库文件的添加。与 IC5141 中 PDK 为 CDB 格式不同，IC617 中使用的 PDK 数据为 OA 格式。

2. 模型工艺库添加

1）在命令行输入“virtuoso &”，运行 Cadence IC 617，弹出 CIW 主窗口，如图 5. 1 所示。

2）在 CIW 主窗口中选择 *Tools—Library manager* 命令，如图 5. 2 所示，弹出

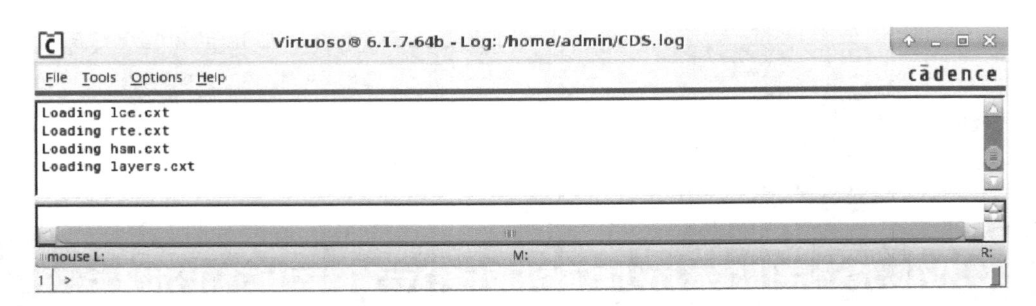

图 5.1　弹出 CIW 主窗口

Library manager 对话框如图 5.3 所示，这时对话框中有 Cadence IC 617 自带的几个库，包括 analogLib、basic、function。

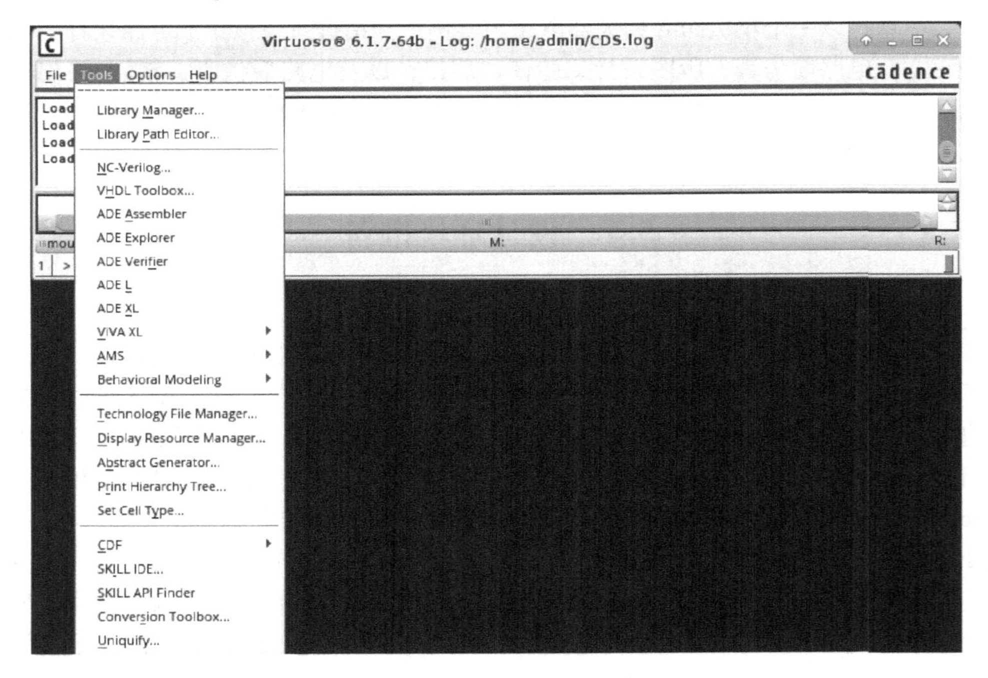

图 5.2　选择 *Tools—Library manager* 命令

3）在 Library manager 对话框中选择 *Edit—Library Path* 命令，如图 5.4 所示，弹出 Library Path Editor 对话框，该对话框中显示 Cadence IC 617 中已经存在的几个工艺库。

4）在 Library Path Editor 对话框中的 Library 栏的下侧空框处单击鼠标右键，弹出的 Add Library 选项，如图 5.5 所示。

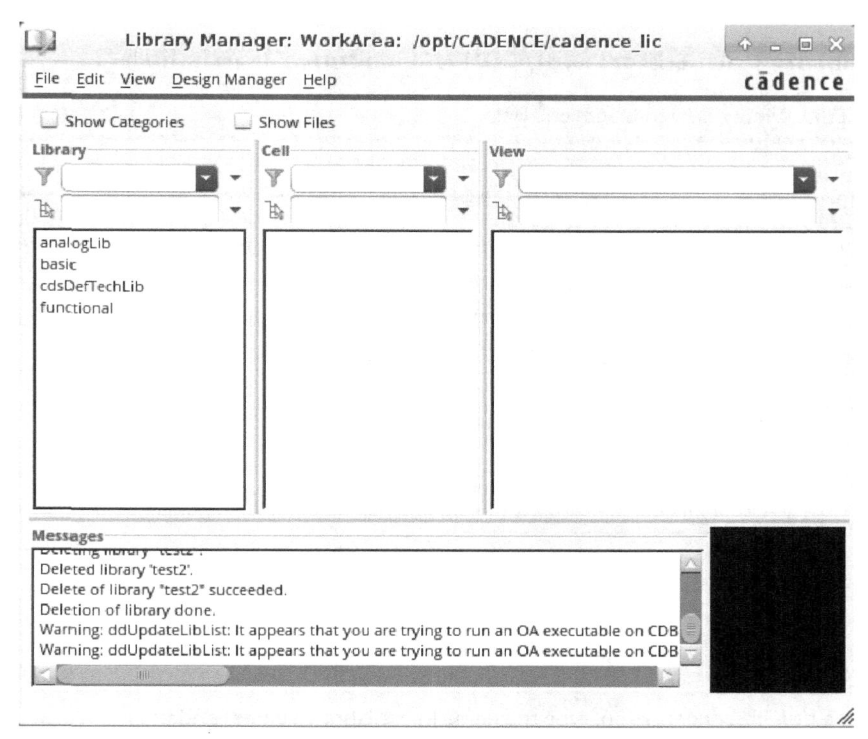

图 5.3　Library manager 对话框

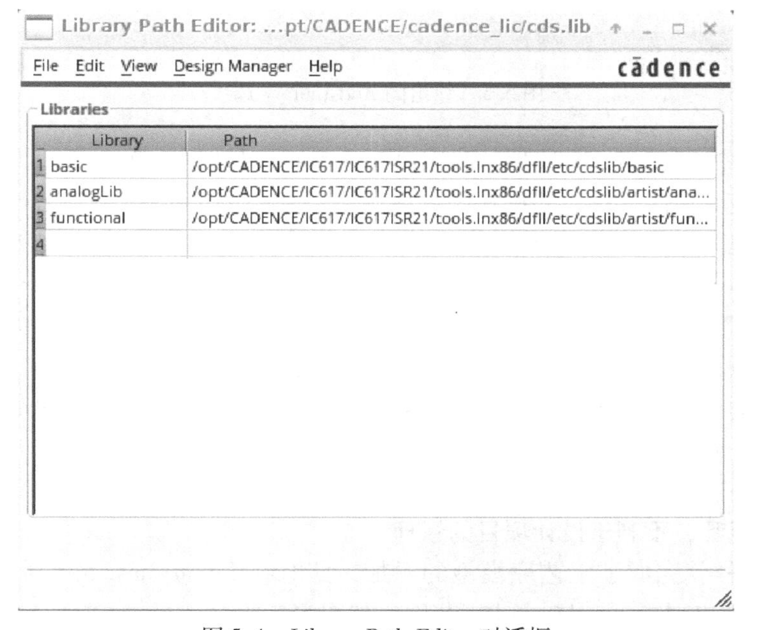

图 5.4　Library Path Editor 对话框

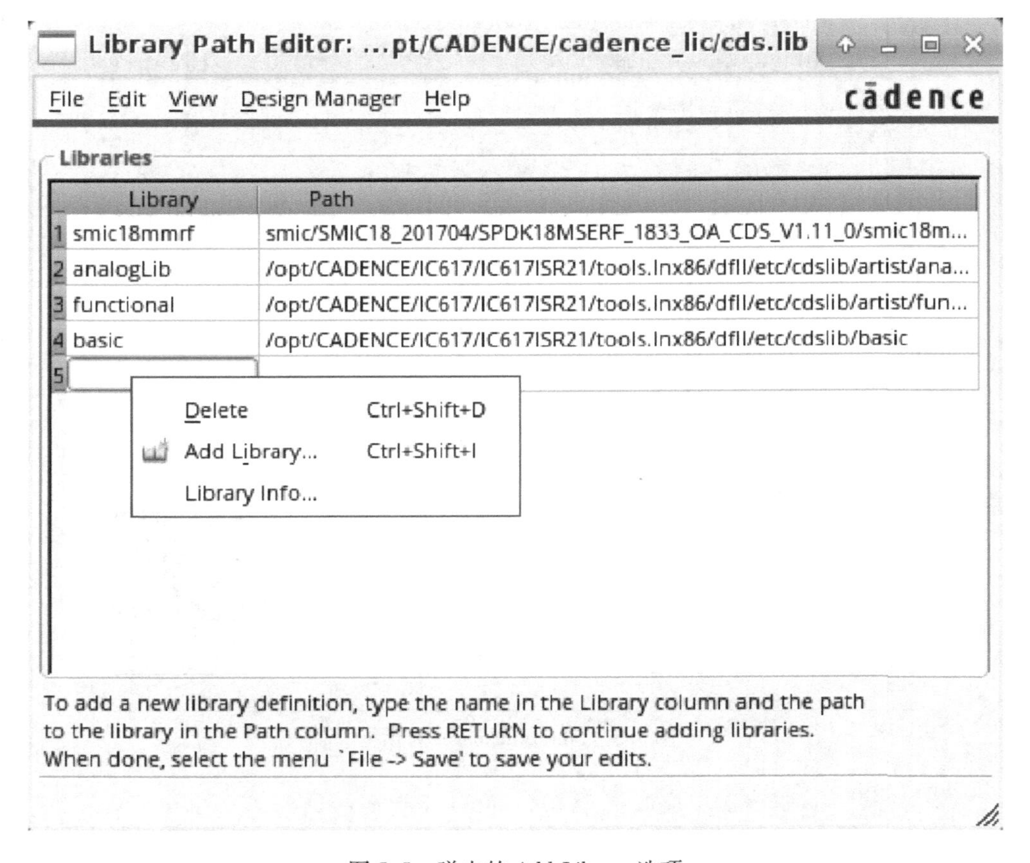

图 5.5 弹出的 Add Library 选项

5）选中 Add Library 选项，弹出 Add Library 对话框，在左侧的 Directory 栏中选择跳转到已经存在工艺库模型的路径下，在右侧 Library 栏中选择使用的工艺库，这里为 smic18mmrf 工艺库，如图 5.6 所示，最后单击［OK］按钮，回到 Library Path Editor 对话框中，如图 5.7 所示。

6）在工具栏中选择 *File—Sava as* 命令，弹出 Save As 对话框，如图 5.8 所示。这时默认在 cds. lib 前勾选，单击 OK 按键，覆盖原来的 cds. lib，完成对工艺库模型的添加。需要说明的是，cds. lib 中包含了所有设计需要的基本库和工艺库，设计者可以自由添加所需要的库。但需要注意的是，在一个 virtuoso 启动路径下，一般只添加一个工艺节点的 PDK，如果添加不同工艺的 PDK，容易造成设计的混乱，不利于设计项目的管理。

7）这样就完成了工艺库模型的添加，此时在 Library manager 对话框的 Library 栏中就出现了 smic18mmrf 工艺库，如图 5.9 所示。

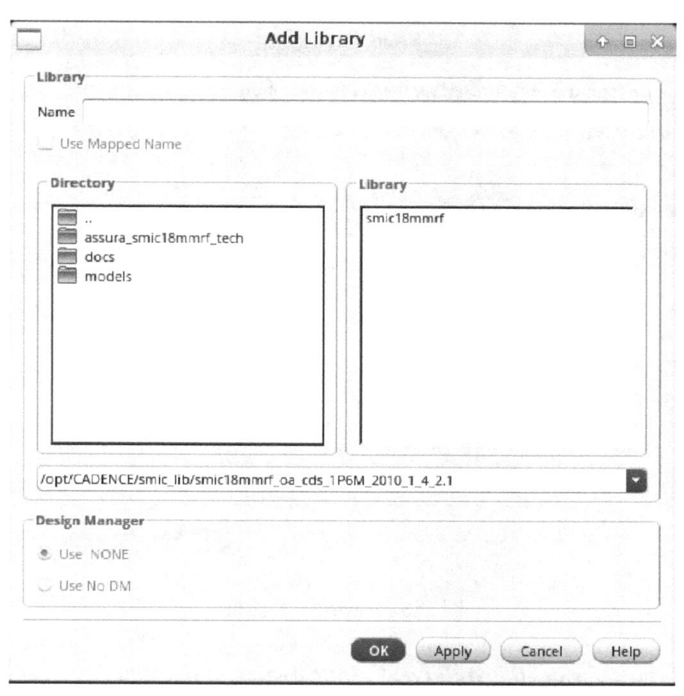

图 5.6　选择 smic18mmrf 工艺库进行添加

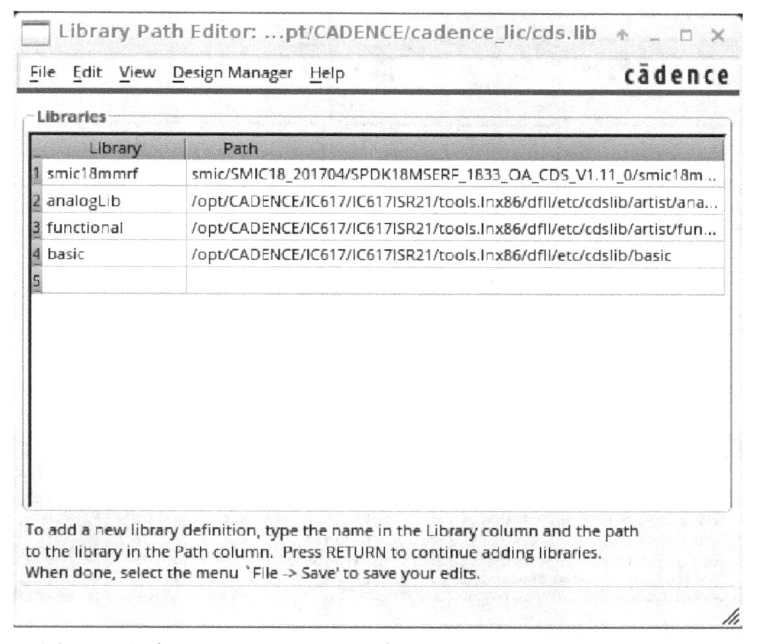

图 5.7　添加了 smic18mmrf 工艺库后的 Library Path Editor 对话框

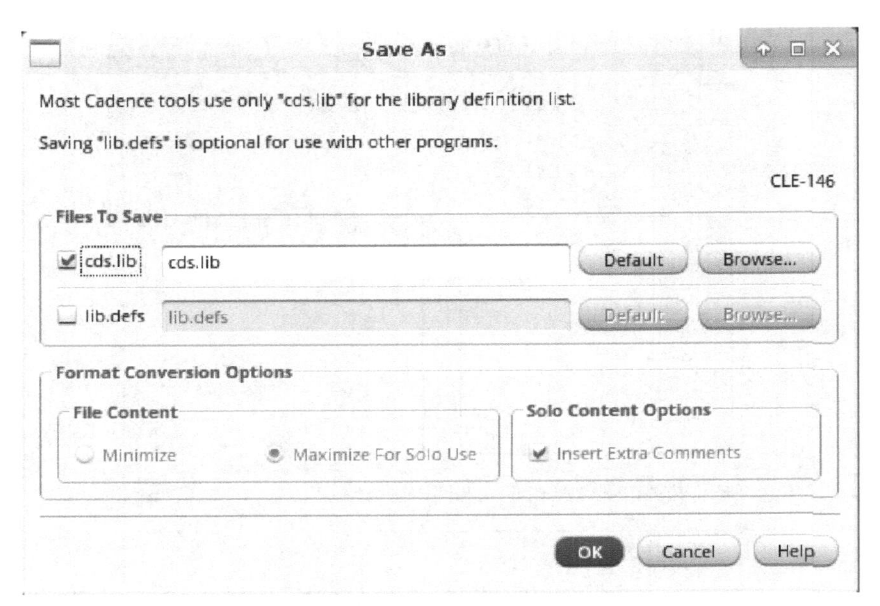

图 5.8　Save As 对话框

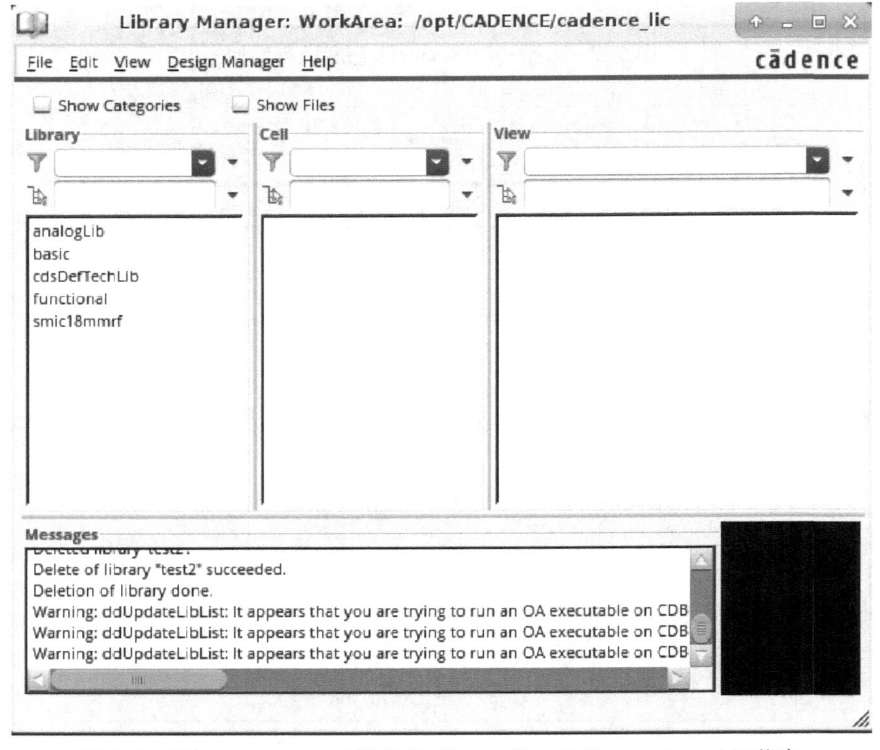

图 5.9　Library manager 对话框的 Library 栏中显示 smic18mmrf 工艺库

5.2　单级跨导放大器电路的建立和前仿真

在上一节准备好工艺库后，就可以开始进行电路的建立和前仿真。

1）在命令行输入“virtuoso &”，运行 Cadence IC 617，弹出 CIW 主窗口，如图 5.10 所示。

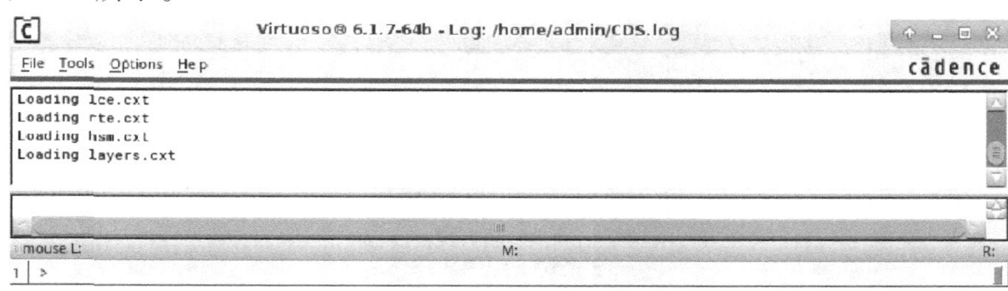

图 5.10　弹出 CIW 主窗口

2）首先建立设计库，选择 *File—New—Library* 命令，弹出 New Library 对话框，输入“EDA_test”，并选择“Attach to an existing technology library”（表示将设计库关联至 PDK，否则设计库无法调用工艺库中的晶体管、电阻、电容等模型），单击［OK］按钮；在弹出的对话框中选择“smic18mmrf”选项，即选择并关联至 smic18mmrf 工艺库文件，如图 5.11 所示。最后单击［OK］按钮，完成设计库的建立。

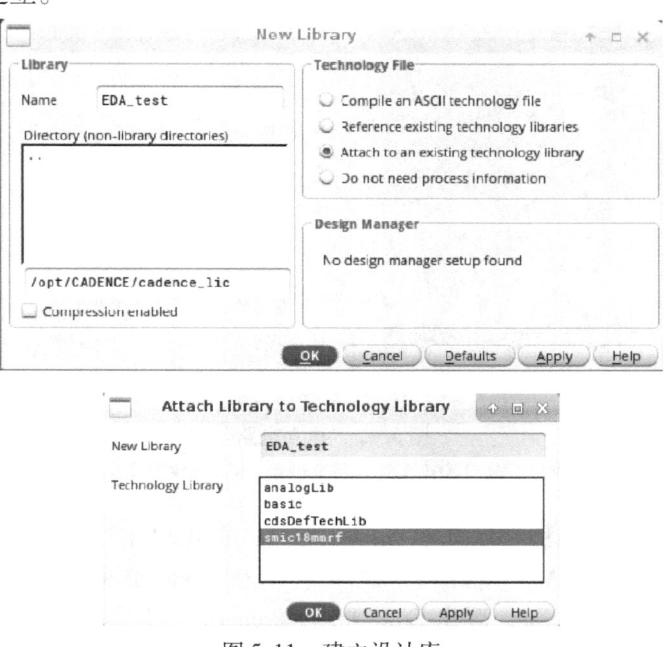

图 5.11　建立设计库

3）选择 *File—New—Cellview* 命令，弹出 New File 对话框，在 Library 栏中选择已经建立好的 EDA_test 库，接着在 Cell 栏输入“OTA”，在 Open with 栏中选择 Schematics L（选择 Schematics L 后，在仿真中就可以调用 ADE L 进行仿真设置），如图 5. 12a 所示，单击［OK］按钮，此时原理图设计窗口自动打开，如图 5. 12b 所示。左侧为电路图信息栏，显示电路图中的端口、节点信息。右侧为电路图建立窗口。

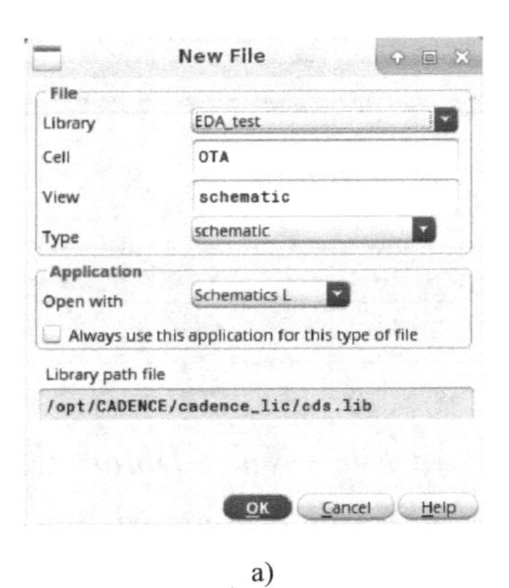

a)

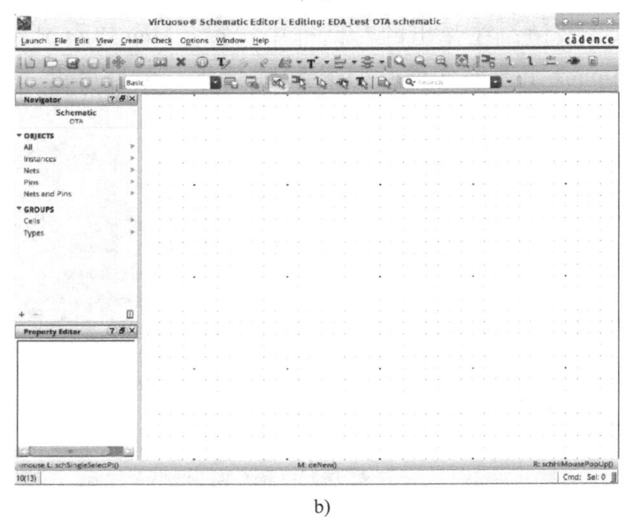

b)

图 5. 12　建立电路

a）在仿真中就可以调用 ADE L 进行仿真设置　b）原理图设计窗口自动打开

4）选择上侧工具栏中的 *Create—Instance* 或者单击键盘 i 键，从工艺库 simc18mmrf 中调用 NMOS 晶体管 n33，在右侧 view 类型中选择 Symbol，如图 5. 13a所示，单击 close，弹出 Edit Object Properties 对话框，如图 5. 13b 所示，分配宽长比 10μ/1μ。重复上述操作调用 PMOS 晶体管 p33，并分配相应的宽长比 5μ/500n，这里将 PMOS 设置为叉指晶体管，即意味着将单个晶体管拆分为叉指状（finger），每个 finger 为 5μ，一共 5 个 finger，总宽度为 5μm × 5μ = 25μm，如图 5.14 所示。

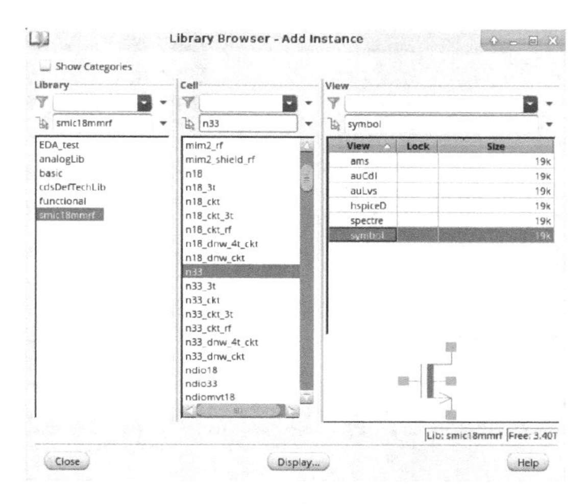

a)

b)

图 5.13 设置 n33 宽长比 10μ/1μ

a）在右侧 view 类型中选择 Symbol b）单击 close，弹出 Edit Object Properties 对话框

5）从工具栏选择 *Create—Pin* 或者单击键盘 p 键设置电源管脚 vdda、地管脚 gnda、差分输入管脚 vin 和 vip、输出管脚 vout，再选择 *Create—Wire*（*narrow*）

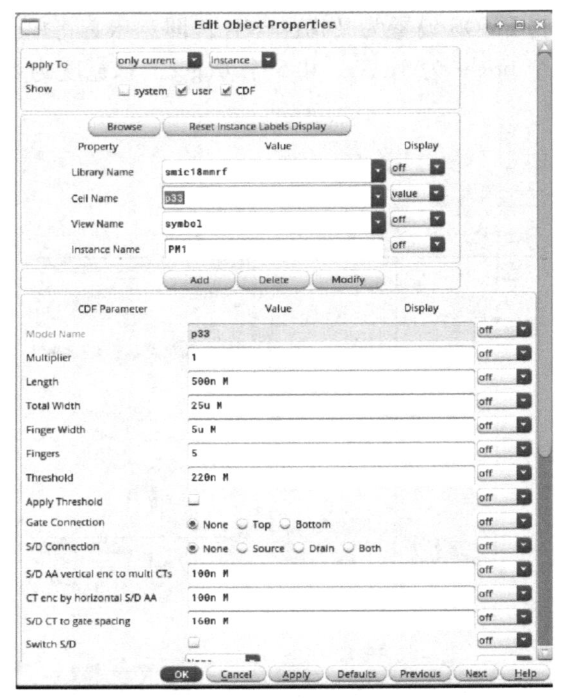

图 5.14　设置 p33 宽长比 5μ/500n，指数 finger 为 5

或者单击键盘 w 键进行连接，最终建立单级跨导放大器电路如图 5.15 所示。最后在电路图设计窗口上侧点击 check and save（ ）按键，检查电路图中的连接错误。如果连接出现问题，电路图中会出现黄色亮点进行提示。

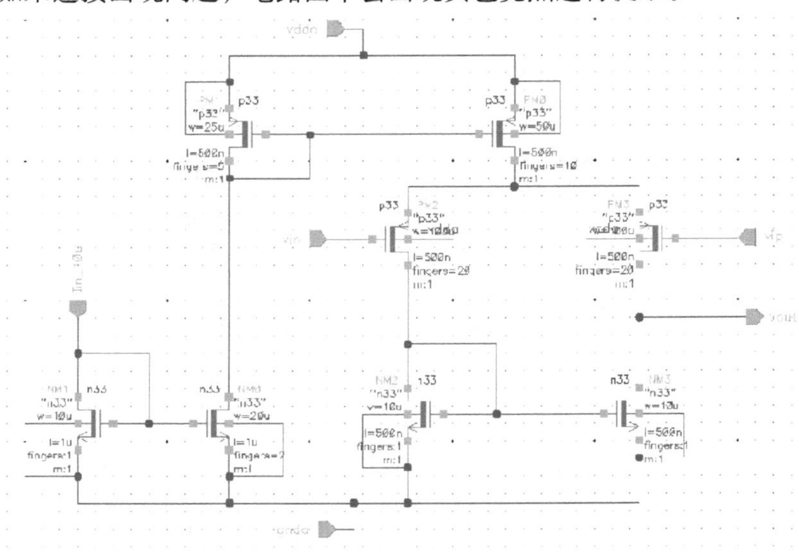

图 5.15　单级跨导放大器电路

6）完成电路图建立后，先为跨导放大器建立一个电路符号（Symbol）方便后续进行仿真调用，具体方法为在 schematic 窗口工具栏中选择 *Create—Create Cellview—From Cellview* 命令，弹出 Cellview From Cellview 对话框，单击 OK 按钮，在跳出的窗口 Symbol generation Option 对话框的各栏中分配端口位置，如图 5.16 所示。单击［OK］按钮，完成 Symbol 的建立，如图 5.17 所示。

Symbol Generation Options

Library Name　EDA_test　Cell Name　OTA　View Name　symbol

Pin Specifications　Attributes

Left Pins　vin vip　List

Right Pins　vout　List

Top Pins　vdda gnda　List

Bottom Pins　Iin_10u v　List

Exclude Inherited Connection Pins:

None　All　Only these:

Load/Save　Edit Attributes　Edit Labels　Edit Properties

OK　Cancel　Apply　Help

图 5.16　为跨导放大器 Symbol 分配各个端口位置

7）为了进行跨导放大器的交流小信号仿真，我们首先需要建立测试电路图。参考建立跨导放大器电路的方法，从设计库 EDA_test 中调用建立好的跨导放大器 Symbol，再从 analogLib 中调用 ideal_bulan（变压器），作为单端转差分的转换器使用。并为各个端口分配同样名称的 pin 名，并从 analogLib 库中调用一个 1μF 的电容 cap 作为负载电容。电容连接地电位的端口，可以点击键盘上 l 键，输入“gnda”，即可完成物理上的连接。最终建立跨导放大器的交流小信号仿真测试电路，如图 5.18 所示。同样在电路图设计窗口上侧点击 check and save（ ）按键，检查电路图中的连接错误。

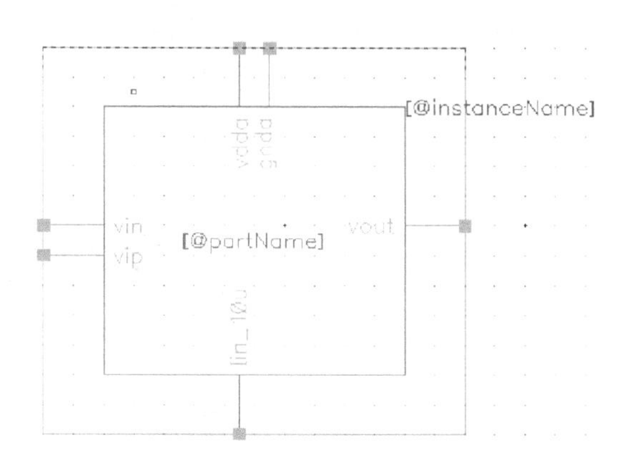

图 5.17　跨导放大器 Symbol 的建立

8）之后，在工具栏中选择 *Launch—ADE L* 命令，弹出 ADE L 对话框，如

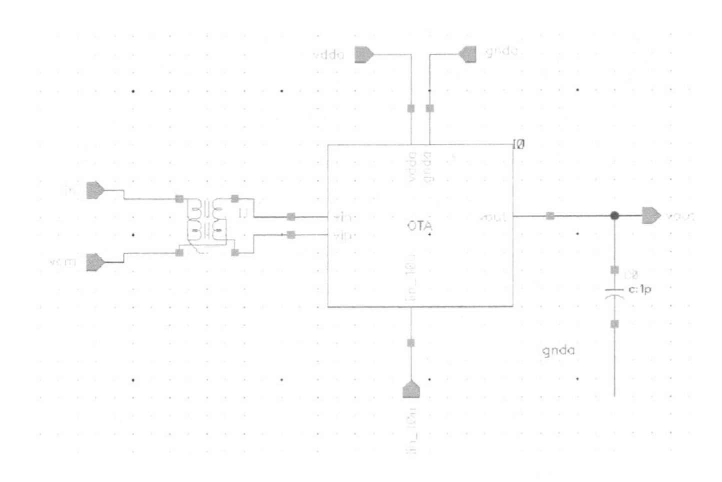

图 5.18　跨导放大器的交流小信号仿真测试电路图

图 5.19所示。在这个对话框中我们需要设置电路的激励源、调用的工艺库、仿真类型，以及观察输出波形。

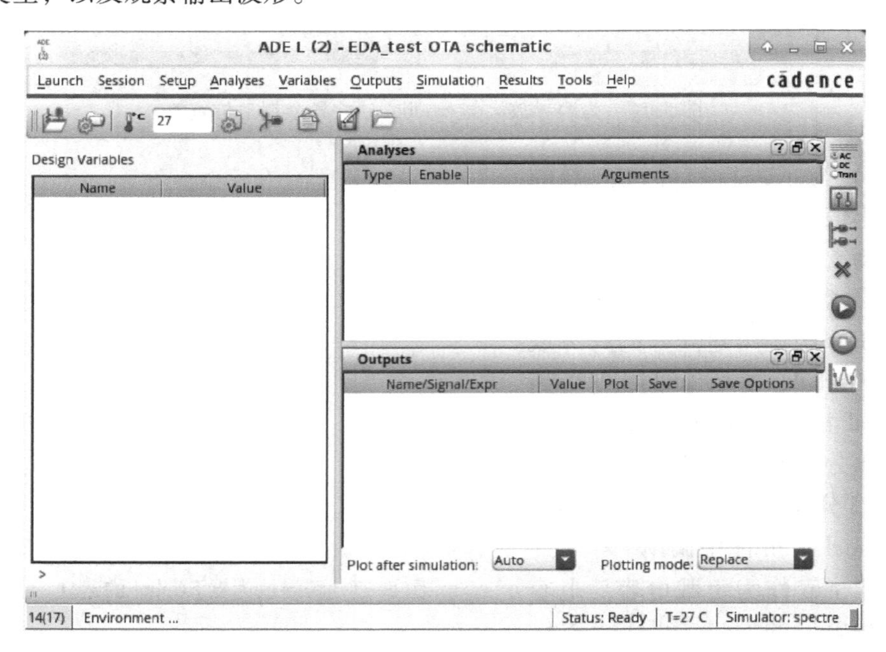

图 5.19　仿真设置的 ADE L 对话框

9）首先为电路设置输入激励，在工具栏中选择 *Setup—Stimuli*，弹出对话框，首先设置电流源“Iin_10u”。将“Function”类型修改为“dc”，表示为直流信号；再将“type”类型修改为“Current”（默认为 Voltage）。由于电流从电源流进晶体管，所以设置电流为负数，即“-10u”，并勾选 Enabled 按键，最后单击下侧的 Apply 按键，完成输入。当“Iin_10u/gnd! Current dc”前显示为“ON”，表示设置完成，如图 5.20 所示。

之后继续设置电源电压“vdda”为“3.3V”，地“gnda”为“0”，设置输入“in”为交流源“sin”，交流幅度为“1”，相位为“0”，共模输入电压“vcm”为 1.65V，如图 5.21 所示。注意，这里每设置一个激励源，都需要勾上“Enabled”选项，并单击“Apply”进行更改，才能使激励源有效。

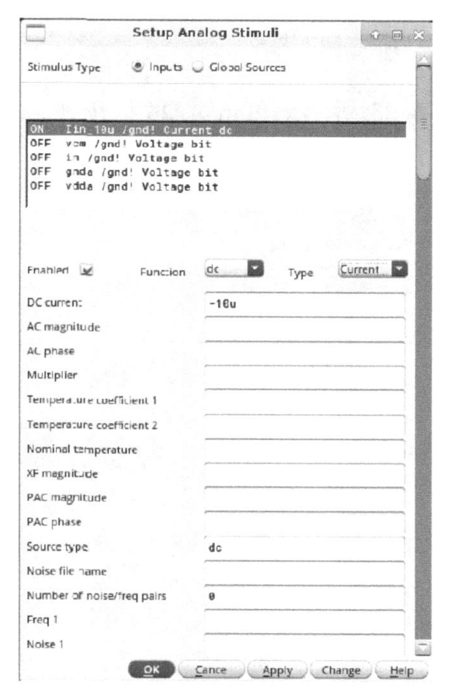

图 5.20　设置电流源 Iin_10u

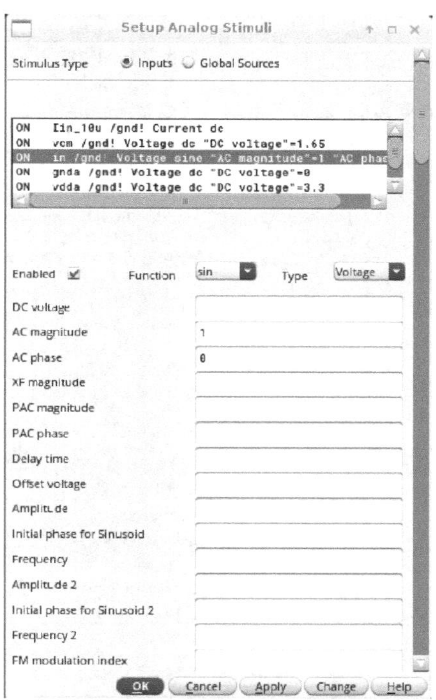

图 5.21　完成激励设置

10）之后在工具栏中选择 *Setup—Model Libraries*，设置工艺库模型信息和工艺角，如图 5.22 所示。具体方式为通过单击下侧空框处，会弹出“Browse”按键（▬），在相应的路径下选择工艺文件（通常工艺文件都是以 .lib 作为后缀），在“Section”栏中输入工艺角信息，如本例中晶体管工艺角为“tt”，电阻为“res_tt”等。每完成一个工艺文件添加，需要单击下方的 Apply 按键完成操作。

11）在工具栏选择 *Analyses—Choose* 命令，弹出对话框，选择“ac”进行交流小信号仿真，在“start”栏中输入开始频率“1”，在“stop”中输入截止频率

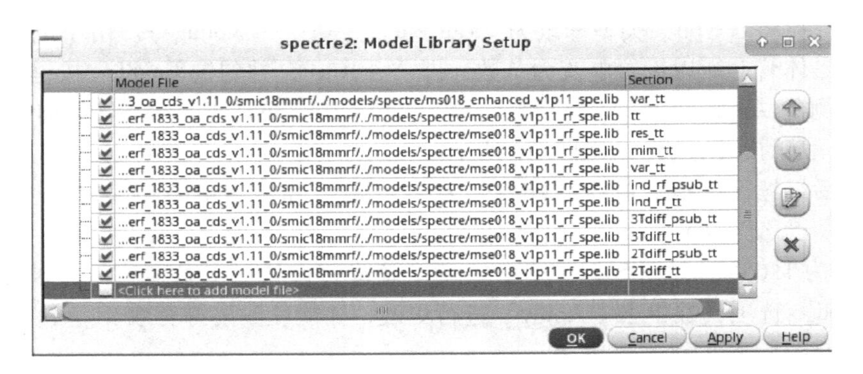
图 5.22　设置工艺库模型信息和工艺角

“1G”，最后勾上“Enabled”选项，如图 5.23 所示，单击［OK］按钮，完成设置。

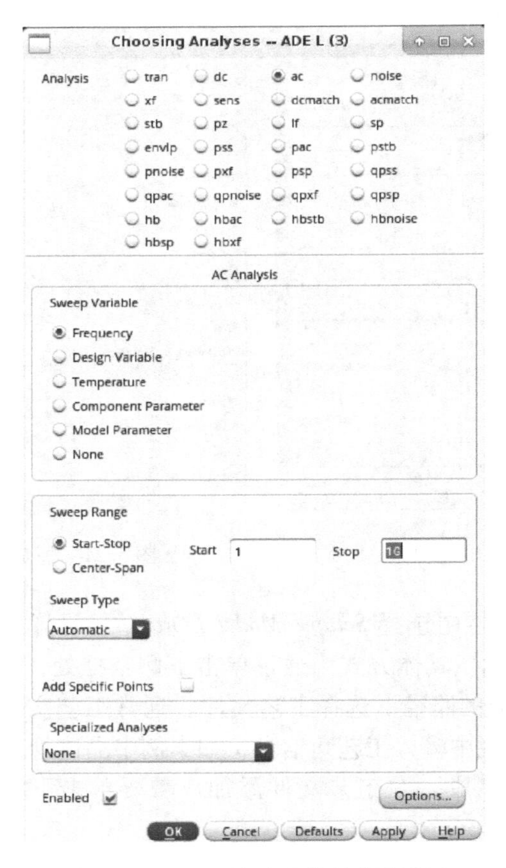

图 5.23　“ac”交流小信号仿真设置

最终完成设置的 ADE L 界面如图 5.24 所示。

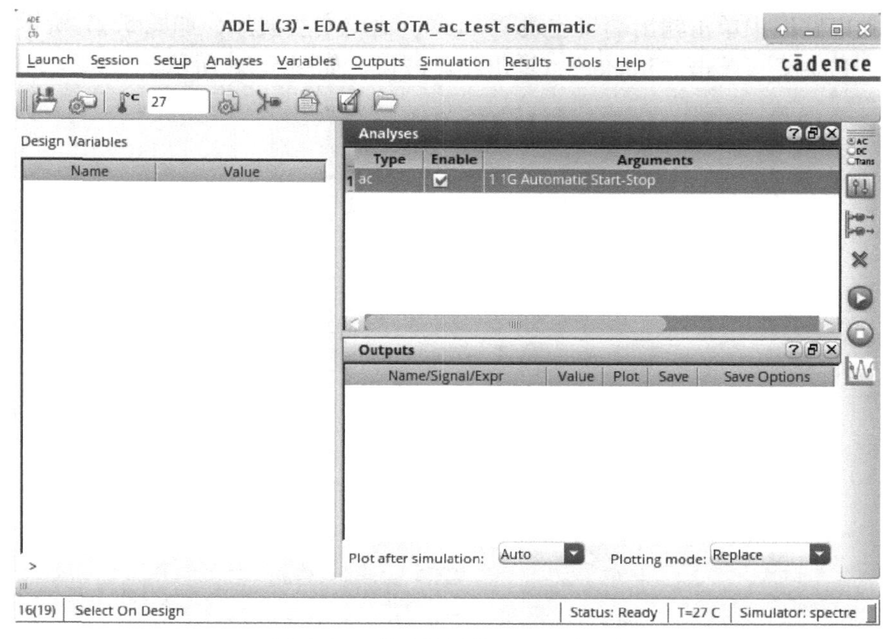

图 5.24　完成设置的 ADE L 界面

12）在工具栏选择 *Stimulation—Netlist and Run* 命令，开始仿真。仿真结束后，在工具栏选择 *Result—Direct—Main Form*，如图 5.25 所示，弹出 “Direct Plot

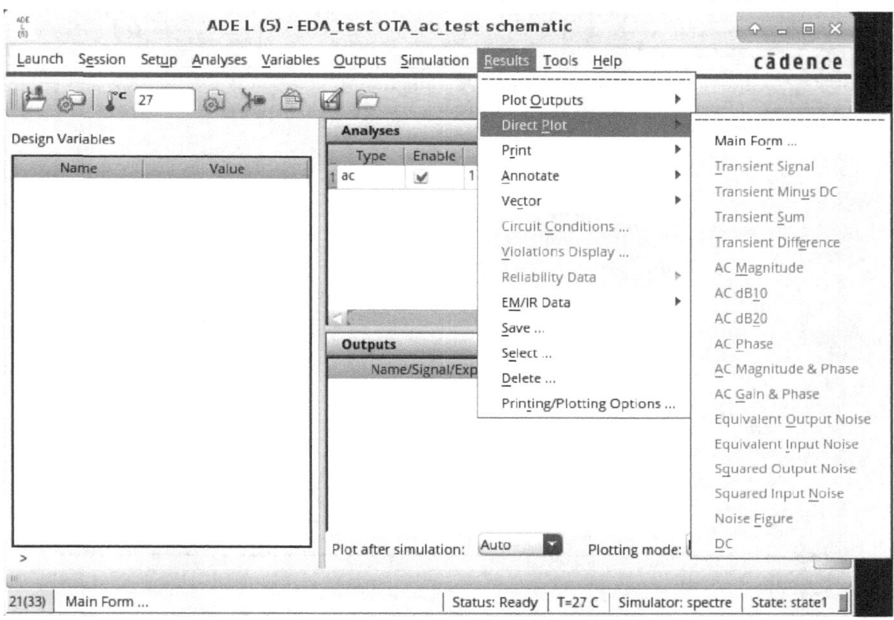

图 5.25　在工具栏选择 *Result—Direct—Main Form*

Form”对话框如图 5.26 所示。在该对话框中“Modifier”子栏中选择“dB20”，然后在电路图中单击输出端口连线“vout”，输出增益波形，如图 5.27 所示。再选择“Phase”，单击“Replot”，输出相位波形，如图 5.28 所示。

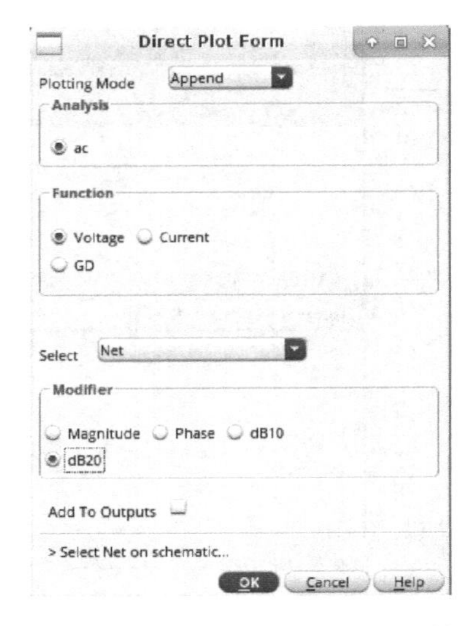

图 5.26　“Direct Plot Form”对话框

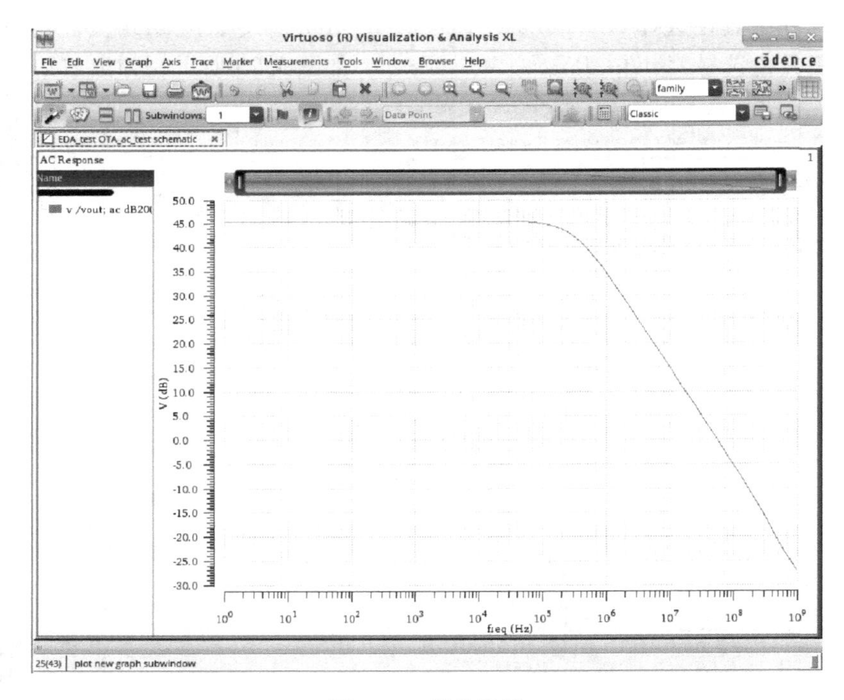

图 5.27　增益波形

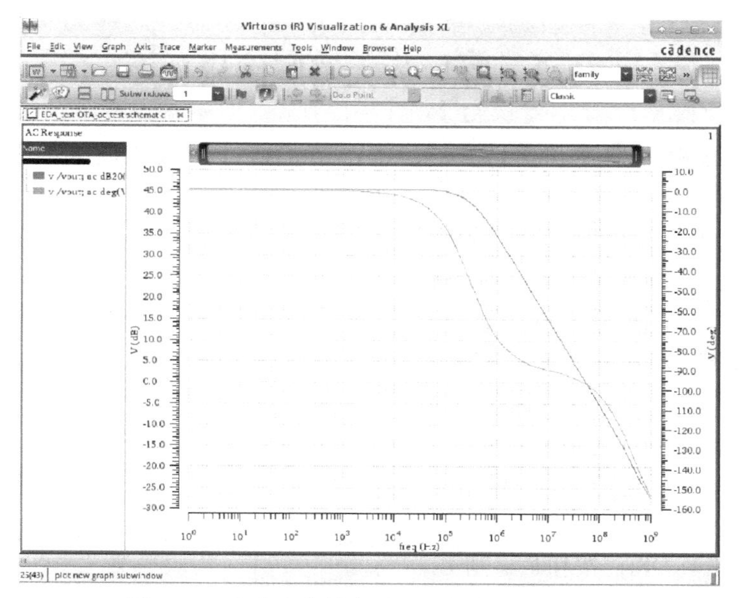

图 5.28　交流小信号中增益和相位的仿真波形

在图标工具栏中，单击图标“”，将两个波形分栏显示。再在工具栏中选择 *Marker—Create Marker*，弹出“Create Graph Marker”对话框，选择“vertical”，单击［Ok］按钮，最后在波形中拉出纵向标注轴，如图 5.29 所示。

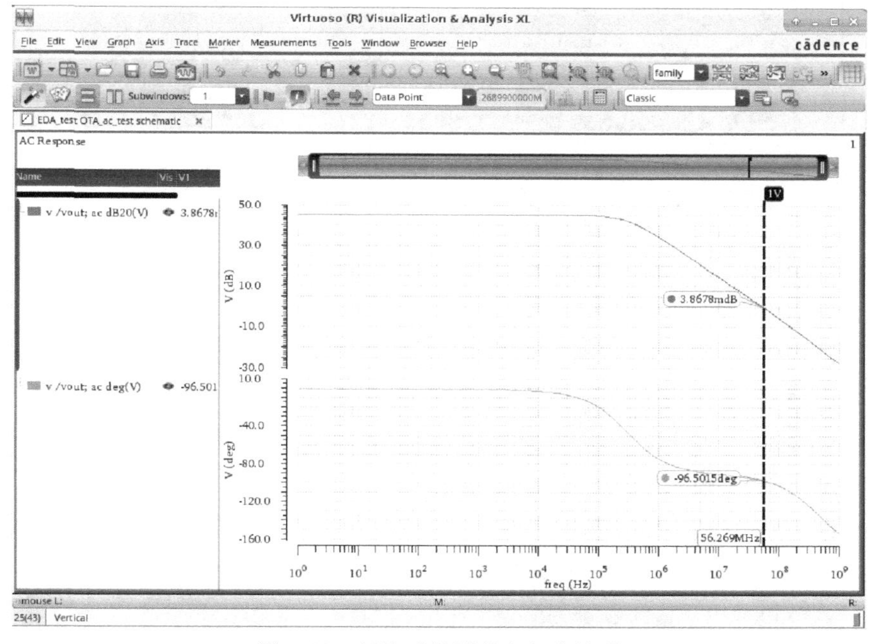

图 5.29　标注后的增益和相位波形

5.3　跨导放大器版图设计

在完成电路的搭建和前仿真后，本小节主要介绍版图设计的基本方法和流程。

1）在 CIW 主窗口中选择 *File—New—Cellview* 命令，弹出“New File”对话框，在 Library Name 中选择已经建好的库“EDA_test”，在 Cell Name 中输入“OTA”，在 Type 中选择“layout”，并在 Open with 中选择“Layout L”，如图 5.30 所示。

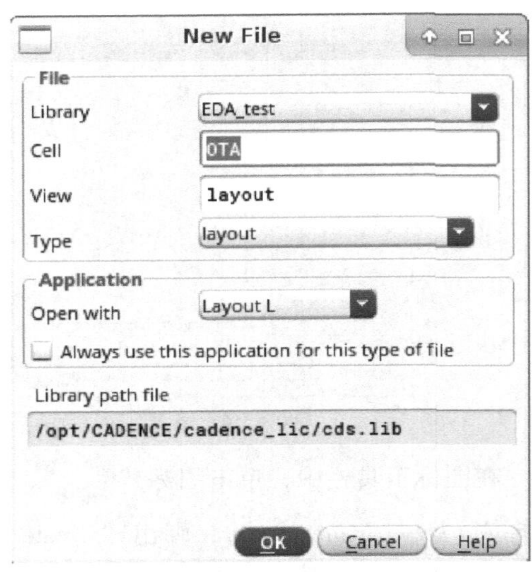

图 5.30　新建版图单元对话框

2）单击［OK］按钮后，弹出版图设计窗口，如图 5.31 所示；为了对布局、布线进行精确调整，首先设置版图窗口的网格大小。在工具栏中选择 *Options—Display*，弹出“Display Options”对话框，如图 5.32

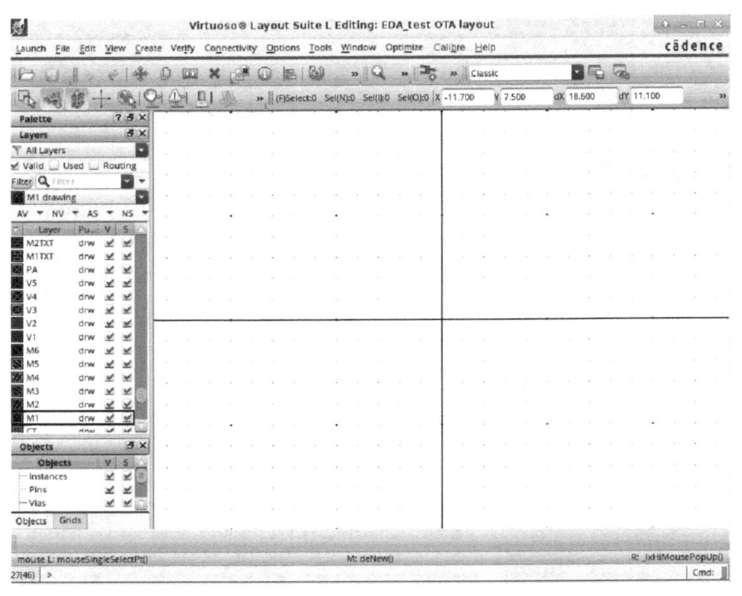

图 5.31　版图设计窗口

所示。将 X snap spacing 和 Y snap spacing 分别修改为“0.005”，表示间距为 0.005μm。并在底端选中“Library”选项，将该设置保存至整个设计库，进行统一。最后单击［OK］按钮完成设置。

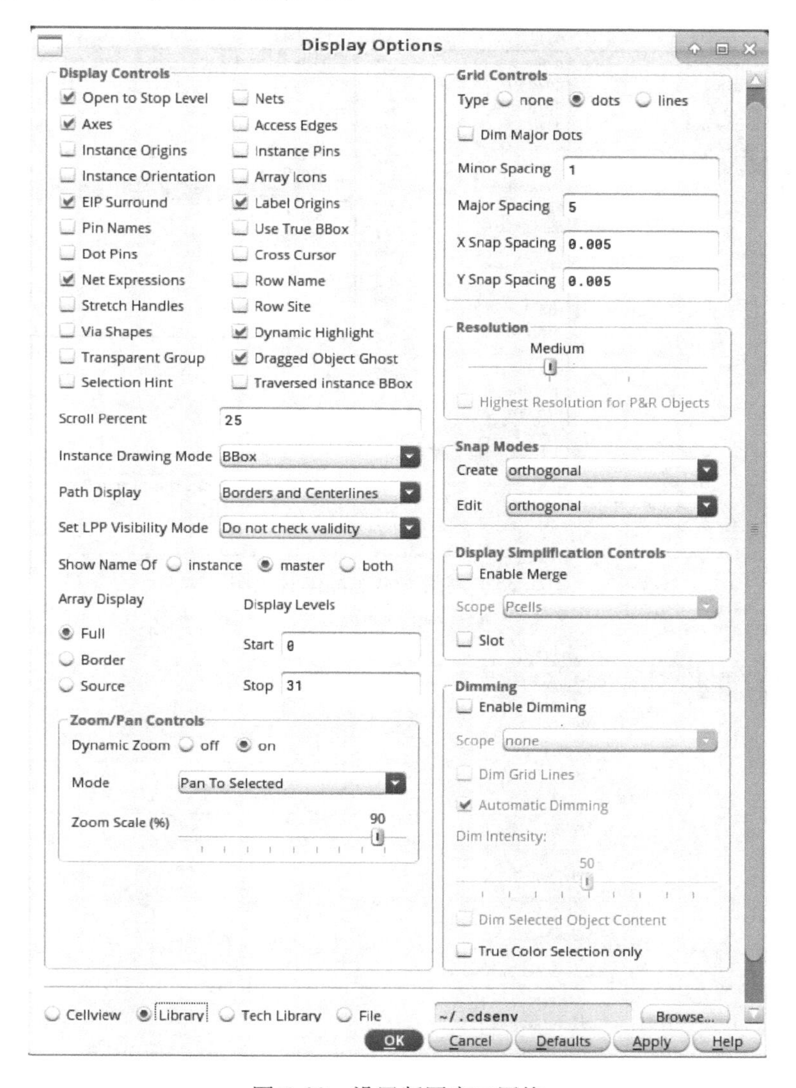

图 5.32　设置版图窗口网格

3）NMOS 晶体管的创建。采用创建器件命令从 smic 18mmrf 工艺库中调取工艺厂商提供的器件。在工具栏选择 *Create—Intance* 或者通过快捷键 i 启动创建器件命令，弹出“Create Instance”对话框，在对话框中单击 Browse 浏览器，从工艺库中选择器件所在位置，在 View 栏中选择 layout 进行调用，如图 5.33 所示。

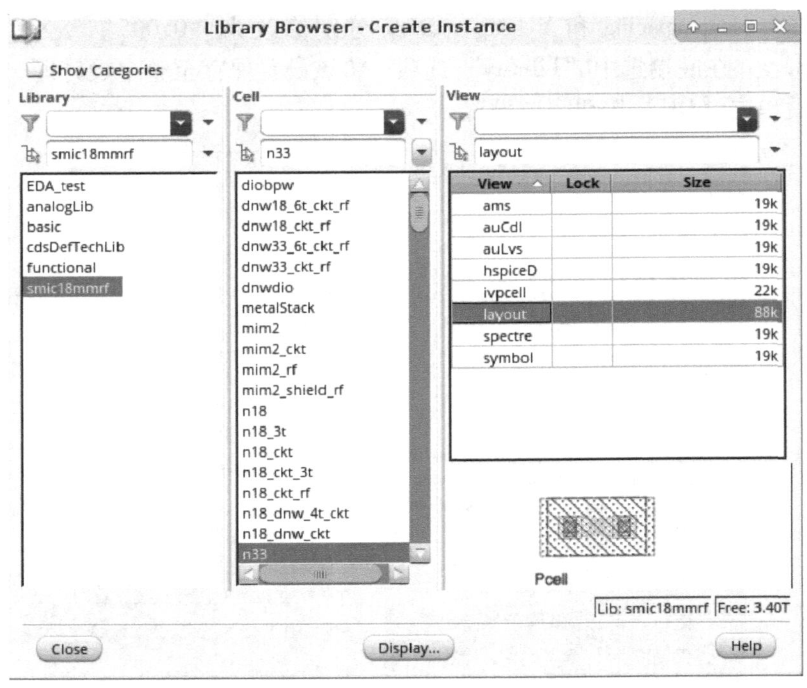

图 5.33　调用 NMOS 晶体管版图

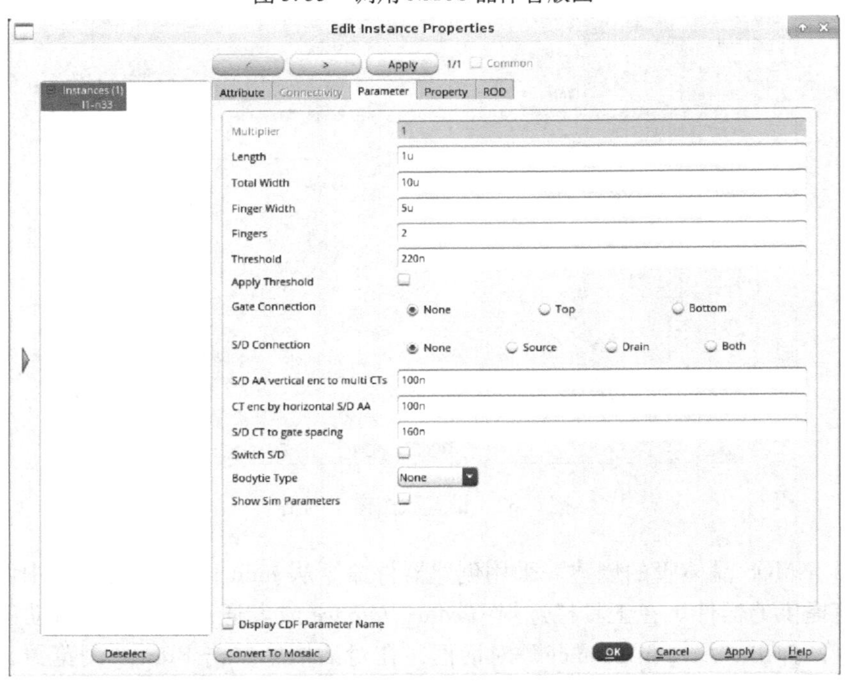

图 5.34　创建 NMOS 晶体管对话框

然后在版图窗口中，选中晶体管，单击键盘“q”键，在晶体管属性中填入Length、Total Width、Finger Width、Fingers等信息，如图5.34所示，最后单击Hide按键放置在版图视窗中。注意：在图5.34中，为了版图布局规则，形成长方形状，将NMOS晶体管拆为两个finger。由于finger对晶体管的阈值电压有一定的影响，在schematic中也要将NMSO设置为相同的finger数，以保证前仿真和后仿真工艺参数的一致性。

4）同样的方式创建PMOS晶体管，如图5.35所示。

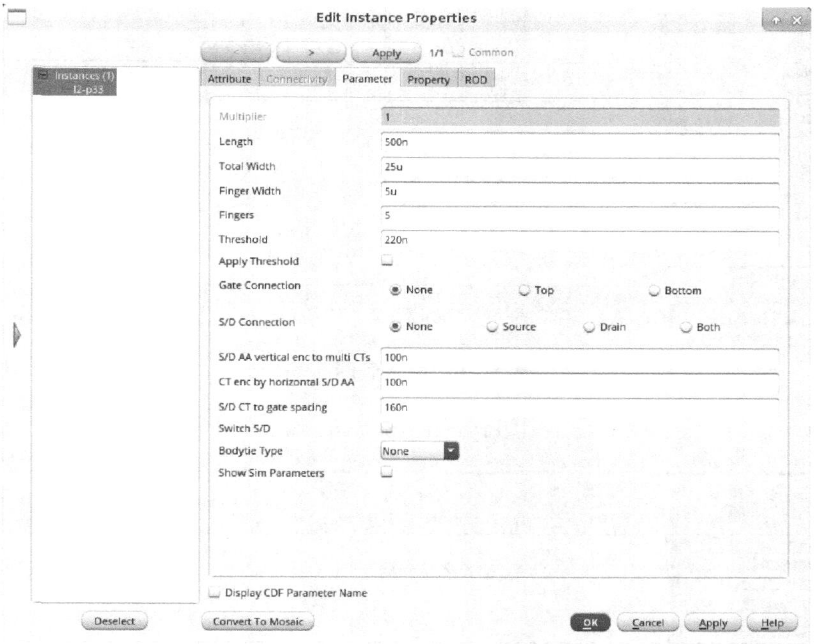

图5.35　创建PMOS晶体管对话框

5）首先进行的是版图布局，将所有晶体管调用并放置在版图窗口中。按照NMOS同行、PMOS同行的方式进行摆放，尽量将整体版图布局成规则的长方形，如图5.36所示。

6）首先进行NMOS晶体管栅极的连接，由于要对漏极进行连接，且NMOS的栅极较短，且多晶硅的电阻较大，需要将栅极的多晶硅适当延长，留出漏极的布线通道，并打上多晶硅到一层金属的接触孔，通过一层金属进行连接。首先，在LSW层选择栏中选择“GT”层，然后在键盘上单击r按键，为栅极添加矩形，如图5.37所示。

7）在键盘上单击［o］，弹出“Create Via”对话框，如图5.38所示。在Via Definition栏中选择“M1_GT”，表示选择多晶硅到一层的通孔，在Columns栏中填入“2”，表示横向通孔数目为2。

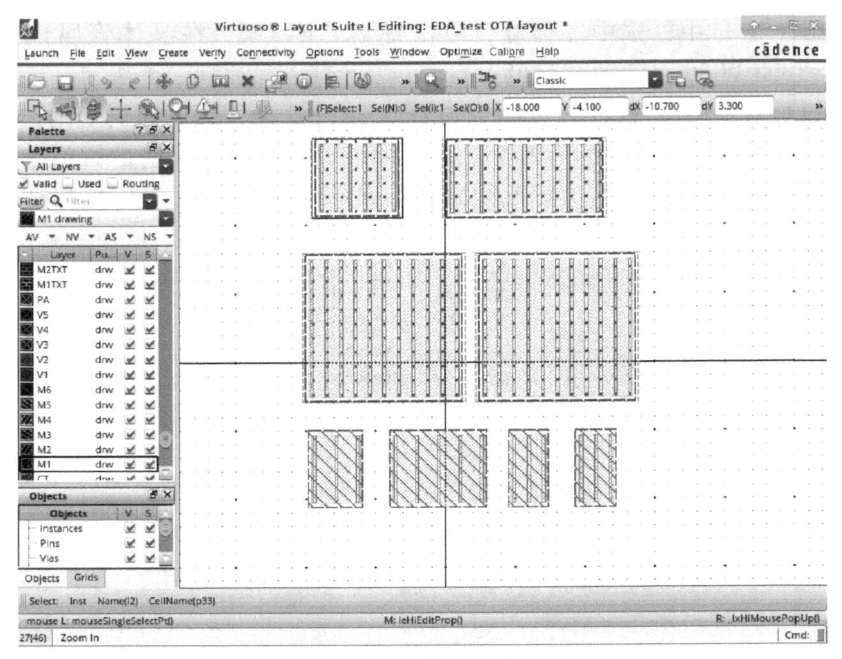

图 5.36　整体版图布局

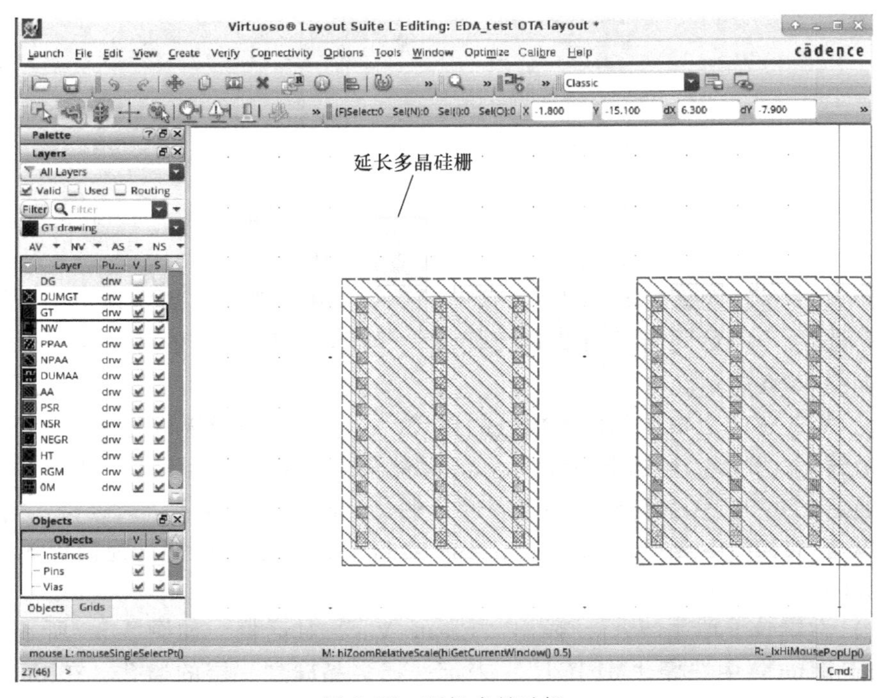

图 5.37　延长多晶硅栅

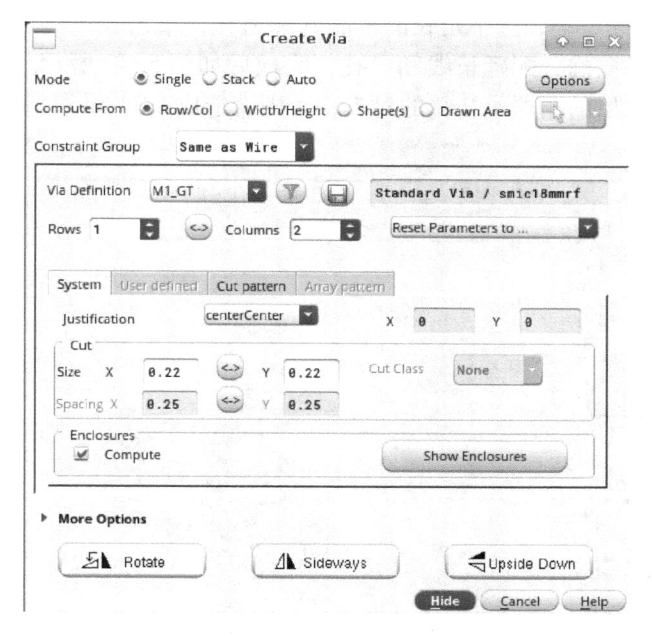

图 5.38　“Create Via”对话框

单击 Hide 按键，移动鼠标将通孔放置在多晶硅栅上，如图 5.39 所示。

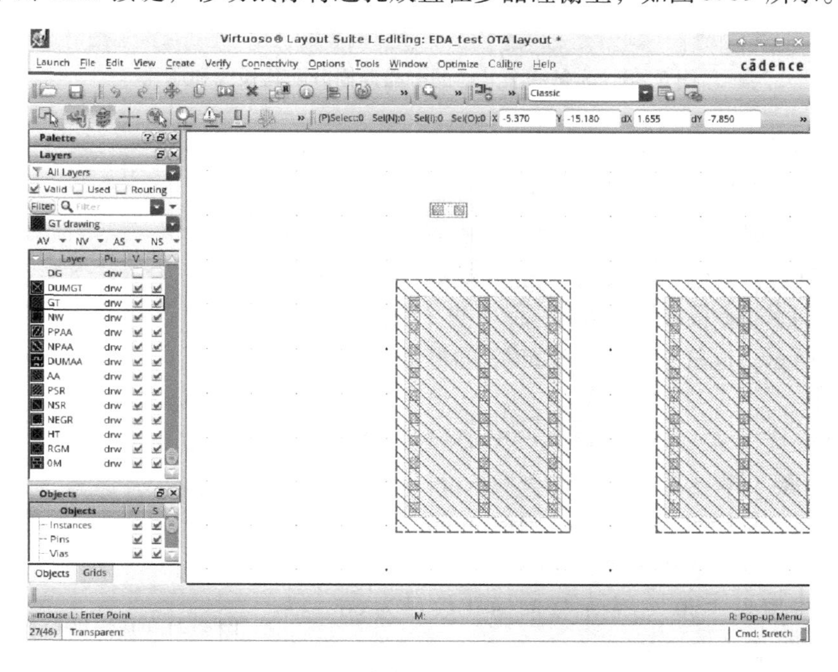

图 5.39　为多晶硅栅添加通孔

8）单击鼠标左键，选中延长的多晶硅和通孔，单击 c 按键进行复制，为每一个叉指的多晶硅栅分配延长线和通孔，完成后如图 5.40 所示。注意这里延长的多晶硅要与原始的栅严丝合缝的对齐，否则会造成 DRC 错误。

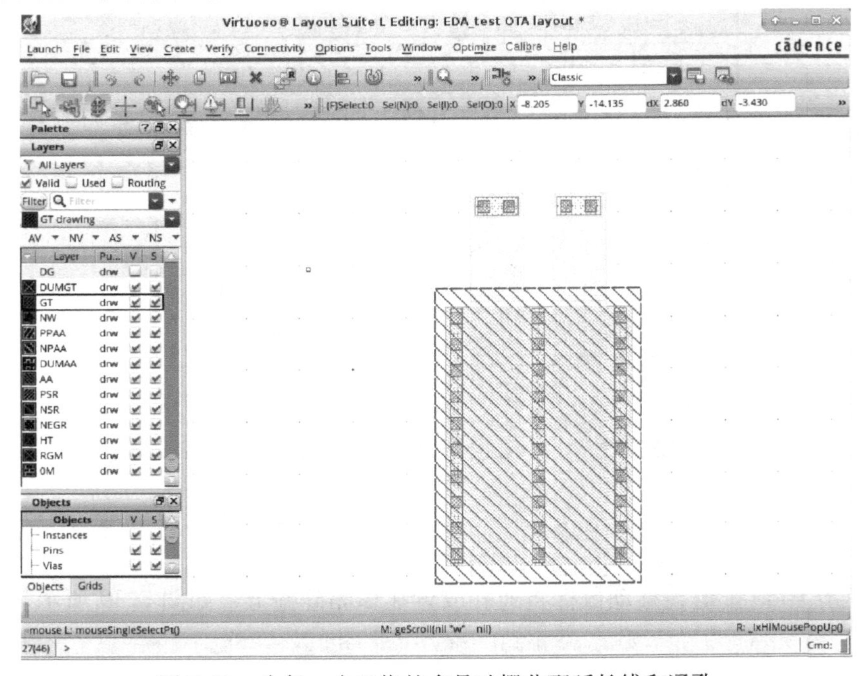

图 5.40　为每一个叉指的多晶硅栅分配延长线和通孔

9）继续在 LSW 层选择一层金属，单击 r 键，画矩形连线，将 NMOS 的漏极和源极拉出（源极和漏极交替出现，图 5.41 中可将最左侧和最右侧作为漏极，中间为源极；也可将最左侧和最右侧作为源极，中间作为漏极），方便后续进行连接，如图 5.41所示。同样进行其他 NMOS 的栅极、漏极和源极连接。

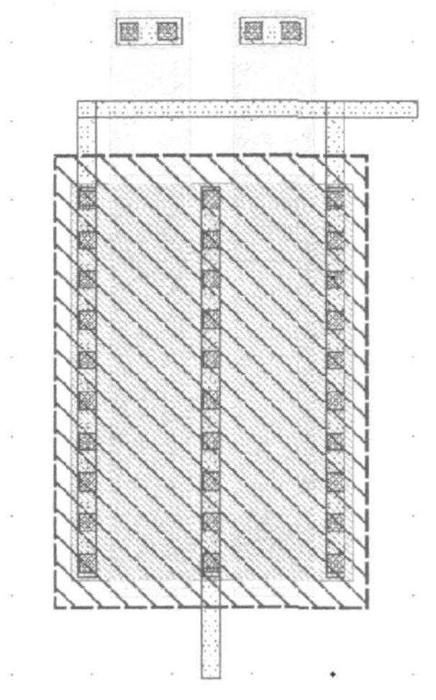

图 5.41　从漏极和源极拉出金属连接线

10）接下来就可以进行 NMOS 源极和衬底（地）连接，单击 o 键，弹出“Create Via”对话框，如图 5.42 所示。在 Via Definition 栏中选择“M1_SP”，表示选择 P 注入到一层的通孔，在 Columns 栏中填入“66”，表示横向通孔数目为 66，横向长度以覆盖全部 NMOS 为准。衬底既可作为电路的地电位，也可作为保护环使用。

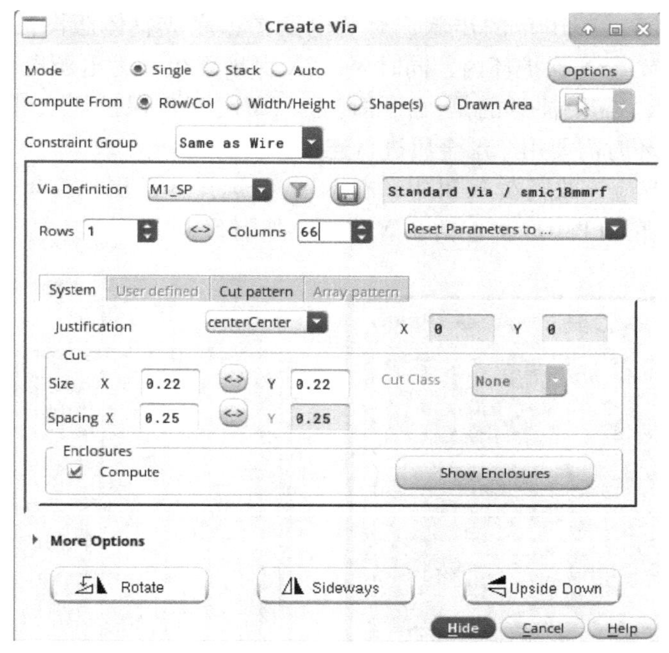

图 5.42　“Create Via”对话框

11）单击 Hide 按键，移动鼠标将 P 衬底与 NMOS 源极相连，如图 5.43 所示。在 NMOS 两侧也添加 P 衬底，作为隔离环，将 NMOS 完全包裹起来。

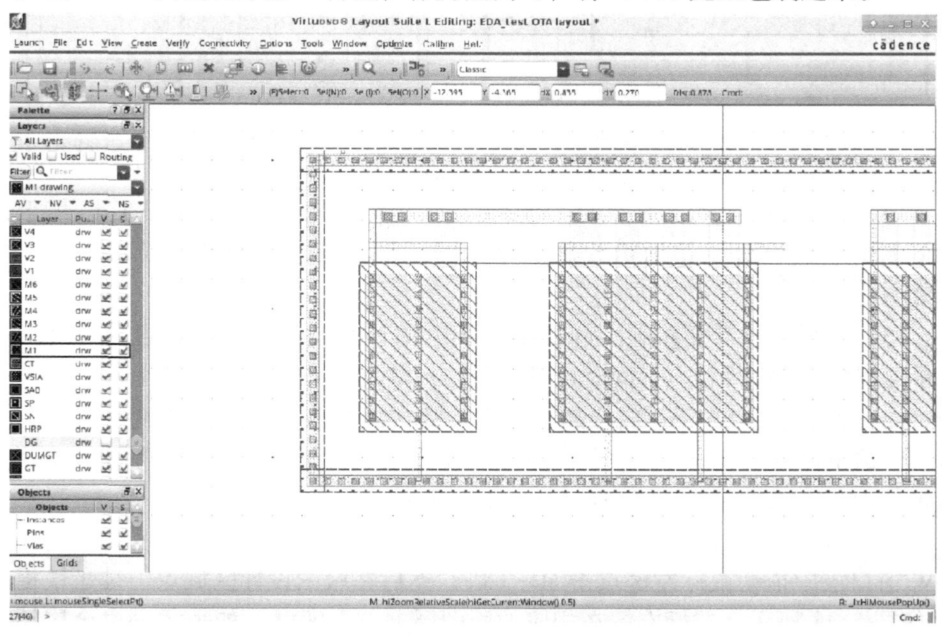

图 5.43　将 P 衬底与 NMOS 源极相连

12）参考6）~10）的步骤，对照电路图，完成整体版图的连接。其中，PMOS包裹在M1_SN保护环内，同时M1_SN保护环也作为电源电位。整体版图如图5.44所示。需要注意的是，在M1_SN（M1_SP）保护环上都有一层金属，跨越这些保护环时需要用二层金属进行连接。

13）PMOS应该放置在N阱中，在LSW中选择NW层，再单击r键，绘制矩形，将N衬底和PMOS都包括在N阱中，如图5.45所示。

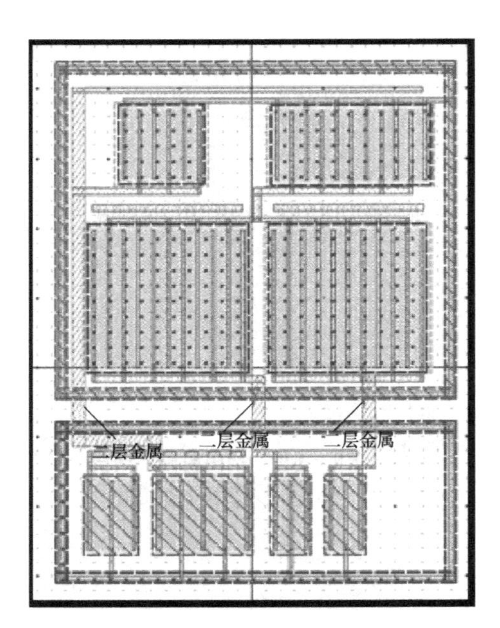

图5.44　连接完成的整体版图

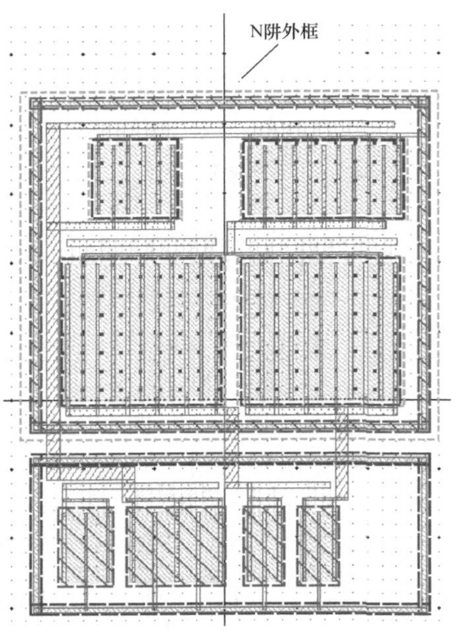

图5.45　添加了N阱后的版图

14）空余的空间可以添加虚拟器件（dummy）进行填充，如图5.46所示的右下侧的空间，可以将NMOS的漏极、栅极、源极连接到地电位，作为无效器件。

15）最后，还需要在版图的外围添加电源环和地环，这样就容易与输入输出单元（I/O）进行相连，同时形成电源与地的网格状，减小走线上产生的电压降。在LSW窗口中选择一层金属，单击r键，绘制矩形，矩形宽度以电流密度为准，这里设置为3μ宽度（具体宽度依据电流密度而定）。之后将N衬底和P衬底分别与电源和地相连，完成后如图5.47所示。

16）对电路版图完成连线后，需要对电路的输入输出进行标识。鼠标在LSW窗口层中拖动鼠标左键点击M1_TXT，然后在版图设计区域点击键盘快捷键l，如图5.48所示。鼠标左键在相应的版图层上点击即可［如采用一层金属绘制图形，则采用一层金属标识；如采用二层金属绘制图形，则采用二层金属标识

（M2_TXT）；标识层需要与绘图层匹配才能生效］，如图 5.49 所示，首先添加电源“vdda”的标识。

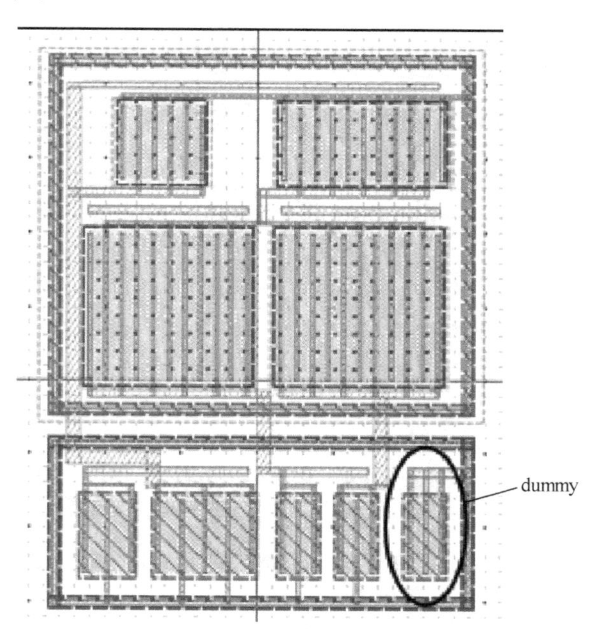

图 5.46　加入 dummy 后的版图

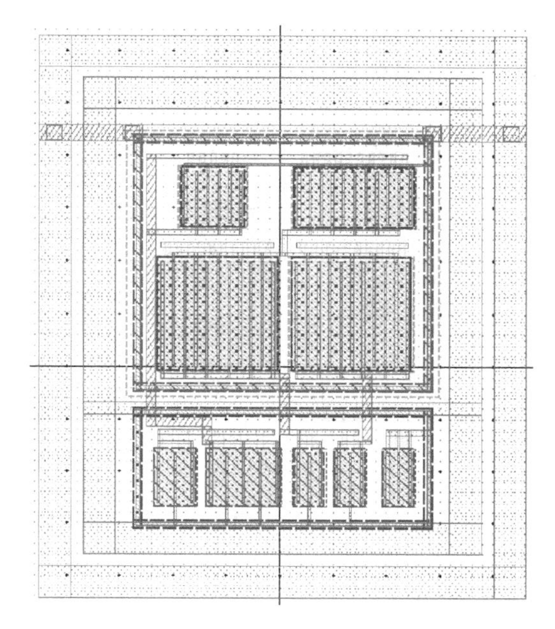

图 5.47　添加电源环和地环后的整体版图

图 5.48　创建标识对话框

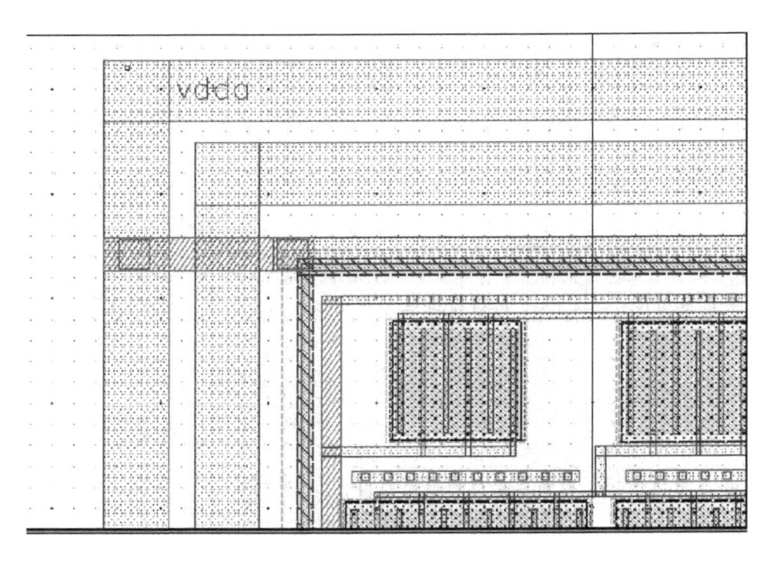

图 5.49　放置 vdda 标识示意图

17）之后继续完成“gnda”“vin”“vip”“vout”和“Iin_10u”的标识，全部标识完成后，保存版图，最终版图如图 5.50 所示。

以上就完成了跨导放大器整体的版图设计。

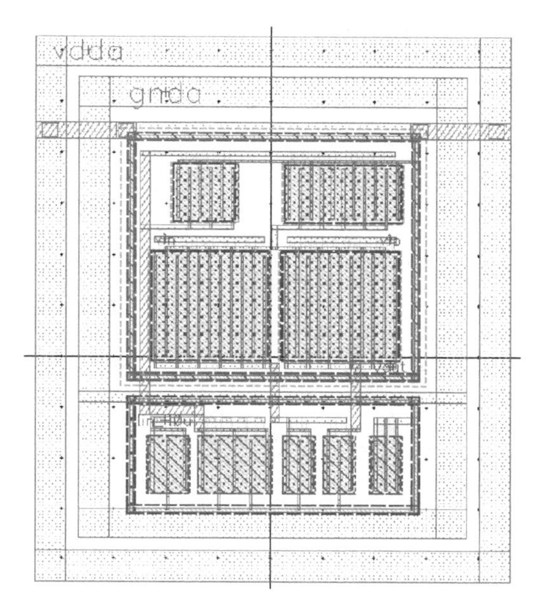

图 5. 50　跨导放大器整体版图

5. 4　跨导放大器版图验证与参数提取

完成跨导放大器的版图设计后，还需要对版图进行验证和后仿真，本小节就介绍运用 Mentor Calibre 工具进行这两个方面操作的具体方法和基本流程。

1. DRC 验证

1）在版图视图工具菜单中选择 *Calibre—Run nmDRC* 命令，如图 5. 51 所示。之后弹出 DRC 工具对话框如图 5. 52 所示。

2）选择左侧菜单中的 Rules，并在对话框右侧 DRC Rules File 单击［...］按钮选择设计规则文件，并在 DRC Run Directory 右侧单击［...］按钮选择运行目录，如图 5. 53 所示。

3）选择左侧菜单中的 Inputs，并在 Layout 选项中选择 Export from layout viewer 高亮，表示从版图视窗中提取版图数据，如图 5. 54 所示。

4）选择左侧菜单中的 Outputs，可以选择默认的设置，同时也可以改变相应输出文件的名称，如图 5. 55 所示。

5）图 5. 55 左侧的 Run Control 菜单可以选择默认设置，最后点击 Run DRC，Calibre 开始导出版图文件并对其进行 DRC 检查。Calibre DRC 完成后，软件会自动弹出输出结果，包括一个图形界面的错误文件查看器和一个文本格式文件，分别如图 5. 56 和图 5. 57 所示。

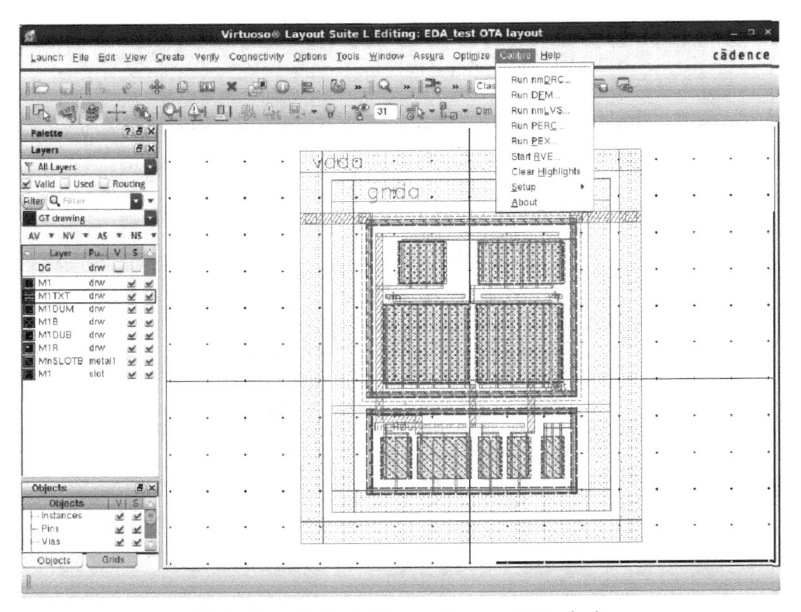

图 5.51　选择 *Calibre—Run nmDRC* 命令

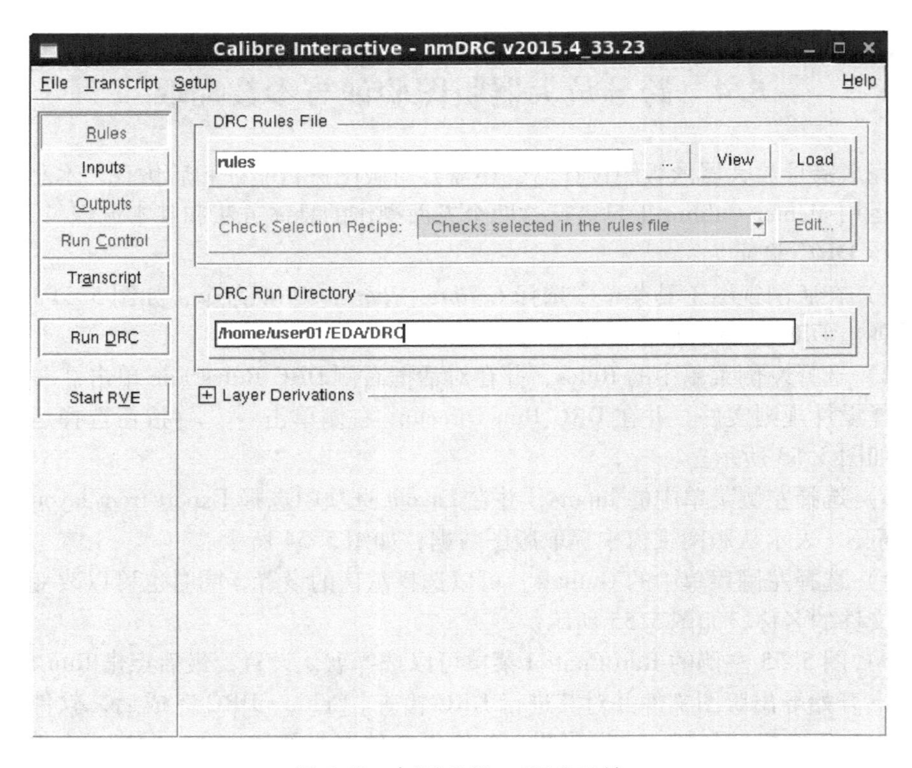

图 5.52　打开 Calibre DRC 工具

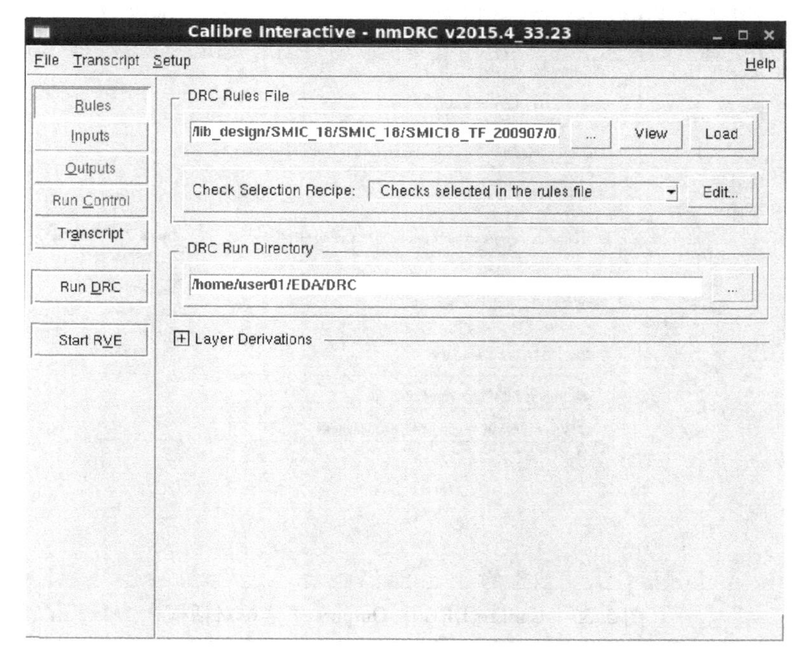

图 5.53　Calibre DRC 中 Rules 子菜单对话框

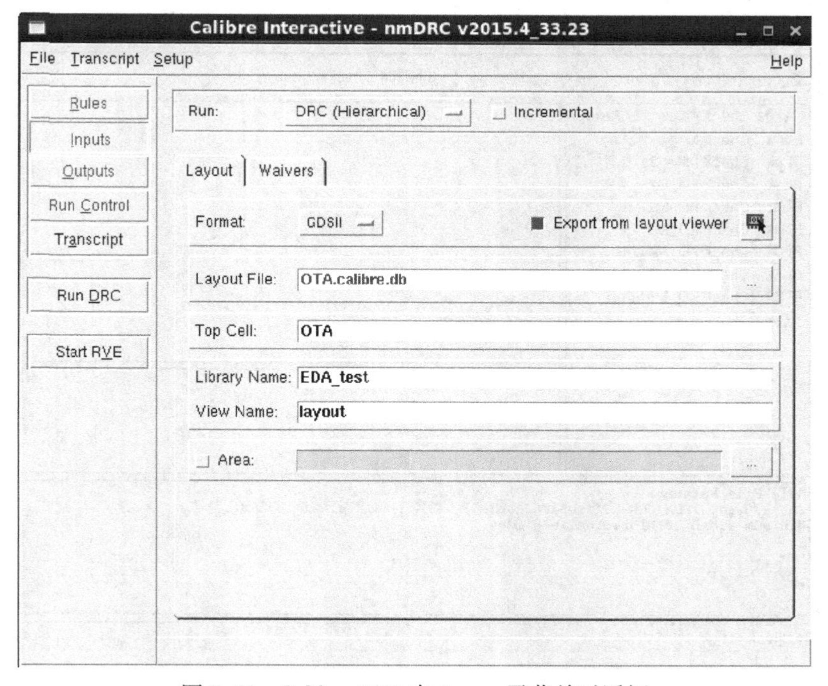

图 5.54　Calibre DRC 中 Inputs 子菜单对话框

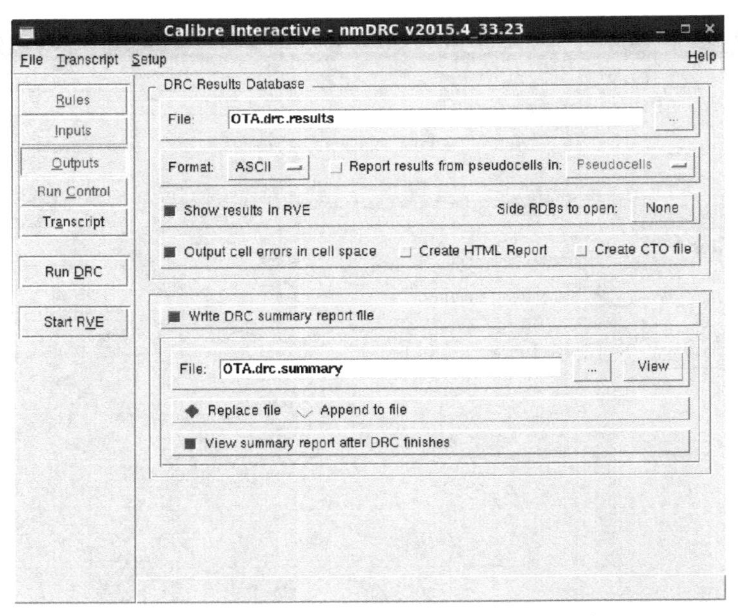

图 5.55　Calibre DRC 中 Outputs 子菜单对话框

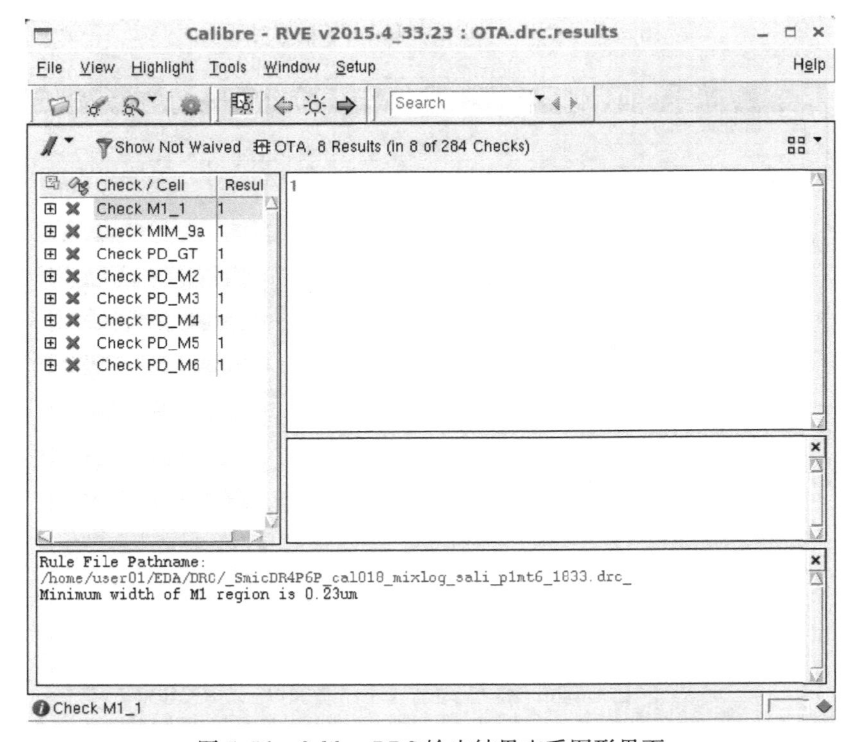

图 5.56　Calibre DRC 输出结果查看图形界面

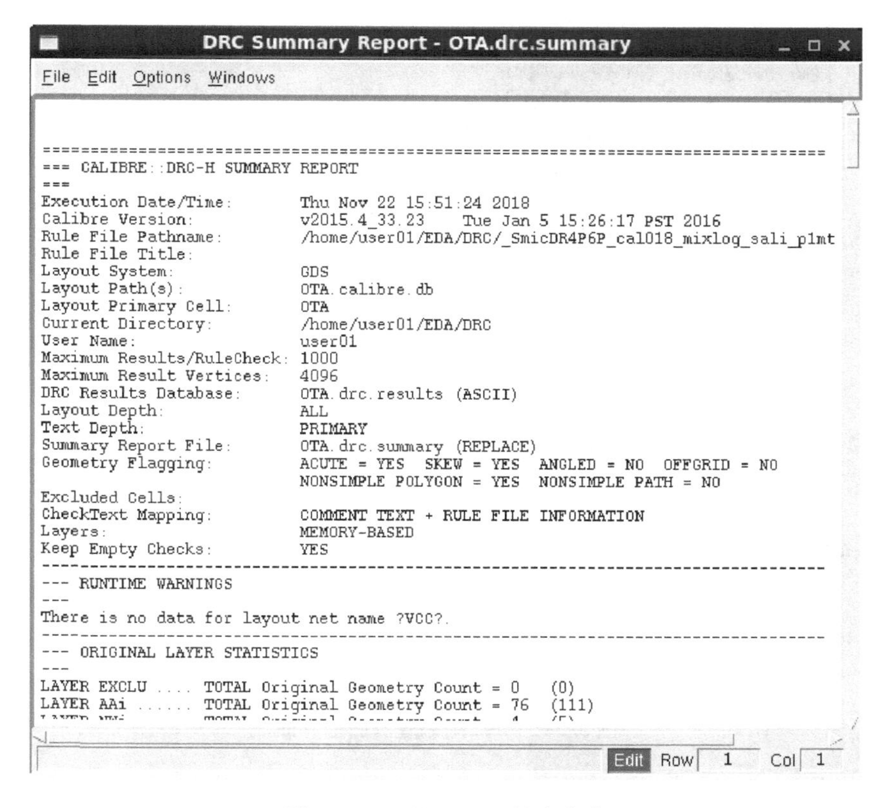

图 5.57　Calibre DRC 输出文本

6）查看图 5.56 所示的 Calibre DRC 输出结果的图形界面，表明在版图中存在 8 个 DRC 错误，分别为 M1_1（一层金属宽度小于 0.23μm）和 7 个密度的错误，其中，密度的错误在小模块设计时可以忽略。在最终流片模块中，如密度不够，可填充各层金属增加密度，保证芯片良率。所以，目前只需要修改一层金属的宽度小于 0.23μm 的问题。

7）错误修改。鼠标左键点击“Check M1_1”，下侧会提示错误的具体类型，而双击右侧提示框中的“1”就可以定位到版图中错误的所在位置，DRC 结果查看图形界面如图 5.58 所示，版图定位如图 5.59 所示，错误部分会有高亮显示。

8）根据提示进行版图修改，单击 s 键，然后选中要修改的一层金属左上角，将一层金属向上拉，使得一层金属的宽度扩大至大于 0.23μm 即可，修改后的版图如图 5.60 所示。

9）DRC 错误修改完毕后，在 DRC 工具对话框中单击 Run DRC，再次进行 DRC 检查，这时弹出如图 5.61 所示的界面，除了密度的错误以外没有其他的错误显示，这表明 DRC 已经通过。

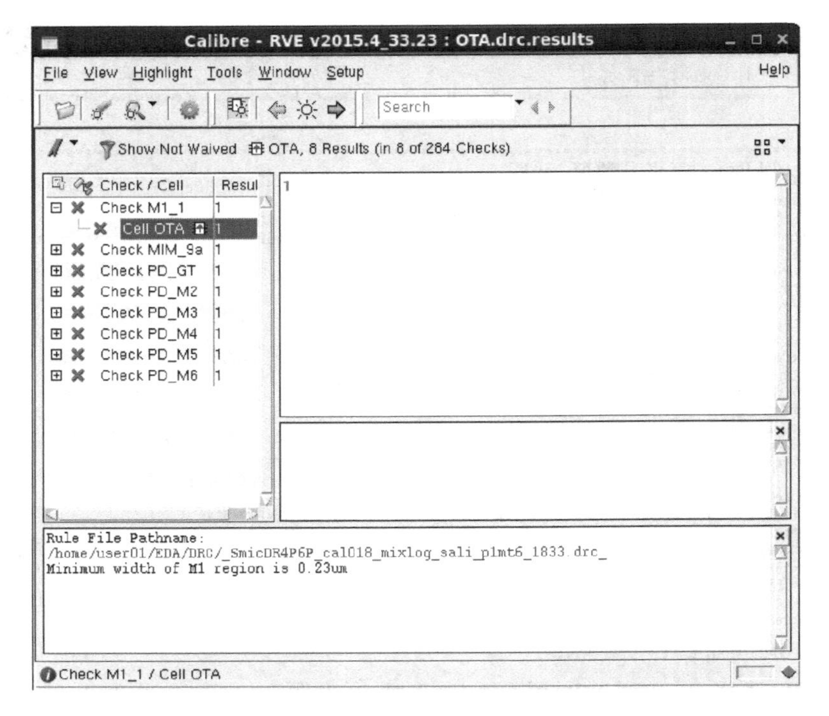

图 5.58　DRC 结果查看图形界面

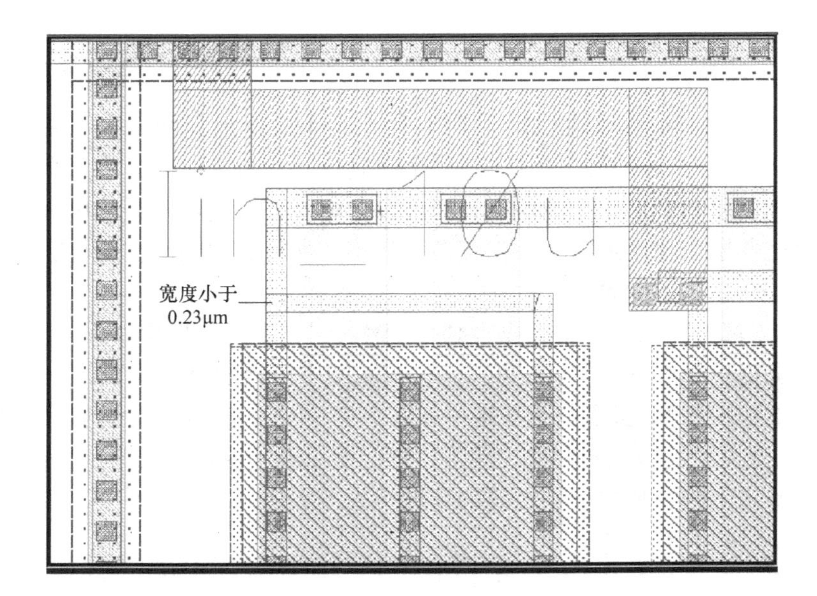

图 5.59　相应版图错误定位

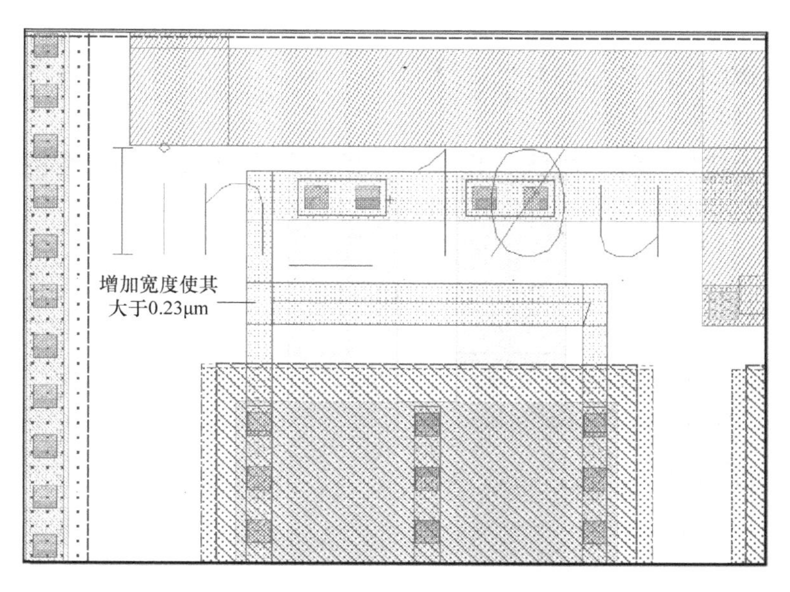

图 5.60　修改后的版图

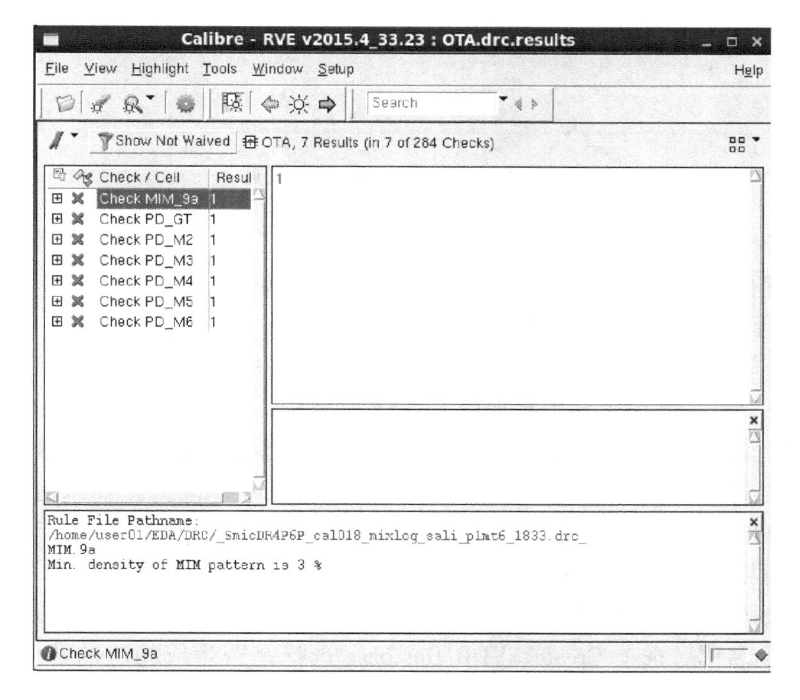

图 5.61　Calibre DRC 通过界面

以上就完成了 Calibre DRC 的主要流程。

2. LVS 验证

1）在版图视图工具菜单中选择 *Calibre—Run nmLVS* 命令，之后弹出 LVS 工具对话框，如图 5.62 所示。

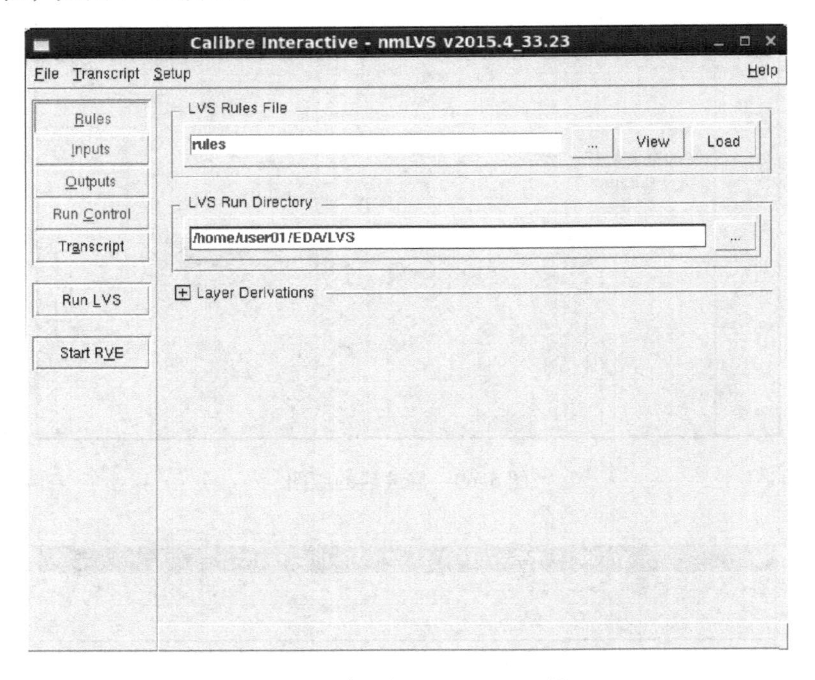

图 5.62　打开 Calibre LVS 工具

2）选择左侧菜单中的 Rules，并在对话框右侧“LVS Rules File”单击［...］按钮选择 LVS 规则文件，并在“LVS Run Directory”右侧单击［...］按钮选择运行目录，如图 5.63 所示。

3）选择左侧菜单中的 Inputs，并在 Layout 选项中选择 Export from layout viewer 高亮，表示从版图视窗中提取版图数据，如图 5.64 所示。

4）选择左侧菜单中的 Inputs，再选择 Netlist 选项，如果电路网表文件已经存在，则直接调取，并取消 Export from schematic viewer 高亮；如果电路网表需要从同名的电路单元中导出，那么需要同时打开电路图 schematic 窗口，然后在 Netlist 选项中选择 Export from schematic viewer 高亮，如图 5.65 所示。

5）选择左侧菜单中的 Outputs，可以选择默认的设置，同时也可以改变相应输出文件的名称。选项 Create SVDB Database 选择是否生成相应的数据库文件，而选项 Start RVE after LVS finishes 选择在 LVS 完成后是否自动弹出相应的图形界面，如图 5.66 所示。

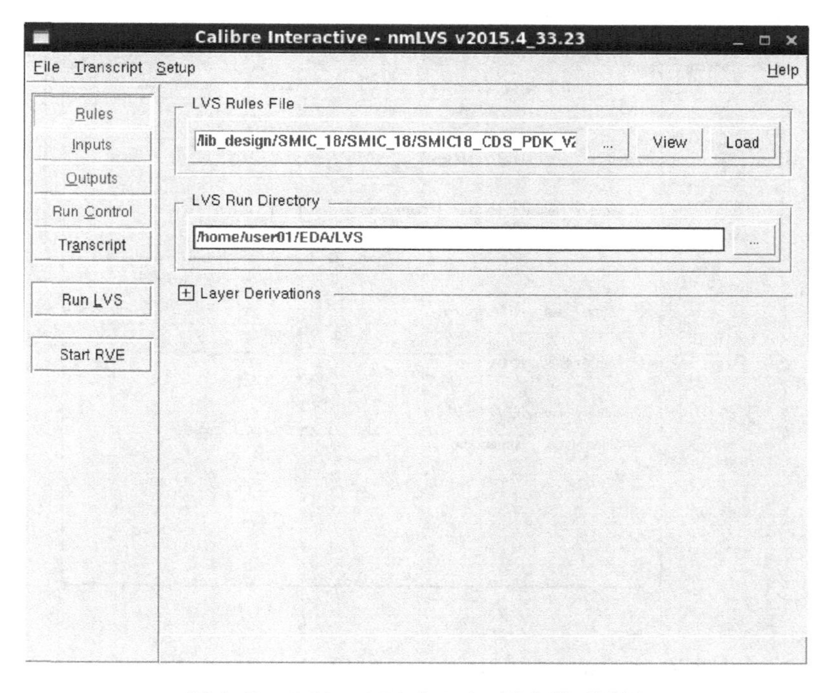

图 5.63　Calibre LVS 中 Rules 子菜单对话框

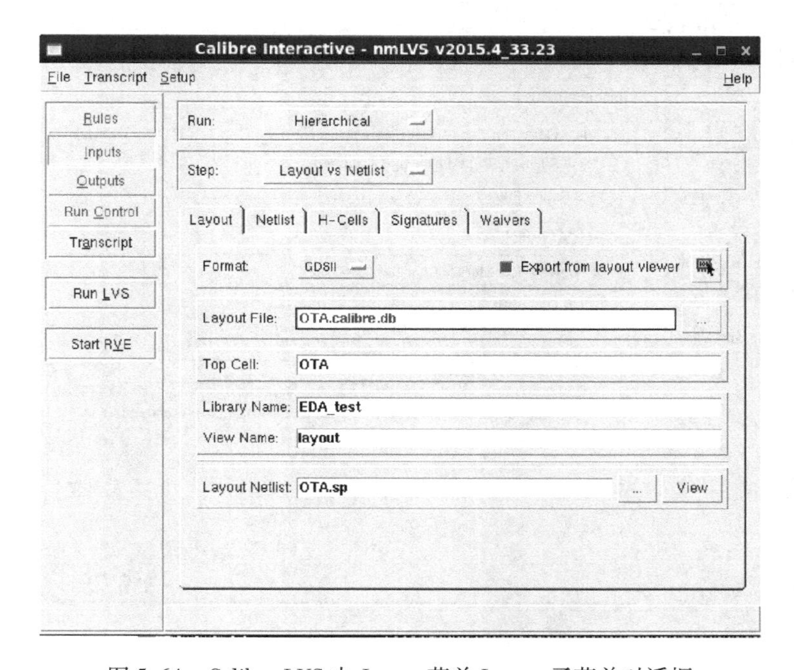

图 5.64　Calibre LVS 中 Inputs 菜单 Layout 子菜单对话框

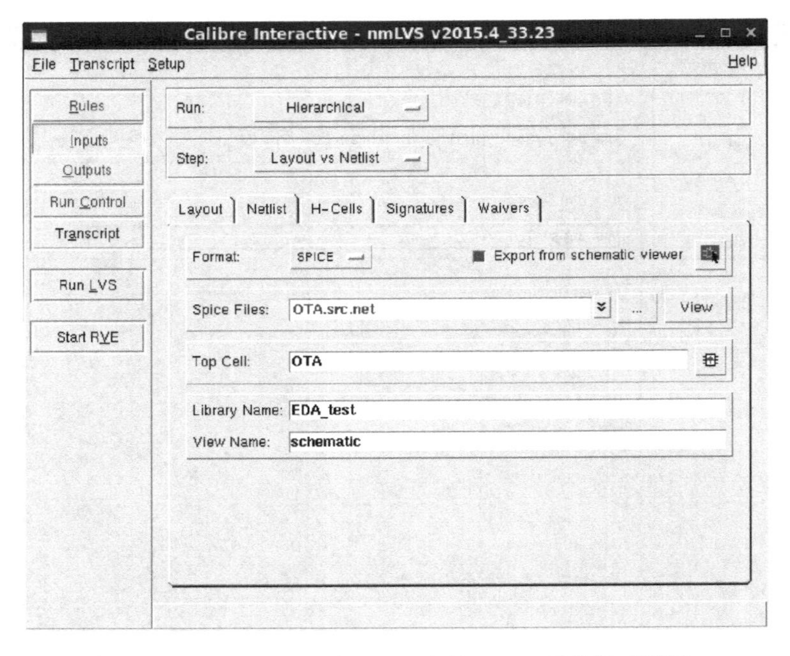

图 5.65　Calibre LVS 中 Inputs 菜单 Netlist 子菜单对话框

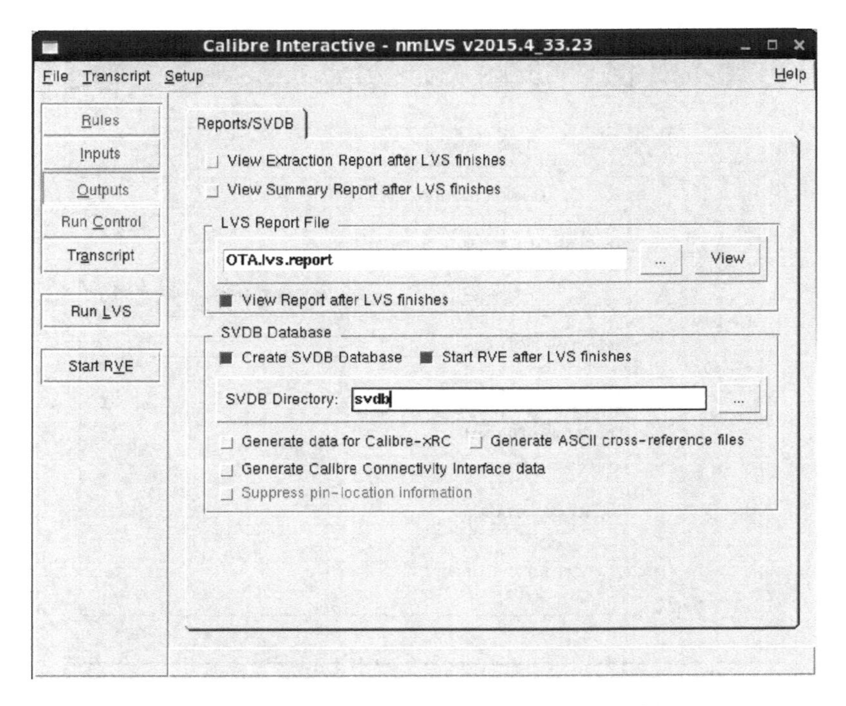

图 5.66　Calibre LVS 中 Outputs 子菜单对话框

6）在 Calibre LVS 左侧 Run Control 菜单里可以选择默认设置，点击 Run LVS，Calibre 开始导出版图文件并对其进行 LVS 检查，Calibre LVS 完成后，软件会自动弹出输出结果查看图形界面（在 Outputs 选项中进行选择，如果没有自动弹出，可点击 Start RVE 开启图形界面），以便查看错误信息，如图 5.67所示。

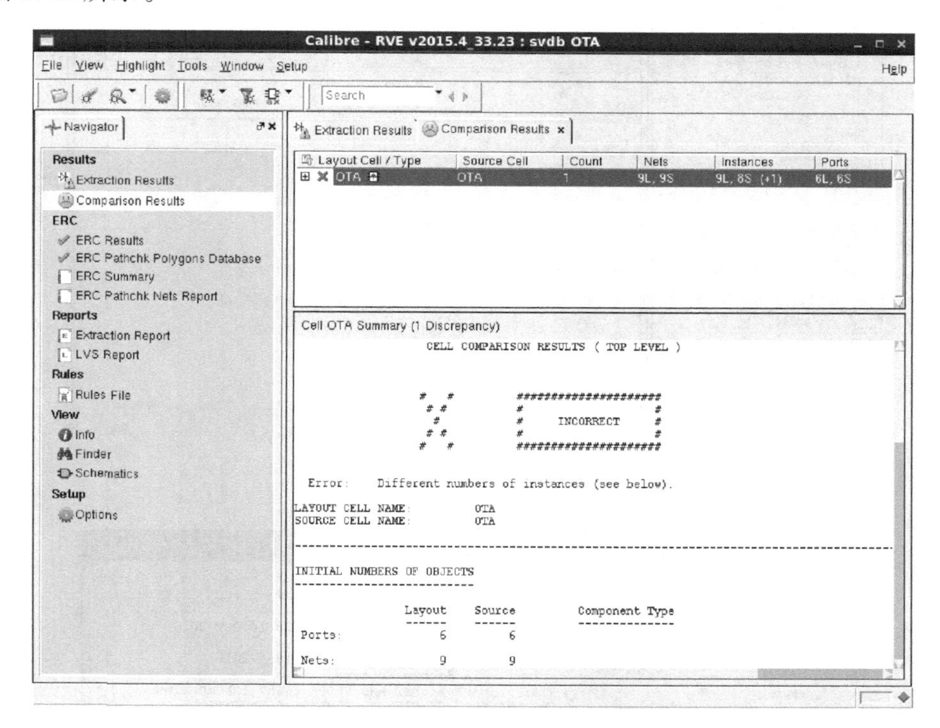

图 5.67　Calibre LVS 输出结果查看图形界面

7）选择右侧对话框中的错误，将其展开，如图 5.68 所示，下侧对话框中的信息表明在版图与电路图中存在一项器件不匹配错误。其中，左侧 LAYOUT NAME 表示版图信息，右侧 SOURCE NAME 表示电路图信息。从信息中可以看出，版图上存在一个 N33 晶体管，而电路图上则没有这个器件。这是因为我们在设计过程中添加了一个虚拟器件作为填充晶体管引起的。

8）修改方式为，首先在工具栏中选择 *Setup—LVS Options*，调出 LVS 选项出现在左侧工具栏中，如图 5.69 所示；再选择 *LVS Options—Gates*，在下侧的选项中勾选“MOS devices with all pins tied together, including bulk and optional pins”，如图 5.70 所示。这表示当 MOS 器件所有端口连接在一起时，忽略版图中的该器件。

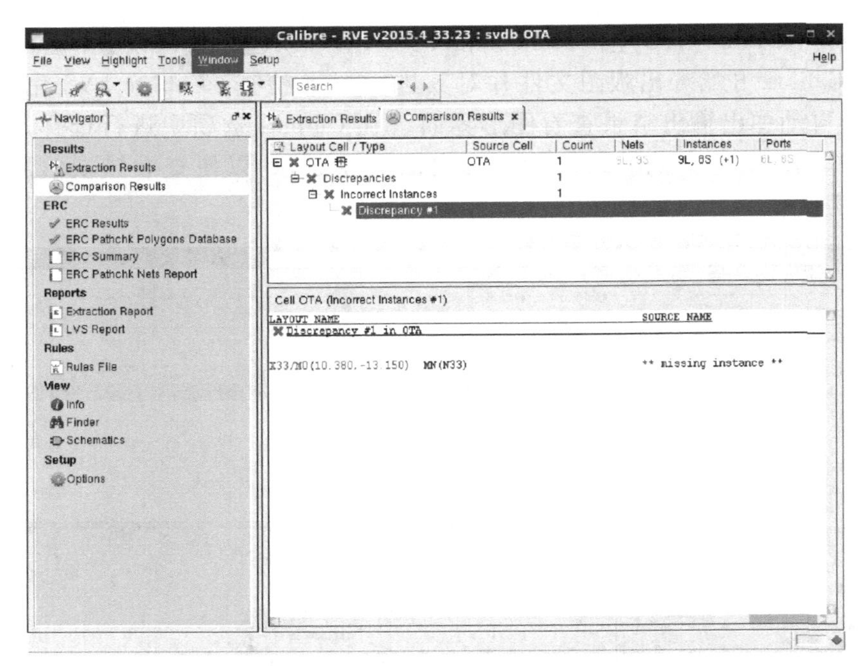

图 5.68　Calibre LVS 结果查看图形界面

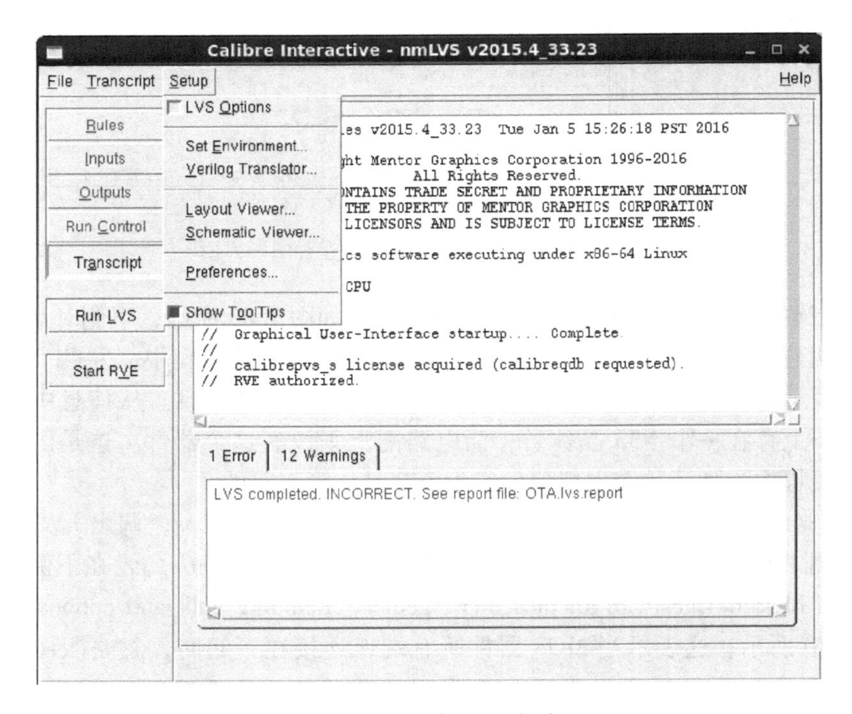

图 5.69　调出 LVS 选项

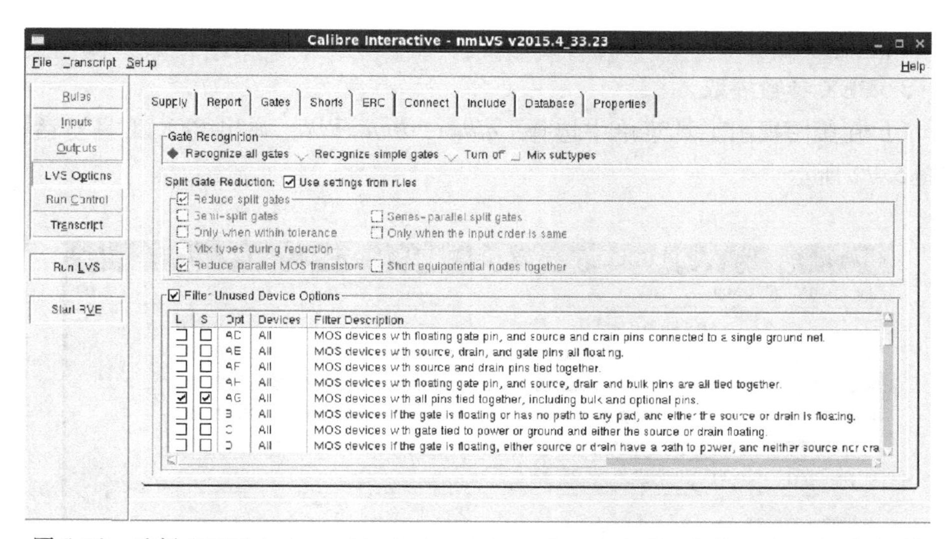

图 5.70　选择“MOS devices with all pins tied together, including bulk and optional pins”

9）LVS 选项修改完毕后，再次做 LVS，自动弹出如图 5.71 所示的窗口，表明 LVS 已经通过。

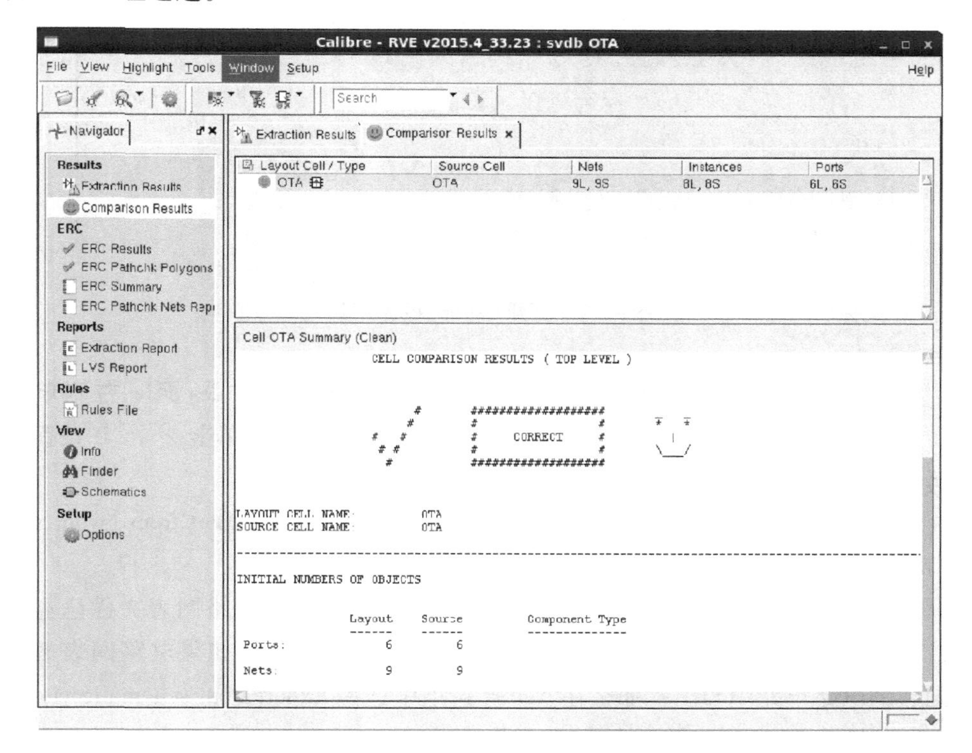

图 5.71　Calibre LVS 通过界面

以上完成了 Calibre LVS 的主要流程。

3. PEX 参数提取

1）在版图视图工具菜单中选择 *Calibre—Run PEX*，弹出 PEX 工具对话框，如图 5.72 所示。

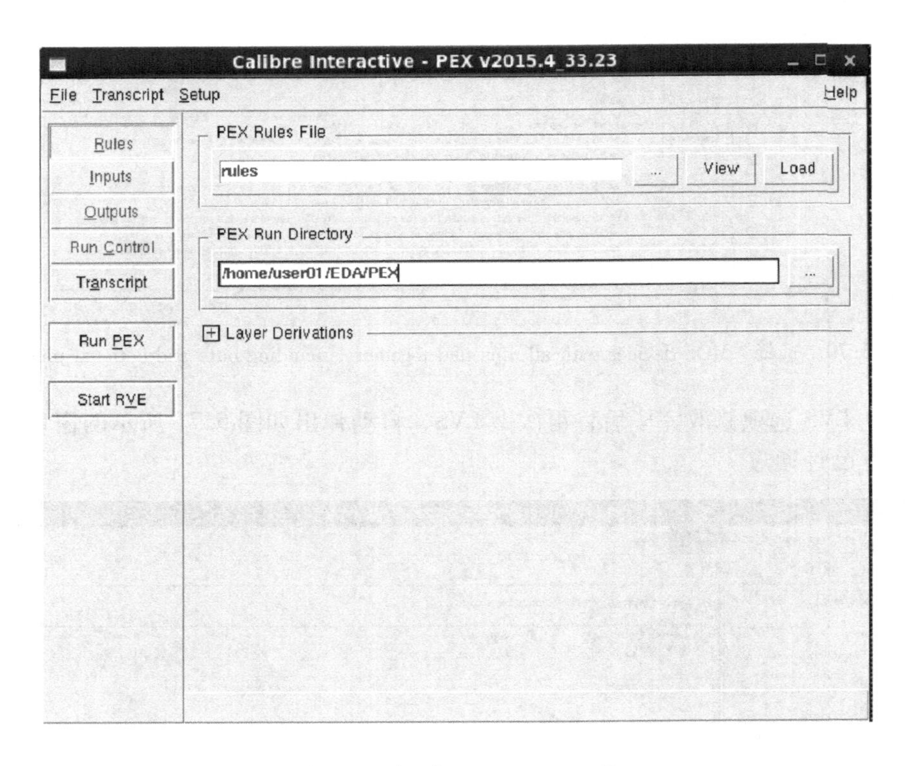

图 5.72　打开 Calibre PEX 工具

2）选择左侧菜单中的 Rules，并在对话框右侧 PEX Rules File 右侧单击［...］按钮选择提取规则文件，并在 PEX Run Directory 右侧单击［...］按钮选择运行目录，如图 5.73 所示。

3）选择左侧菜单中的 Inputs，并在 Layout 选项中选择 Export from layout viewer 高亮，如图 5.74 所示。

4）选择左侧菜单中的 Inputs，选择 Netlist 选项，如果电路网表文件已经存在，则直接调取，并取消 Export from schematic viewer 高亮；如果电路网表需要从同名的电路单元中导出，那么在 Netlist 选项中选择 Export from schematic viewer 高亮，如图 5.75 所示。

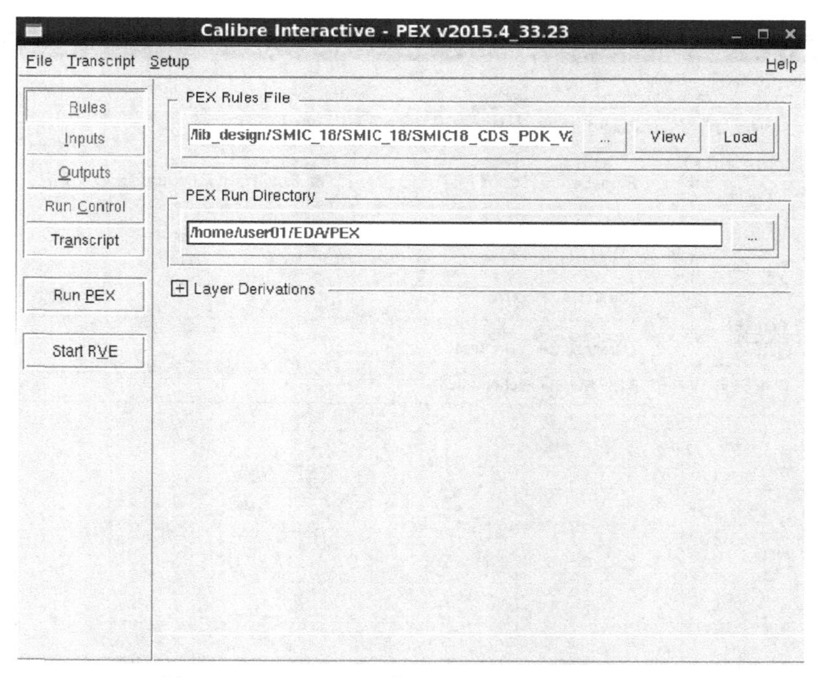

图 5.73　Calibre PEX 中“Rules”子菜单对话框

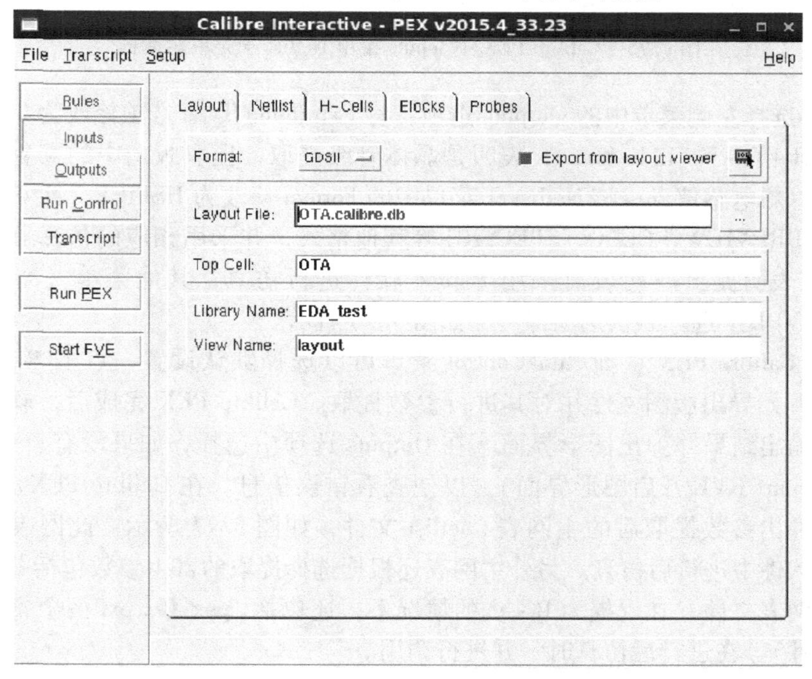

图 5.74　Calibre PEX 中 Inputs 菜单 Layout 子菜单对话框

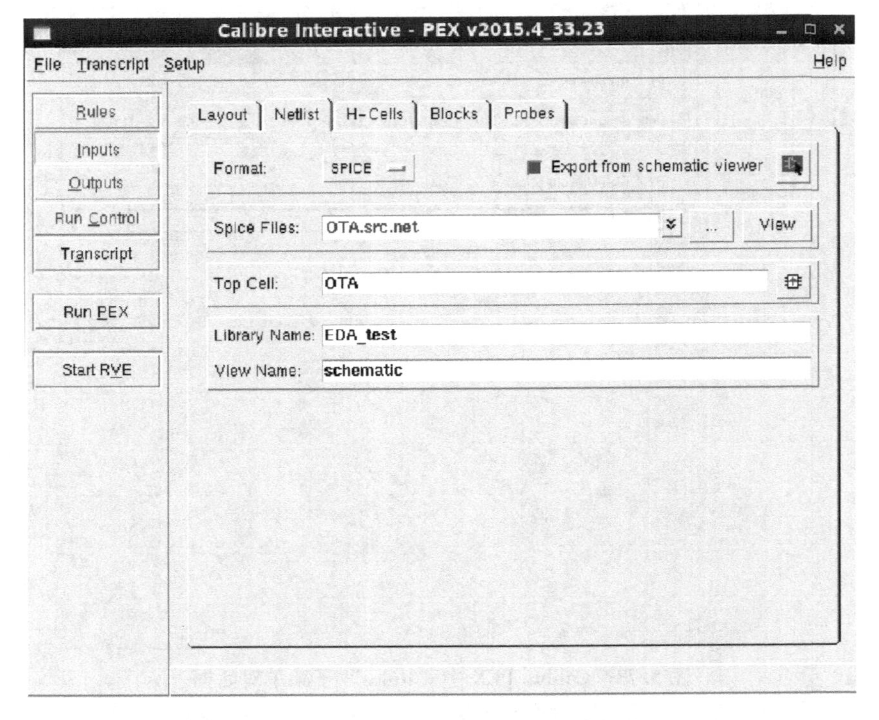

图 5. 75　Calibre PEX 中 Inputs 菜单 Netlist 子菜单对话框

5）选择左侧菜单中的 Outputs 选项，将 Extraction Type 选项修改为 Transistor Level－R＋C－No Inductance，表明是晶体管级提取，提取版图中的寄生电阻和电容，忽略电感信息；将 Netlist 子菜单中的 Format 修改为 HSPICE（也可以反提为 CALIBREVIEW、ELDO、SPECTRE 等其他格式，并采用相应的仿真器进行后仿真），表明提出的网表需采用 Hspice 软件进行仿真；其他菜单（Nets、Reports、SVDB）选择默认选项即可，如图 5. 76 所示。

6）Calibre PEX 左侧 Run Control 菜单可以选择默认设置，点击 Run PEX，Calibre 开始导出版图文件并对其进行参数提取。Calibre PEX 完成后，软件会自动弹出输出结果并弹出图形界面（在 Outputs 选项中选择，如果没有自动弹出，可点击 Start RVE 开启图形界面），以便查看错误信息。在 Calibre PEX 运行后，同时会弹出参数提取后的主网表 . netlist 文件，如图 5. 77 所示，此网表可以在 Hspice 软件中进行后仿真。另外主网表还根据选择提取的寄生参数包括若干个寄生参数网表文件（在反提为 R＋C 的情况下，还包括 . pex 和 . pxi 两个寄生参数网表文件），在进行后仿真时一并进行调用。

以上完成了 Calibre PEX 寄生参数提取的流程。

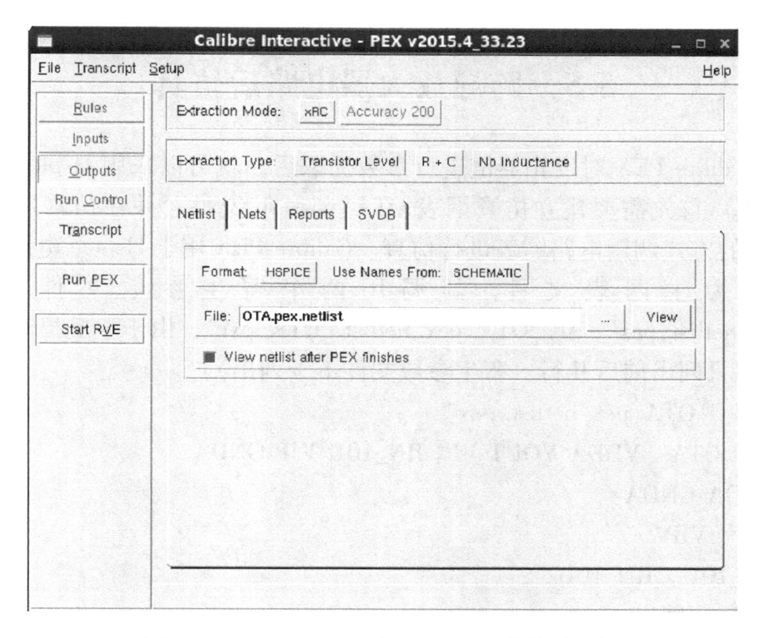

图 5.76　Calibre PEX 中 Outputs 子菜单对话框

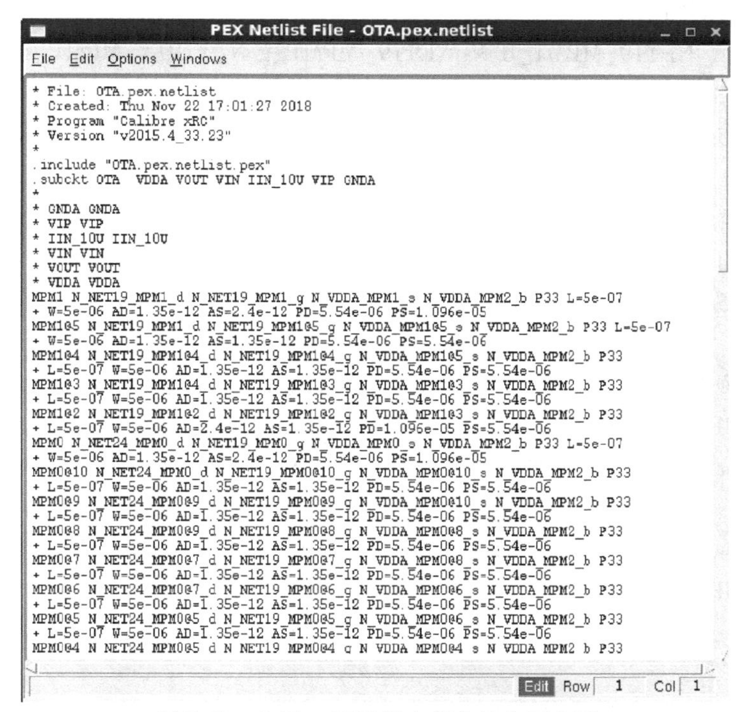

图 5.77　Calibre PEX 提出部分的主网表图

5.5 跨导放大器电路后仿真

采用 Calibre PEX 对反相器链进行参数提取后，就可以采用 Hspice 工具对其进行后仿真。首先需要建立仿真网表 OTA_post. sp 文件，并在仿真网表中通过“include”的方式调用电路网表进行仿真。Calibre PEX 用于 Hspice 电路网表如下（此网表为主网表文件，其调用两个寄生参数文件，分别为“OTA. pex. netlist. pex”和“OTA. pex. netlist. OTA. pxi”，由于主反提网表文件较大，故以下只列出前后几行，寄生参数文件不予列出）：

```
. include "OTA. pex. netlist. pex"
. subckt OTA   VDDA VOUT VIN IIN_10U VIP GNDA
* GNDA GNDA
* VIP   VIP
* IIN_10U   IIN_10U
* VIN   VIN
* VOUT VOUT
* VDDA VDDA
MPM1 N_NET19_MPM1_d N_NET19_MPM1_g N_VDDA_MPM1_s N_VDDA_
MPM2_b P33 L=5e-07
+W=5e-06 AD=1.35e-12 AS=2.4e-12 PD=5.54e-06 PS=1.096e-
05
MPM1@5 N_NET19_MPM1_d N_NET19_MPM1@5_g N_VDDA_MPM1@5_s
N_VDDA_MPM2_b P33 L=5e-07
+W=5e-06 AD=1.35e-12 AS=1.35e-12 PD=5.54e-06 PS=5.54e-
06
MPM1@4 N_NET19_MPM1@4_d N_NET19_MPM1@4_g N_VDDA_MPM1@5_s
N_VDDA_MPM2_b P33
+L=5e-07 W=5e-06 AD=1.35e-12 AS=1.35e-12 PD=5.54e-06 PS=
5.54e-06
MPM1@3 N_NET19_MPM1@4_d N_NET19_MPM1@3_g N_VDDA_MPM1@3_s
N_VDDA_MPM2_b P33
+L=5e-07 W=5e-06 AD=1.35e-12 AS=1.35e-12 PD=5.54e-06 PS=
5.54e-06
MPM1@2 N_NET19_MPM1@2_d N_NET19_MPM1@2_g N_VDDA_MPM1@3_s
N_VDDA_MPM2_b P33
```

+L=5e-07 W=5e-06 AD=2.4e-12 AS=1.35e-12 PD=1.096e-05 PS=5.54e-06

MPM0 N_NET24_MPM0_d N_NET19_MPM0_g N_VDDA_MPM0_s N_VDDA_MPM2_b P33 L=5e-07

+W=5e-06 AD=1.35e-12 AS=2.4e-12 PD=5.54e-06 PS=1.096e-05

MPM0@10 N_NET24_MPM0_d N_NET19_MPM0@10_g N_VDDA_MPM0@10_s N_VDDA_MPM2_b P33

+L=5e-07 W=5e-06 AD=1.35e-12 AS=1.35e-12 PD=5.54e-06 PS=5.54e-06

MPM0@9 N_NET24_MPM0@9_d N_NET19_MPM0@9_g N_VDDA_MPM0@10_s N_VDDA_MPM2_b P33

+L=5e-07 W=5e-06 AD=1.35e-12 AS=1.35e-12 PD=5.54e-06 PS=5.54e-06

MPM0@8 N_NET24_MPM0@9_d N_NET19_MPM0@8_g N_VDDA_MPM0@8_s N_VDDA_MPM2_b P33

+L=5e-07 W=5e-06 AD=1.35e-12 AS=1.35e-12 PD=5.54e-06 PS=5.54e-06

MPM0@7 N_NET24_MPM0@7_d N_NET19_MPM0@7_g N_VDDA_MPM0@8_s N_VDDA_MPM2_b P33

+L=5e-07 W=5e-06 AD=1.35e-12 AS=1.35e-12 PD=5.54e-06 PS=5.54e-06

MPM0@6 N_NET24_MPM0@7_d N_NET19_MPM0@6_g N_VDDA_MPM0@6_s N_VDDA_MPM2_b P33

+L=5e-07 W=5e-06 AD=1.35e-12 AS=1.35e-12 PD=5.54e-06 PS=5.54e-06

MPM0@5 N_NET24_MPM0@5_d N_NET19_MPM0@5_g N_VDDA_MPM0@6_s N_VDDA_MPM2_b P33

+L=5e-07 W=5e-06 AD=1.35e-12 AS=1.35e-12 PD=5.54e-06 PS=5.54e-06

……

MNM2 N_NET22_MNM2_d N_NET22_MNM2_g N_GNDA_MNM2_s N_GNDA_MNM2_b N33 L=5e-07

+W=5e-06 AD=2.4e-12 AS=1.35e-12 PD=1.096e-05 PS=5.54e-06

```
MNM2@2 N_NET22_MNM2@2_d N_NET22_MNM2@2_g N_GNDA_MNM2_s
N_GNDA_MNM2_b N33 L=5e-07
 +W=5e-06 AD=2.4e-12 AS=1.35e-12 PD=1.096e-05 PS=5.54e-
06
MNM3 N_VOUT_MNM3_d N_NET22_MNM3_g N_GNDA_MNM3_s N_GNDA_
MNM2_b N33 L=5e-07
 +W=5e-06 AD=2.4e-12 AS=1.35e-12 PD=1.096e-05 PS=5.54e-
06
MNM3@2 N_VOUT_MNM3@2_d N_NET22_MNM3@2_g N_GNDA_MNM3_s
N_GNDA_MNM2_b N33 L=5e-07
 +W=5e-06 AD=2.4e-12 AS=1.35e-12 PD=1.096e-05 PS=5.54e-
06
mX33/M0_noxref N_GNDA_X33/M0_noxref_d N_GNDA_X33/M0_noxref_g
 +N_GNDA_X33/M0_noxref_s N_GNDA_MNM2_b N33 L=5e-07 W=5e-06
AD=1.35e-12
 +AS=2.4e-12 PD=5.54e-06 PS=1.096e-05
mX33/M1_noxref N_GNDA_X33/M1_noxref_d N_GNDA_X33/M1_noxref_g
 +N_GNDA_X33/M0_noxref_d N_GNDA_MNM2_b N33 L=5e-07 W=5e-06
AD=2.4e-12
 +AS=1.35e-12 PD=1.096e-05 PS=5.54e-06
 *
.include "OTA.pex.netlist.OTA.pxi"
.ends
```

基于跨导放大器寄生参数提取后的网表，建立跨导放大器后仿真网表 OTA_post.sp 如下：

```
.title OTA_post
.include 'F:\hspice_assignment\OTA_2018\OTA.pex.netlist'
x1   VDDA VOUT VIN IIN_10U VIP GNDA OTA
vvdda vdda 0 3.3
vgnda gnda 0 0
IIin_10u  vdda Iin_10u  10u
vvin vin 0  1.65 ac 1   0
vvip vip 0  1.65 ac 1   180
cout1 vout 0 1pf
```

```
.tf v(vout) vvin
.lib
'F:\model\smic0907_0.18_MS\smic18mmrf_1P6M_200902271315\models\hspice\ms018_v1p9.lib' tt
.op
.ac dec 10 10 1g
.option post accurate probe nomod captab
.probe   vdb(vout) vp(vout)
.end
```

完成跨导仿真网表建立后，就可以在 Hspice 中对其进行仿真了。

1）首先启动 Windows 版本的 Hspice，弹出 Hspice 主窗口。在主窗口中单击［open］按钮，如图 5.78 所示，打开 OTA_post.sp 文件。

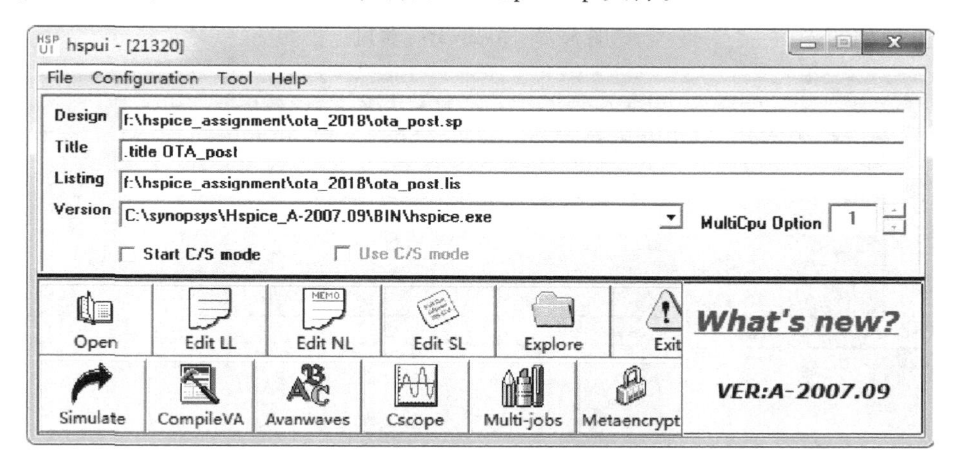

图 5.78　打开 OTA_post.sp 文件

2）在主窗口中单击［Simulate］按键，开始仿真。仿真完成后，单击［Avanwaves］按钮，如图 5.79 和图 5.80 所示，弹出 Avanwaves 和 Results Browser 窗口。

3）在 Results Browser 窗口中单击 AC：title inv，如图 5.81 所示，则在 Types 栏中显示打印的仿真结果。

4）在 Types 栏选中 Volts dB 选项，在 Curves 栏中双击 vdb（vout，再在 Types 栏选中“Volts Phase”选项，在 Curves 栏中双击 vp（vout，同时单击右键取消网格显示，将横坐标改为对数坐标，并进行分栏显示。显示跨导放大器的仿真结果如图 5.82 所示，可见后仿真功能与前仿真相对应，功能正确。

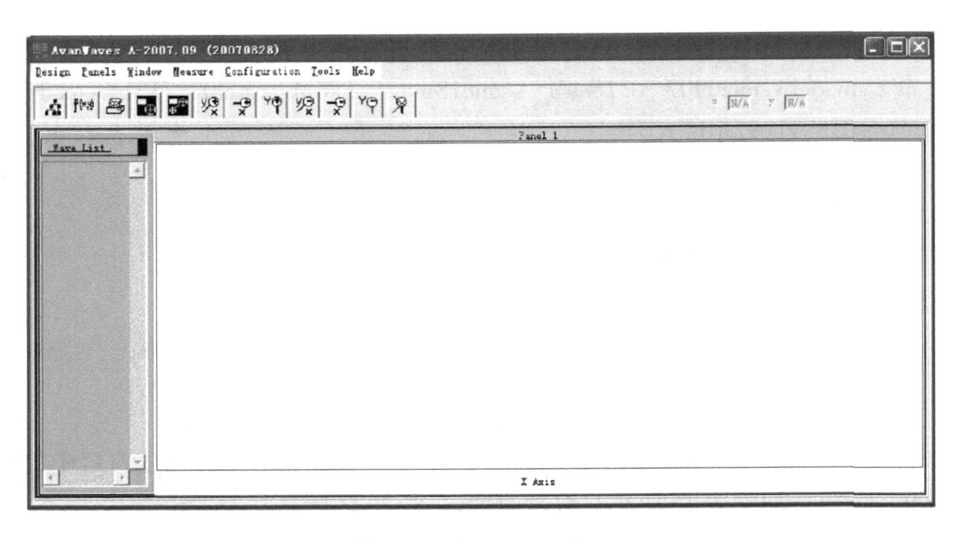

图 5.79　Avanwaves 窗口

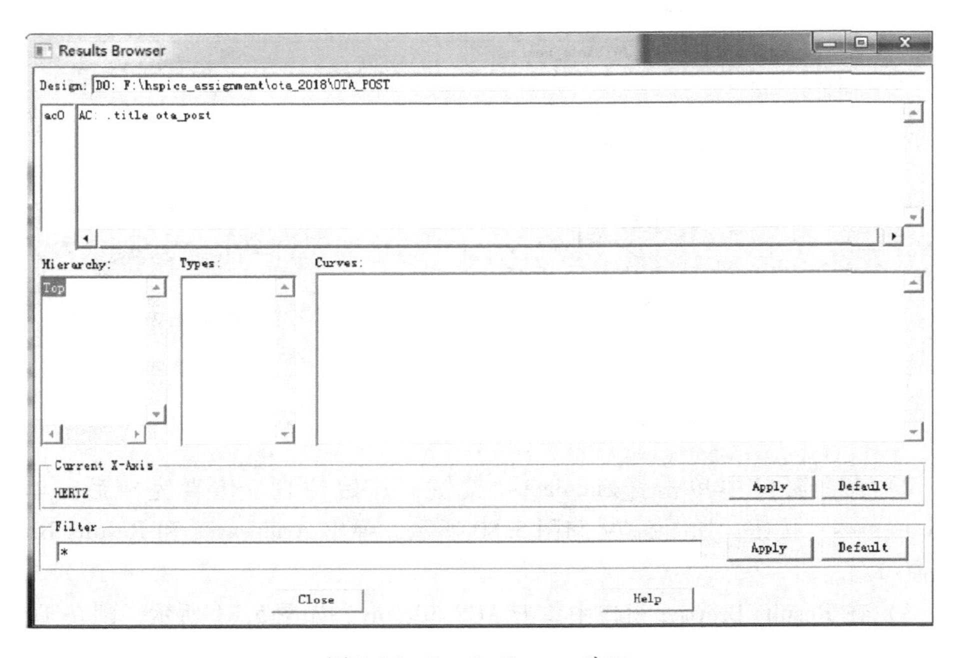

图 5.80　Results Browser 窗口

5）完成仿真结果的查看后，在主窗口中单击［Edit LL］按钮，查看仿真状态列表，图 5.83 显示了部分晶体管的直流工作点，包括工作区域（region）、直流电流（id）、栅源电压（vgs）、漏源电压（vds）等。

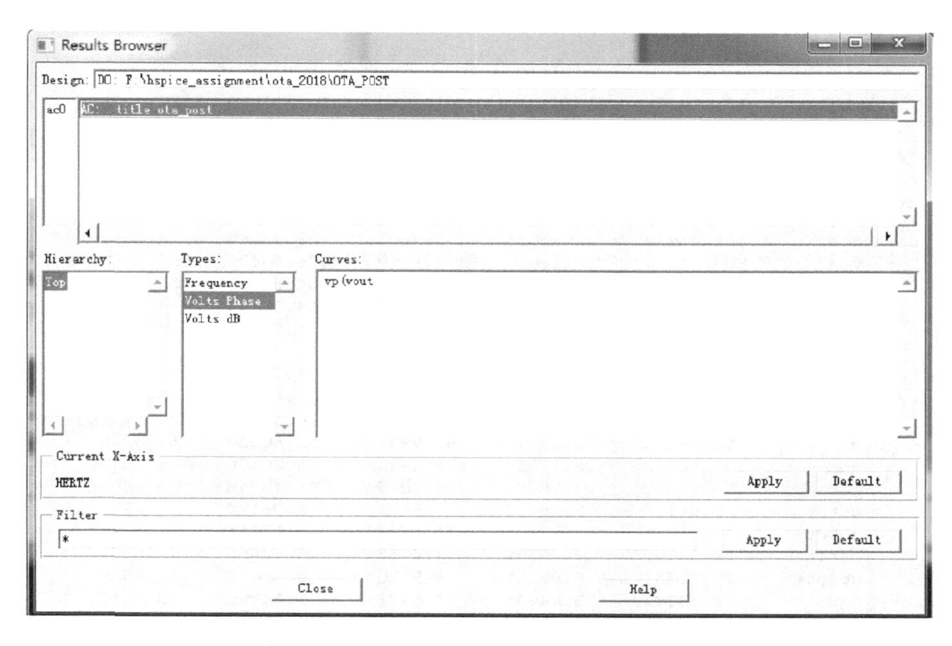

图 5.81　在 Types 栏中显示打印的仿真结果

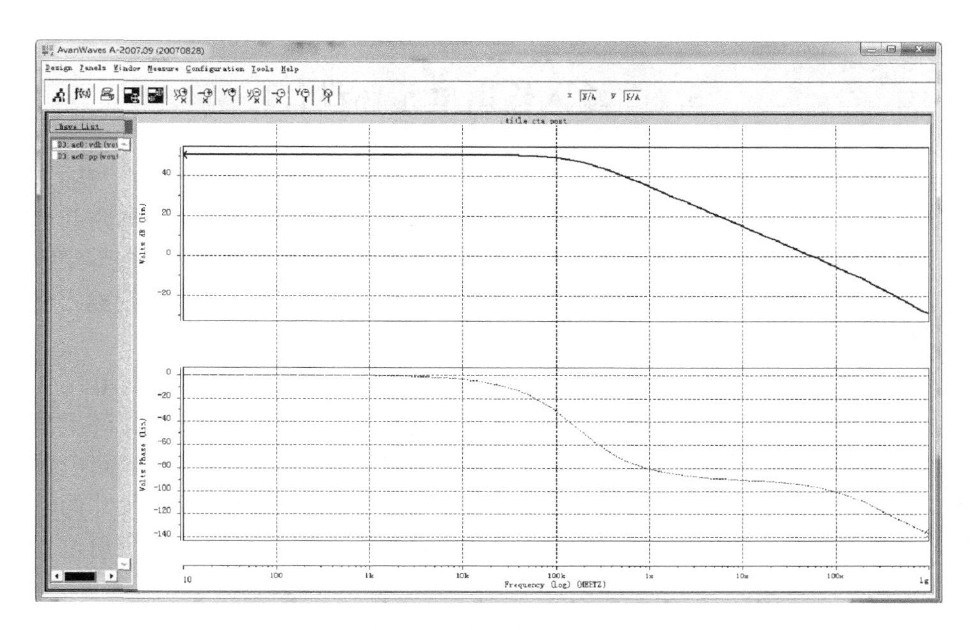

图 5.82　跨导放大器后仿真结果

以上完成了采用 Hspice 工具对寄生参数提取后的网表的仿真流程。

```
**** mosfets

subckt     x1             x1             x1             x1             x1
element    1:mpm1         1:mpm1@5       1:mpm1@4       1:mpm1@3       1:mpm1@2
model      0:p33          0:p33          0:p33          0:p33          0:p33
region       Saturati       Saturati       Saturati       Saturati       Saturati
 id          -4.1718u       -4.1716u       -4.1716u       -4.1723u       -4.1723u
 ibs        4.781e-20      2.463e-20      2.463e-20      2.387e-20      2.387e-20
 ibd          2.4602a        2.4602a        2.4602a        2.4602a        4.8046a
 vgs       -804.6507m     -804.6480m     -804.6480m     -804.6567m     -804.6567m
 vds       -804.5888m     -804.5862m     -804.5820m     -804.5907m     -804.5958m
 vbs        270.0931u      272.7584u      272.7584u      264.0816u      264.0816u
 vth       -678.8819m     -678.8833m     -678.8833m     -678.8788m     -678.8788m
 vdsat     -131.6133m     -131.6106m     -131.6106m     -131.6193m     -131.6193m
 vod       -125.7688m     -125.7647m     -125.7647m     -125.7778m     -125.7778m
 beta       505.6812u      505.6812u      505.6812u      505.6811u      505.6811u
 gam eff    827.3108m      827.3107m      827.3107m      827.3111m      827.3111m
 gm          51.7987u       51.7971u       51.7971u       51.8025u       51.8025u
 gds        175.1855n      175.1773n      175.1782n      175.2050n      175.2038n
 gmb         26.3854u       26.3845u       26.3845u       26.3874u       26.3874u
 cdtot        3.9612f        3.9612f        3.9612f        3.9612f        5.1371f
 cgtot       11.6790f       11.6790f       11.6790f       11.6791f       11.6791f
 cstot       16.2427f       14.6968f       14.6968f       14.6969f       14.6969f
 cbtot       11.5259f        9.9800f        9.9800f        9.9800f       11.1559f
 cgs          8.8478f        8.8478f        8.8478f        8.8479f        8.8479f
 cgd          1.6369f        1.6369f        1.6369f        1.6369f        1.6369f
```

图 5.83　部分晶体管的直流工作点

5.6　输入输出单元环设计

任何一款需要进行流片的芯片都包含两大部分：主体电路（core）和输入输出单元环（IO ring）。其中，输入输出单元环作为连接集成电路主体电路与外界信号通信的桥梁，不仅提供了输出驱动和接收信号的功能，而且还为内部集成电路提供了有效的静电防护，是集成电路芯片必备的单元，本节主要介绍输入输出单元环的设计，以及与内部主体电路的连接方法和流程。

一个完整的模拟输入输出单元环包括以下几类子单元：输入输出单元（连接主体电路的输入和输出信号）、输入输出电源单元（为输入输出单元环上的所有单元供电）、输入输出地单元（输入输出单元环的地平面）、主体电路电源单元（为主体电路供电）、主体电路地单元（主体电路地平面）、各种尺寸的填充单元（填充多余空间的单元）和角单元（放置在矩形或者正方形四个角位置的填充单元）。

在设计工具包中一般都包含有输入输出单元的电路和版图信息，方便设计者直接进行调用。但也有一部分工艺厂商只提供输入输出单元的电路网表（.cdl文件），这时就需要设计者首先根据电路网表依次建立输入输出单元的电路图（schematic）和符号图（symbol），然后与相应的版图归纳成一个专门的输入输出单元库，以备设计之用。本节采用的 smic 18mmrf 工艺库就属于第二种类型，笔者已经根据单元网表建立好相应的电路图和符号图放置于 EDA_test 库中进行调用，这里就不再赘述建立的过程。

与普通电路的版图设计顺序不同，输入输出单元环设计首先进行版图设计，之后再进行电路图设计。这是因为设计者需要根据主体电路的面积来摆放合适的单元，既做到最大程度的使用单元，又没有浪费宝贵的芯片面积，下面就详细介绍输入输出环的设计过程。

1）首先参考 SMIC 0.18μm 工艺库提供的设计文档，确定输入输出环上所使用的单元为：PANA2APW（输入输出单元）、PVDD5APW（输入输出电源单元）、PVSS5APW（输入输出地单元）、PVDD1APW（主体电路电源单元）、PVSS1APW（主体电路地单元）和不同尺寸的填充单元（如 PFILL50AW 表示填充单元宽度为 50μm）。

2）在 CIW 主窗口中选择 *File—New—Cellview* 命令，弹出 New File 对话框，在 Library 中选择已经建好的库“EDA_test”，在 Cell 中输入“io_ring”，并在 Type 中选择 layout 工具，最后在 Open with 中选择 Layout L，如图 5.84 所示。

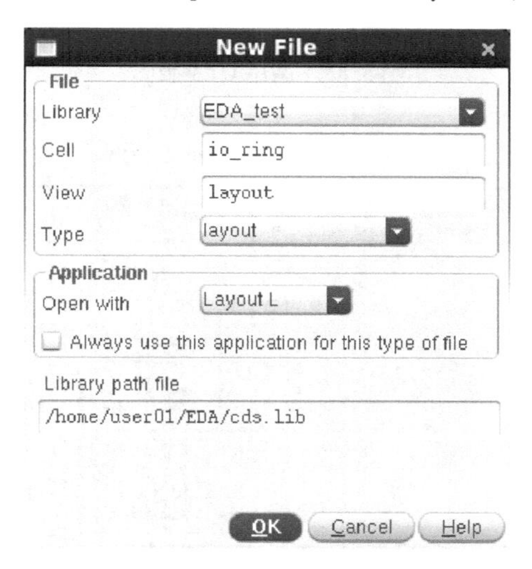

图 5.84　新建输入输出单元环对话框

3）点击 OK 后，弹出版图设计窗口，采用创建器件命令从 EDA_test 库中调取已经设计好的跨导放大器版图作为参照。鼠标左键单击图标或者通过快捷键［i］启动创建器件命令，弹出 Create Instance 对话框，在对话框中单击［Browse］浏览器从 EDA_test 库中选择 OTA 所在位置，在 View 栏中选择 layout 进行调用，如图 5.85 所示。然后单击［Close］按键回到 Create Instance 对话框，在该对话框中单击［Hide］按键完成添加，如图5.86所示。

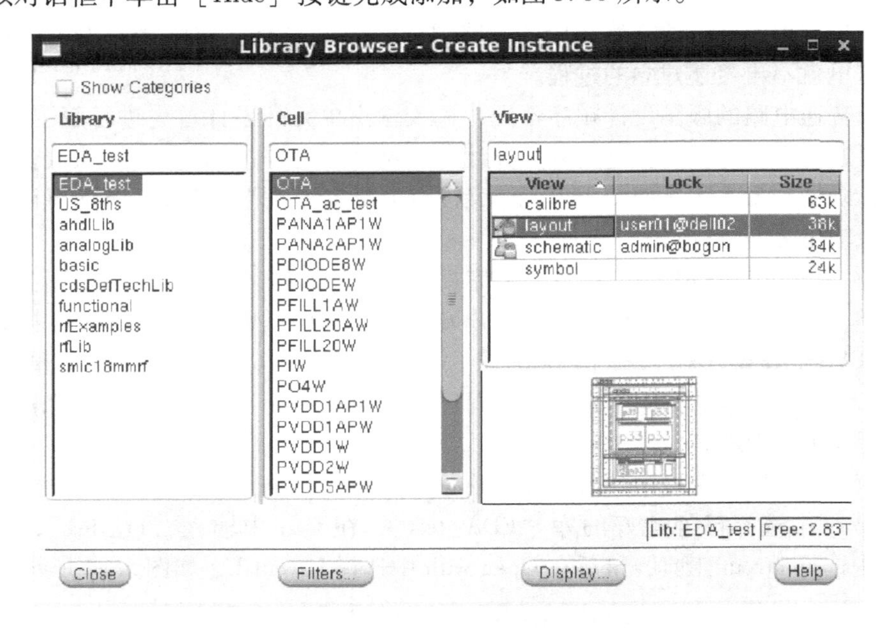

图5.85　调用OTA版图

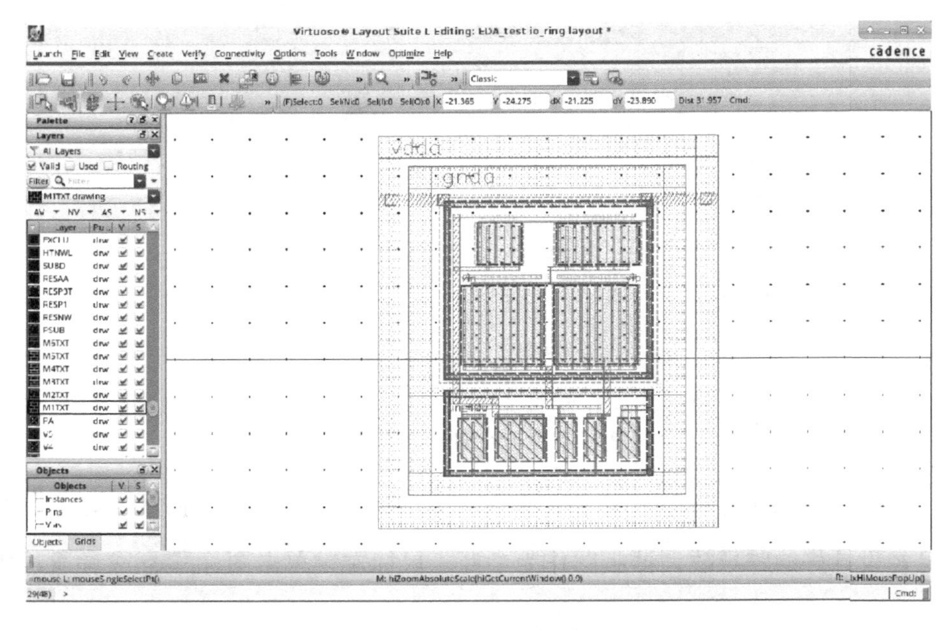

图5.86　完成OTA版图调用

4）依据主体电路信号所在的位置，进行总体版图规划。在左侧摆放输入信号 vin、偏置电流源输入信号 Iin_10u（使用 PANA2APW 单元），在右侧摆放输入信号 vip 和输出信号 vout（使用 PANA2APW 单元），输入输出电源单元和地单元摆放在下侧（分别使用 PVDD5APW 单元和 PVSS5APW 单元），主体电路电源单元和地单元（分别使用 PVDD1APW 单元和 PVSS1APW 单元）摆放在上侧，四个角用角单元填充。完成规划后依次单击键盘 i 键，从“EDA_test”库中调用以上单元进行摆放，特别要注意每个单元的边界层（border）要严丝合缝的对齐，否则会造成错误，相邻两个单元的边界如图 5.87 所示。最终完成摆放的输入输出单元环如图 5.88 所示。相比于 I/O 尺寸，OTA 的面积要小一些，所以将运放可以摆放在输入输出单元环的正中间。

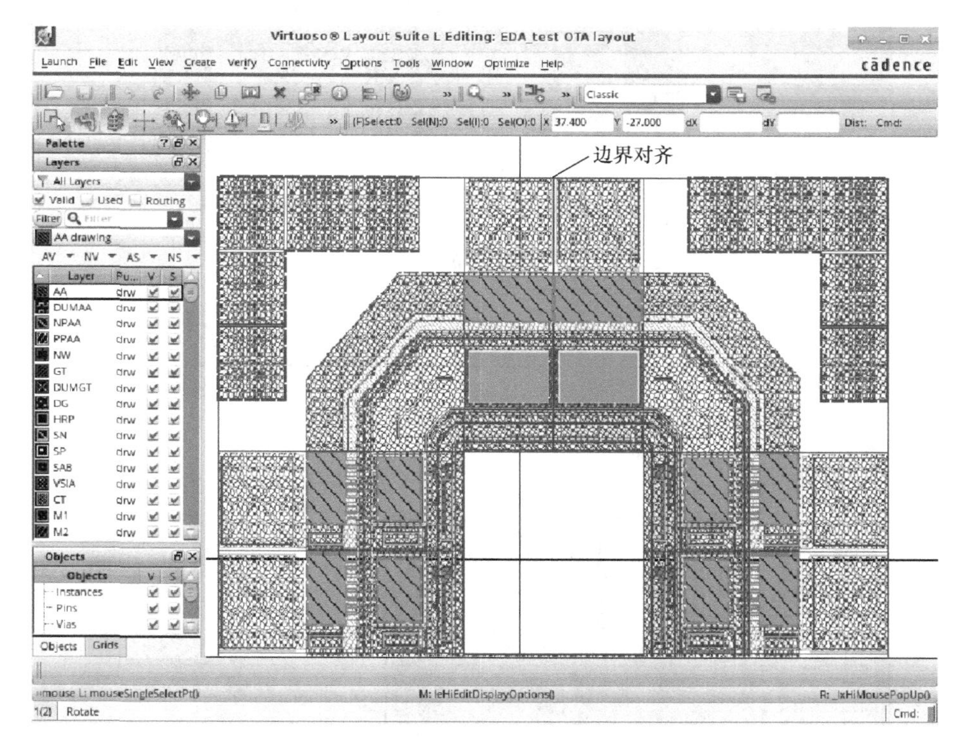

图 5.87　每一个单元的边界都要对齐

5）完成单元摆放后，需要对这些单元进行标识。注意这里一般用顶层金属的标识层对单元进行标识，拖动鼠标在 LSW 窗口层中左键点击 M6_TXT，然后在版图设计区域单击快捷键［l］。拖动鼠标在相应的单元版图层上左键单击一下即可，如图 5.89 所示，首先添加电路电源“vdda”的标识。

6）之后继续完成电路地“gnda”、输入输出单元电源“SAVDD”、输入输出

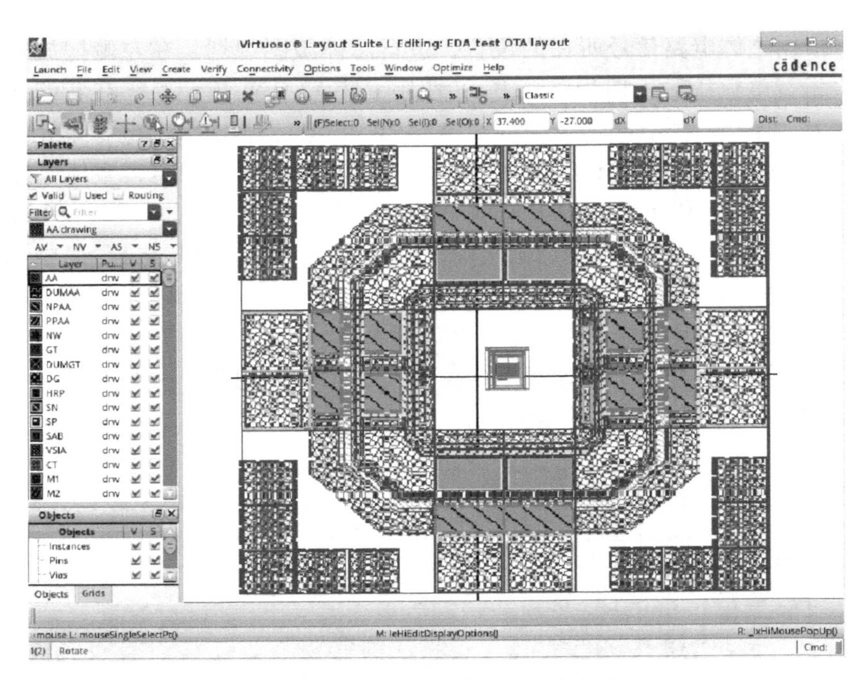

图 5.88　输入输出单元环摆放完成

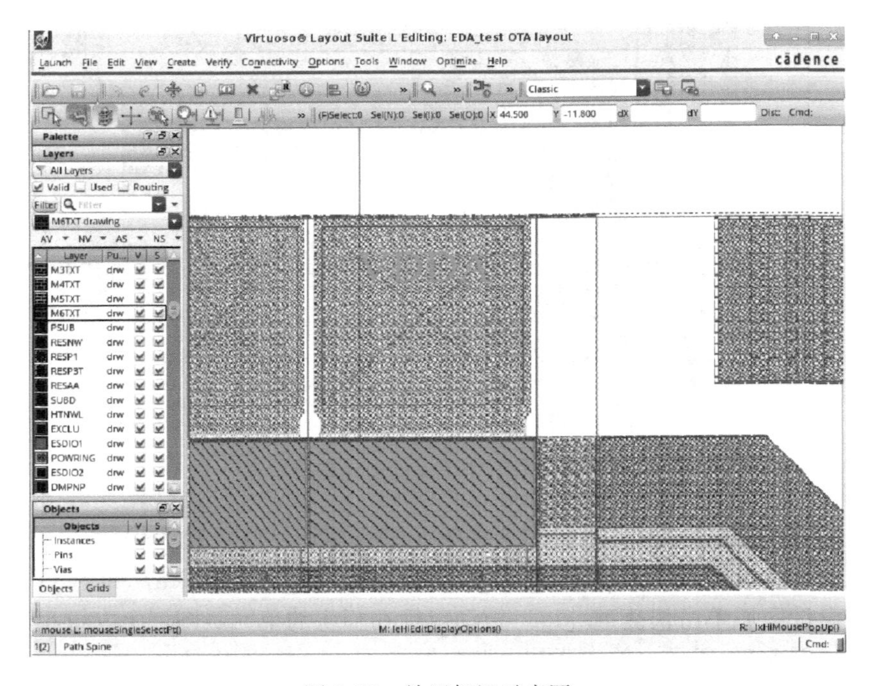

图 5.89　放置标识示意图

单元地“SAVSS”、输入信号“vin”“vip”“Iin_10u”和输出信号“vout”的标识，全部标识完成后，删除调用的跨导放大器版图，保存版图，最终版图如图 5.90 所示。

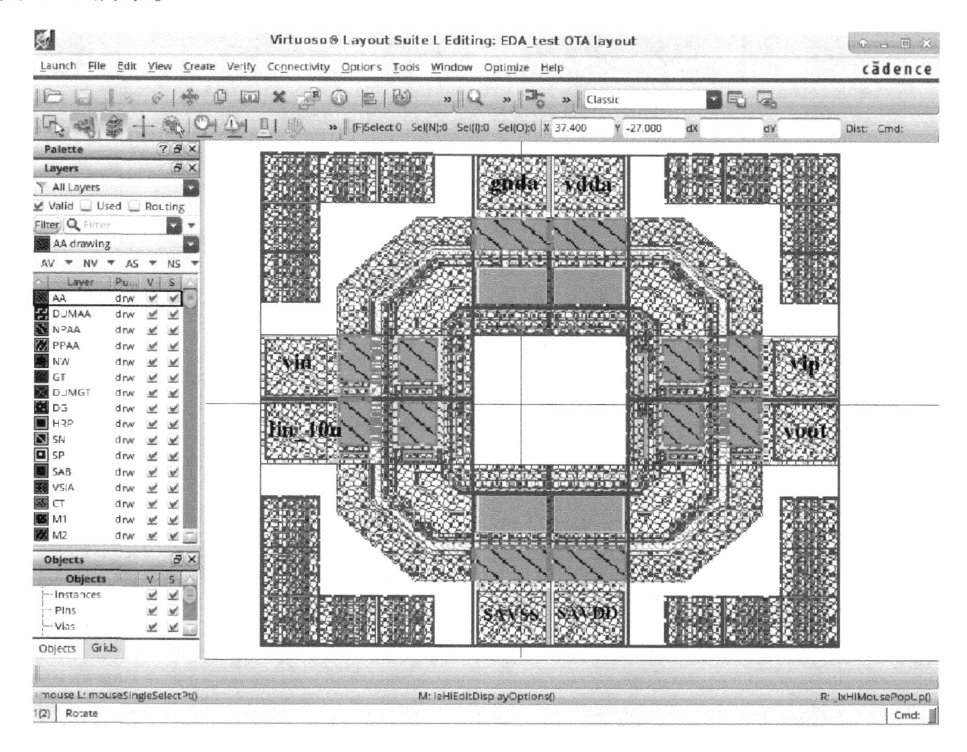

图 5.90　输入输出单元环最终版图

7）以上就完成了输入输出单元环的版图设计。然后要对应版图进行电路图的设计，在 CIW 窗口中选择 *File—New—Cellview* 命令，弹出 New File 对话框，输入“io_ring”，如图 5.91 所示，在 type 栏选择 Schematic，在 Open with 栏中选择 schematic L，单击［OK］按钮，此时原理图设计窗口自动打开。

8）单击键盘 i 键，从库“EDA_test”中调用与版图对应的单元电路，再单击键盘 p 键设置输入输出单元电源管脚“SAVDD”，输入输出单元地管脚“SAVSS”，电路电源管脚“vdda”，电路地管脚“gnda”，输入管脚“vin”“vip”“Iin_10u”和输出管脚“vout”；再单击键盘 w 键进行连接，最终建立输入输出单元环电路如图 5.92 所示。这里重复出现的端口都采用线名进行物理连接。

9）为了进行后续调用，还需要为输入输出单元环建立电路符号（symbol）。从 schematic 窗口工具栏中选择 *Create—Create Cellview—From Cellview* 命令，弹出 Cellview From Cellview 对话框，如图 5.93 所示，单击［OK］按钮，跳出窗口如

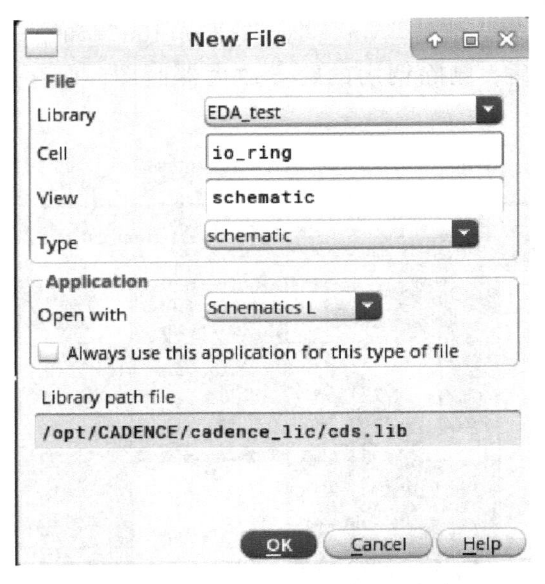

图 5.91　建立输入输出单元环电路

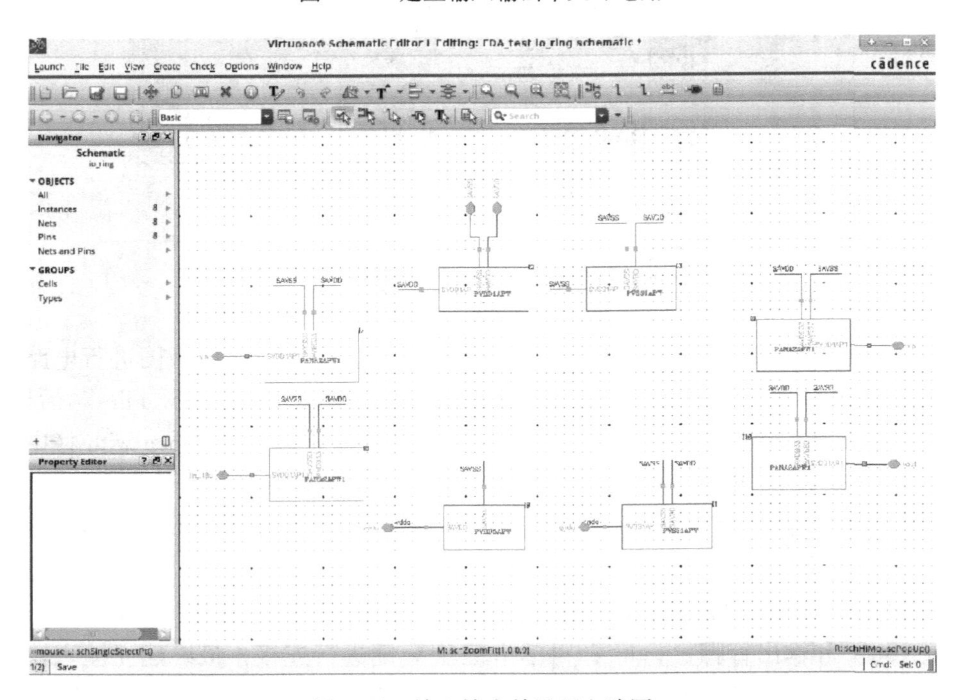

图 5.92　输入输出单元环电路图

图 5.94 所示，在各栏中分配端口后，单击［OK］按钮，完成“Symbol”的建立，如图 5.95 所示。

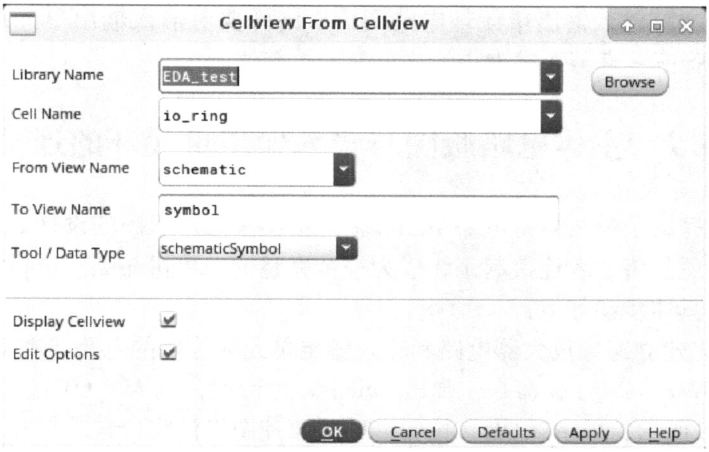

Cellview From Cellview
Library Name
EDA_test
Browse
Cell Name
io_ring
From View Name
schematic
To View Name
symbol
Tool / Data Type
schematicSymbol
Display Cellview
Edit Options
OK
Cancel
Defaults
Apply
Help

图 5.93　建立“Symbol”

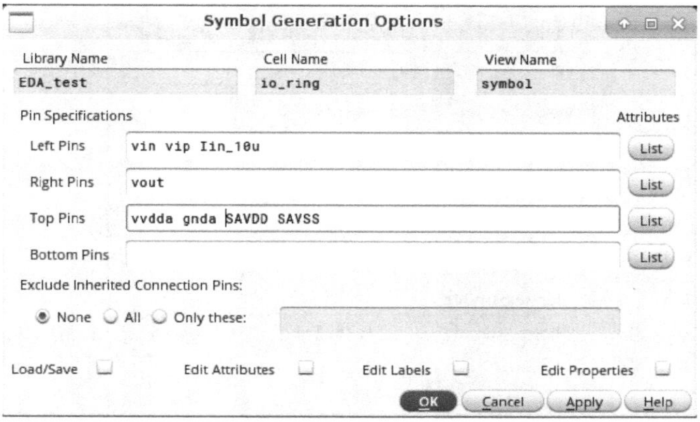

Symbol Generation Options
Library Name
EDA_test
Cell Name
io_ring
View Name
symbol
Pin Specifications
Attributes
Left Pins
vin vip Iin_10u
List
Right Pins
vout
List
Top Pins
vvdda gnda SAVDD SAVSS
List
Bottom Pins
List
Exclude Inherited Connection Pins:
None
All
Only these:
Load/Save
Edit Attributes
Edit Labels
Edit Properties
OK
Cancel
Apply
Help

图 5.94　分配“Symbol”端口

[@instanceName]
vvdda
gnda
SAVDD
SAVSS
vin
vip
Iin_10u
vout
[@partName]

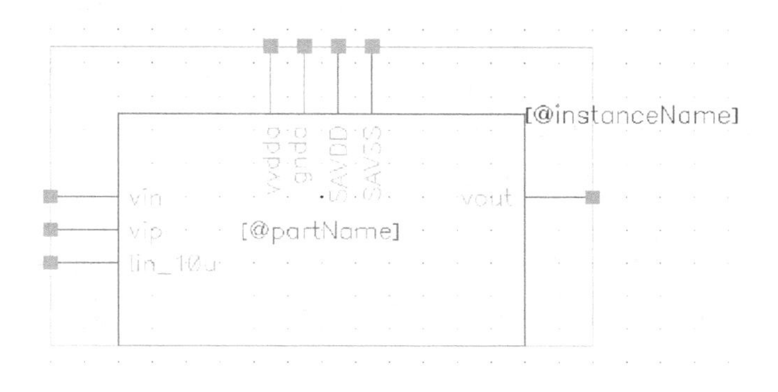

图 5.95　完成的输入输出单元“Symbol”图

10）建立好输入输出单元环电路图后，同样要对输入输出单元环版图进行DRC、LVS 验证，直至通过为止，这里就不再赘述。

5.7 主体电路版图与输入输出单元环的连接

在分别完成了反相器链电路版图和输入输出单元环版图的设计之后，最后要完成的一步就是将二者连接起来，成为一个完整的、可供晶圆厂进行流片的集成电路芯片，具体步骤如下：

1）首先建立跨导放大器电路和输入输出单元环连接的电路，在 CIW 窗口中选择 *File—New—Cellview* 命令，弹出 Cellview 对话框，输入“OTA_IO”，其他设置如图 5.96 所示，单击［OK］按钮，此时原理图设计窗口自动打开。

图 5.96 建立跨导放大器电路和输入输出单元环连接电路

2）单击键盘 i 键，从库“EDA_test”中分别调用跨导放大器的电路符号和输入输出单元环的电路符号。再单击键盘 p 键设置输入输出电源单元管脚“SAVDD”，输入输出地单元管脚“SAVSS”，电路电源管脚“vdda”，电路地管脚“gnda”，输入管脚“vin”“vip”“Iin_10u”和输出管脚“vout”。注意，这里的管脚都与输入输出单元环的节点连接，而跨导放大器电路符号只是进行同名的物理线连接；再单击键盘 w 键进行连接，最终建立输入输出单元环电路如图 5.97 所示。

3）再为整体电路建立版图，在 CIW 主窗口中选择 *File—New—Cellview* 命令，弹出 New File 对话框，在 Cell 中输入“OTA_IO”，其他设置如图 5.98 所示。

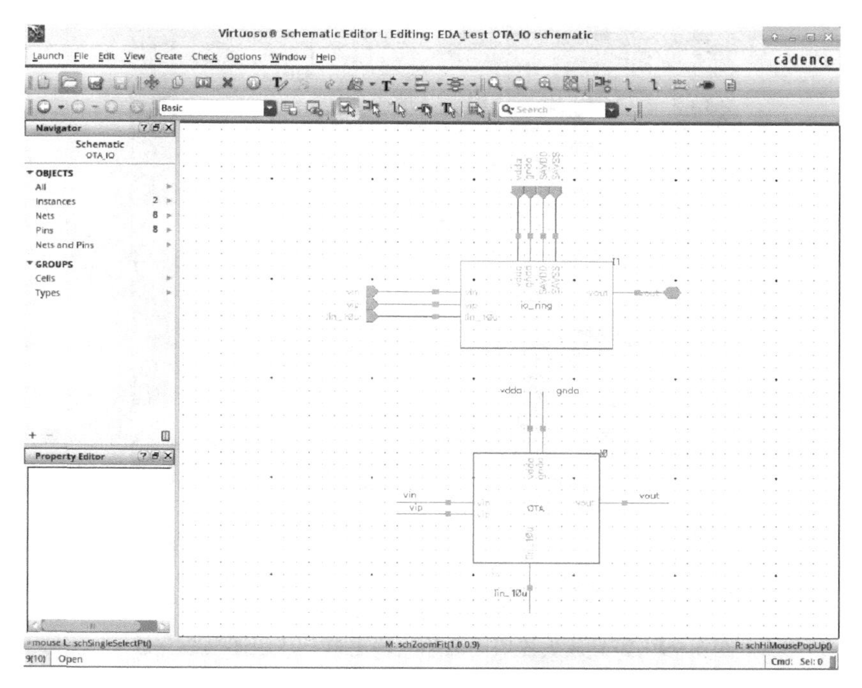

图 5.97　带输入输出单元环的整体电路图

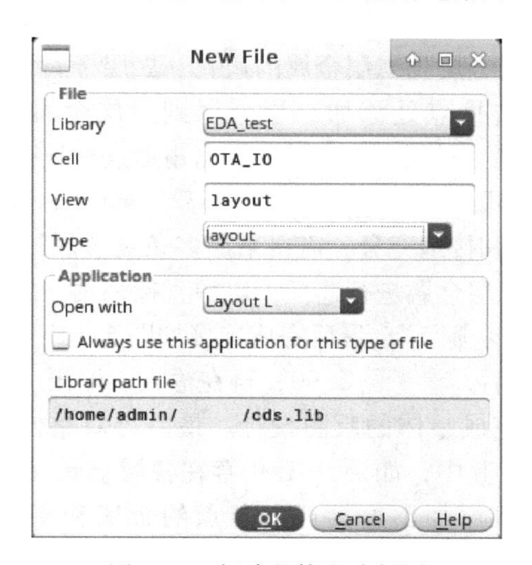

图 5.98　新建整体电路版图

4）单击［OK］按钮后，弹出版图设计窗口，采用创建器件命令从 EDA_test 工艺库中分别调用跨导放大器版图和输入输出单元环版图，如图 5.99 所示。

5）摆放完成后就可以进行主体电路端口和输入输出单元环的版图连接，其中，输入输出电源单元和地单元是独立存在的，不需要和主体电路进行连接。首

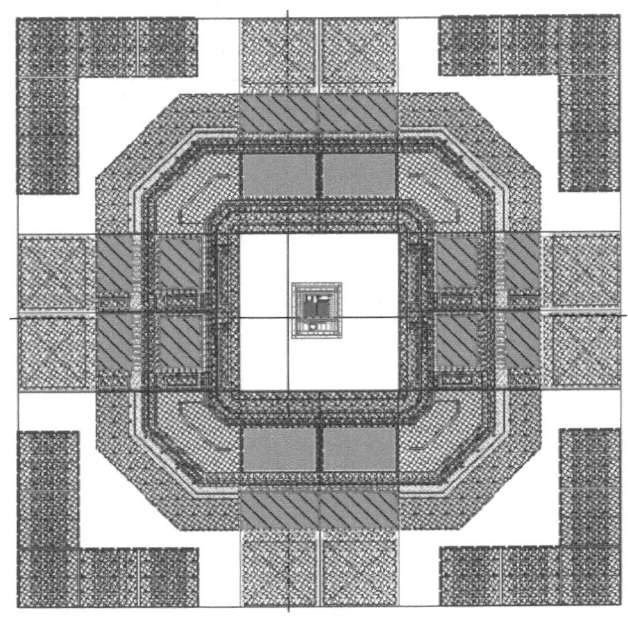

图 5.99　跨导放大器版图和输入输出单元环版图摆放完成

先连接输入端口 vin，由于输入输出单元的连接点只有二层金属，而主体电路的端口是一层金属，中间存在一条纵向的二层金属，所以使用三层金属进行连接，在主体电路处添加一层金属到二层金属的通孔、二层金属到三层金属的通孔，在靠近输入输出单元的连接点处添加二层金属到三层金属的通孔完成连接，在 LSW 窗口选择三层金属，然后单击 r 键，画出矩形进行连接，如图 5.100 所示。

6）再采用同样方式连接“vip”“Iin_10u”“vout”和输入输出单元。

7）为了保证供电和接地充分，需要采用多条宽金属进行电路电源和地的连接，其中地直接采用二层金属进行连接，电源直接采用一层金属进行连接，具体操作方式同步骤 4）和步骤 5），最后完成连接如图 5.101 所示。

8）完成所有连接后，参考图 5.90，再在输入、输出、电源、地等单元的焊盘上一一打上标识，完成整体的版图设计。最后再对整体版图进行 DRC、LVS 验证，直至通过为止。其中，如果 DRC 仍存在各层金属或者多晶硅密度的问题，可在版图的空白处直接添加不连接任何节点的金属和多晶硅，直至密度满足 DRC 要求为止。

9）完成 DRC、LVS 检查后，还需要对整体版图进行天线规则检查，天线规则检查操作方式与 DRC 相同，只是在 DRC 对话框的 Rules 栏中将普通 DRC 规则修改为天线规则（后缀名为 .ant 文件），如图 5.102 所示。

10）在左侧单击 Run DRC 按键，进行天线规则检查，通过检查后会弹出检查结果对话框，如图 5.103 所示，如果没有显示天线错误，表示通过了该项检

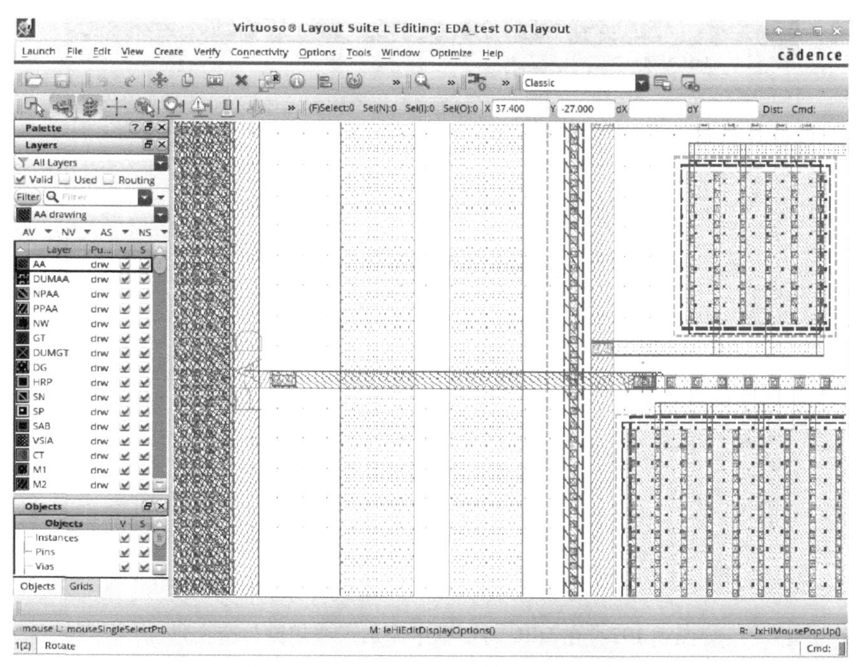

图 5.100　将 vin 端口与输入单元连接

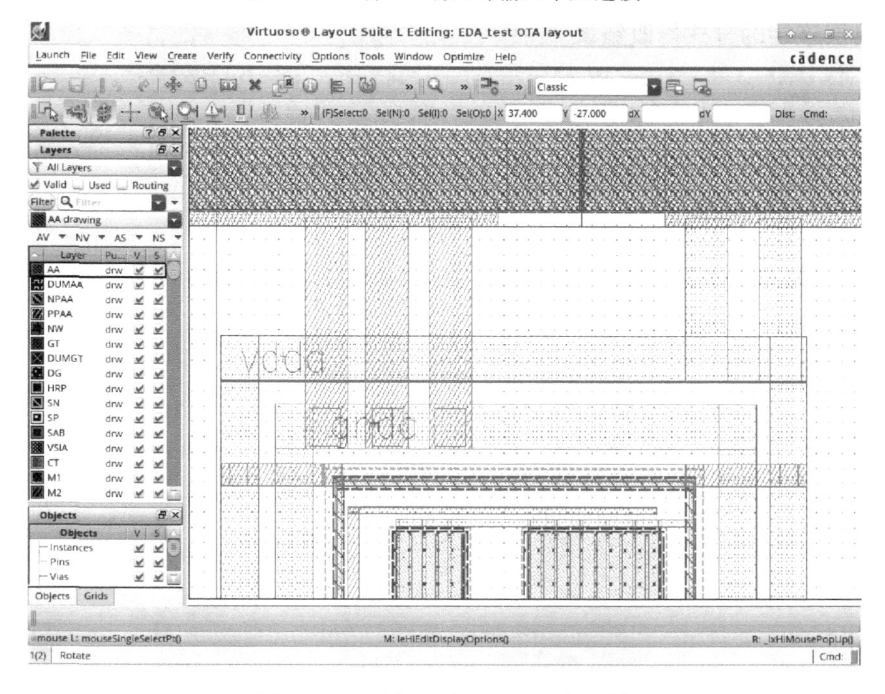

图 5.101　进行电路电源和地的连接

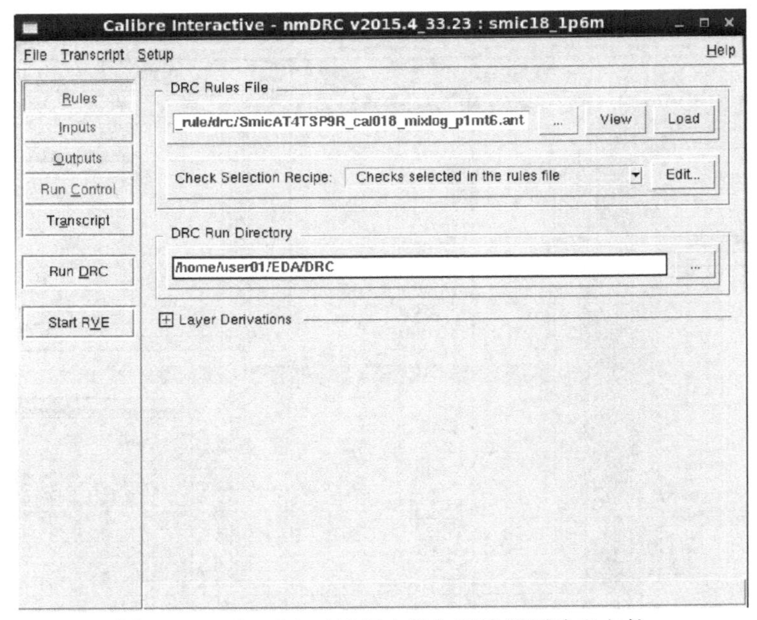

图 5.102　在 DRC 对话框中添加天线规则检查文件

查。如果显示有错误，则根据提示在需要修改的长连线位置，通过添加通孔，更换金属层连接的方式修改错误。

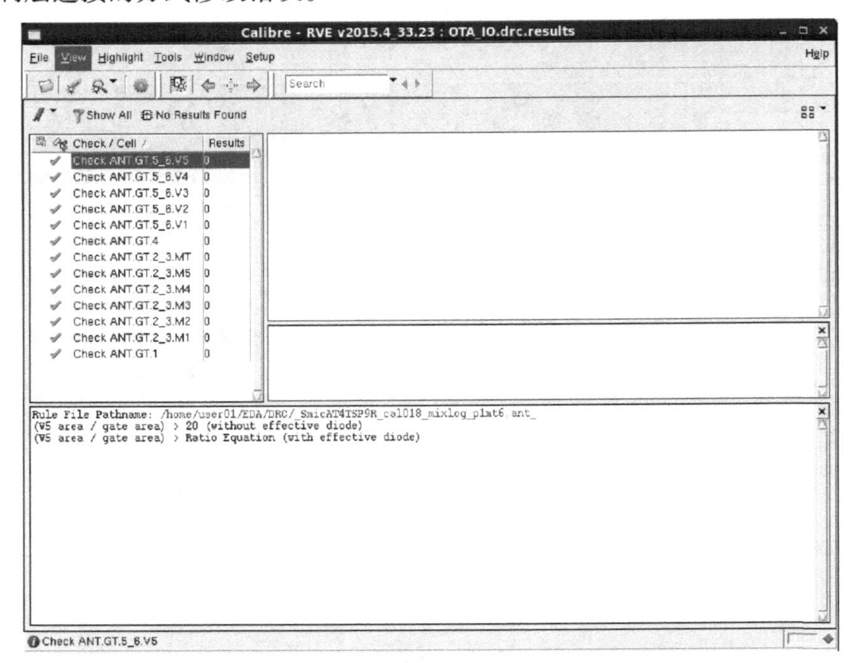

图 5.103　天线规则检查结果对话框

5.8　导出 GDSII 文件

在完成整体版图设计和检查后，就可以进行 GDSII 文件的导出，完成全部设计流程，具体操作如下。

1）在 CIW 主窗口中选择 *File—Export—Stream*…命令，如图 5.104 所示。弹出 Stream out 对话框如图 5.105 所示。

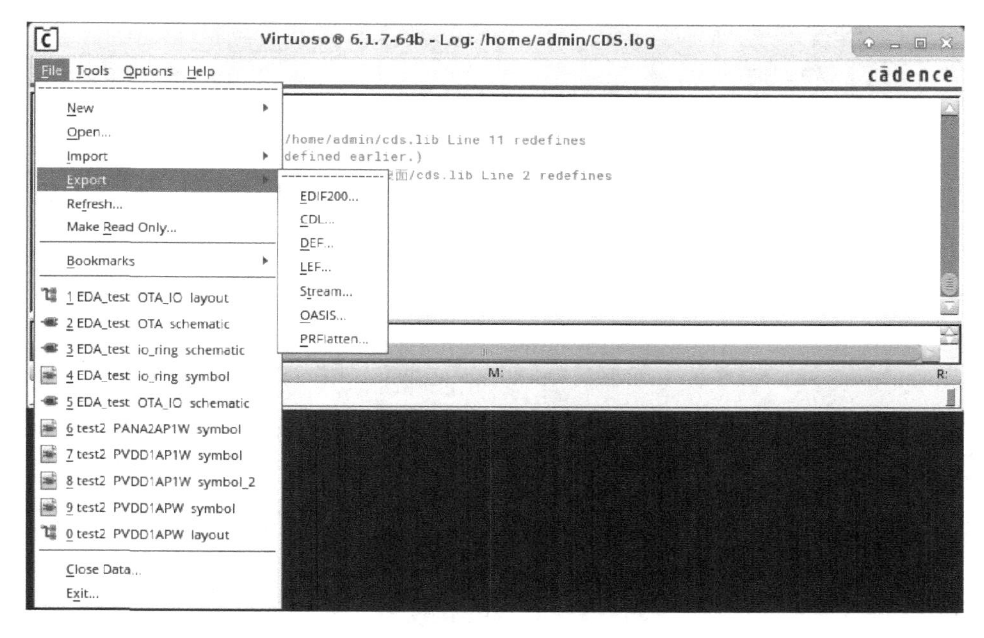

图 5.104　选择 *File—Export—Stream*…命令

2）在 Stream out 对话框的 Library 中选择浏览按键，在弹出的库列表中选择 OTA_IO 版图所在的位置，如图 5.106 所示，再单击［Close］按钮，回到 Stream out 对话框，如图 5.107 所示。

3）在 Stream out 对话框中最后单击 Translate 按键，完成 GDSII 文件的导出。该步骤完成后会产生一个 OTA_IO. gds 文件、一个 strmOut. log 文件和一个 xStrmOut_layerMap. txt 文件。其中，xStrmOut_layerMap. txt 包含了版图中所有层的名称和层号信息，部分信息如图 5.108 所示。如一层金属的名称为 M1，层号为 61。晶圆厂通过该层号生产相应的掩膜版。

以上就完成了一个简单的 CMOS 集成电路芯片从电路图设计、前仿真、版图设计、验证、反提后仿真、输入输出单元环拼接直到 GDSII 文件导出的全部过程。

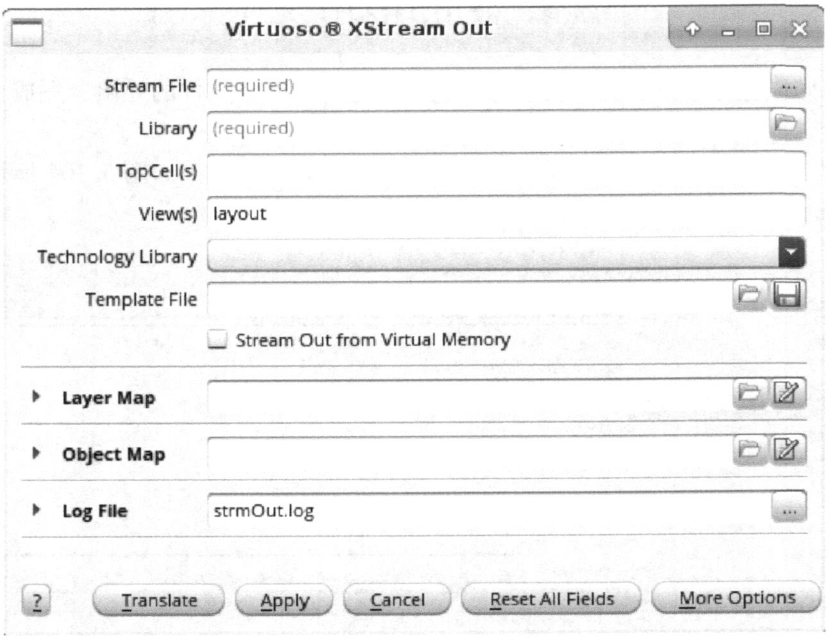

Virtuoso® XStream Out
Stream File
(required)
Library
(required)
TopCell(s)
View(s)
layout
Technology Library
Template File
Stream Out from Virtual Memory
Layer Map
Object Map
Log File
strmOut.log
?
Translate
Apply
Cancel
Reset All Fields
More Options

图 5.105　弹出 Stream out 对话框

Select lib, cells and views
Select Library
EDA_test
analogLib
basic
cdsDefTechLib
functional
smic18mmrf
test2
Filter Lib
Select Cell(s)
OTA
OTA_IO
OTA_ac_test
PANA1AP1W
PANA2AP1W
PDIODE8W
PDIODEW
PFILL1AW
PFILL20AW
PFILL20W
PIW
PO4W
PVDD1AP1W
PVDD1APW
PVDD1W
Filter Cell
Select View(s)
layout
schematic
Filter View
OK
Cancel

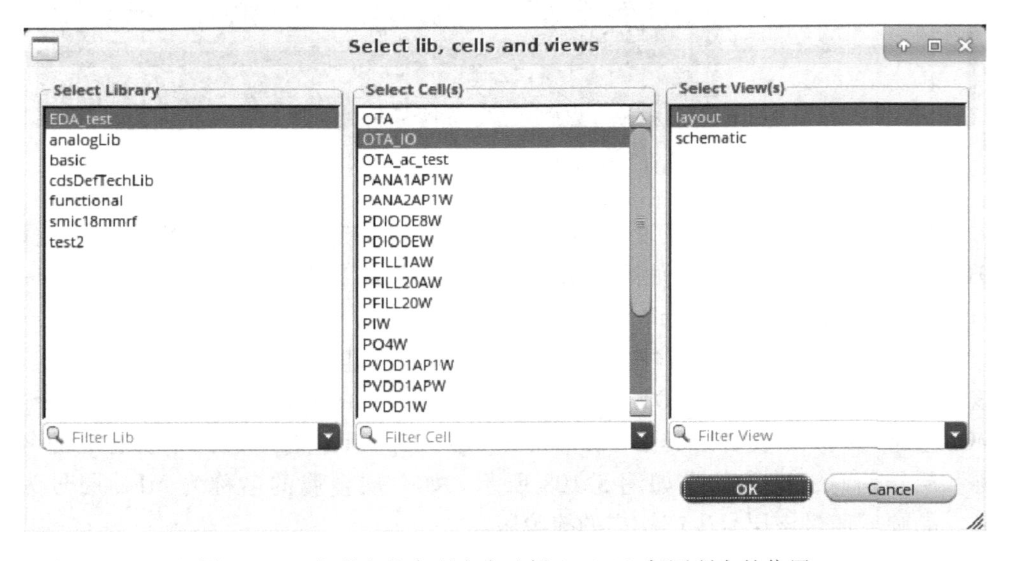

图 5.106　在弹出的库列表中选择 OTA_IO 版图所在的位置

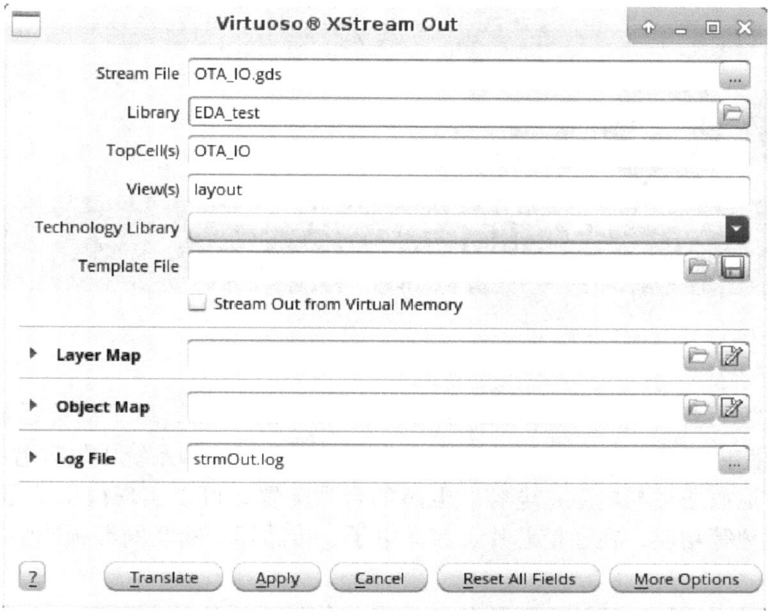

Virtuoso® XStream Out

Stream File: OTA_IO.gds
Library: EDA_test
TopCell(s): OTA_IO
View(s): layout
Technology Library
Template File
Stream Out from Virtual Memory
Layer Map
Object Map
Log File: strmOut.log
Translate　Apply　Cancel　Reset All Fields　More Options

图 5.107　选择了 OTA_IO 后的 Stream out 对话框

```
#####################################################################
# This layer map file is generated by XStream/strmout
#It can be used during Stream In to preserve original layer/purpose.
#
# OA          OA          Stream          Stream
# Layer          Purpose          LayerNum     Datatype
#####################################################################

 VSIA  drawing  86  0
 DG  drawing  29  0
 CT  drawing  50  0
 SP  drawing  43  0
 NW  drawing  14  0
 GT  drawing  30  0
 AA  drawing  10  0
 SN  drawing  40  0
 V1  drawing  70  0
 M2  drawing  62  0
 M1  drawing  61  0
 instance  drawing  236  0
```

图 5.108　xStrmOut_layerMap. txt 中的部分层信息

第6章 »

运算放大器的版图设计

运算放大器（Operational Amplifier，op - amp 或 OPA，以下简称运放）是模拟集成电路中最基本的组成模块，在各类集成电路模块和系统中发挥着举足轻重的作用。运放通过与电阻、电容、电感的合理配置，可以实现模拟信号的放大、滤波、调理等功能，在通信芯片、汽车电子、传感器、物联网等领域中有着广泛的应用。

本章首先介绍运算放大器的基础知识，包括运放的基本原理、性能参数等，之后采用 Cadence Virtuoso 版图设计工具分别对单级放大器和两级差分运算放大器进行版图设计。作为运放应用的拓展，本章最后对一款应用于加速度计的电容—电压转换电路版图进行讨论，以说明在开关电容积分器电路中，运放与其他模块的版图布局与设计细节。

6.1 运算放大器基础

运算放大器是一种具有高增益的放大器，运算放大器的基本符号如图 6.1 所示。图中，u_{ip}和u_{in}端分别代表运算放大器的同相和反向输入端，u_{out}代表信号输出端。

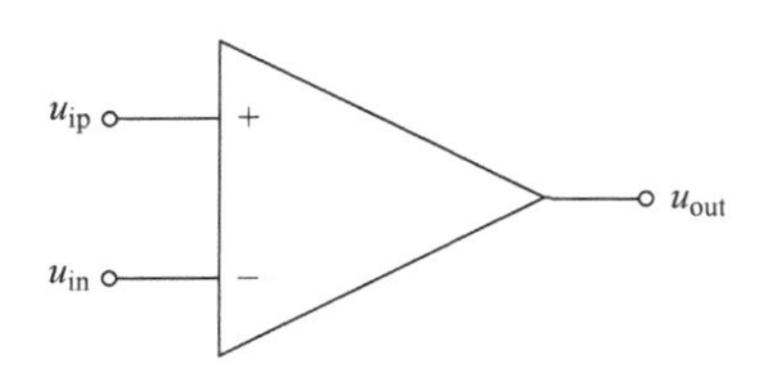

图 6.1 运算放大器的基本符号

图 6.2 是一个典型的两级差分输入、单端输出的运算放大器的结构框图，它描述了运放的五个重要组成部分：差分输入级、增益级、输出缓冲级、直流偏置电路和相位补偿电路（本章描述的运算放大器不包括输出缓冲级）。首先，差分输入级通常是一个差分跨导器，差分输入的优势在于它比单端输入具有更加优秀的共模抑制比，它将输入的差分电压信号转换为差分电流信号，并提供一个差分到单端信号的转换，一个好的跨导器应具有良好的噪声、失调性能以及线性度。增益级是运放的核心部分，起到一

个信号放大的作用。在实际使用中，运放往往要驱动一个低阻抗的负载，因此就需要一个输出缓冲级，将运放较大的输出阻抗调整下来，使信号得以顺利的输出。直流偏置电路在运放正常工作时为晶体管提供合适的静态工作点，这样输出的交流信号就可以加载到所需要的直流工作点上。相位补偿电路用来稳定运放的频率特性，反映在频域上是有足够的相位裕度，而在时域上就是避免输出信号振荡，具有更短的稳定和建立时间。

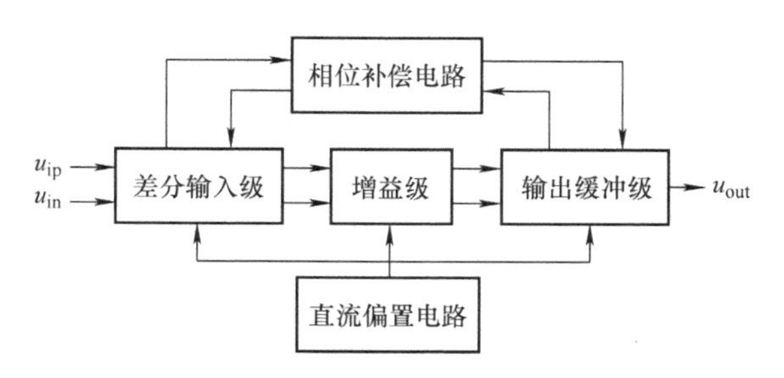

图 6.2　两级差分运算放大器基本结构框图

6.2　运算放大器的基本特性和分类

6.2.1　运算放大器的基本特性 ★★★

理想的运算放大器具有无穷大的差模电压增益、无穷大的输入阻抗和零输出阻抗。图 6.3 给出理想差分运算放大器的等效电路。

图 6.3 中，u_d 为输入差分电压，即为两个输入端的差值，表示为

$$u_d = u_{ip} - u_{in} \tag{6-1}$$

A_u为运算放大器的差模电压增益，输出电压 u_{out}为

$$u_{out} = A_u(u_{ip} - u_{in}) \tag{6-2}$$

理想运算放大器的差模电压增益为无穷大，所以其差模输入电压值非常小，差模输入电流基本相等，$i_N \approx i_P \approx 0$。

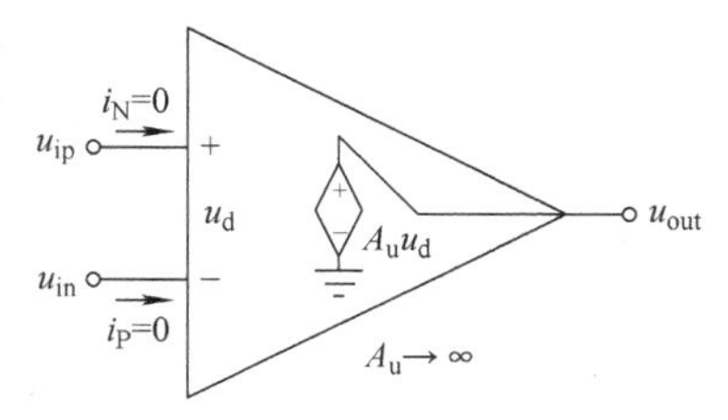

图 6.3　理想差分运算放大器等效电路

但在实际中，运算放大器的参数远没有达到理想状态，一个典型的两级运放的电压增益一般在 80 ~ 90dB（10000 ~ 40000 倍）左右，输入阻抗在 $10^5 \sim 10^6\Omega$ 数量级，输出阻抗在 $10^3\Omega$ 数量级。而且运算放大器存在输入噪声电流、输入失调电压、寄生电容、增益非线性、有限带宽、有限输出摆幅和有限共模抑制比等非理想因素，非理想运算放大器的等效电路如图 6.4 所示。

图 6.4 中，R_{id}和 C_{id}分别为运算放大器等效输入电阻和等效输入电容；R_{out}为等效输出电阻；R_{cm}为共模输入等效电阻；U_{os}为输入失调电压，其定义为运算放大器输出端为零时的输入差分电压值；I_{B1}和 I_{B2}分别为偏置电流，而共模抑制比（Common Mode Rejection，CMRR）采用电压控制电压源[$(u_{ip} - u_{in})$/CMRR]

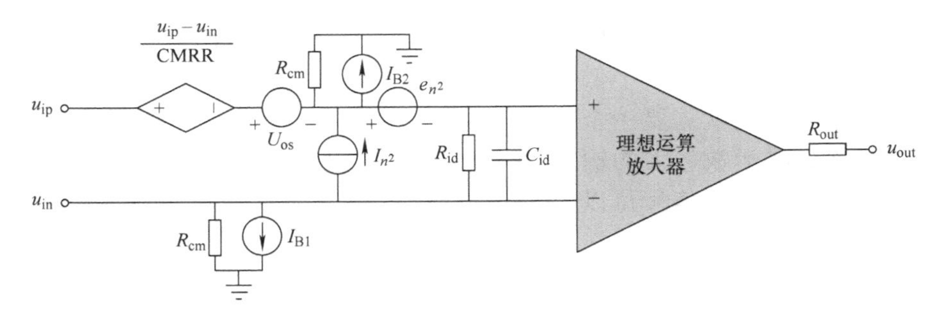

图 6.4　非理想运算放大器等效电路

来表示，这个源用来近似模拟运算放大器共模输入信号的影响；运算放大器的噪声源采用等效均方根电压源 e_{n^2} 和等效均方根电流源 I_{n^2} 来等效。

图 6.4 并未列出所有运算放大器的非理想特性，在运算放大器的设计中，有限增益带宽积、有限压摆率、有限输出摆幅等特性尤为重要。运算放大器的输出响应由大信号特性和小信号特性混合构成，小信号建立时间完全由小信号等效电路的零、极点位置或者由其交流特性定义的增益带宽积，以及相位特性决定，而大信号的建立时间则由输出压摆率决定。

6.2.2　运算放大器的性能参数 ★★★

运算放大器的性能指标参数主要包括开环增益、小信号带宽、输入输出电压范围、噪声与失调电压、共模抑制比、电压抑制比、压摆率、输出动态范围和总谐波失真等。

1. 开环增益（DC－Gain）

运算放大器的开环增益的定义为输出电压变化与输入电压变化之比。理想情况下，运算放大器的开环增益应该是无穷大；事实上，开环增益要小于理想情况。在工作过程中，不同器件的开环增益之间的差异最高可达 30%，因此使用运算放大器时最好将其配置为闭环系统，这时开环增益就决定了运放反馈系统的精度。单级放大器的开环增益为输入晶体管的有效跨导与等效输出电阻的乘积，而多级放大器的开环增益为各单级放大器增益的乘积。

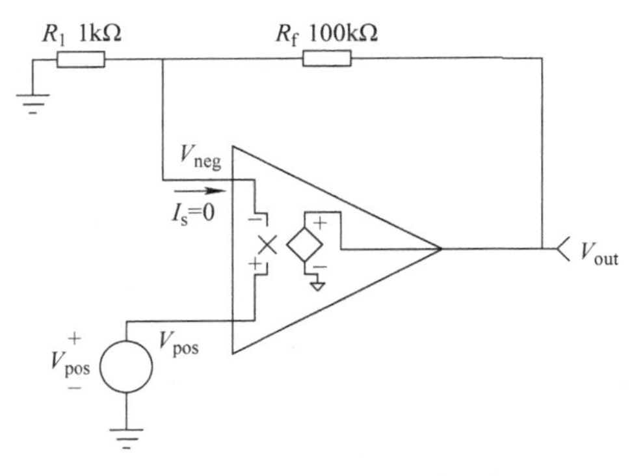

图 6.5　闭环同相比例运算放大器

运放有限开环增益的主要影响是造成闭环增益误差，进而在一些求和、积分以及采样保持电路中造成信号输出误差。以图 6.5 中的闭环同相

比例运算放大器为例，其增益表达式为

$$\frac{V_{\text{out}}}{V_{\text{pos}}}=\frac{1}{\dfrac{R_1}{R_1+R_f}+\dfrac{1}{A_{\text{vol}}}} \tag{6-3}$$

所以当增益为无穷大时，式（6-3）中的增益近似为

$$\frac{V_{\text{out}}}{V_{\text{pos}}}=\frac{R_f}{R_1}+1=101 \tag{6-4}$$

而在实际中，运放开环增益远小于理想值，这里假设运放的开环增益为 60dB（1000 倍），将其代入式（6-3）中，可以得到：

$$\frac{V_{\text{out}}}{V_{\text{pos}}}=\frac{1}{\dfrac{R_1}{R_1+R_f}+\dfrac{1}{A_{\text{vol}}}}\approx 91.73 \tag{6-5}$$

对比式（6-4）和式（6-5）可以看出，实际的增益误差达到了 9%。因此在高精度信号放大、采样应用中，要尽可能采用或设计具有高开环增益的运放电路。

2. 小信号带宽（BandWidth）

运算放大器的高频特性在许多应用系统中起着决定性作用，因为当工作频率增加时，运算放大器的开环增益开始下降，直接导致闭环系统产生更大的误差。小信号带宽通常表示为单位增益带宽，即运算放大器开环增益下降到 0dB 时的信号带宽。单级放大器的小信号带宽，即单位增益带宽，被定义为输入跨导与输出负载电容的比值。

由于运放通常都作为闭环进行使用，因此也可以用增益带宽积（Gain - BandWidth product，GBW）来综合表示运放闭环增益与小信号带宽的关系。即，当运放闭环增益为 1 时，增益带宽积就等于单位增益带宽。

换言之，增益带宽积决定了运放可以处理的最大信号带宽，如当运放闭环增益为 10 时，运放可处理的最大信号带宽就近似下降为单位增益带宽的 1/10。

3. 输入和输出电压范围（Input and Output Voltage Swing）

运算放大器的两个输入端均有一定的输入摆幅限制，这些限制是由输入级设计导致的。运算放大器的输出电压范围定义为在规定的工作和负载条件下，能将运算放大器的输出端驱动到接近正电源轨或负电源轨的程度。运算放大器的输出电压范围能力取决于输出级设计，以及输出级在测试环境下驱动电流的大小。

当运放输入（输出）信号幅度超过输入（输出）摆幅时，运放输出信号会发生削峰失真。输入、输出过载的直接影响是在运放输出端产生非线性失真，会影响信号质量。输出削峰失真如图 6.6 所示。

4. 等效输入噪声（Noise）

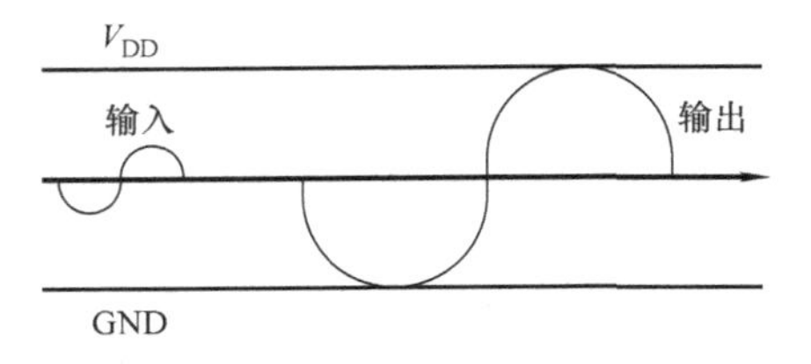

图 6.6　输出削峰失真

运放的等效输入噪声电压定义为运放的输出噪声除以增益等效到输入端的噪声电压值，单位为 nV/ $\sqrt{Hz}$，或者也可以表示为噪声电压（V^2/Hz）。

运放的等效输入噪声包含热噪声和闪烁噪声两部分。等效输入噪声的另一种表示形式为输入噪声的均方根值（Root Mean Square，RMS），单位为 μV，其值为在一定的信号带宽内对等效输入噪声电压值进行积分。噪声决定了运放可处理的最小信号电平，在一定程度上也决定了运放的输出动态范围。

5. 失调电压（Offset Voltage）

理想情况下，当运放两个输入端的输入电压相同时，运放的输出电压为 0。但在实际中，即使两个输入端的电压相同，运放也会存在一个极小的电压输出。输入失调电压定义为在闭环电路中，运放工作在其线性区域时，使输出电压为零时的两个输入端的最大电压差。输入失调电压通常是在室温条件下进行定义的，其单位为 μV。

运放输入失调电压来源于运放差分输入晶体管尺寸之间的失配。受工艺水平的限制，这个失配不可避免。差分晶体管的匹配度在一定范围与晶体管的二次方根成正比。而当面积增加到一定程度时，继续增大面积也无法提高匹配性。而增加输入晶体管面积也意味着增加芯片成本。通常一个常用的方法是在运放生产后对其进行测试，确定失调电压，再对尺寸进行修调（trim），从而减小失调电压。

虽然失调电压通常是在常温下定义的固定电压值，但在实际中输入失调电压总会随着温度的变化而变化，这和晶体管的温度特性有直接的联系。当温度变化时，输入失调电压温漂定义为

$$\frac{\Delta V_{os}}{\Delta T}=\frac{V_{os}(T_1)-V_{os}(27℃)}{T_1-27℃} \tag{6-6}$$

在设计时还应该关注运放输入失调电压的长期漂移，其单位为 μV/1000h 或者 μV/月。因此在设计较宽温度范围的运放时，应特别关注失调电压的温漂。

6. 共模抑制比（CMRR）

在理想运放中，运放的差模增益无穷大，而共模增益为零。而在实际中，差模增益为有效值，共模增益也并不为零。我们定义共模抑制比为差模增益与共模增益的比值，表示如下：

$$\text{CMRR}=\frac{A_{dm}}{A_{cm}} \tag{6-7}$$

式中，A_{dm}和A_{cm}分别为运放的差模增益和共模增益。更为常见的方式是将CMRR

表示为对数形式：

$$\mathrm{CMRR(dB)} = 20\log_{10}\left(\frac{A_{\mathrm{dm}}}{A_{\mathrm{cm}}}\right) \tag{6-8}$$

共模抑制比表征运放对两个输入端共模电压变化的敏感度。单电源运算放大器的共模抑制比范围是45～90dB。通常情况下，当运算放大器用在输入共模电压会随输入信号变化的电路中时，该参数就不能忽视。

7. 电源抑制比（PSRR）

电源抑制比（Power Supply Rejection Ratio，PSRR）定义为运算放大器从输入到输出增益与从电源（地）到输出增益的比值，表示为

$$\mathrm{PSRR} = 20\log_{10}\frac{A_{\mathrm{v}}(\mathrm{out})}{A_{\mathrm{v}}(V_{\mathrm{DD}},\mathrm{GND})} \tag{6-9}$$

式中，$A_{\mathrm{v}}(\mathrm{out})$表示输入端到输出端的增益，通常为差模增益。$A_{\mathrm{v}}(V_{\mathrm{DD}},\mathrm{GND})$为电源（地）端到输出端的增益。电源抑制比量化了运算放大器对电源或地变化的敏感度。理想情况下，电源抑制比应该是无穷大。运算放大器电源抑制比的典型规格范围为60～100dB。与运算放大器的开环增益特性一样，直流和低频时对电源噪声的抑制能力要高于高频时。

8. 压摆率（SR）

运算放大器的压摆率（Slew Rate，SR）也叫转换速率，表示运放对大信号变化速度的反应能力，是衡量运放在大幅度信号作用时的工作速度的指标。只有当输入信号变化斜率的绝对值小于压摆率时，输出电压才能按线性规律变化。简单地理解，压摆率可以表示为当运放输入一个阶跃信号时运放输出信号的最大变化速度（斜率），如图6.7所示。

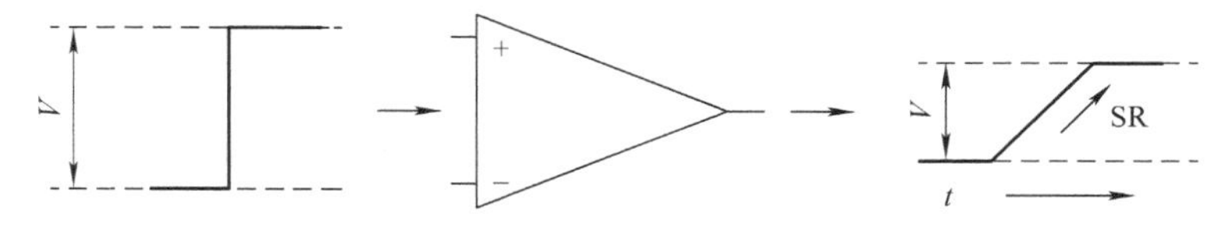

图6.7　压摆率示意图

其表达式为

$$\mathrm{SR} = \left.\frac{\mathrm{d}V}{\mathrm{d}t}\right|_{\max} \tag{6-10}$$

压摆率的单位为V/μs。压摆率是开关电容电路（积分器、采样保持电路）的重要参数指标，它表征了运放对快速充电信号的接收能力。

9. 输出动态范围（DR）

运放输出动态范围（Dynamic Range，DR）表示为运放不失真时，最大输出信号功率与噪声底板功率的比值，通常用对数形式进行表示，其表达式为

$$DR = 10\log_{10}\frac{P_{V_{out}}}{P_{Noisefloor}} \quad (6\text{-}11)$$

输出动态范围的单位为 dB。输出动态范围是衡量运放线性放大范围最重要的指标，其示意图如图 6.8 所示。

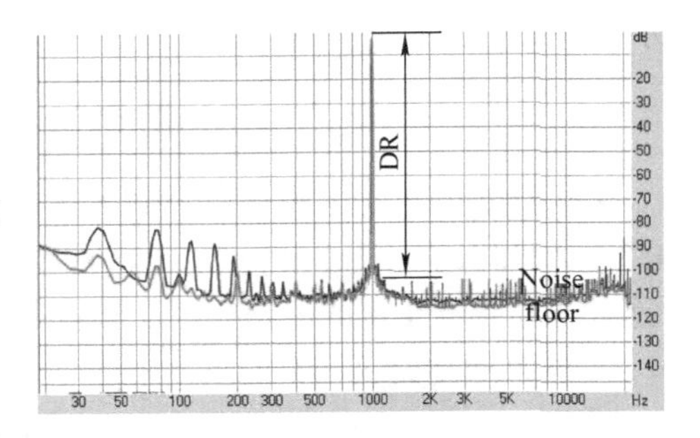

图 6.8　输出动态范围示意图

10. 总谐波失真（THD）

为了更精确地表示运放的线性度，还可以采用总谐波失真（Total Harmonic Distortion，THD）来表示，其定义为当运放输入信号为正弦波时，输出信号中各次谐波均方根功率与输出信号基波功率之比，在对数域表示为

$$THD = 10\log_{10}\frac{\sqrt{V_2^2 + V_3^2 + V_3^2 + V_4^2 \ldots\ldots + V_n^2}}{V_s} \quad (6\text{-}12)$$

在实际测试时，一般只计算前五次或七次谐波的值。因为谐波的幅值随着谐波次数的增高而快速下降。七次以上谐波所占总谐波的比例已经非常小了，其示意图如图 6.9 所示。

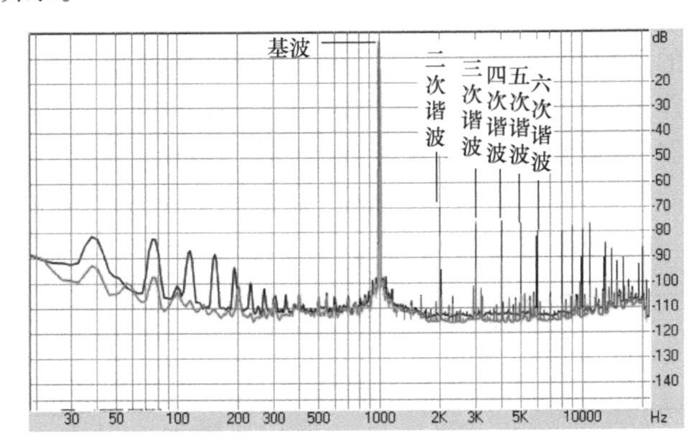

图 6.9　总谐波失真示意图

6.2.3　运算放大器的分类 ★★★

1. 套筒式共源共栅运算放大器

全差分套筒式共源共栅运算放大器（Telescopic Cascode OTA）如图 6.10 所示，其中，M1 和 M2 为输入差分晶体管对，M3 – M6 为共源共栅晶体管，M7、M8 和 M0 为电流源晶体管，图 6.10 所示的运算放大器的增益如式（6-13）所示。

$$A_u = g_{m1}[(g_{m3}r_{o3}r_{o1}) \parallel (g_{m5}r_{o5}r_{o7})] \quad (6\text{-}13)$$

其中，g_{m1}为输入差分晶体管对（M1和M2）的有效跨导；g_{m3}和g_{m5}分别为共源共栅晶体管M3和M5的有效跨导；r_{o1}为输入差分晶体管对的沟道电阻；r_{o7}为电流源晶体管M7的沟道电阻；r_{o3}和r_{o5}为共源共栅晶体管M3和M5的沟道电阻。一般情况下，全差分套筒式共源共栅运算放大器的增益容易设计到80dB以上，但这是以减小输出摆幅和增加极点为代价的。

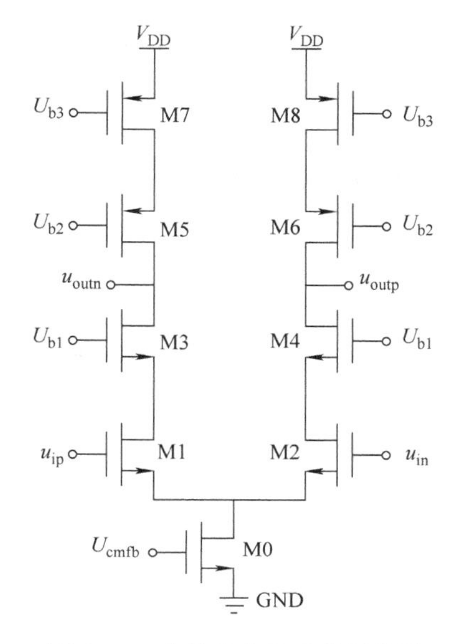

图6.10　全差分套筒式共源共栅运算放大器

在图6.10的电路中，其输出摆幅如式（6-14）所示，

$$U_{sw,out}=2[U_{vdd}-(U_{eff1}+U_{eff3}+U_{eff0}+|U_{eff5}|+|U_{eff7}|)] \tag{6-14}$$

式中，U_{effj}表示M_j的过驱动电压。从式（6-14）可以看出，由于从电源到地的通路中层叠了5个晶体管（M0\M1\M3\M5\M7或M0\M2\M4\M6\M8），因此输出摆幅裕度至少消耗了5个晶体管的有效电压，输出摆幅受到极大限制。

套筒式共源共栅运放的另一个缺点是较难实现输入共模电压与输出共模电压的一致，无法形成负反馈系统。这是因为在套筒式共源共栅运放中，如果输入和输出共模电压都设置为$V_{DD}/2$（通常运放的输入和输出共模电压设定为$V_{DD}/2$，以获得最大的输入和输出摆幅），则会压缩NMOS共源共栅晶体管对中共栅晶体管（M3/M4）的有效电压（过驱动电压），导致M3/M4进入线性区。所以套筒式共源共栅运放无法实现输入和输出电压的短路连接，也就限制了其在负反馈系统的应用。

套筒式共源共栅运放的主极点位于输出节点（M4/M6和M3/M5的漏极），其单位增益带宽（Unit Gain Bandwidth，UGB）表示为

$$\mathrm{UGB}=g_{m1}/C_{load} \tag{6-15}$$

式中，g_{m1}为输入晶体管的跨导；C_{load}为负载电容。在设计中，工程师需要考虑套筒式共源共栅运放下一级电路的输入电容（即为本级运放的负载电容），合理分配运放电流，以满足单位增益带宽的要求。

套筒式共源共栅运放的输出节点决定了运放对大信号的响应能力，其单边压摆率表示为

$$\mathrm{SR}=I_{D1}/C_{load} \tag{6-16}$$

式中，I_{D1}为输入晶体管M1的漏源电流值。

2. 折叠式共源共栅运算放大器

折叠式共源共栅运算放大器（Folded Cascode OTA）如图6.11所示，其中，M11和M12为差分晶体管对；M3～M6为共源共栅晶体管；M1、M2、M7、M8和M13为电流源晶体管，图6.11所示的折叠式共源共栅运算放大器的增益如式（6-17)所示，

$$A_u = g_{m11}\{[g_{m3}r_{o11}(r_{o1} \parallel r_{o3})] \parallel (g_{m5}r_{o5}r_{o7})\} \tag{6-17}$$

式（6-17）中，g_{m11}为输入差分晶体管对的有效跨导；g_{m3}和g_{m5}分别为共源共栅晶体管M3和M5的有效跨导；r_{o11}为输入差分晶体管对的沟道电阻；r_{o1}和r_{o7}分别为电流源晶体管M1和M7的沟道电阻；而r_{o3}和r_{o5}为共源共栅晶体管M3和M5的沟道电阻。

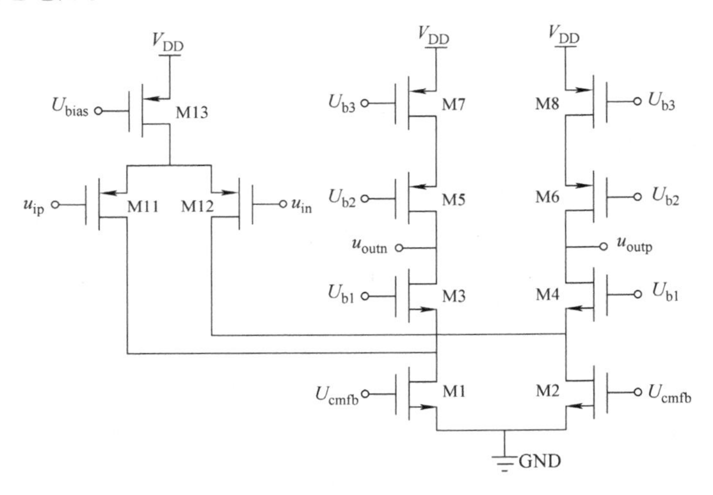

图6.11　全差分折叠式共源共栅运算放大器

图6.11所示的全差分折叠式共源共栅运算放大器的特点在于对电压电平的选择，其输出摆幅表示为

$$V_{sw,out} = 2[U_{vdd} - (U_{eff1} + U_{eff3} + |U_{eff5}| + |U_{eff7}|)] \tag{6-18}$$

对比式（6-14)，可以看出，在输出通路上只层叠了四个晶体管，相比套筒式共源共栅结构减少了一个晶体管有效电压的消耗，因此获得了更大的输出摆幅。同时因为其差分输入对管M11和M12的上端与共源共栅管并不“层叠”，所以输入共模范围也较大。因此折叠式共源共栅运算放大器电路的输入和输出端可以短接，且输入共模电压更容易选取，所以可以将其输入和输出端短接作为单位增益缓冲器。

折叠式共源共栅运放与套筒式结构相比，其输出摆幅较大，但这个优点是以较大的功耗、较低的电压增益、较低的极点频率和较大的噪声为代价获得的。

折叠式共源共栅运放的主极点也位于输出节点，所以其单位增益带宽和单边压摆率表达式为

$$\mathrm{UGB}=g_{\mathrm{m11}}/C_{\mathrm{load}} \quad (6\text{-}19)$$

$$\mathrm{SR}=I_{\mathrm{D11}}/C_{\mathrm{load}} \quad (6\text{-}20)$$

式中，g_{m11}为输入晶体管的跨导；I_{D11}为输入晶体管 M11 的漏源电流值；C_{load}为负载电容。

3. 增益自举运算放大器

图 6.10 和图 6.11 所示的套筒式和折叠式共源共栅运算放大器采用一组共源共栅晶体管来提高运算放大器的输出电阻和增益，但是如果电源电压不够高，想进一步增大运算放大器的输出电阻和增益，利用增益自举运算放大器（Gain Boost OTA）是一种可行的方法。

图 6.12 为增大等效输出电阻的方法，其中图 6.12a 为通过增加共源共栅晶体管 M2 来提高等效输出电阻 R_{out}，如果没有共源共栅晶体管 M2，其等效输出电阻为式（6-21）所示，而加入 M2 之后其等效输出电阻如式（6-22）所示。

$$R_{\mathrm{out}}=r_{\mathrm{o1}} \quad (6\text{-}21)$$

$$R_{\mathrm{out}}=g_{\mathrm{m2}}r_{\mathrm{o2}}r_{\mathrm{o1}} \quad (6\text{-}22)$$

其中，r_{o1}为输入晶体管 M1 的沟道电阻；g_{m2}和 r_{o2}分别为共源共栅晶体管的跨导和沟道电阻。

如图 6.12b 所示，增益自举运算放大器在偏置电压和共源共栅晶体管之间加入放大器，放大器增益为 A_{u}，并通过负反馈方式将 M2 的源端与放大器相连，使得 M2 晶体管的漏极电压的变化对节点 u_{x}的影响有所降低，由于 u_{x}点电压变化降低，通过 M1 输出电阻的电流更加稳定，产生更高的输出电阻，由计算可得其等效输出电阻 R_{out}如式（6-23）所示。

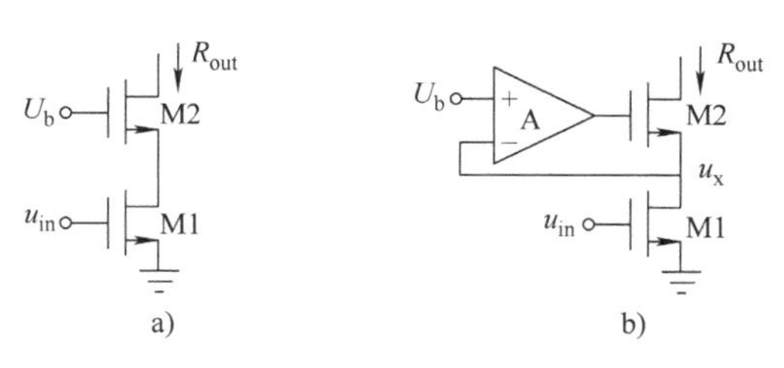

图 6.12　增大放大器等效输出电阻的方法

$$R_{\mathrm{out}}\approx A_{\mathrm{u}}g_{\mathrm{m2}}r_{\mathrm{o2}}r_{\mathrm{o1}} \quad (6\text{-}23)$$

由式（6-21）、式（6-22）和式（6-23）所示，采用共源共栅的增益自举结构，运放等效输出电阻和增益大约增加了 $A_{\mathrm{u}}g_{\mathrm{m2}}r_{\mathrm{o2}}$倍，相对于只采用共源共栅结构，增益自举结构的等效输出电阻和增益提高了 A_{u} 倍，达到了在不增加共源共栅层数的情况下显著提高输出电阻的目的。通常情况下，增益自举与共源共栅结构同时使用，可以达到 110dB 以上的电压增益。

图 6.13 为带增益自举的套筒式共源共栅结构的放大器结构图，其中，M0、M7 和 M8 为电流源晶体管；M1 和 M2 为输出差分对管；M3 ~ M6 为共源共栅晶

体管；A1 和 A2 为性能相近的折叠共源共栅放大器。图 6. 13 所示的带增益自举的套筒式共源共栅运算放大器的增益如式（6-24）所示：

$$A_{\mathrm{v}} = g_{\mathrm{m1}}[(g_{\mathrm{m3}}r_{\mathrm{o3}}r_{\mathrm{o1}}A_1) \parallel (g_{\mathrm{m5}}r_{\mathrm{o5}}r_{\mathrm{o7}}A_2)] \tag{6-24}$$

式（6-24）中，g_{m1} 和 r_{o1} 为输出差分晶体管对的有效跨导和沟道电阻；g_{m3} 和 r_{o3} 分别为 M3 的有效跨导和沟道电阻；g_{m5} 和 r_{o5} 分别为 M5 的有效跨导和沟道电阻；r_{o7} 为电流源晶体管 M7 的沟道电阻；A_1 和 A_2 分别为放大器 A1 和 A2 的增益。

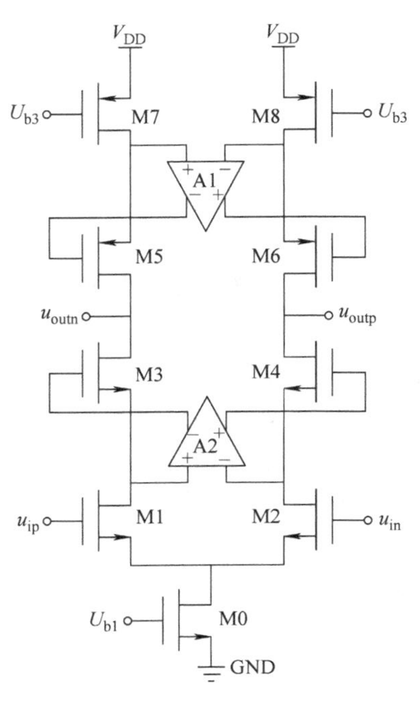

图 6. 13　带增益自举的套筒式共源共栅放大器结构图

放大器 A1 和 A2 有效地提高了运算放大器的等效输出电阻和增益，但是对放大器 A1 和 A2 提出了较为严格的要求。由于作为负反馈的放大器 A1 和 A2 引入了共轭零、极点对（doublet），而 doublet 的位置如果处理不好会造成运算放大器的建立时间过长，所以对放大器 A1 和 A2 的频率特性进行了规定，规定放大器 A1 和 A2 的单位增益带宽 ω_{g} 应该位于主运算放大器闭环带宽 $\beta\omega_{\mathrm{u}}$ 和开环非主极点 ω_{nd} 之间，如式（6-25）所示：

$$\beta\omega_{\mathrm{u}} < \omega_{\mathrm{g}} < \omega_{\mathrm{nd}} \tag{6-25}$$

4. 两级运算放大器

单级放大器的电路增益被限制在输入差分晶体管对的跨导与输出阻抗的乘积，而共源共栅运算放大器虽然提高了增益，但是限制了放大器的输出摆幅。在一些应用中，共源共栅结构的运算放大器提供的增益和（或）输出摆幅无法满足要求。为此，可以采用两级运算放大器（Two Stage OTA）来进行设计折中。其中，两级运算放大器的第一级提供高增益，而第二级提供较大的输出摆幅。与单级放大器不同的是，两级运算放大器可以将增益和输出摆幅分开处理。

图 6. 14 为两级运算放大器结构图，其中，M0 ~ M4 构成放大器第一级；M5 ~ M8 构成放大器第二级；电阻 R_{c} 和电容 C_{c} 用于对放大器进行频率补偿。图 6. 14 中每一级都可以运用单级放大器完成，但是第二级一般是简单的共源极结构，这样可以提供最大的输出摆幅。第一级和第二级的增益分别为 $A_{\mathrm{u1}} = g_{\mathrm{m1}}(r_{\mathrm{o1}}//r_{\mathrm{o3}})$ 和 $A_{\mathrm{u2}} = g_{\mathrm{m7}}(r_{\mathrm{o5}}//r_{\mathrm{o7}})$，其中，$g_{\mathrm{m1}}$ 和 r_{o1} 分别为第一级输入差分晶体管对的有效跨导和沟道电阻；r_{o3} 为第一级负载 M3 的沟道电阻；g_{m7} 和 r_{o7} 分别为第

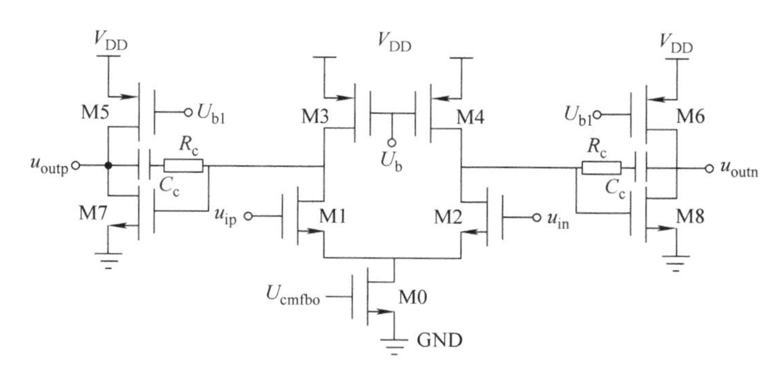

图 6. 14　两级运算放大器结构图

二级输入晶体管 M7 的有效跨导和沟道电阻；r_{o5} 为第二级负载 M5 的沟道电阻；R_c 和 C_c 分别为补偿电阻和补偿电容。因此，总的增益与一个共源共栅运放的增益差不多，但是差分信号输出端 u_{outp} 和 u_{outn} 的摆幅等于 $U_{vdd}-(|U_{eff5}|+|U_{eff7}|)$。要得到高的增益，第一级可以插入共源共栅器件，则很容易实现 100dB 以上的增益。

通常我们也可以通过更多级数的放大器级联来达到高的增益，但是在频率特性中，每一级增益在开环传递函数中至少引入一个极点，在反馈系统中使用这样的多级运放很难保证系统稳定，必须增加复杂的电路对系统进行频率补偿。

与单级运放结构不同，具有密勒补偿两级运放的主极点位于密勒补偿节点，也就是第一级运放的输出节点，其单位增益带宽表示为

$$\mathrm{UGB}=g_{m1}/C_c \tag{6-26}$$

式中，g_{m1} 为第一级运放输入晶体管的跨导；C_c 为密勒补偿电容值。

两级运放的单边压摆率由第一级压摆率和第二级压摆率的最小值决定，表示为

$$\mathrm{SR}=\min\left\{\frac{I_{D1}}{C_c},\frac{I_{D7}}{C_c+C_{load}}\right\} \tag{6-27}$$

式中，I_{D1} 和 I_{D7} 分别为第一级运放输入晶体管 M1 和第二级运放输入晶体管 M7 的漏源电流。

6.3　单级折叠共源共栅运算放大器的版图设计

基于上一节中单级运算放大器的学习基础，本节将采用 3. 3V 电源电压的中芯国际混合信号 CMOS 1p6m 工艺，配合 Cadence Virtuoso 软件实现一款单级折叠共源共栅运放的版图设计。一个典型的单级折叠共源共栅运放电路如图 6. 15 所示，主要包括偏置电路、主放大器电路和共模反馈电路。

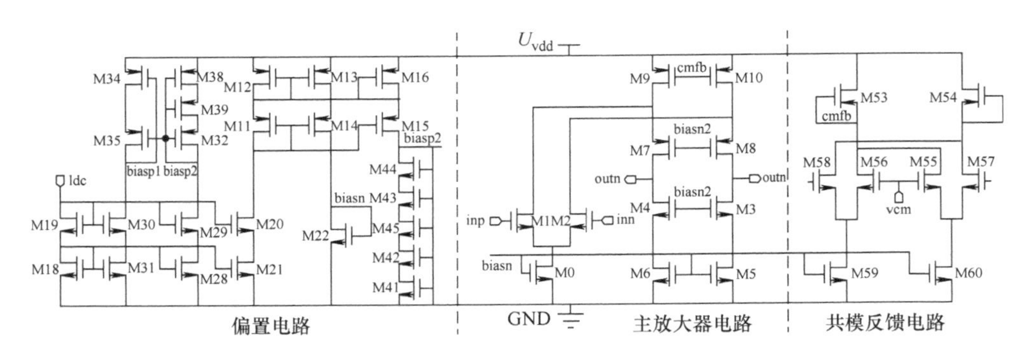

图 6.15　单级折叠共源共栅运放电路

图 6.15 所示的运放中的主放大器电路采用折叠共源共栅结构（M0 ~ M10），其中，M1 ~ M2 为输入晶体管；M0 为电流源；M3 ~ M4、M7 ~ M8 分别为 N 端和 P 端共源共栅晶体管；M5 ~ M6、M9 ~ M10 为电流源。共模反馈电路采用连续时间结构（M53 ~ M60），其中，M55 ~ M58 为输入晶体管。偏置电路采用共源共栅结构以及普通结构，用于产生偏置电压，将主放大器电路偏置在合适的直流工作点上。

如图 6.15 所示的运放增益如式（6-28）所示，

$$A_u = G_m R_{out} \doteq g_{m1}\{[g_{m7}r_{o7}(r_{o1} \parallel r_{o9})] \parallel (g_{m4}r_{o4}r_{o6})\} \tag{6-28}$$

式中，g_{m1} 为输入晶体管的等效跨导；r_{o1} 为输入晶体管的沟道电阻；g_{m7} 和 g_{m4} 分别为共源共栅晶体管的等效跨导；r_{o7} 和 r_{o4} 分别为共源共栅晶体管的沟道电阻；r_{o9} 和 r_{o6} 分别为上下电流源的沟道电阻。

运放等效输入热噪声如式（6-29）所示，

$$U_{n,\text{int}}^2 = 8kT\left(\frac{2}{3g_{m1}} + \frac{2g_{m6}}{3g_{m1}^2} + \frac{2g_{m9}}{3g_{m1}^2}\right) \tag{6-29}$$

式中，k 为玻尔兹曼常数；T 为室温的绝对温度；g_{m1} 为输入晶体管的等效跨导；g_{m6} 和 g_{m9} 分别为上下电流源的等效跨导。

基于图 6.15 所示电路图，规划单级运放的版图布局。先将运放的功能模块进行布局，粗略估计其版图大小以及摆放的位置，根据信号自下向上的传输走向，将运放的模块按照从下至上依次为主放大器电路、偏置电路以及共模反馈电路的顺序摆放。运放布局如图 6.16 所示。

如图 6.16 所示，虚线框内的主放大器从下至上依次为输入级尾电流源（M0）、输入级差分对（M1 ~ M2）、共源共栅晶体管（M3 ~ M4、M7 ~ M8）和尾电流源（M5 ~ M6、M9 ~ M10）。电源线和地线分布在模块的两侧，方便运放中的电源和地横向与两侧相连，形成网格状的电源和地网络，保持对各个晶体管的充分供电。同时，电源和地线也作为屏蔽线，在大系统中屏蔽周边信号的串扰。

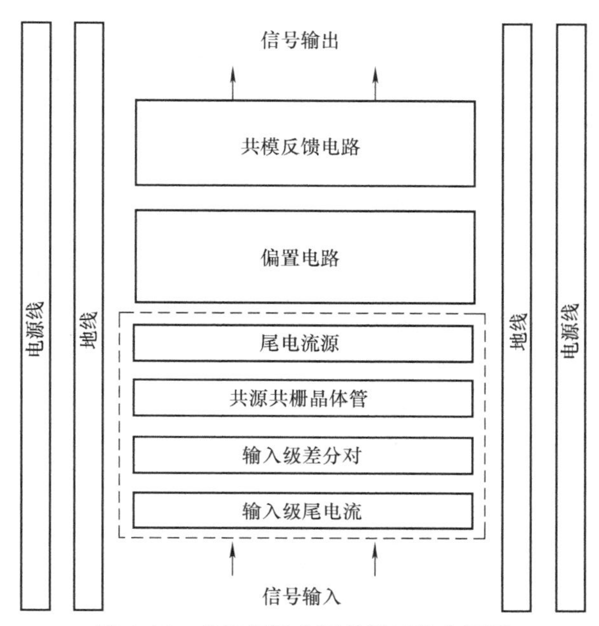

图 6.16　单级折叠共源共栅运放布局图

其他电路基本成左右对称分布。下面主要介绍各模块的版图设计。

图 6.17 为运放输入差分晶体管对的版图（M1 和 M2），为了降低外部噪声对差分晶体管对的影响，需要将其采用保护环进行隔离；将两个对管放置的较近，并且成轴对称来降低其失调电压；输入差分晶体管对两侧分别采用 dummy 晶体管（NMOS 四端口连接到地/PMOS 四端口连接到电源的无效晶体管，用于填充面积，同时保证与晶体管周边的刻蚀环境匹配，减小工艺梯度误差）来降低工艺误差带来的影响。

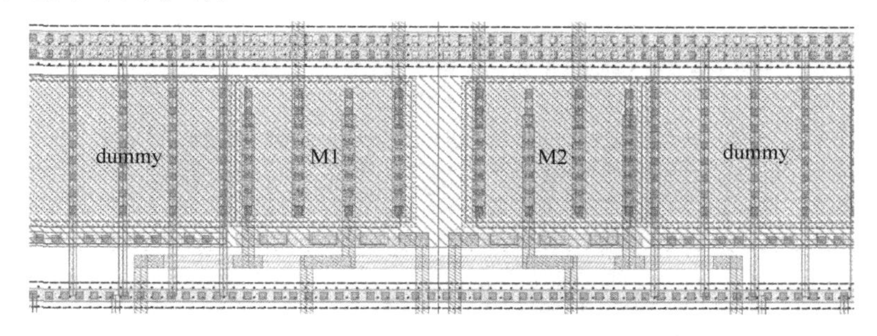

图 6.17　运放输入差分晶体管对的版图

图 6.18 为运放输出级的共源共栅晶体管（Pcascode 和 Ncascode）以及电流源（Psource 和 Nsource）版图，此部分还包括了部分偏置电路，目的是得到较好的电流匹配。走线采用横向第二层和第四层金属，纵向第一层和第三层等奇数层

金属，以获得较好的布线空间和资源。此部分版图仍然采用轴对称形式，并且在其两侧采用 dummy 晶体管来降低工艺误差带来的影响。

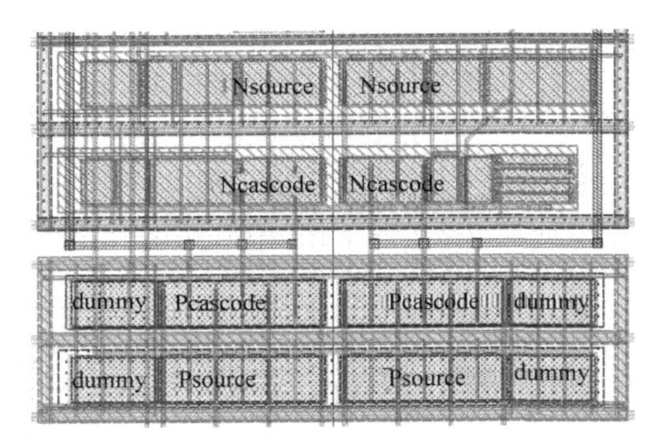

图 6.18　共源共栅晶体管和电流源版图

图 6.19 为运放的偏置电路版图，此部分版图完全为主放大器服务，输入偏置电流从版图左侧进入，而偏置电压的输出在版图两侧。为了降低外部噪声的影响，偏置电路版图也同样采用相应的保护环将其围住进行噪声隔离，而版图两侧仍然采用 dummy 晶体管来降低工艺误差带来的影响。

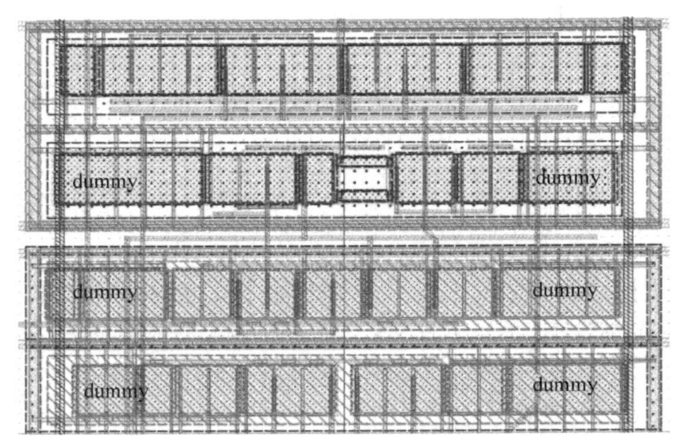

图 6.19　运放的偏置电路版图

图 6.20 为运放连续时间共模反馈电路的版图，此部分电路仍然为一个放大

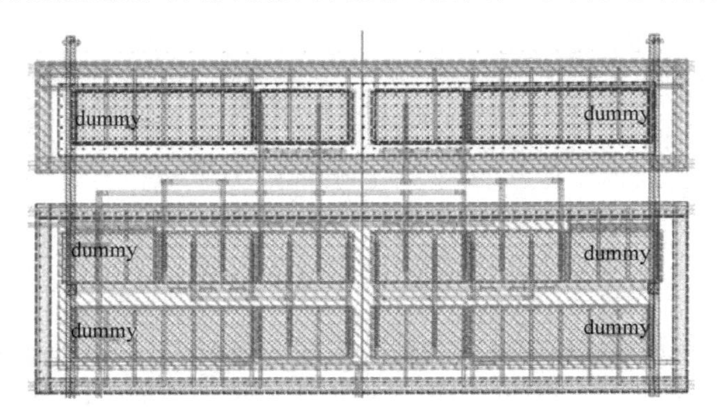

图 6.20　运放连续时间共模反馈电路版图

器电路，需要对输入晶体管进行保护，采用轴对称版图设计，以及两侧放置dummy晶体管。另外，共模反馈输出端走线不要跨在正常工作的晶体管上，以减小信号间的串扰，但可以在dummy晶体管上走线，如图6.21所示。

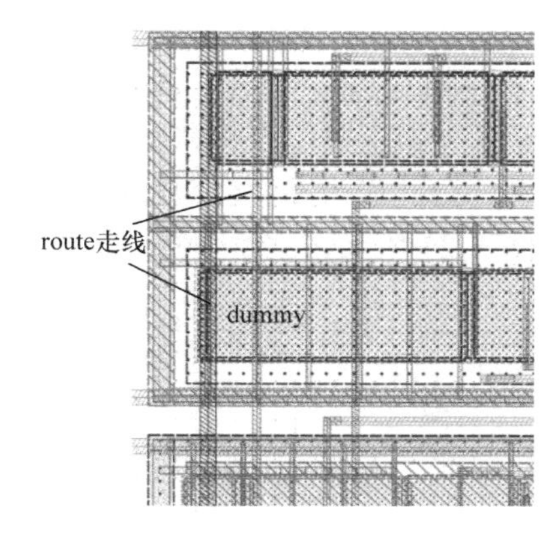

图6.21　运放跨过dummy晶体管的走线

在各个模块版图完成的基础上，就可以进行整体版图的拼接，依据最初的布局原则，完成单级折叠共源共栅运算放大器的版图如图6.22所示，整体呈矩形对称分布，主体版图两侧分布较宽的电源线和地线，运放中的电源和地节点横向走线，分别连接到左右两侧的电源线和地线上，形成电源和地的网格状布线，到此就完成了运放的版图设计。之后还需要采用Calibre进行DRC、LVS和天线规则检查，具体步骤和方法可参考第4章中的操作，这里不再赘述。

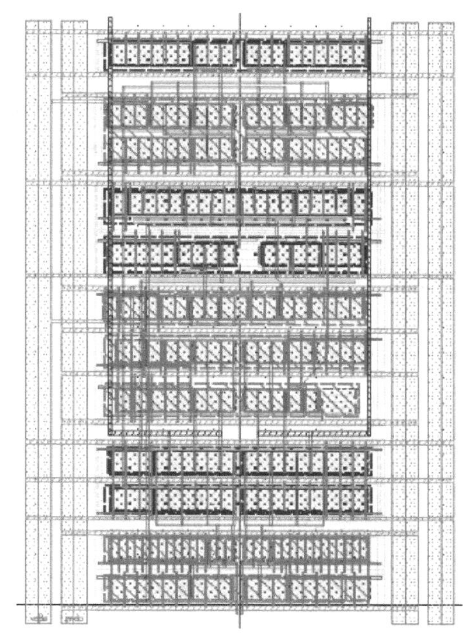

图6.22　单级折叠共源共栅运算放大器版图

6.4 两级全差分密勒补偿运算放大器的版图设计

基于6.2节中的两级运放的学习基础，本节将采用3.3V电源电压的中芯国际CMOS 1p6m工艺，配合Cadence Virtuoso软件实现两级全差分密勒补偿运放的版图设计。两级运放可以将输出摆幅和电路增益分别处理，有利于进行噪声和低功耗设计，因此成为高性能运放设计普遍采用的结构，两级全差分密勒补偿运放电路如图6.23所示，主要包括偏置电路、主放大器电路和共模反馈电路。

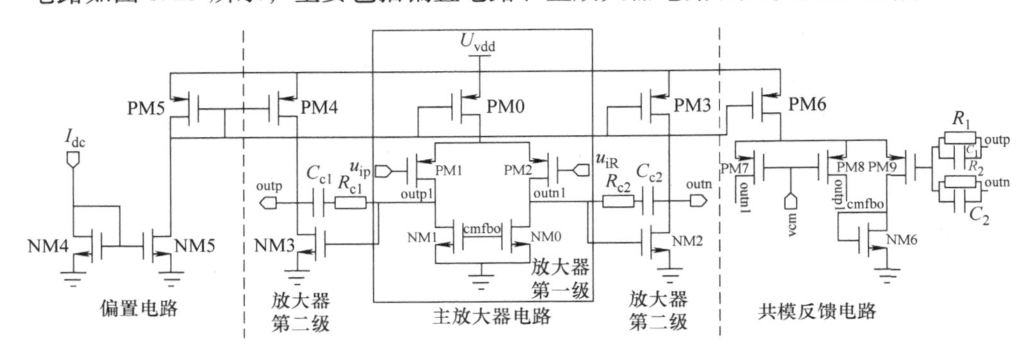

图6.23 两级全差分密勒补偿运放电路图

图6.23所示的两级全差分密勒补偿运放电路中的主放大器电路采用两级结构，第一级由晶体管PM0～PM2、NM0和NM1构成，其中，PM1～PM2为输入晶体管，PM0为电流源晶体管，NM1和NM0为负载晶体管，第二级由PM3、PM4、NM2和NM3构成。共模反馈电路采用连续时间结构（PM6～PM9、NM6、R1、R2、C1和C2）。偏置电路用于产生偏置电压，将主放大器电路偏置在合适的直流工作点上。

如图6.23所示运放的差分直流增益由两级构成，分别为A_{v1}和A_{v2}：

$$A_{v1} = -G_{m1}R_{o1} = -g_{mpm1}(r_{onm1}//r_{opm1}) \tag{6-30}$$

$$A_{v2} = -G_{m2}R_{o2} = -g_{mnm3}(r_{opm4}//r_{onm3}) \tag{6-31}$$

式中，g_{mpm1}为第一级输入差分晶体管对的有效跨导；r_{opm1}为第一级输入晶体管的沟道电阻；r_{onm1}为第一级负载晶体管的沟道电阻；g_{mnm3}和r_{onm3}分别为第二级放大器的差分输入晶体管对的有效跨导和沟道电阻；r_{opm1}为第二级放大器负载晶体管的沟道电阻。

因此运算放大器的总体增益为两级运放增益的乘积：

$$A_v = A_{v1}A_{v2} = g_{mpm1}g_{mnm3}(r_{onm1}//r_{opm1})(r_{opm4}//r_{onm3}) \tag{6-32}$$

两级全差分密勒补偿运放的差分压摆率（Slew－Rate，SR）要逐级分别进行分析。首先第一级放大器的压摆率为

$$\mathrm{SR}_1 = \frac{\mathrm{d}v_{\text{out}}}{\mathrm{d}t}\Big|_{\max} = \frac{2I_{\mathrm{D,nm1}}}{C_{\mathrm{c1}}} \tag{6-33}$$

第二级放大器的压摆率为

$$\mathrm{SR}_2 = \frac{\mathrm{d}v_{\text{out}}}{\mathrm{d}t}\Big|_{\max} = \frac{2I_{\mathrm{D,nm3}}}{C_{\mathrm{c1}} + C_{\mathrm{L}}} \tag{6-34}$$

整体运算放大器的压摆率由以上二者的最小值决定，即：

$$\mathrm{SR} = \min\left\{\frac{2I_{\mathrm{D,nm1}}}{C_{\mathrm{c1}}}, \frac{2I_{\mathrm{D,nm3}}}{C_{\mathrm{c1}} + C_{\mathrm{L}}}\right\} \tag{6-35}$$

再考虑两级运放的相位裕量和单位增益带宽。运算放大器的频率特性一般由主极点和非主极点决定。由于密勒补偿电容 C_{c}的存在，主极点 p1 和次极点 p2 的频率将会相差较大。假设$|\omega_{\mathrm{p1}}| << |\omega_{\mathrm{p2}}|$，则在单位增益带宽频率 ω_{u} 处第一极点引入 $-90°$相移，整个相位裕度是 60°。所以非主极点在单位增益带宽频率处的相移是 $-30°$。运算放大器的相位裕度（PM）$>60°$，$\varphi_1 \approx 90°$，由此可得：

$$\varphi_2 = 180° - \mathrm{PM} - \varphi_1 \leqslant 30° \tag{6-36}$$

$$\frac{\omega_{\mathrm{u}}}{\omega_{\mathrm{p2}}} \leqslant \tan 30° \approx 0.577 \Rightarrow \frac{\omega_{\mathrm{u}}}{\omega_{\mathrm{p2}}} \geqslant 1.73 \tag{6-37}$$

在设计中我们一般取 $\omega_{\mathrm{u}}/\omega_{\mathrm{p2}} = 2$，留有一定的设计裕度。

补偿电阻 R_{c1}和 R_{c2}可以单独用来控制零点的位置。控制零点的位置主要有以下几种方法：

1）将零点搬移到无穷远处，消除零点，R_{c}必须等于 $1/g_{\mathrm{m,nm3}}$。

2）把零点从右半平面移动左半平面，并且落在第二极点 ω_{p2}上。这样，输出负载电容引起的极点就去除掉了。这样做必须满足条件：

$$\omega_{\mathrm{z1}} = \omega_{\mathrm{p2}} \Rightarrow \frac{1}{C_{\mathrm{c}}\left(\dfrac{1}{g_{\mathrm{m,nm3}}} - R_{\mathrm{c}}\right)} = \frac{-g_{\mathrm{m,pm1}}}{C_{\mathrm{load}}} \tag{6-38}$$

3）把零点从右半平面移到左半平面，并且使其大于单位增益带宽频率 ω_{u}。如设计零点 ω_{z} 超过极点 ω_{u} 的 20%，即 $\omega_{\mathrm{z}} = 1.2\omega_{\mathrm{u}}$。因为 $R_{\mathrm{c}} >> 1/g_{\mathrm{m,nm3}}$，所以可以近似得到：

$$\omega_{\mathrm{z}} \simeq -1/R_{\mathrm{c}}C_{\mathrm{c}} \tag{6-39}$$

且 $\omega_{\mathrm{u}} = -g_{\mathrm{m,pm1}}/C_{\mathrm{c}}$，可以最终得到：

$$R_{\mathrm{c}} = \frac{1}{1.2g_{\mathrm{m,pm1}}} \tag{6-40}$$

本设计采用第三种方法，采用调零电阻主极点抵消的方式来提高运算放大器的相位裕度。

基于图 6.23 所示电路图，规划两级全差分密勒补偿运放的版图布局。先将运算放大器的功能模块进行布局，粗略估计其版图大小以及摆放的位置，根据信号流走向，将两级全差分密勒补偿运算放大器的模块摆放分为左右两个部分，左侧部分从上至下依次为第一级放大器电路（包括共模反馈电路）、第二级放大器电路、偏置电路和电阻阵列，右侧部分为电容阵列。需要注意的是，在版图布局中，尽量将有源器件和无源器件分区域集中摆放，提高各个器件的匹配性。两级全差分密勒补偿运放布局如图 6.24 所示，下面主要介绍各模块的版图设计。

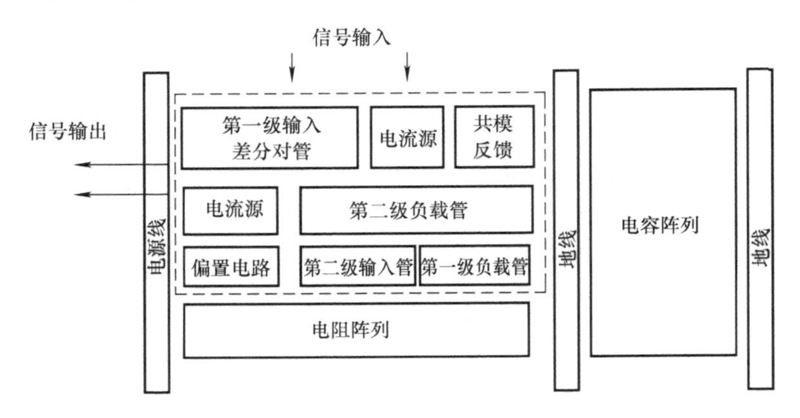

图 6.24　两级全差分密勒补偿运放布局图

图 6.25 为运放的第一级输入差分晶体管对版图（PM1 和 PM2），差分晶体管对应放置得尽可能近，并采用轴对称方式，必要时可以采用交叉放置 PM1 和 PM2 的方式进一步降低失配；靠近版图的左侧放置 dummy 晶体管提高匹配程度；采用 N 型保护环将其围住，降低外界噪声对其的影响。

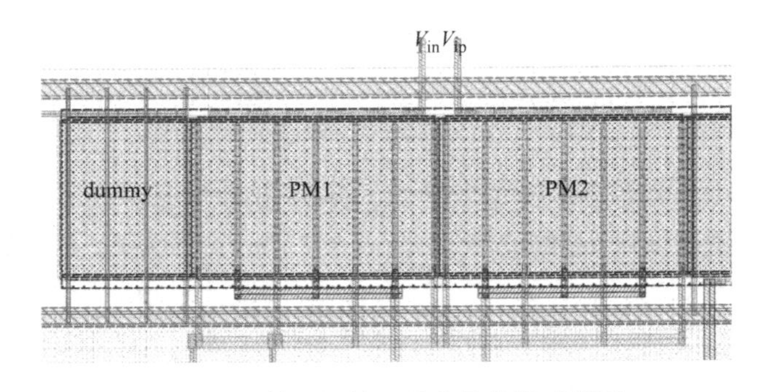

图 6.25　第一级输入差分晶体管对版图

图 6.26 为共模反馈部分电路版图，主要包括 PM6 ~ PM9。其中，PM6 为电流源，可紧邻输入管 PM2，PM7 ~ PM9 实现共模反馈功能，PM7 和 PM8 可认为是差分晶体管对，应紧邻放置，最右侧采用 dummy 晶体管填充，降低工艺误差带来的影响。

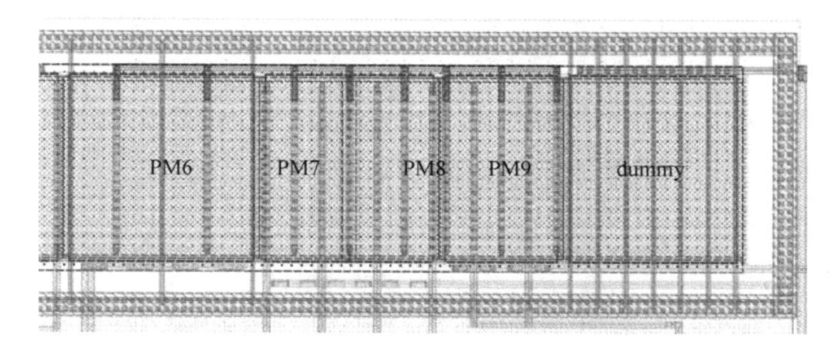

图 6.26　共模反馈部分电路版图

图 6.27 为负载晶体管版图，版图分为第一级负载管（NM0 和 NM1）和第二级负载管（NM2 和 NM3），两部分紧邻放置，中间采用 dummy 晶体管进行隔离。四个晶体管采用 P 型保护环围绕。

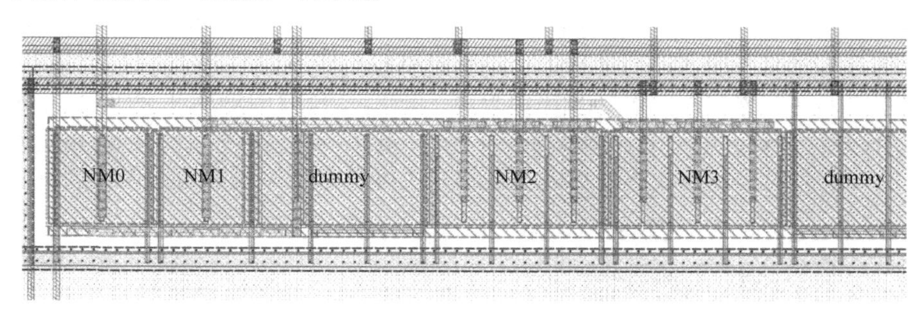

图 6.27　负载晶体管版图

图 6.28 为电阻阵列，运放中所有电阻全部放在 P 型保护环内，并将 P 型保护环连接至地电位。其中右上角为运放第二级的补偿电阻 R_{c1} 和 R_{c2}，左侧和右下侧分别为共模检测电阻，电阻呈阵列排布，最左侧和最右侧分别加入 dummy 电阻有助于工艺上的匹配，降低失配影响。

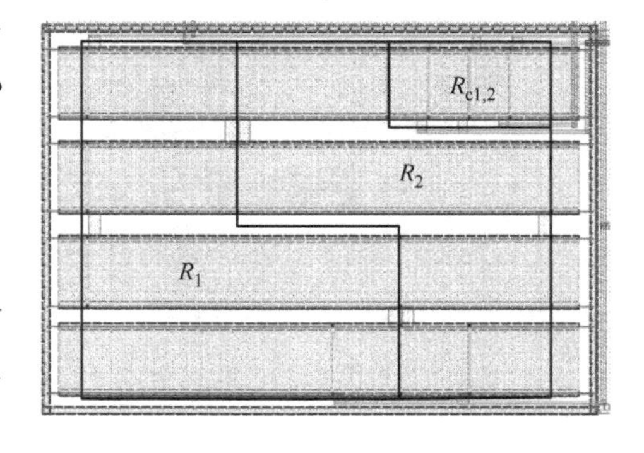

图 6.28　电阻阵列版图

图 6.29 为电容阵列，所有电容均放置在同一 P 型保护环内，其中，上半部分为运放的补偿电容 C_c，下半部分为共模检测电容 C_1 和 C_2。所有电容采用同一尺寸有利于匹配，其连接全部采用第四层金属。

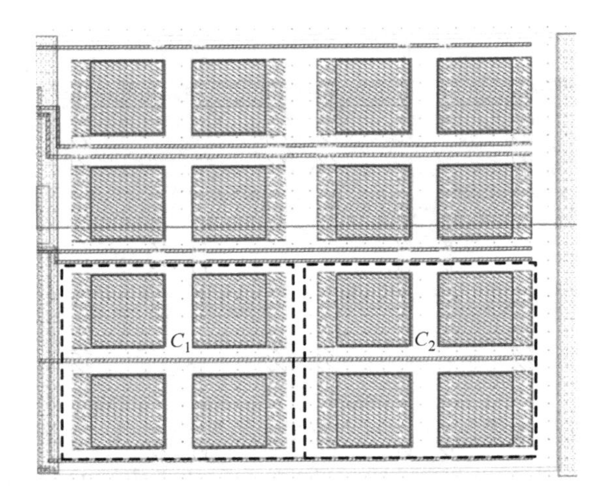

图 6.29　电容阵列版图

在各个模块版图完成的基础上，就可以进行整体版图的拼接，依据最初的布局原则，完成两级全差分密勒补偿运算放大器的最终版图如图 6.30 所示，整体呈矩形对称分布。到此就完成了整体两级运放的版图设计。采用 Calibre 进行 DRC、LVS 和天线规则检查的具体步骤和方法可参考第 4 章中的操作，这里不再赘述。

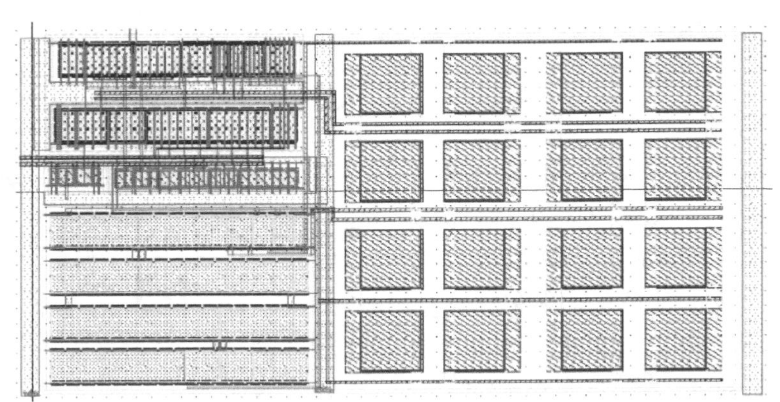

图 6.30　两级全差分密勒补偿运算放大器最终版图

6.5　电容—电压转换电路版图设计

运放作为很多模拟集成电路模块的核心电路，在积分器、传感器调理电路中获得了广泛应用。在这些电路中，运放需要结合电阻、电容，以及有源开关等元器件或子模块构成整体，电路规模相对较大。因此，合理的版图布局和设计也成为了这类电路成败的关键环节。本节就以一个应用于加速度计的电容—电压转换电路版图为例，说明该类型电路版图设计的基本流程和技巧。

在微机电（MEMS）加速度计读出电路芯片中，电容—电压转换电路位于芯片的第一级，将传感器差分电容的变化转为电压输出。本节以一款两步逼近积分器结构的电容—电压转换电路进行讨论，其电路如图 6.31 所示，由两相非交叠时钟信号 clk1 和 clk2 分别实现采样相和放大相的控制。其中，差分运放中的共模反馈时钟信号 clk1a 和 clk2a 分别为 clk1 和 clk2 的提前关断信号，目的是在降低放大相 clk2 时保持电容 CH 上的电荷共享效应，提高输出信号准确度。

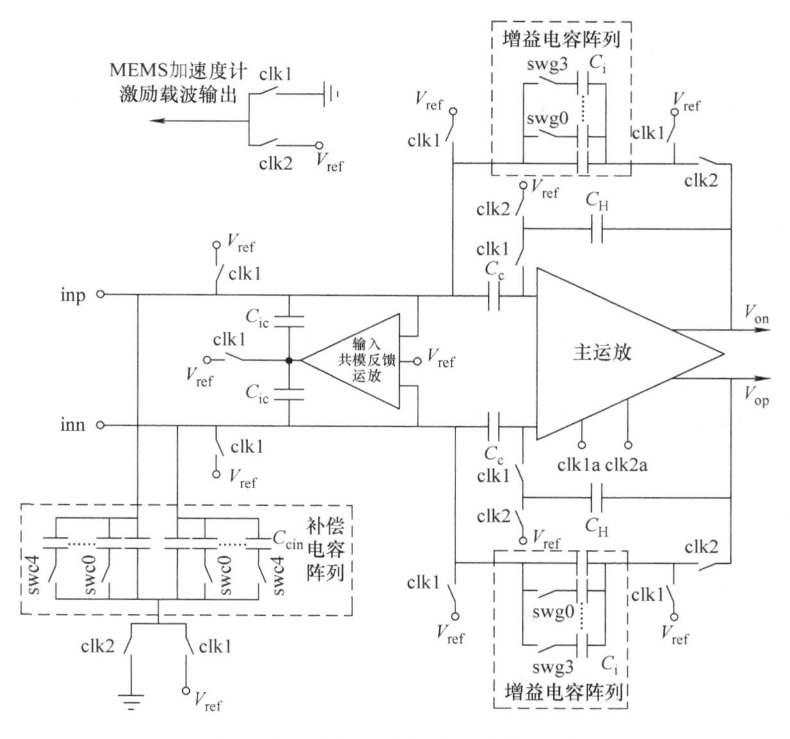

图 6.31　电容—电压转换电路框图

激励载波输出信号输出至片外加速度计等效电容的中间极板。电路中分别设置了 4bit（swg0 ~ swg3）和 8bit（swg0_2 ~ swg7_2）的增益电容阵列，以满足不同加速度计电容值的检测要求。电路中还包括一个 5bit 的补偿电容阵列（swc0 ~ swc4），对加速度计以及键合产生的寄生电容实现步长相应的电容匹配，降低对共模电压漂移的影响。输入共模反馈运放的作用在于将主运放两个差分输入端的共模值与参考电压进行比较，误差值在 clk2 相位时被采样至输入反馈电容 C_{ic}上

（实际采样的是 C_c 上的误差电压值）。当下一个相位 clk1 到来时，C_{ic} 的两个极板都连接至 V_{ref}，消除了这部分误差电荷，保证了主运放输入共模电压的稳定。

以下简要介绍两步逼近策略降低电路误差的原理。传统的电容—电压转换电路通常采用两相时钟控制的相关双采样电路来抑制低频噪声和输入失调电压。理想情况下，根据电荷守恒定律，输出电压 V_o 表达式为

$$V_o = \frac{2\Delta C}{C_i} V_{ref} \tag{6-41}$$

式中，ΔC 和 C_i 分别为加速度计差分电容变化值和增益电容值；V_{ref} 为参考电压值，通常为1/2电源电压值。从式（6-41）中可以看出，输出电压与电容变化呈线性关系。但在实际中，全差分运放输入端非零虚地点以及差分共模电压失配产生的“1/A 误差”，仍极大地降低了该类型电路输出信号准确度。根据文献，假设补偿电容值 C_{cin} 与待测陀螺仪固定电容值相匹配，再进行理论推导。设“1/A误差”的增益降低系数 $\sigma_d = \dfrac{2C_{cin}}{C_i}$，运放开环增益为 A_o，C_i 为增益电容值，可以得到实际输出电压 V_o 表达式修正为

$$V_o = \frac{2\Delta C}{C_i} V_{ref} \left(\frac{1}{1 + \sigma_d / A_o} \right) \tag{6-42}$$

从式（6-42）中可以看出，由于输入差分共模电压不匹配造成的“1/A 误差”使得输出电压与 ΔC 呈现非线性，降低了输出准确度。为了降低该效应，可以采用两步逼近的采样、放大策略。

在采样相 clk1 时，补偿电容 C_c 左极板对参考电压 V_{ref} 进行采样，右极板连接至运放输入端和保持电容 C_H 的左极板。因为 C_H 右极板连接至输出电压 $V_o(n)$，而左极板在上一个周期放大相 clk2 时连接至 V_{ref}，在本周期 clk1 相位时，C_H 左极板保持的参考电压就传输至 C_c 的右极板和运放的输入端。该机制使得运放输入端成为一个真实的“虚地点”（由于 V_{ref} 的箝位作用，消除了运放输入端产生的失调）。同时增益电容 C_i 的两个极板都连接至 V_{ref}，消除上一个周期放大相的残余电荷。

在放大相 clk2 时，增益电容 C_i 的左极板连接至输入端，右极板连接至输出端，形成 $\Delta C/C_i$ 的比值关系，进行放大操作。同时 C_H 左极板连接至 V_{ref}，右极板保持了上一个放大相时的输出电压值，消除了传统结构中的归零操作，有利于本周期输出电压的快速建立。

从理论方面进行推导，设由于“1/A 误差”产生的瞬态误差电压值为 $\Delta V_{1/A}(n)$，其可以将相邻两个周期输出电压差值与开环增益的比值表示为

$$\Delta V_{1/A}(n+1) = [(V_o(n+1) - V_o(n)]/A_o \tag{6-43}$$

将式（6-42）和式（6-43）结合，可以得到瞬态输出电压为

$$V_o(n+1)=\frac{2\Delta C}{C_i}V_{ref}-\frac{2C_{cin}}{C_i}\frac{1}{A_o}\Delta V_o(n+1)=\frac{2\Delta C}{C_i}V_{ref}-\frac{\sigma_d}{A_o}\Delta V_o(n+1)\tag{6-44}$$

同样有

$$V_o(n+2)=\frac{2\Delta C}{C_i}V_{ref}-\frac{\sigma_d}{A_o}\Delta V_o(n+2)\tag{6-45}$$

又因为 $\Delta V_o(n+1)=V_o(n+1)-V_o(n)$，所以结合以上四式可以得到：

$$\Delta V_o(n+1)=\frac{2\Delta C}{C_i}V_{ref}\left[1-\left(\frac{1}{1+A_o/\sigma_d}\right)^2\right]\tag{6-46}$$

从式（6-46）中可以看出，由于采用两步逼近策略，使得“1/A 误差”呈平方倍下降，极大地提高了输出信号准确度。

输入共模反馈运放采用三端输入、单端输出的折叠共源共栅运放结构，如图 6. 32所示。

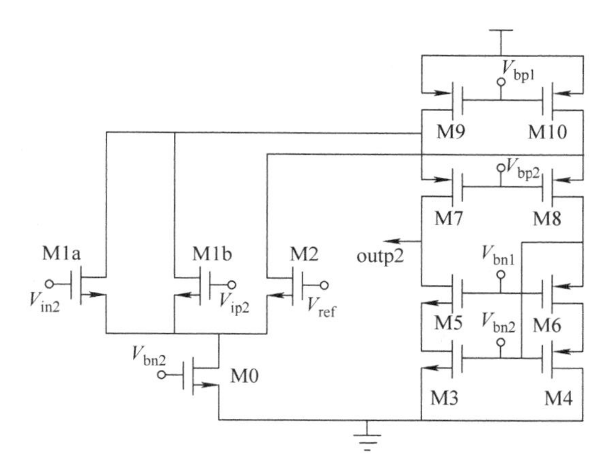

图 6. 32　输入共模反馈运放电路

主运放采用全差分折叠共源共栅结构。共模反馈电路为开关电容电路，其中，V_{cm}和 V_{ref}都为 $V_{DD}/2$。

基于图 6. 33 所示电路图，首先规划电容—电压转换电路版图布局。根据电路图中自左向右的模块排列顺序，版图中信号自下向上流动，同类元器件集中摆放。需要注意的是，在版图规划中，为保证信号完整性，信号走向尽量保持直线和正向传输，避免绕弯和反向传输。因此将输入共模反馈运放和主运放布置在版图中部，保证信号的直线和正向传输。大量补偿电容阵列开关和增益电容阵列开关分布在运放两侧。由于在本电路中，电容走线产生的寄生电容相对整体电容值较小，可以使用较长走线，所以将补偿电容和增益电容阵列都集中布置在最外侧。外围用地线和电源线连接成环，各个模块可以从横、纵两个方向就近连接至

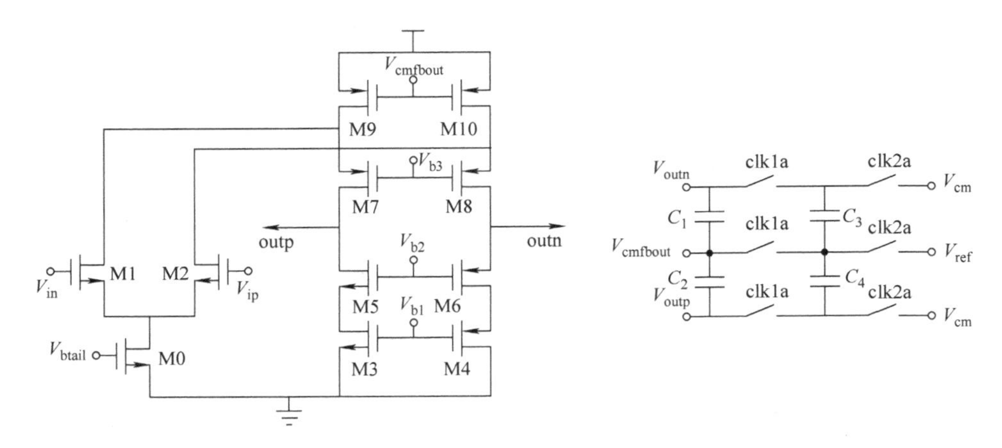

图 6. 33　主运放电路

电源和地，保证了供电和接地的充分。最终布局如图 6. 34 所示，整体版图构成一个矩形。

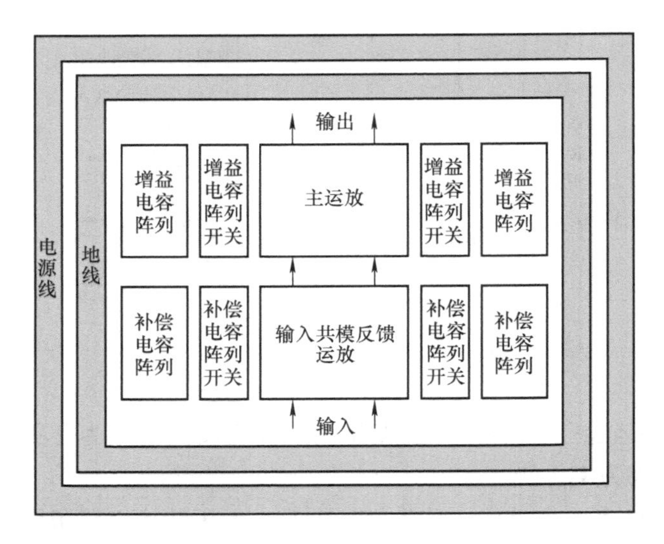

图 6. 34　电容—电压转换电路版图规划

在实际版图设计中，难免出现一些多余空间。在芯片生产过程中，对各个金属层、MIM 层（金属 - 绝缘层 - 金属电容层）和多晶体硅层都有密度要求。只有满足了最低密度要求，才能保证芯片生产的机械强度和硬度。在设计中，我们可以用 dummy MOS 晶体管填充这些多余空间。dummy MOS 晶体管有两种连接方式，一种是将 NMOS 晶体管的栅极连接到电源，漏极、源极和衬底连接到地，构成 MOS 电容，外围包裹 P 型保护环连接到地。这种方式一方面可以增加多晶

硅层密度；一方面也作为电源上的滤波电容，可以滤除高频噪声。另一种方式更为简单，即将 MOS 晶体管的四个端口连接到地，外围同样包裹 P 型保护环连接到地，只起到增加多晶硅层密度的作用。

规划完整体布局后，参考 6.3 和 6.4 节中运放的布局方式进行输入共模反馈运放和主运放的版图布局。由于两个运放都是基于折叠共源共栅结构，因此可以采用类似的布局方式，只是主运放增加了一个开关电容共模反馈电路。

输入共模反馈运放的布局如图 6.35 所示。输入级位于最下侧，方便信号输入。往上依次是共源共栅晶体管和偏置电路，两侧用电源线和地线包裹。在运放内部走线，尽量对称，且绕开晶体管进行走线。对于内部多余空间，在 NMOS 区域用四端口连接到地的 dummy NMOS 晶体管进行填充，在 PMOS 区域用四端口连接到电源的 dummy PMOS 晶体管进行填充。适当调整每个晶体管的叉指数（finger），使得 PMOS 和 NMOS 晶体管整体宽度一致，构成一个规整的矩形。最终输入共模反馈运放的版图如图 6.36 所示。

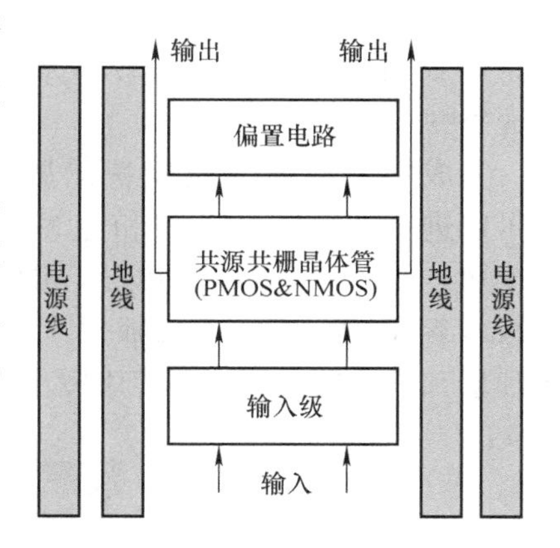

图 6.35　输入共模反馈运放版图布局

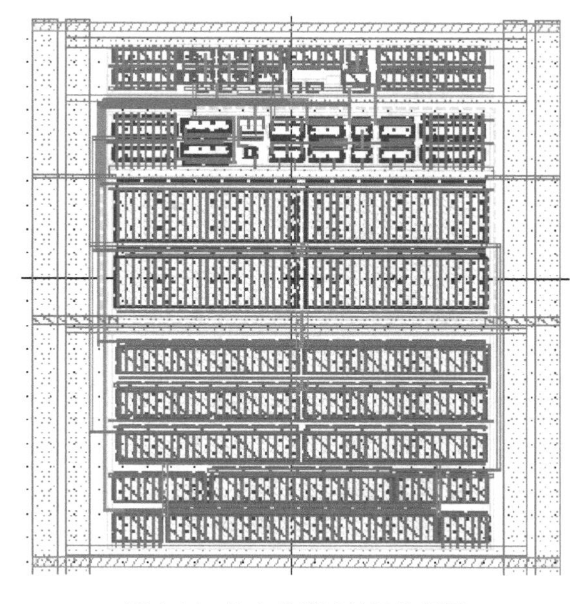

图 6.36　输入共模反馈运放版图

主运放的版图布局如图 6.37 所示，无源的开关电容共模反馈电路布置在最上侧。开关电容共模反馈内部自下而上分别放置电容和开关。主运放输出信号从中部两侧对称输出。其他布局和走线与输入共模反馈运放类似，最终版图如图 6.38 所示。这里尽量将主运放的宽度调整为和输入共模反馈运放一致，在整体版图拼接时进行对齐，保证信号传输的完整性。

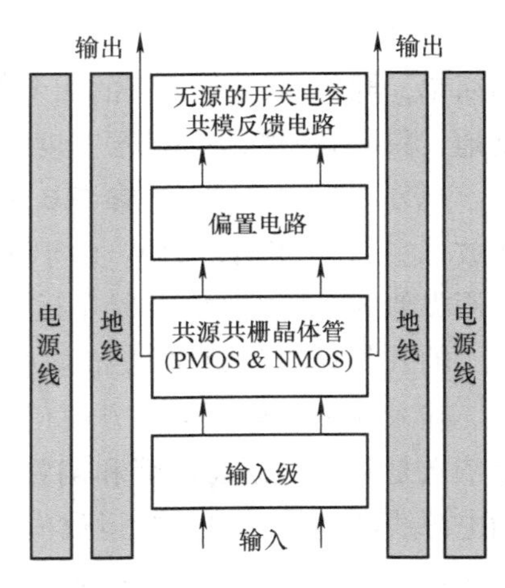

图 6.37 主运放版图布局

完成两个主要运放模块的版图设计后，就可以进行两侧开关阵列和电容阵列的布局和摆放。版图中电容采用的是 MIM 电容，为平板电容结构。上、下极板分别为该工艺的最顶层和次顶层金属。电容版图上侧严禁走线，否则会违反版图验证的 DRC 规

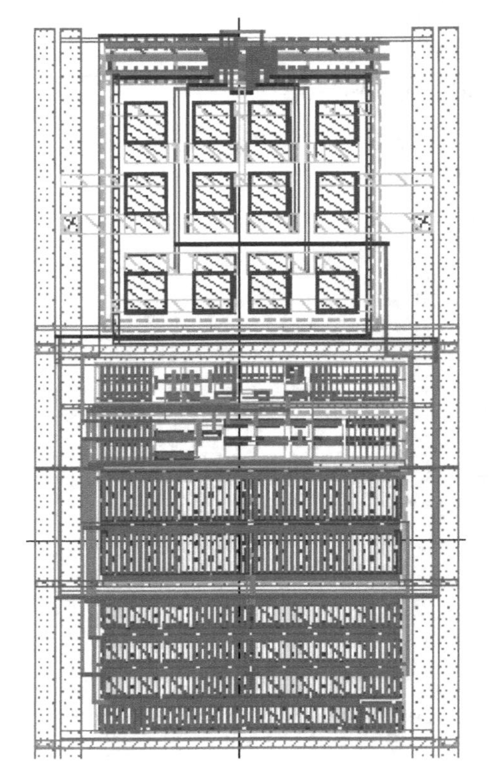

图 6.38 主运放版图

则。电容外侧也用 P 型保护环包裹，并将 P 型保护环连接到地电位，屏蔽其他走线，避免产生耦合寄生电容。整体版图如图 6.39 所示。上侧空余部分用连接 MOS 电容的 dummy MOS 晶体管填充，保证整体版图构成一个完整的矩形，方便系统进行拼接。

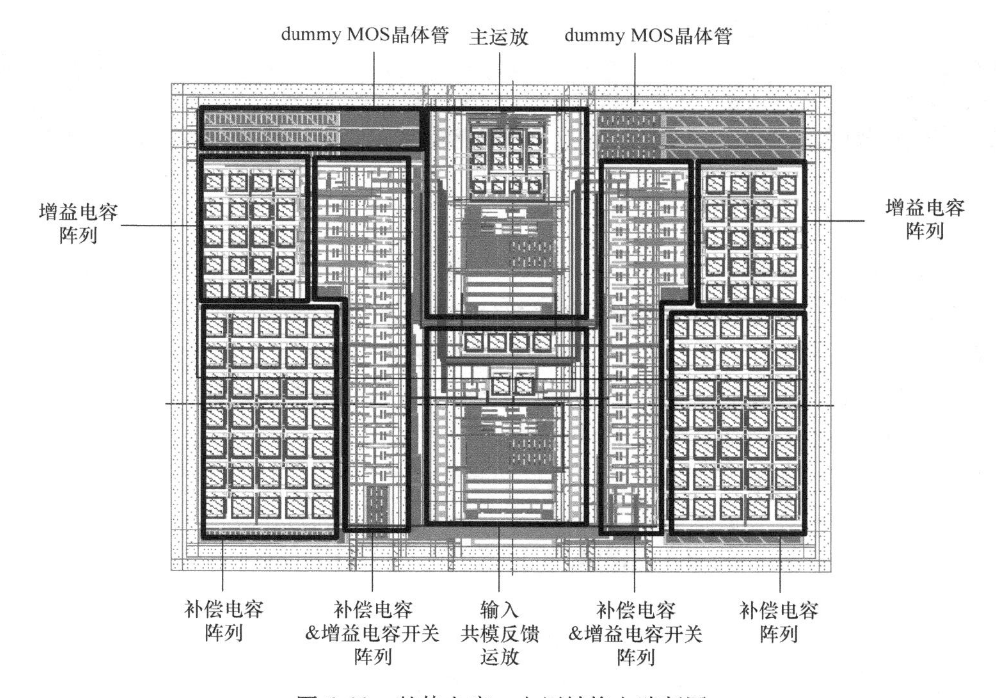

图 6.39　整体电容—电压转换电路版图

第7章 »

带隙基准源与低压差线性稳压器的版图设计

集成电路中的电压源通常分为参考基准源和线性稳压器。作为参考基准的带隙基准源和提供稳定供电系统的低压差线性稳压器是模拟集成电路和数模混合集成电路中非常重要的模块，前者在集成电路中具有输出电压与温度基本无关的特性，而后者作为基本供电系统，为集成电路内部提供稳定、纯净、高效的直流电压。本章主要介绍带隙基准源和低压差线性稳压器的基本原理、基本结构和性能指标，之后对带隙基准源和低压差线性稳压器的版图设计方法进行分析和讨论。

7.1　带隙基准源的版图设计

基准电压源作为模拟集成电路和数模混合信号集成电路的一个非常重要的单元模块，在各种电子系统中起着非常重要的作用。随着对各种电子产品的性能要求越来越高，对基准电压源的要求也日益提高，基准电压源的输出电压温度特性以及噪声的抑制能力决定着这个电路系统的性能。

带隙基准源具有与标准 CMOS 工艺完全兼容，可以工作于低电源电压下等优点，另外还具有低温度漂移、低噪声和较高的电源抑制比（PSRR）等性能，能够满足大部分电子系统的要求。

7.1.1　带隙基准源基本原理 ★★★

集成电路中很多功能模块需要与温度无关的电压源和电流源，这通常对电路功能模块的影响很大。那么我们怎样能够得到一个与温度无关的恒定的电压或者电流值呢？我们假设电路中存在这样两个相同的物理量，这两个物理量具有相反的温度系数，将这两个物理量按照一定的权重相加，即可获得零温度系数的参考电压，如图 7.1 所示。

图 7.1 中，电压源 U_1 具有正温度系数$\left(\frac{\partial U_1}{\partial T}>0\right)$，而电压源 U_2 具有负温度

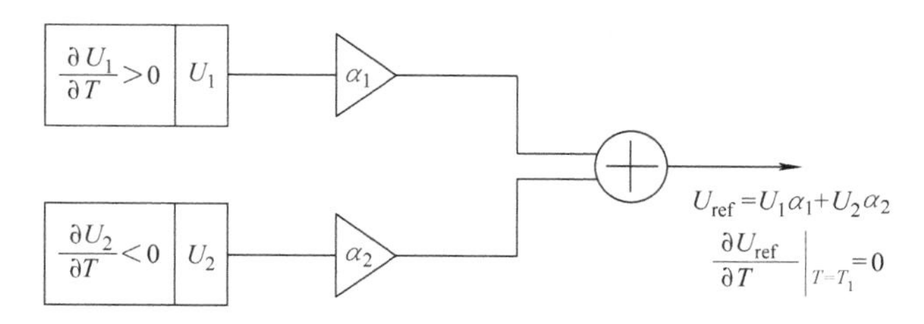

图 7.1　零温度系数带隙基准电压源基本原理图

系数$\left(\frac{\partial U_2}{\partial T}<0\right)$。我们选择两个权重值 α_1 和 α_2，满足 $\alpha_1\frac{\partial U_1}{\partial T}+\alpha_2\frac{\partial U_2}{\partial T}=0$，则得到零温度系数的基准电压值 $U_{ref}=U_1\alpha_1+U_2\alpha_2$。下面的任务就是怎样得到这两个具有相反温度系数的电压值 U_1 和 U_2。在半导体工艺中，双极型晶体管能够分别提供正、负温度系数的物理量，并且具有较高的可重复性，被广泛应用于带隙基准源的设计中。最近各种文献也提到过采用工作在亚阈值区的 MOS 晶体管也可以获得正、负温度系数，但是通常亚阈值区模型的准确度有待考察，并且现代标准 CMOS 工艺提供纵向 PNP 型双极型晶体管的模型，使得双极型晶体管仍然是带隙基准电压源的首选。

7.1.1.1　负温度系数电压$\left(\frac{\partial U_2}{\partial T}<0\right)$

对于一个双极型晶体管来说，其集电极电流 I_c 与基极—发射极电压 U_{BE} 存在如下的关系：

$$I_c=I_s\exp(U_{BE}/U_T)\tag{7-1}$$

$$U_{BE}=U_T\ln(I_c/I_s)\tag{7-2}$$

式（7-1）和式（7-2）中，I_s 为晶体管的反向饱和电流；U_T 为热电压，$U_T=kT/q$，k 为玻尔兹曼常数，q 为电子电量。由式（7-2）对 U_{BE} 求导得：

$$\frac{\partial U_{BE}}{\partial T}=\frac{\partial U_T}{\partial T}\ln\frac{I_c}{I_s}-\frac{U_T}{I_s}\frac{\partial I_s}{\partial T}\tag{7-3}$$

由半导体物理理论可得：

$$I_s=b\cdot T^{4+m}\exp\frac{-E_g}{kT}\tag{7-4}$$

式（7-4）对温度求导数，并整理得：

$$\frac{U_T}{I_s}\frac{\partial I_s}{\partial T}=(4+m)\frac{U_T}{T}+\frac{E_g}{kT^2}U_T\tag{7-5}$$

联立式（7-3）和式（7-5），可得

$$\frac{\partial U_{BE}}{\partial T}=\frac{U_{BE}-(4+m)U_T-E_g/q}{T}\tag{7-6}$$

式（7-6）中，$m \approx 1.5$，当衬底材料为硅时 $E_g = 1.12\text{eV}$。当 $U_{BE} = 750\text{mV}$、$T = 300\text{K}$ 时，$\dfrac{\partial U_{BE}}{\partial T} = -1.5\text{mV/℃}$。

由式（7-6）可知，U_{BE}电压的温度系数$\dfrac{\partial U_{BE}}{\partial T}$本身与温度 T 相关，如果正温度系数是一个与温度无关的值，那么在进行温度补偿时就会出现误差，造成只能在一个温度点得到零温度系数的参考电压。

7.1.1.2 正温度系数电压 $\left(\dfrac{\partial U_1}{\partial T} > 0\right)$

如果两个相同的双极型晶体管在不同的集电极电流偏置情况下，那么它们的基极—发射极电压的差值与绝对温度成正比，如图 7.2 所示。

如图 7.2 所示，两个尺寸相同的双极型晶体管 Q1 和 Q2，在不同的集电极电流 I_0 和 nI_0 的偏置下，忽略它们的基极电流，那么存在

$$\begin{aligned}\Delta U_{BE} &= U_{BE1} - U_{BE2} = U_T \ln \frac{I_{c1}}{I_{s1}} - U_T \ln \frac{I_{c2}}{I_{s2}} \\ &= U_T \ln \frac{nI}{I_{s1}} - U_T \ln \frac{I}{I_{s2}}\end{aligned} \tag{7-7}$$

由图 7.2 可知，$I_{s1} = I_{s2} = I_s$，$I_{c1} = nI_{c2}$，则有

$$\Delta U_{BE} = U_T \ln \frac{nI}{I_s} - U_T \ln \frac{I}{I_s} = U_T \ln n = \frac{kT}{q} \ln n \tag{7-8}$$

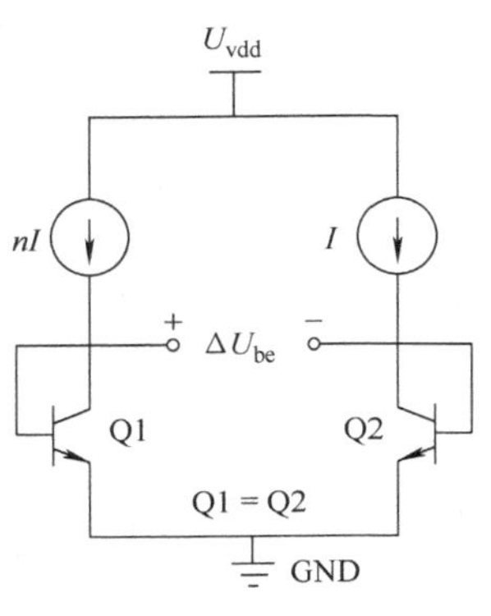

图 7.2 正温度系数电压电路图

式（7-8）对温度求导数可得

$$\frac{\partial \Delta U_{BE}}{\partial T} = \frac{k}{q} \ln n > 0 \tag{7-9}$$

由式（7-9）可以看出 ΔU_{BE}具有正温度系数，而这种关系与温度 T 无关。

7.1.1.3 零温度系数基准电压$\left(\dfrac{\partial U_{REF}}{\partial T} = 0\right)$

利用以上两节得到的正、负温度系数的电压，可以得到一个与温度无关的基准电压 U_{REF}，如图 7.3 所示，可得式（7-10）：

$$U_{REF} = \alpha_1 \frac{kT}{q} \ln n + \alpha_2 U_{BE} \tag{7-10}$$

下面说明如何选择 α_1 和 α_2，进而得到零温度系数电压 U_{REF}。在室温（300K），有负温度系数电压$\dfrac{\partial U_{BE}}{\partial T} = -1.5\text{mV/K}$，而正温度系数电压$\dfrac{\partial \Delta U_{BE}}{\partial T} = \dfrac{k}{q}$

$\ln n = 0.087\ln n(\mathrm{mV/K})$。式(7-11)对温度 T 求导数得：

$$\frac{\partial U_{\mathrm{REF}}}{\partial T} = \alpha_1 \frac{k}{q}\ln n + \alpha_2 \frac{\partial U_{\mathrm{BE}}}{\partial T} \tag{7-11}$$

令式（7-11）为零，代入正、负温度系数电压值，并令 $\alpha_2 = 1$，可得

$$\alpha_1 \ln n = 17.2 \tag{7-12}$$

所以零温度系数基准电压为

$$U_{\mathrm{REF}} \approx 17.2\frac{kT}{q} + U_{\mathrm{BE}} \approx 1.25\mathrm{V} \tag{7-13}$$

7.1.1.4　零温度系数基准源电路结构

从上节分析来看，零温度系数基准电压主要通过二极管基极—发射极电压 U_{BE} 和 $17.2\frac{kT}{q}$ 相加获得，基本原理如图 7.3所示。零温度系数基准电压产生电路如图 7.4 所示，假设图 7.4 中的电压 $U_1 = U_2$，那么对于左、右支路分别如式（7-14）和式（7-15）所示：

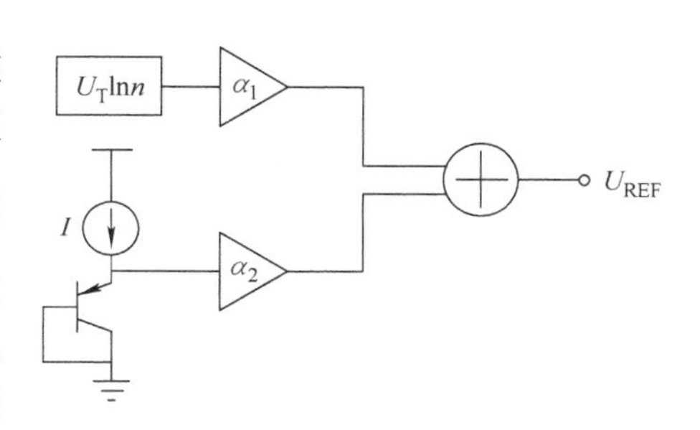

图 7.3　零温度系数基准电压产生原理

$$U_1 = U_{\mathrm{BE1}} \tag{7-14}$$

$$U_2 = U_{\mathrm{BE2}} + IR \tag{7-15}$$

有关系式

$$U_{\mathrm{BE1}} = U_{\mathrm{BE2}} + IR \tag{7-16}$$

有

$$IR = U_{\mathrm{BE1}} - U_{\mathrm{BE2}} = \frac{kT}{q}\ln n \tag{7-17}$$

联立式（7-15）和式（7-17）得到式（7-18）

$$U_2 = U_{\mathrm{BE2}} + \frac{kT}{q}\ln n \tag{7-18}$$

对照式（7-18）与式（7-13），可知这种电路方式可以获得零温度系数基准电压。问题是如何使得图 7.4 中电路两端电压相等，即 $U_1 = U_2$。

我们知道，理想的运算放大器在正常工作时，其输入的两端电压近似相等，那么可以产生以下两种电路，使得 $U_1 = U_2$，分别如图 7.5 和图 7.6 所示。

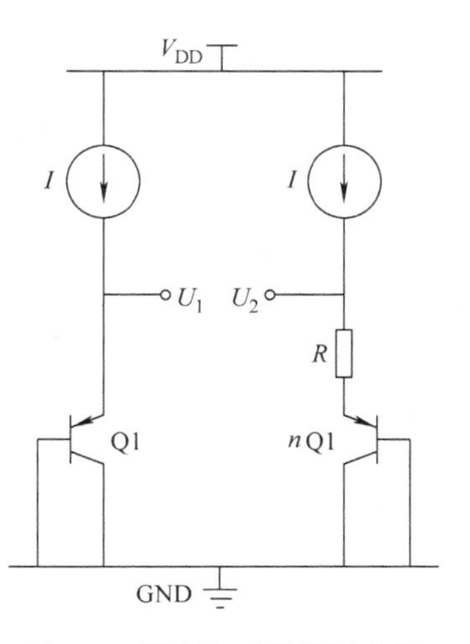

图 7.4　零温度系数基准电压产生基本电路图

完成这种相加的电路结构目前主要有两种方式，一种是通过运算放大器将两者进行相加，输

出即为基准电压；另外一种是先产生与温度成正比（PTAT）的电流，通过电阻转换成电压，这个电压自然具有正温度系数，然后与二极管的基极—发射极电压U_{BE}相加获得。

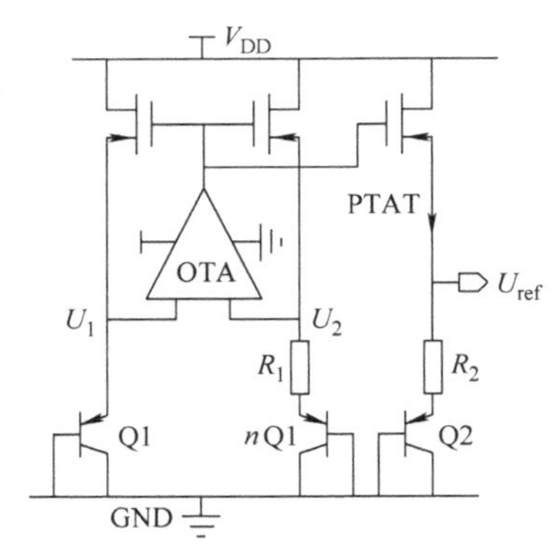

图 7.5　基准电压产生电路之一

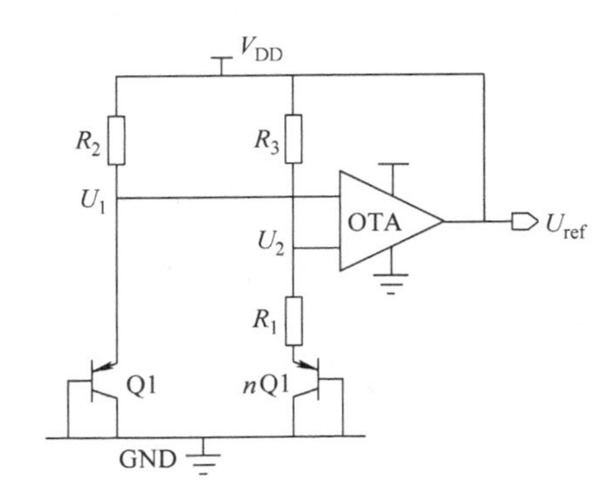

图 7.6　基准电压产生电路之二

图 7.5 中，OTA（运算跨导放大器）的输入电压分别为 U_1 和 U_2，输出端 U_{ref}驱动电阻 R_2 和 R_3，OTA 使得输入电压 U_1 和 U_2 近似相等，得出两侧双极型晶体管的基极—发射极的电压差为 $U_T\ln n$，由式（7-17）可得流过 R_1（右侧）的电流为

$$I_2 = \frac{U_T \ln n}{R_1} \tag{7-19}$$

得到输出基准电压 U_{ref}：

$$U_{ref} = U_{BE,nQ1} + \frac{I_2}{R_1}(R_1 + R_3) = U_{BE,nQ1} + \left(1 + \frac{R_3}{R_1}\right) U_T \ln n \tag{7-20}$$

结合式（7-13）和式（7-20）可知，在室温 300K 时，可以得到零温度系数电压 $U_{ref} \approx 1.25\text{V}$。

图 7.6 是第二种基准电压的电路形式，这种电路的原理是先产生一种与温度成正比的电流，然后通过电阻转换成电压，最后再与双极型晶体管的 U_{BE} 相加获得基准电压。如图 7.6 所示，中间支路产生的电流仍然为式（7-19），这个电流与温度成正比，右侧镜像支路产生电流仍然为 PTAT 电流，这个电流流过电阻产生的电压形成与温度成正比（PTAT）的电压，最后与双极型晶体管 Q2 的基极—发射极电压，该电压与绝对温度成反比（CTAT），相加获得基准电压。

$$U_{ref} = U_{BE,Q2} + \frac{R_2}{R_1} U_T \ln n \tag{7-21}$$

结合式（7-13）和式（7-21）可知，当$(\ln n) R_2/R_1 = 17.2$ 时，就可以获得零温度系数的基准电压。

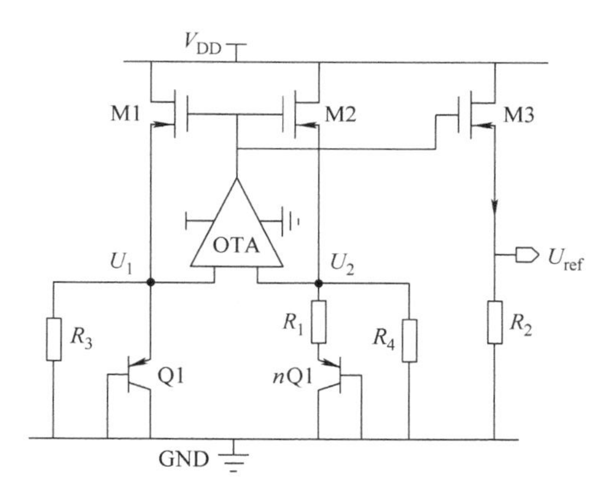

图7.7　基准电压产生电路之三

图7.7是获得基准电压的第三种电路，这种电路的基本原理与第二种相似，不同之处在于，在节点U_1和U_2分别加入两个阻值相同的电阻（$R_3=R_4=R$），那么流过电阻的电流$I_R=U_2/R_4=U_{BE1}/R$，所以流过晶体管M2的电流I_{M2}为

$$I_{M2}=I_R+I_{R1}=\frac{U_{BE1}}{R}+\frac{U_T\ln n}{R_1} \tag{7-22}$$

如果MOS晶体管尺寸$(W/L)_3=(W/L)_2$，那么有$I_{M3}=I_{M2}$，得到基准电压U_{ref}为

$$U_{ref}=I_{M3}R_2=\left(\frac{U_{BE1}}{R}+\frac{U_T\ln n}{R_1}\right)R_2 \tag{7-23}$$

由式7-23可知，通过这种结构得到的基准电压可以根据调节R_2的电阻值获得任意值。而前两种结构只能得到1.25V的基准电压值。

7.1.1.5　基准电压源的启动问题

如图7.6所示的基准电压源电路，实际上存在两个工作点；一个是电路正常时的工作点；另外一个是“零电流”工作点，也就是在电源上电的过程中，电路中所有的晶体管均无电流通过，而这种状态如无外界干扰将永远保持下去。这种情况就是电路存在的启动问题。

解决电路的启动问题，需要加入额外电路，使得存在启动问题的电路摆脱“零电流”工作状态进入正常工作模式，对启动电路的基本要求是当电源电压稳定后，待启动电路处于“零电流”工作状态时，启动电路给内部电路某一节点激励信号，迫使待启动电路摆脱“零电流”工作状态，而在待启动电路进入正常工作模式后，启动电路停止工作。启动电路如图7.8中的右侧部分。

图7.8中，当电源电压正常供电，而基准电路内部仍无电流时，也就是MOS晶体管PM4和PM5均无电流通过，节点net1的电压为零时，则MOS晶体管PM3导通，NM1截止，节点net3的电压为$U_{vdd}-2U_{BE}$，进而使得MOS晶体管NM2导通，节点net4的电压较低，接近地电位，最后使得MOS晶体管PM4和PM5导通，节点net1的电压逐渐上升至大约$2U_{BE}$，基准电路逐渐正常工作。而启动电路中的MOS晶体管NM1导通，而PM3截止，进而使得节点net3的电压逐渐下降，NM2管逐渐截止。在基准电压源电路正常工作后，启动电路的两条支路停止工作（NM2/PM3截止）。

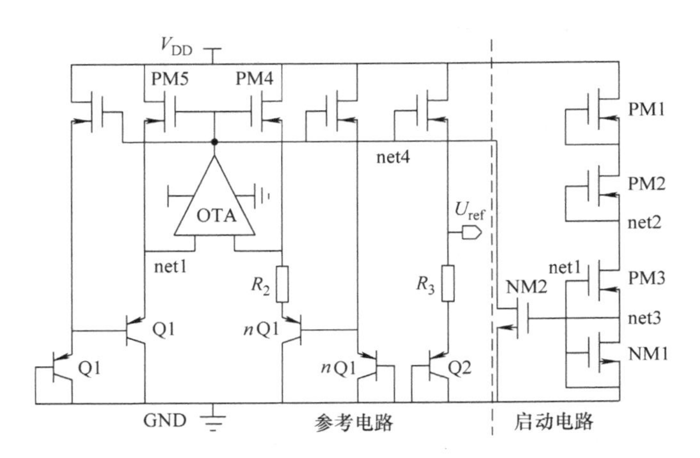

图 7.8　带启动电路的基准电压源电路图

7.1.2　带隙基准源版图设计实例 ★★★

基于上一节中带隙基准源的学习基础，本节将采用 3.3V 电源电压的中芯国际 CMOS 1p6m CMOS 工艺，配合 Cadence Virtuoso 软件实现一款带隙基准源的电路和版图设计。

如图 7.9 所示，采用的带隙基准电压源主要分为 3 个部分，从左至右依次为电压偏置电路，带隙基准电压源主电路和启动电路。左侧的偏置电路为跨导放大器的尾电流源提供偏置电压。右侧启动电路的工作原理为：当电源电压为零时，PMOS 晶体管 PM9 的栅极为零电平，PM9 导通；当电源电压逐渐升高时，形成从电源到跨导放大器输入端的通路，跨导放大器具有输入共模直流电压，开始工作。同时该通路对 NMOS 晶体管 NM1 形成的 MOS 电容进行充电；当电源电压继续升高，PMOS 晶体管 PM8 导通，形成 PM8 经过电阻 R_5 的电流通路，PM9 的栅极电压逐渐升高，当 PM9 的过驱动电压绝对值大于漏源电压绝对值时，即 $|V_{gs}-V_{th}|>|V_{DS}|$时，PM9 截止。同时 MOS 电容充电完成，MOS 电容上的电压维持跨导放大器的输入共模电压，带隙基准源进入正常工作状态。

基于图 7.9 所示的电路图，规划带隙基准电压源电路的版图布局。先将带隙基准电压源各模块进行布局，粗略估计其版图大小以及摆放的位置，根据信号流走向，将带隙基准源的模块摆放从左至右依次为 BJT 晶体管阵列、电阻阵列和电容阵列、MOS 晶体管区域。带隙基准电压源布局如图 7.10 所示。

如图 7.10 所示，虚线框内为 MOS 晶体管区域布局结构图，从上至下依次为带隙基准电压源的启动电路、两级 OTA 电路和电流源电路。电源线和地线呈环状包围带隙基准源，方便与内部模块相连。下面主要介绍各模块的版图设计。

图 7.11 为电阻阵列的版图，虽然各个电阻所在电路的位置和功能不同，但

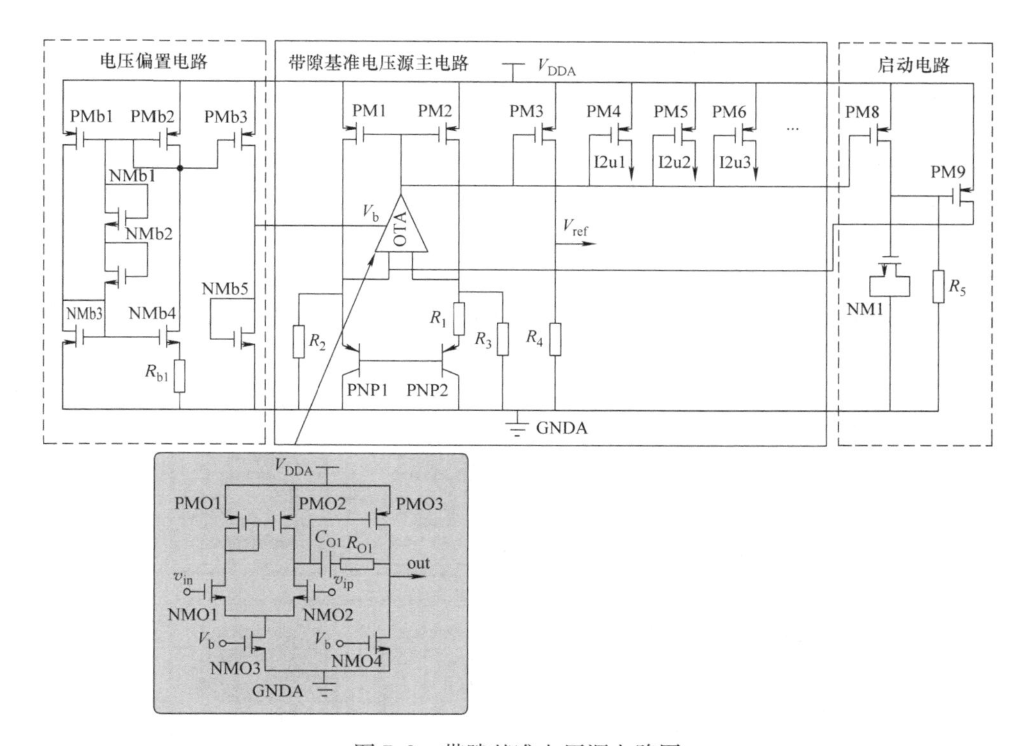

图 7.9　带隙基准电压源电路图

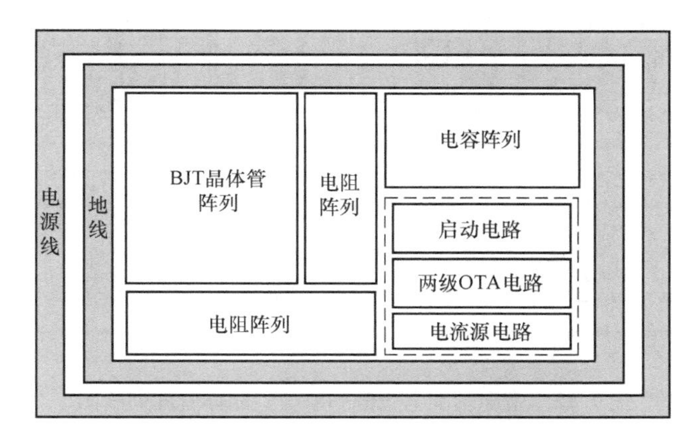

图 7.10　带隙基准电压源的版图布局图

一般选择同样的单位尺寸电阻，然后采用电阻串并联的形式得到。由于电路中电阻的重要性，加入保护环将电阻阵列围绕，降低其他电路噪声对其的影响，另外在电阻阵列边界加入 dummy 电阻以提高匹配程度。

图 7.12 为带隙基准电压源电路中的双极型晶体管（BJT）阵列版图，版图

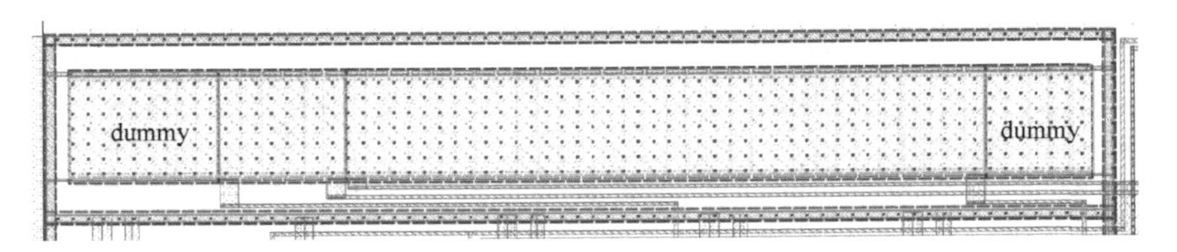

图 7.11　带隙基准电压源中的电阻阵列版图

主要采用矩形阵列形式，必要情况下在周围采用 dummy 双极型晶体管进一步提高匹配程度，并同样采用保护环提高噪声性能。

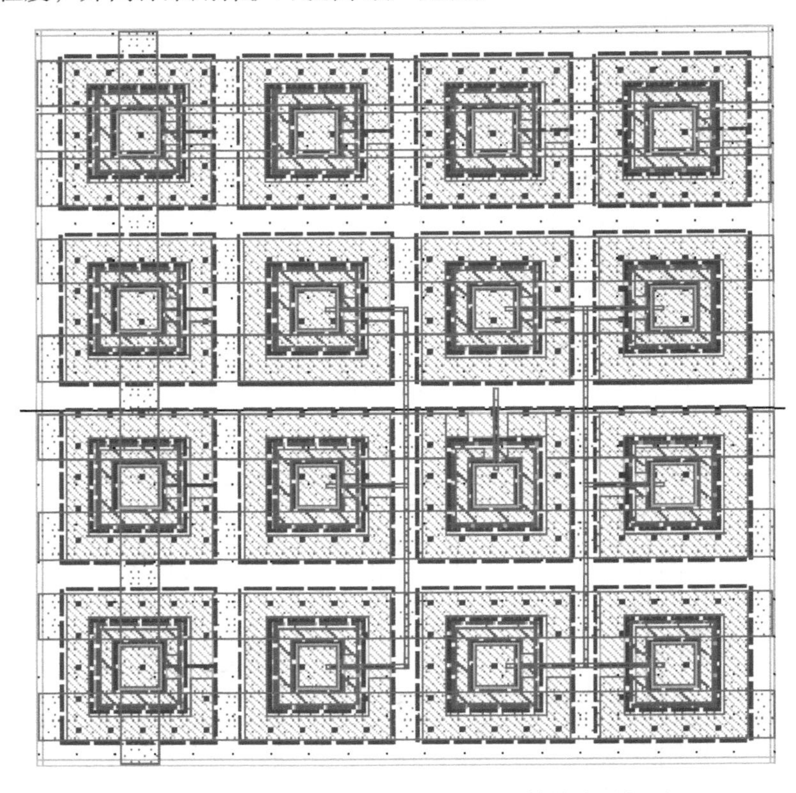

图 7.12　带隙基准电压源中双极型晶体管阵列版图

图 7.13 为带隙基准电压源电路中的电容阵列版图，此版图位于带隙基准电压源的右上方，主要为内部两级运算放大器的补偿电容，同样采用阵列的形式完成。左上侧的电容为 dummy 电容。

图 7.14 为带隙基准电压源电路中的电流源版图，电流源主要讲究匹配程度，所以必须将摆放尽量靠近，最好以排成一排的形式，并在左右两侧加入 dummy MOS 晶体管，以提高匹配程度。

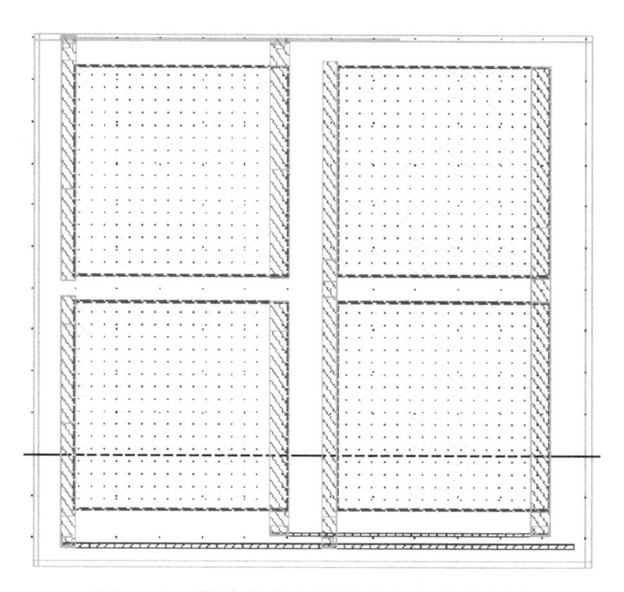

图 7.13　带隙基准电压源中电容阵列版图

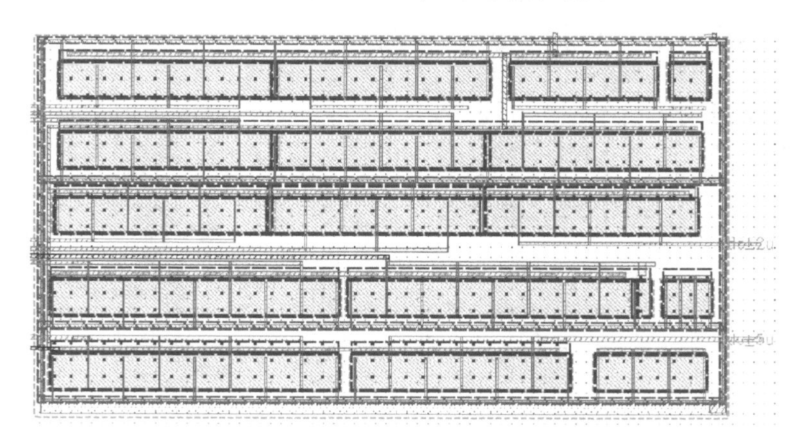

图 7.14　带隙基准电压源中电流源版图

图 7.15 为带隙基准电压源电路中的两级运算放大器的输入晶体管版图，为了降低外部噪声对差分晶体管对的影响，需要将其采用保护环进行隔离，将两个晶体管对放置的较近并且成轴对称布局来降低其失调电压；输入差分晶体管对两侧分别采用 dummy 晶体管来降低工艺误差带来的影响。

在各个模块版图完成的基础上，就可以进行整体版图的拼接，依据最初的布局原则，完成带隙基准电压源的版图如图 7.16 所示，整体呈矩形对称分布，主体版图四周环绕较宽的电源线和地线。到此就完成了带隙基准电压源的版图设计。

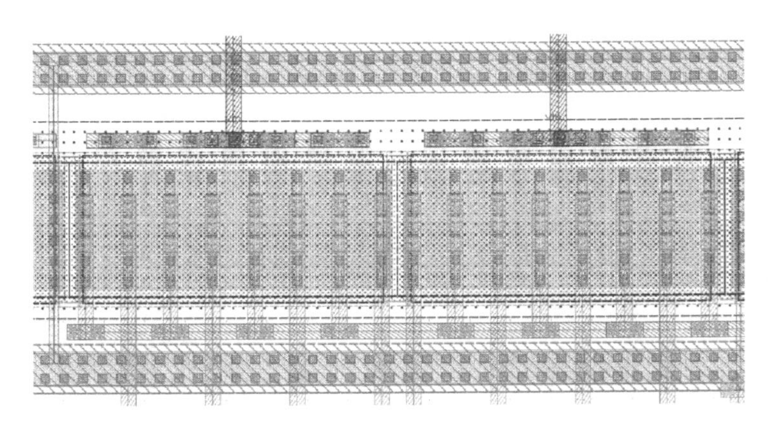

图 7.15　带隙基准电压源中的两级运算放大器的输入晶体管版图

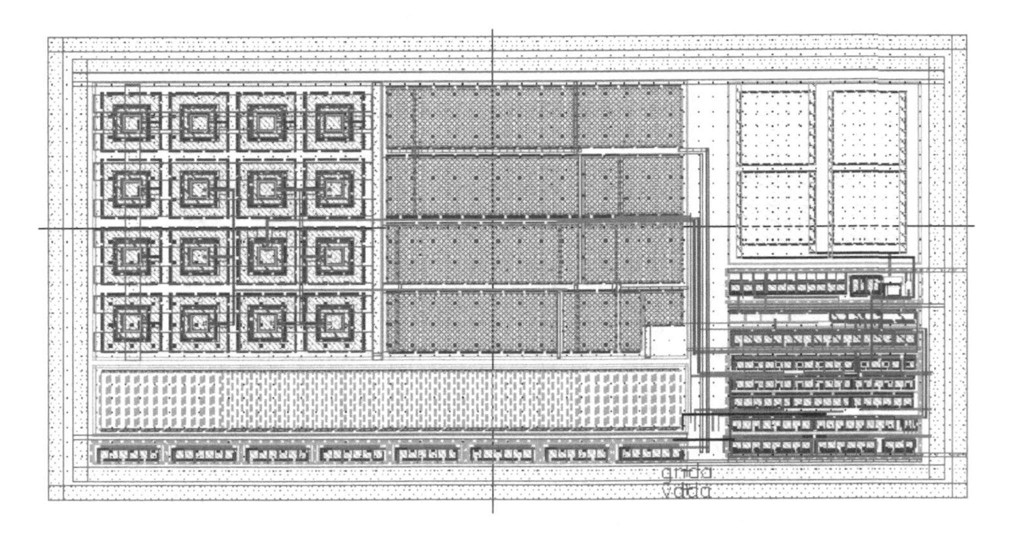

图 7.16　带隙基准电压源整体版图

7.2　低压差线性稳压器的版图设计

无论是便携式电子设备还是医疗电子设备，无论是直接使用交流电还是采用各种蓄电设备供电，电路工作中电路负载的不断变化，以及各种其他原因使得电源电压都在一个比较大的范围内波动，这对电路工作是非常不利的。尤其对高精度的测量、转换以及检测设备而言，常常要求供电电压稳定，并具有较低的噪声。为了满足上述要求，几乎所有的电子设备都采用了稳压器进行供电。由于低压差线性稳压器具有结构简单、成本低、噪声低等优点，在便携式电子设备中得到广泛应用。

7.2.1 低压差线性稳压器的基本原理 ★★★

低压差线性稳压器（Low – Dropout Voltage Regulator，LDO）作为基本供电模块，在模拟集成电路中具有非常重要的作用。电路输出负载变化、电源电压本身的波动对集成电路系统性能的影响非常大。因此 LDO 作为线性稳压器件，经常用于对性能要求较高的电子系统中。

LDO 是通过负反馈原理对输出电压进行调节的，它是在提供一定的输出电流能力的基础上，获得稳定直流输出电压的系统。在正常工作状态下，其输出电压与负载、输入电压变化量、温度等参量无关。LDO 的最小输入电压由调整晶体管的最小压降决定，通常为 150 ~ 300mV。

图 7. 17 是一个 LDO 的输出电压和输入电压的关系曲线。图中横坐标为输入电压 0 ~ 3. 3V，纵坐标为输出电压。从图 7. 17 看到，当 LDO 的输入电压 U_{in} 小于某个值（例如 1. 3V）时，输出电压为零；当输入电压 U_{in} 在某个区间（例如 1. 3 ~ 1. 8V）时，输出电压 U_{out} 随着 U_{in} 的增加而增加；而当输入电压 U_{in} 大于 2. 1V，LDO 处于正常工作状态，输出电压稳定在 1. 8V。

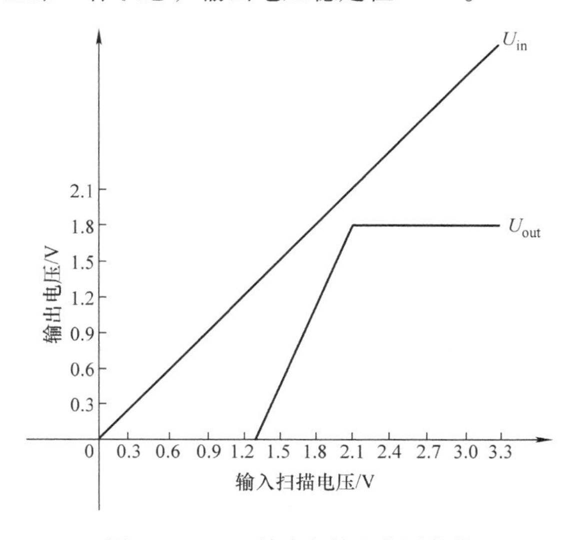

图 7. 17 LDO 输出与输入电压曲线

LDO 的基本结构如图 7. 18 所示。其主要由以下几部分构成：带隙基准电压源、误差放大器、反馈电阻/相位补偿网络，以及调整晶体管。其中，误差放大器、反馈电阻网络、调整晶体管和相位补偿网络构成反馈环路稳定输出电压 U_{out}。

在 LDO 中，带隙基准电压源提供与温度、电源无关的参考电压源；误差放大器将参考电压源与反馈电阻网络输出反馈电压的差值进行放大，使得反馈电压与参考电压基本相等；相位补偿网络用于对整个反馈网络的相位进行补偿，使反馈网络稳定；而调整晶体管在误差放大器输出的控制下输出稳定电压，图 7.18 中调整晶体管可以是 PMOS 晶体管，也可以是 NMOS 晶体管或者 NPN 晶体管，在 CMOS 工艺中，通常选择 PMOS 晶体管。

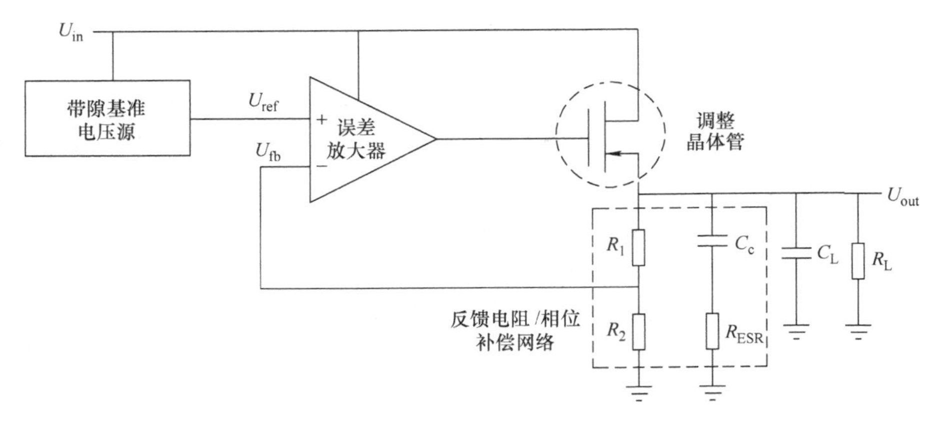

图 7.18　LDO 结构图

图 7.18 所示的 LDO 的工作原理如下：当 LDO 系统上电后电路开始启动，带隙基准电压源中的启动电路开始工作，保证整个系统开始正常工作，带隙基准电压源输出一个与电源电压和温度等都无关的稳定的参考电压 U_{ref}，而反馈电阻/相位补偿网络的 R_1 和 R_2 产生反馈电压 U_{fb}，这两个电压分别输入到误差放大器的输入端做比较，误差放大器将比较后的结果进行放大，控制调整晶体管的栅极，进而控制流经调整晶体管的电流，最后达到使 LDO 输出稳定的电压的目的。整个调整环路是一个稳定的负反馈系统，当输入电压 U_{out}升高时，反馈电阻网络的输入 U_{fb}也会随之升高，U_{fb}与 U_{ref}进行比较与放大，使得调整晶体管的栅极电压升高，进而使得调整晶体管的输出电流降低，最终使得输出电压 U_{out}降低，使得 U_{out}保持在一个稳定的值上。

由图 7.18 可知，该 LDO 负反馈回路的闭环表达式为

$$U_{out}=\frac{A_{ol}}{1+A_{ol}\beta}U_{ref} \tag{7-24}$$

其中，A_{ol}为负反馈环路的开环增益；β 为环路的反馈系数，其表达式为

$$\beta=\frac{R_2}{R_1+R_2} \tag{7-25}$$

在 $A_{ol}\beta>>1$ 的情况下，式（7-24）可以表达为

$$U_{out}\approx\frac{U_{ref}}{\beta}=\frac{R_1+R_2}{R_2}U_{ref} \tag{7-26}$$

从式（7-25）和式（7-26）可以看出，LDO 的输出电压 U_{out} 只与带隙基准电压源的参考电压 U_{ref} 以及反馈电阻网络的阻值比例有关，而与 LDO 的输入电压 U_{in}、负载电流和温度等无关。因此，可以通过调节反馈电阻网络的阻值比例关系得到需要的输出电压。

7.2.2　低压差线性稳压器版图设计实例 ★★★

基于上一节中对低压差线性稳压器的学习基础，本节将采用 3.3V 电源电压的中芯国际 CMOS 1p6m 工艺，配合 Cadence Virtuoso 软件实现一款低压差线性稳压器的电路和版图设计。采用的低压差线性稳压器电路结构图如图 7.19 所示。

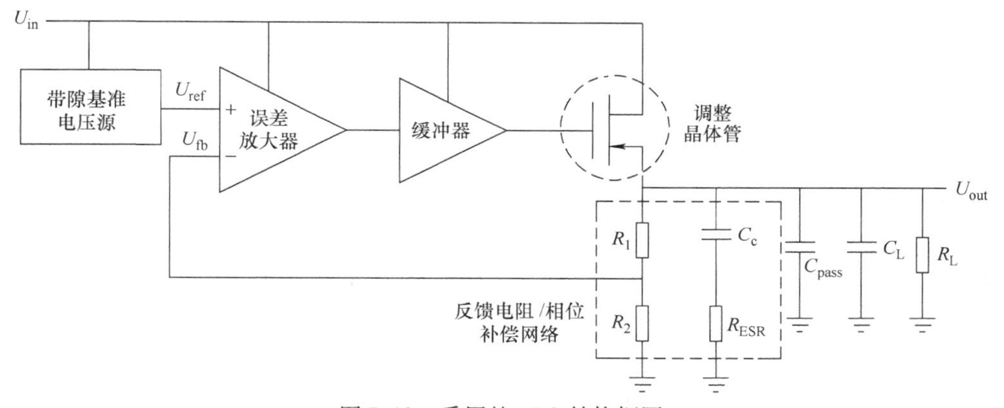

图 7.19　采用的 LDO 结构框图

如图 7.19 所示，采用的 LDO 主要分为 6 个部分，从左至右依次为带隙基准电压源、误差放大器、缓冲器、调整晶体管、反馈电阻/相位补偿网络。其中，带隙基准电压源产生基准电压和基准电流，误差放大器将参考电压与反馈电压的差值进行放大，电压缓冲器用于降低误差放大器的输出电阻，反馈和补偿网络用于电阻分压产生反馈电压以及频率补偿。电源电压 U_{in} 为 3.3V，输出端 U_{out} 产生 1.8V 调整电压并输出 36mA 的电流。

如图 7.20 所示，采用的 LDO 电路主要分为 4 个部分（此部分不包括带隙基准电压源电路，该电路在上一节已完整描述），从左至右依次为误差放大器、缓冲器、反馈电阻/相位补偿网络和调整晶体管。

由于 LDO 的电源抑制比、线性调整率和负载调整率等性能指标与运算放大器的增益相关，所以为了提高放大器的直流增益，选择了两级结构，如图 6.46 所示。其中，第一级采用简单的五管结构获得中等增益，第二级采用电流镜提供一定增益，同时提供较大的输出摆幅。图 7.20 所示 LDO 中的电阻 R_1 和 R_2 用于获得反馈电压，LDO 环路的频率补偿采用 C_c、R_c、C_o、R_{ESR} 和 MM16 实现，用于获得较好的相位特性。

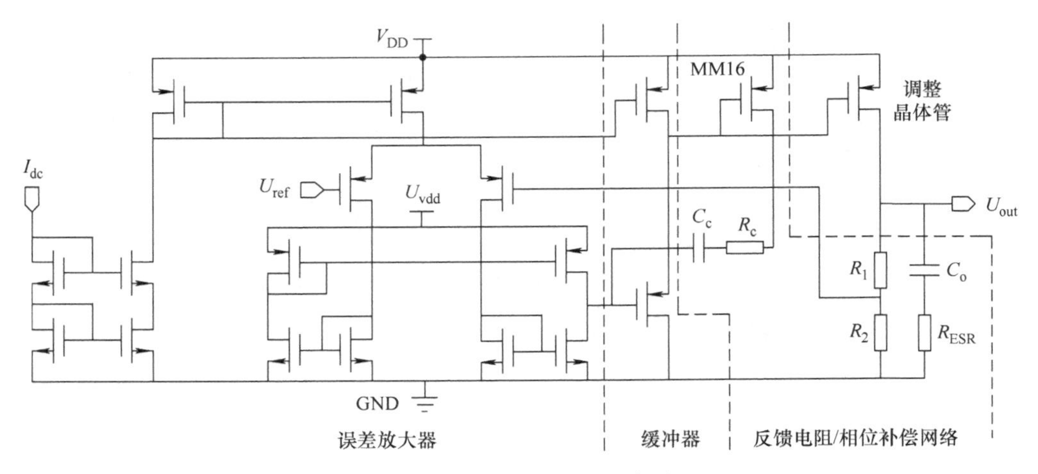

图 7.20　采用的 LDO 电路图

基于图 7.20 所示电路图，规划低压差线性稳压器的版图布局。先将低压差线性稳压器的功能模块进行布局，粗略估计其版图大小以及摆放的位置，根据信号流走向，将低压差线性稳压器的模块摆放分为上下两层，下层为调整 MOS 晶体管，上层从左至右依次为电容阵列、电阻阵列和 MOS 晶体管区域。电源线和地线分布在模块的两侧，方便与之相连。低压差线性稳压器的版图布局如图 7.21所示。

图 7.22 为低压差线性稳压器 MOS 晶体管区域的布局图，总共分为四层。第一层为误差放大器（OTA）第一级输入差分晶体管以及电流源部分；第二层为输入电流镜和 OTA 第一级负载管和第二级输入晶体管；第三层为 OTA 第二级输出级以及缓冲器输入晶体管；第四层为 dummy MOS 晶体管区域，图 7.22 中没有示出。下面主要介绍各模块的版图设计。

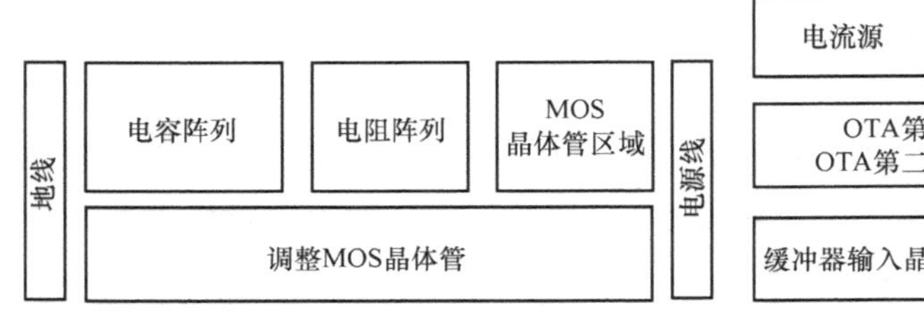

图 7.21　低压差线性稳压器版图布局

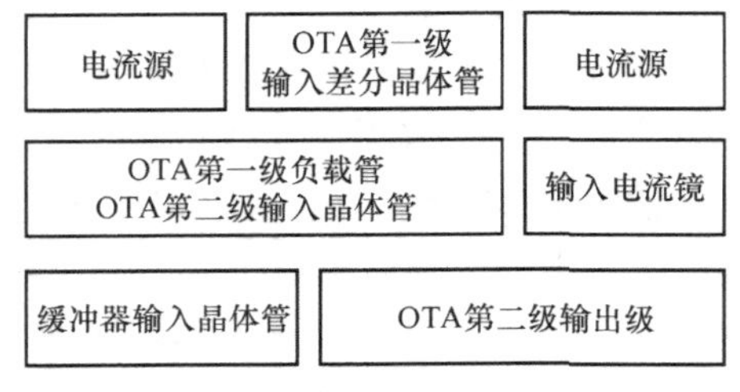

图 7.22　低压差线性稳压器中 MOS 晶体管区域版图布局

图 7.23 为低压差线性稳压器中电容阵列版图，版图采用 2 ×3 阵列，阵列排布有助于器件的匹配，其中，左下角电容为 dummy 电容，其余 5 个为电路中实际用到的电容。电容阵列采用保护环围绕可降低外界噪声对其的影响。另外，如

果面积允许，在实际用到电容的四周加入 dummy 电容可以进一步提高匹配程度。

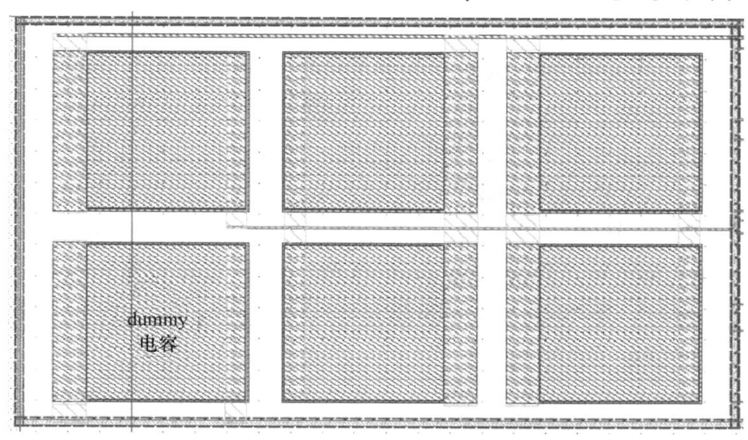

图 7.23　低压差线性稳压器电容阵列版图

图 7.24 为低压差线性稳压器电阻阵列版图，低压差线性稳压器中的电阻主要用在两处，一处为分压的反馈网络；另外一处为零点跟踪。将两处材料相同的

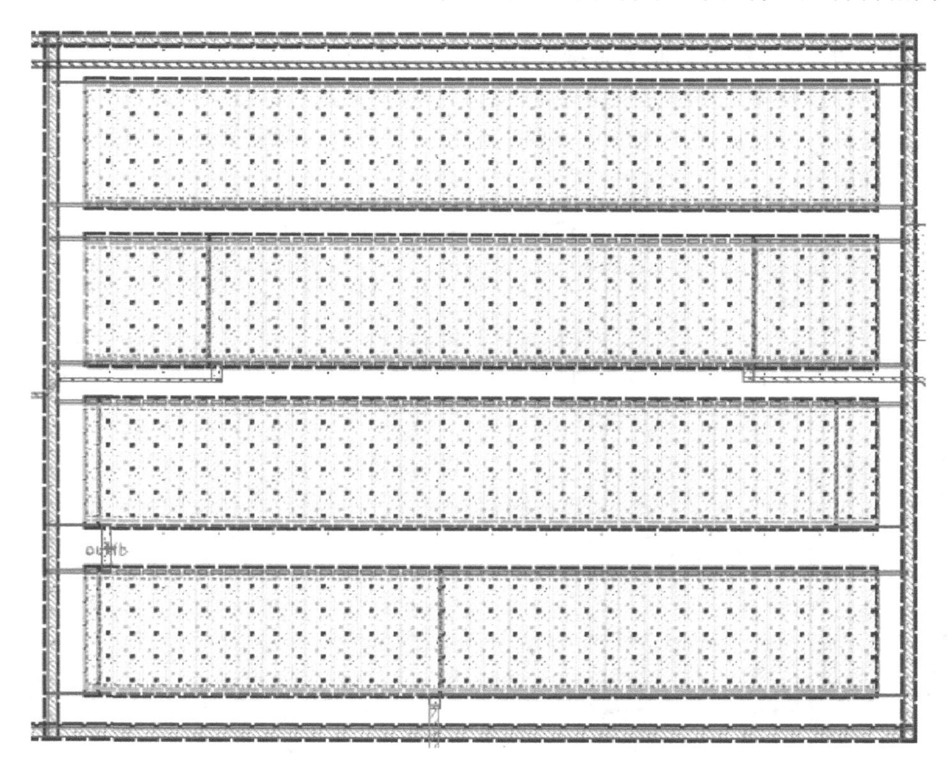

图 7.24　低压差线性稳压器电阻阵列版图

电阻归结在一起，并且其单条电阻尺寸相同有助于版图规划以及降低工艺误差。在电阻两侧加入 dummy 电阻也可进一步降低工艺误差对器件的影响。

图 7.25 为低压差线性稳压器中调整晶体管的版图，由于需要流过较大的电流，调整晶体管的尺寸非常大，所以将其单独进行布局，放在整体版图的下方。需要注意的是调整晶体管版图金属线的宽度，也就是电迁移问题，需要从工艺文件中查阅金属线以及接触孔能够承受的最大电流密度，在设计时留出裕度即可。

另外，在特殊用途时还需要考虑有关静电放电（ESD）问题。这时需要根据晶圆厂提供的规则文件，将晶体管 pcell 打散，对晶体管的漏源面积、多晶硅覆盖尺寸等进行修改，使得晶体管版图满足 ESD 的条件，才能保证大面积晶体管在较大电流时的稳定工作状态。

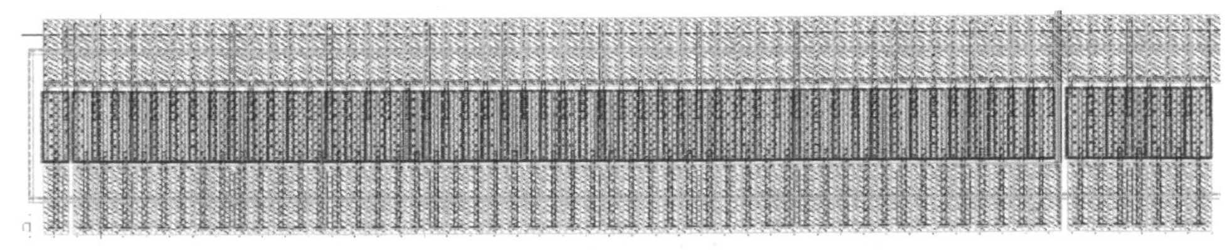

图 7.25　低压差线性稳压器中调整晶体管版图

图 7.26 黑色框内为低压差线性稳压器中运算放大器版图，运算放大器是低压差线性稳压器中最重要的模块，版图设计非常重要。如图 7.26 所示，版图基本成轴对称，并且版图两侧的环境要尽量相同。另外，需要采用相应的保护环进行保护和隔离。

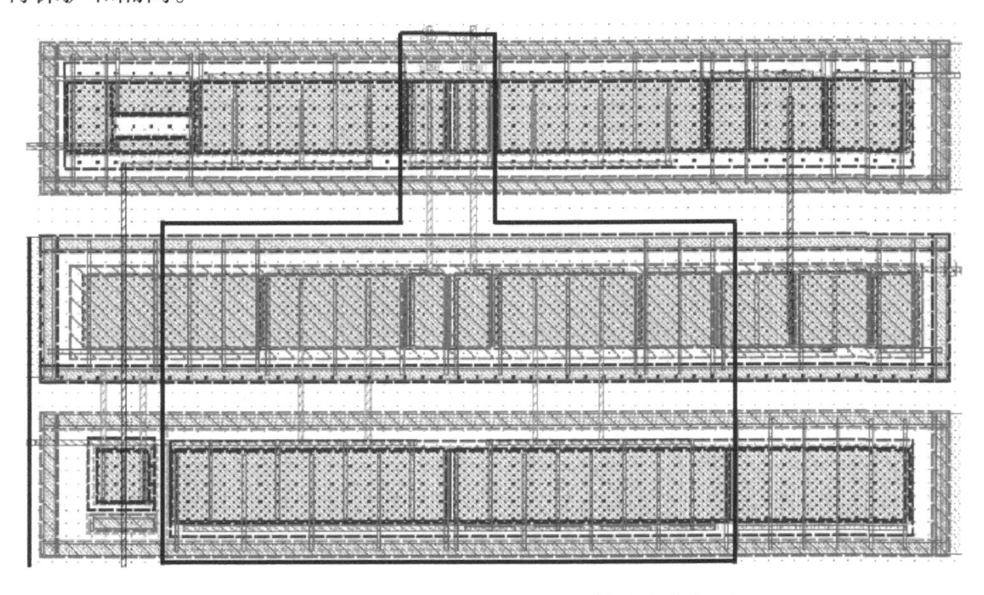

图 7.26　低压差线性稳压器中运算放大器版图

在各个模块版图完成的基础上，就可以进行整体版图的拼接，依据最初的布局原则，完成的低压差线性稳压器的版图如图 7.27 所示，整体呈矩形，版图两侧分布较宽的电源线和地线。到此就完成了低压差线性稳压器的版图设计。

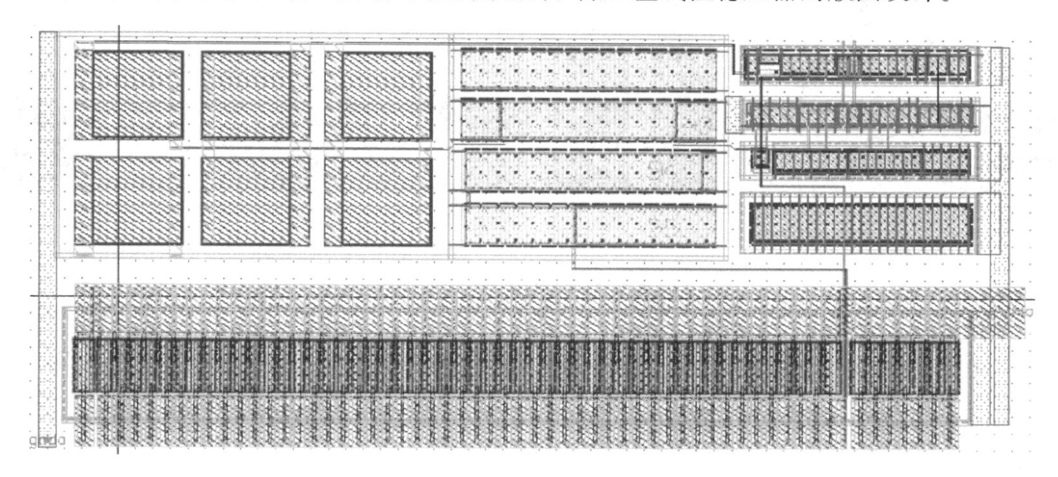

图 7.27　低压差线性稳压器版图

第8章 Calibre LVS常见错误解析

作为主要的版图验证工具，Mentor Calibre 为设计者提供了便捷的 LVS 定位和说明。设计者可以根据 Calibre 中 LVS 的错误提示，快速地完成版图错误修正。但 Calibre LVS 中的很多错误提示都是基于标准的 LVS 验证规则，提示的错误点较为生硬，且当设计规模增大时，许多错误都是由一个主要错误附带产生的。因此，在解读时仍然需要设计者具有一定的工程经验，才能在纷繁的错误中进行精准定位，有效地解决版图与电路图中的不一致性问题。

在 LVS 中，常见的错误类型分为误连接、短路、断路、违反工艺原理、漏标、元器件参数错误等。各类错误的本质也并不相同。本章将针对这些主要错误类型，在相应提示信息分析的基础上，对设计实例进行解析。

8.1 LVS 错误对话框（RVE 对话框）

当设计者完成 LVS 验证之后，电路图和版图中的不一致错误都会出现在 LVS 错误对话框中，如图 8.1 所示。

在左侧的导航栏（Navigator）分别加载了 LVS 结果（Results）、电气规则检查（ERC）、LVS 文本报告（Reports）、规则文件（Rules）、视图信息（View）和设置（Setup）。用鼠标单击左侧的各个子选项，在右侧就会出现相应的提示信息。下表 8.1 ~ 表 8.6 分别对导航栏中的各个子选项进行说明。

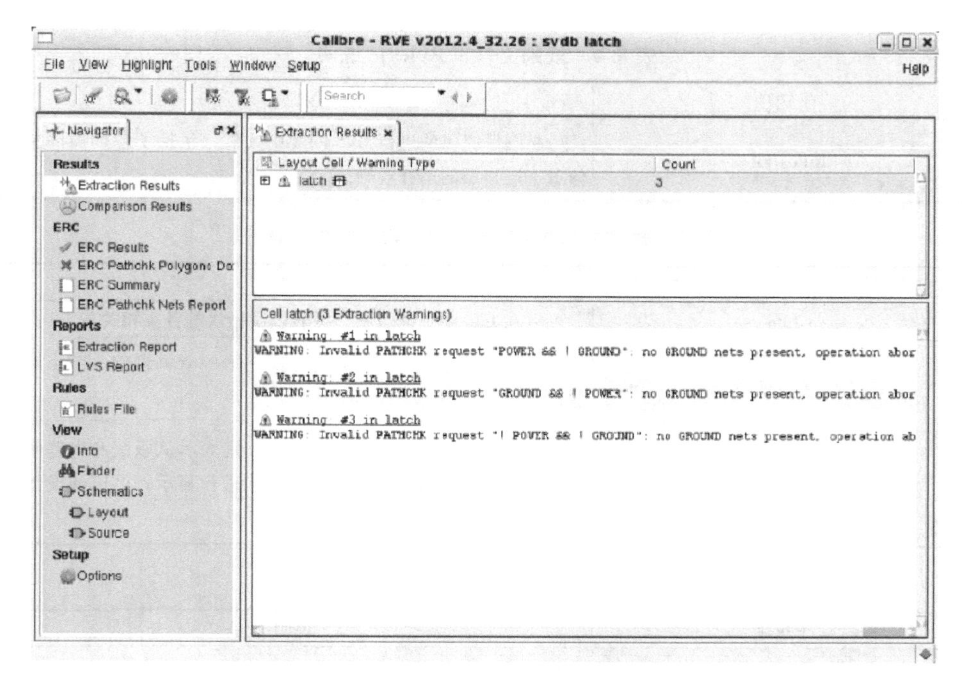

图 8.1　LVS 错误对话框

表 8.1　LVS 结果（Results）说明

子选项	说明
Extraction Results	提取结果的版图信息，主要是全局电源和地的信息
Comparison Results	电路图和版图的比较结果，是设计者进行 LVS 纠错的主要信息来源

表 8.2　电气规则检查（ERC）说明

子选项	说明
ERC Results	电气规则检查的结果
ERC Pathchk Polygons Database	电气规则检查路径中的多边形检查结果
ERC Summary	电气规则检查的文本总结
ERC Pathchk Nets Reports	电气规则检查网络的文本文件

表 8.3　LVS 文本报告（Reports）说明

子选项	说明
Extraction Report	对应于 Extraction Results，以文本形式显示提取结果。内容与 Extraction Results 中显示相同
LVS Report	LVS 的结果报告，包括提取的器件种类、数目、节点数和具体的错误信息

表 8.4　规则文件（Rules）说明

子选项	说明
Rules File	由晶圆厂提供的进行 LVS 的规则文件，包括了各类器件层的信息、层与层的运算规则

表 8.5　视图信息（View）说明

子选项	说明
Info	可以在 Info 中查询版图、网表以及错误的各类相关信息
Finder	可以利用该选项在版图和电路图网表中查询器件、节点以及层信息
Schematics	分为 Layout 和 Source 两个子项，分别表示从版图和电路图中提取的网表。这两个网表以图形方式进行显示，可以使设计者直观地观测各个子电路和器件的连接关系

表 8.6　设置（Setup）说明

子选项	说明
Options	包括了 session、DRC browser、DFM browser 等子项，用于设置 LVS 输出信息、数据格式等内容

在以上各个选项中，设计者主要关注 Results 中的 Comparison Results、ERC 中的 ERC Results 和 ERC Pathchk Polygons Database。这三个选项中的错误是我们在设计中必须要修正的。但由于 ERC Pathchk Polygons Database 中的错误涉及到各个晶圆厂中的规则，在很多设计中该选项出现的错误可以通过和晶圆厂沟通而解决，所以本章中主要讨论的是前两类错误的定位和修改方法。

1. Results 中的 Comparison Results

在每次 LVS 检查后弹出的 RVE 窗口中，单击导航栏中的 Comparison Results，就可以在右侧信息栏上侧查看本次 LVS 检查的 cell 名称、错误个数、连线数目、器件数目以及端口数目，下侧是详细的 LVS 报告，如图 8.2 所示。图 8.2 中显示的例子，LVS 检查的 cell 为 latch，总共出现了 6 个错误。

单击 cell 名称前的“加号”，可以展开具体的错误信息，如图 8.3 所示。从图 8.3 中可以看到错误信息分为两部分，一部分为“Discrepancies”；一部分为“Detailed Instance Info”。

继续单击“Discrepancies”前的加号，展开后如图 8.4 所示。从图 8.4 中可以看到该例子中出现了 3 个错误连线“Incorrect Nets”和 3 个错误元件“Incorrect Instance”。

同样展开“Incorrect Nets”，如图 8.5 所示。我们主要从右侧的信息栏中获

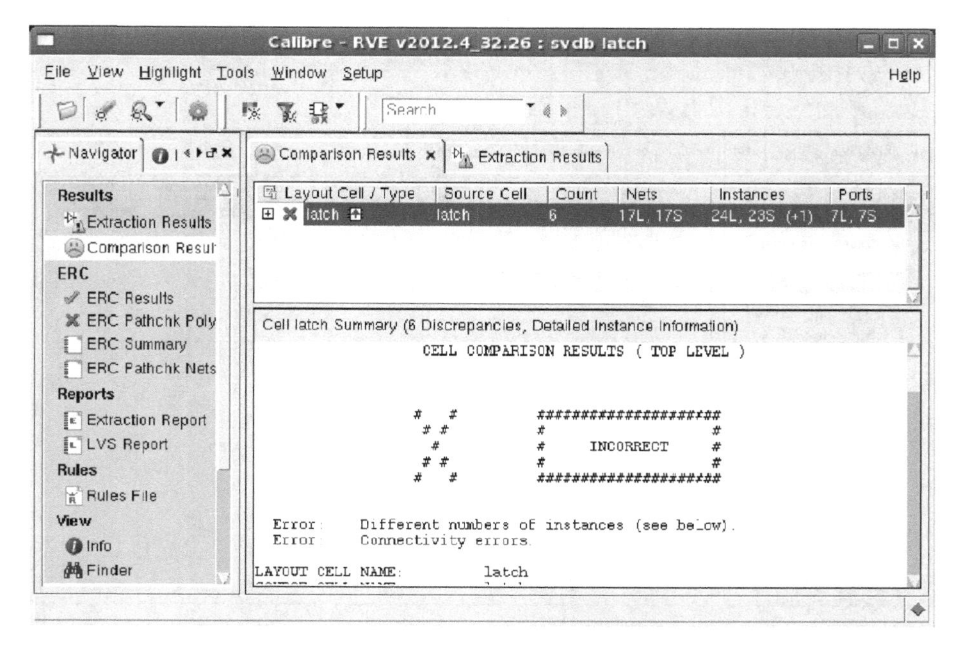

图 8.2　RVE 窗口中的 Comparison Results 子选项

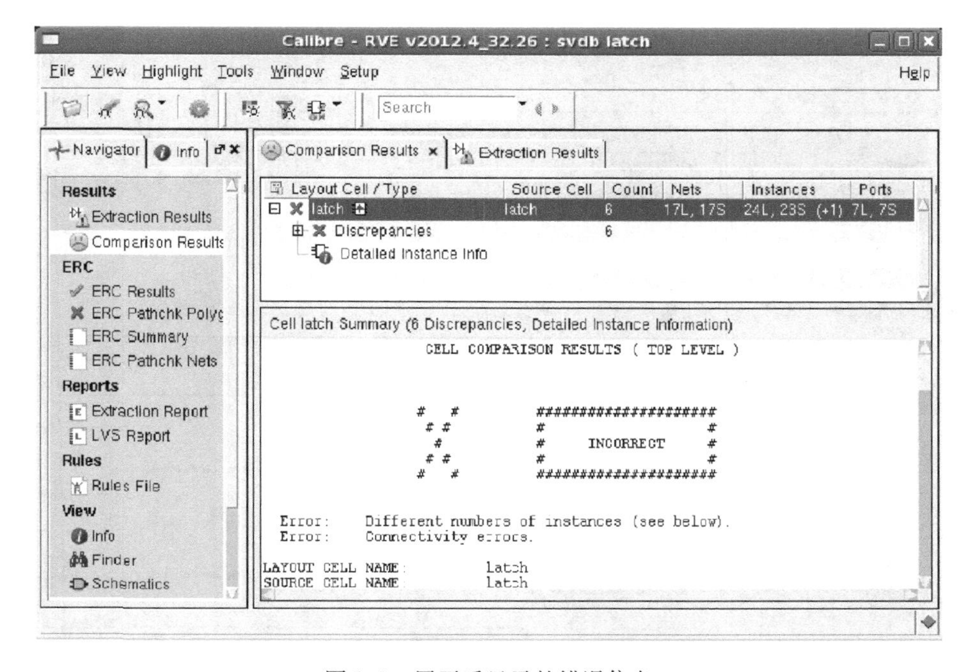

图 8.3　展开后显示的错误信息

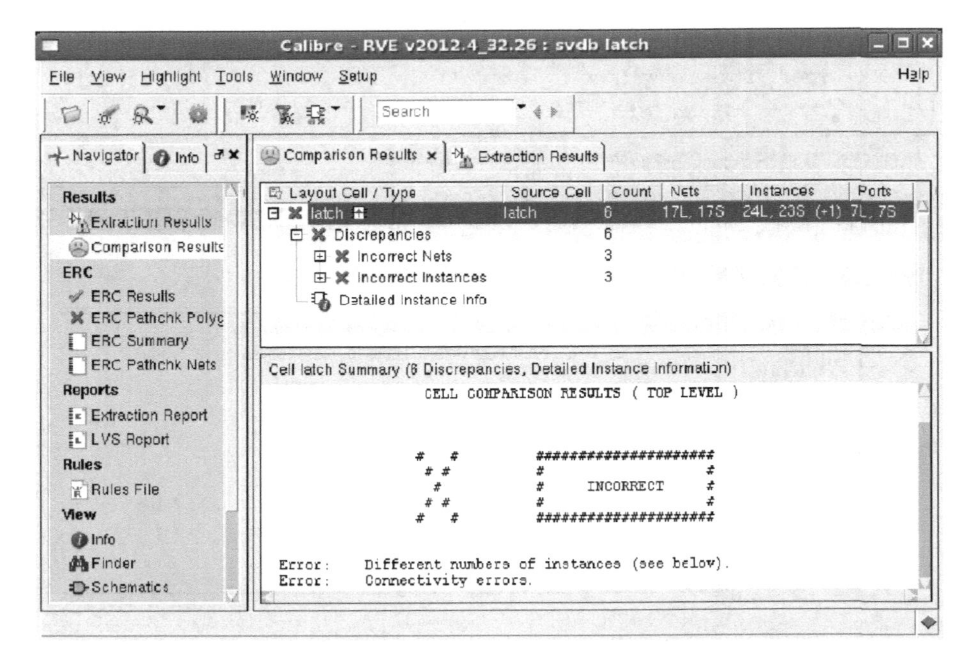

图 8.4 展开“Discrepancies”后显示的信息

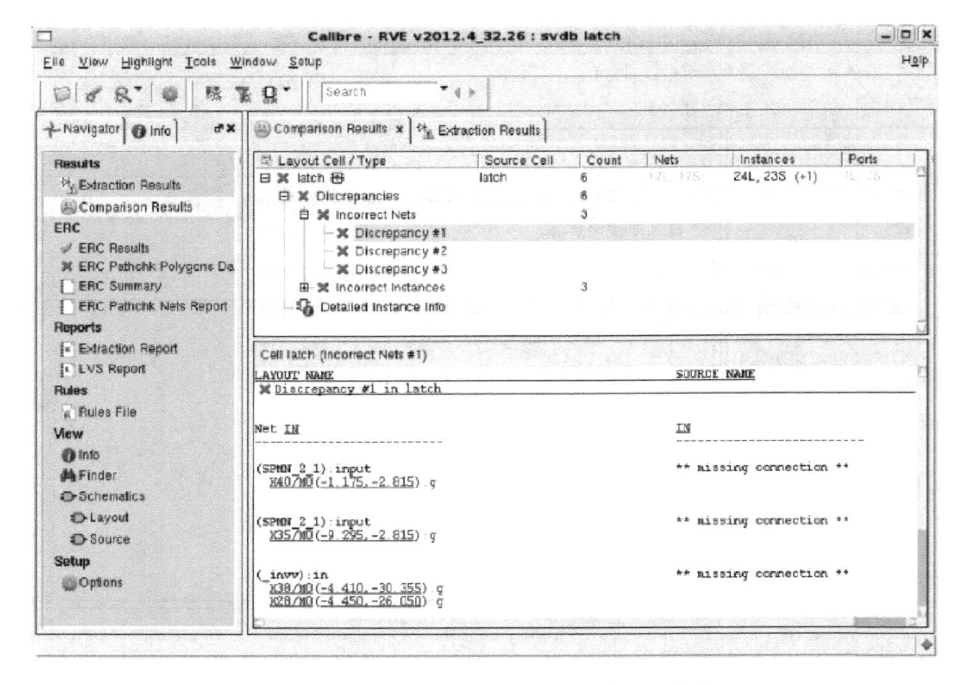

图 8.5 展开“Incorrect Nets”后显示的信息

取错误信息。选择子错误“Discrepancy #1”，右下信息栏左侧“LAYOUT NAME”列中显示的是版图中提取的信息，右侧“SOURCE NAME”列中显示的是电路图提取的信息。从图中提示信息可以看到，在版图中，“IN”这条连线连接到器件 X40/M0 和 X35/M0 的栅极，同时也连接到器件 X38/M0 和 X28/M0 的栅极；而在电路图中却没有这两条连线，这说明出现了误连接的错误。设计者可以在信息栏中双击高亮的线名或者坐标，在版图中定位相应的连线，便于进行修改。同样可以展开“Discrepancy #2”和“Discrepancy #3”，来查看具体的连线错误。

展开“Incorrect Instances”，如图 8.6 所示。再选择“Discrepancy #4”子错误，可以在右下侧信息栏中看到在版图中存在一个 X27/M0 的模型名为 P18 的 PMOS 晶体管，而在电路图中却没有这个晶体管。由于电路图都通过了前仿真验证，不会出现错误。所以该错误就应该解读为：原来电路图中的晶体管在版图中出现了误连接现象，也就是晶体管的漏极、栅极或者源极的端口连接不正确，所以在版图提取时产生了一个新的晶体管，无法与电路图中的晶体管相对应。同样可以展开“Discrepancy #5”和“Discrepancy #6”，来查看其他两个元件错误。设计者可以在信息栏中双击高亮的元件名，从而在版图中定位这个元件，便于查找相应的错误。

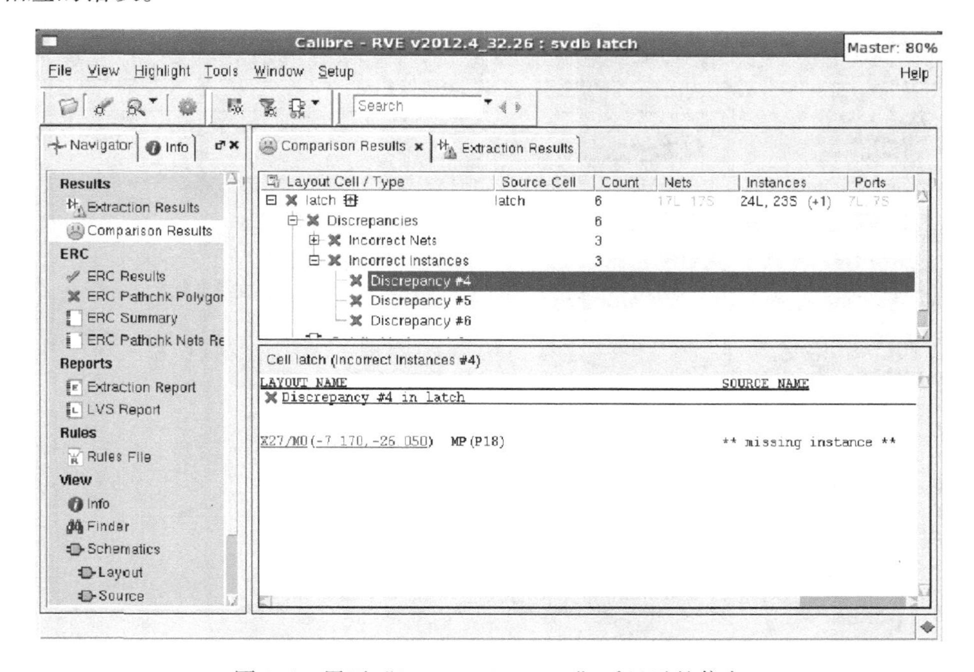

图 8.6 展开“Incorrect Instances”后显示的信息

从“Discrepancies”中虽然我们可以读出很详细的错误信息，但在实际中许多错误信息都是指向一个错误。换句话说，可能也就是一个简单的错误，产生了其他附加的错误。所以这时候，通过查看“Detailed Instance Info”中的信息，更有助于我们快速地修正这些错误。

展开“Detailed Instance Info”后，如图 8.7 所示。从下侧的信息栏中可以看出，在版图中，晶体管 X45/M0 和 X47/M0 的栅极、反相器“invv”的输入和逻辑门“SPMN_2_1”的输入都连接到“IN”上；而在电路中晶体管 MNM13 和 MPM13 的栅极、反相器“invv”的输入和逻辑门“SPMN_2_1”的输入都连接到“ctrl_b”上（* * IN * * 表示该端口在版图中的连接，也就是错误连接）。所以从以上信息可以解读出，在该版图中实际上只出现了一个错误，就是将“IN”这条走线和“ctrl_b”相连了。而原本这两条连线应该是两条独立的走线。我们只需要找到这两条线的相交点，将其断开，就可以解决 LVS 错误。

这个例子说明，虽然在“Discrepancies”选项中可以查看详细的错误信息，但由于这些纷繁的错误信息可能是相关的，是由同一个错误引起的。所以我们从“Detailed Instance Info”信息中解读错误，是一种更为有效的分析方法。

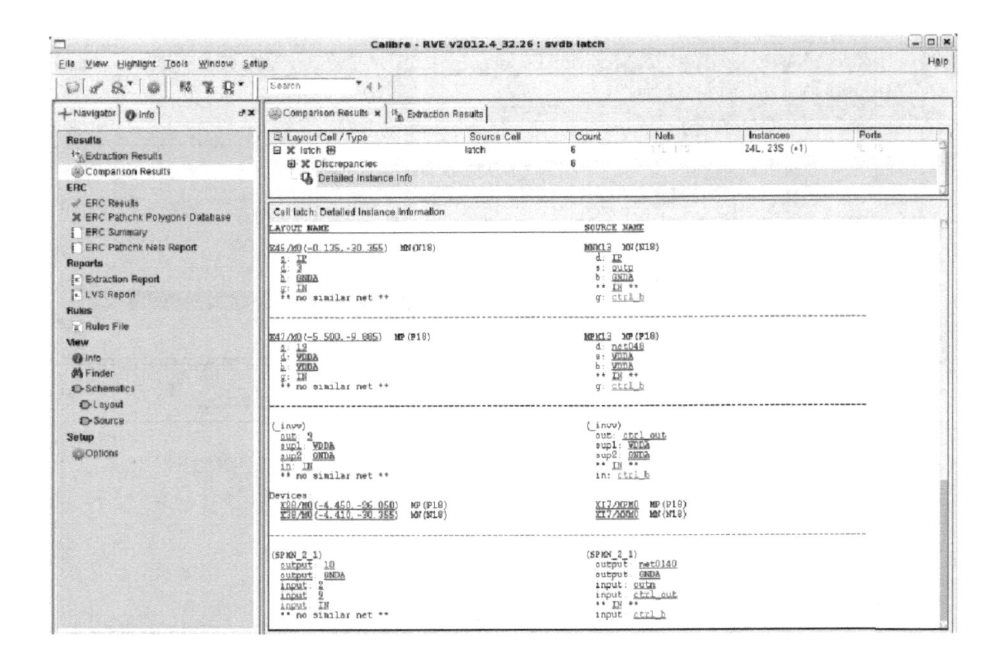

图 8.7　展开“Detailed Instance Info”后显示的错误信息

2. ERC 中的 ERC Results

ERC 错误在版图中一般体现为电位连接错误。典型情况是，NMOS 晶体管的衬底连接到电源上，或是 PMOS 晶体管的衬底连接到地电位上。如图 8.8 所示的例子中，此时错误为“NMOS 晶体管的衬底连接到电源上”。从“Comparison Results”中的“Detailed Instance Info”可以发现明显的错误信息。在“LAYOUT NAME”列中显示，X42/M0 和 X43/M0 晶体管的衬底都连接到了电源 VDDA 上（* * GNDA * * 部分表示该端口在电路图中是连接到地 GNDA 上）；而在“SOURCE NAME”中同样显示，目前衬底连接到 * * VDDA * * 上，而这时正确的连接应该是连接在 GNDA 上。注：“* * XXX * *”内的信息表示对比方的连接状况，如在“LAYOUT NAME”列中，“* * XXX * *”就表示该节点或走线在“SOURCE NAME”中的连接信息，反之亦然。

同时，在 ERC 选项中，还会增加一系列软错误“Softchk Database”，如图 8.9所示。展开“Softchk Database”可以看到相应的错误信息。只要修正了相应错误，这些软错误也会得到修正。需要注意的是，当版图中加入一些 dummy 器件填充密度时，有可能会产生电位的误连接，就会产生软错误。但这时并没有“Comparison Results”的错误，所以在查看 RVE 窗口时需要特别留心 ERC 中的结果。

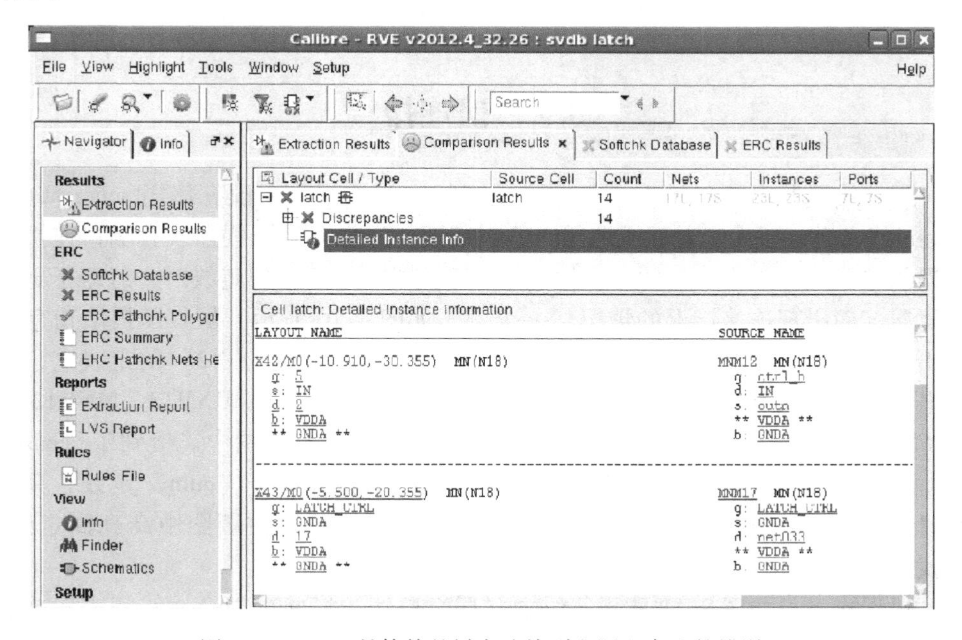

图 8.8　NMOS 晶体管的衬底连接到电源上产生的错误

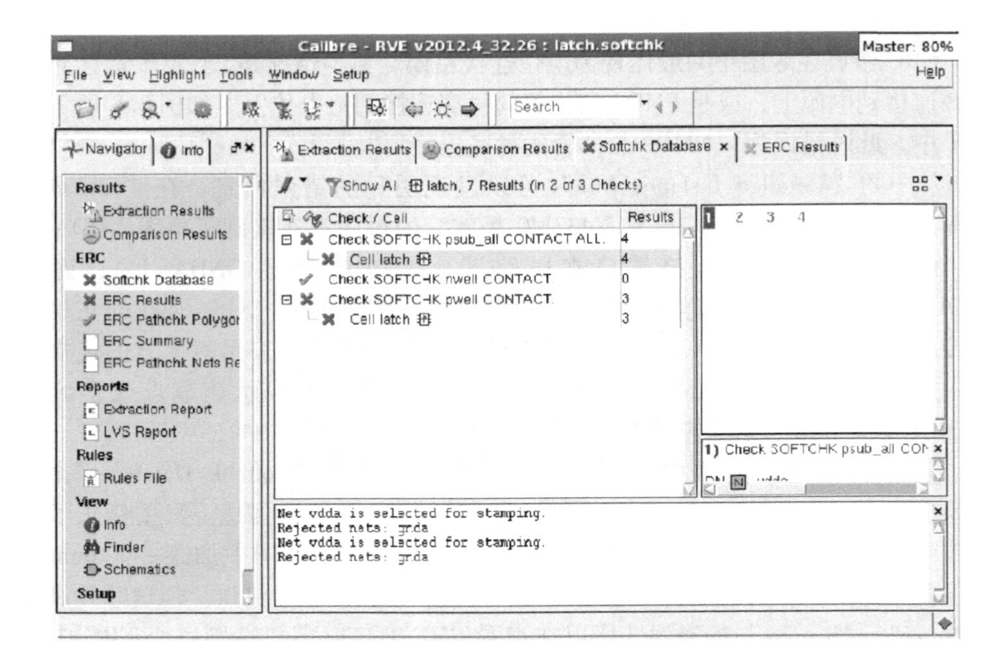

图 8.9　展开“Softchk Database”可以看到相应的错误信息

8.2　误连接

误连接是版图绘制过程中最容易出现的一类错误。在没有使用 schematic - driven 技术时，凭人工对照电路图来绘制版图，经常会将一些连线和端口连接到错误的走线上。最为常见的一种情况是，不同端口进行金属走线时，忽略了更换金属层，而出现连接错误的情况。一个例子如图 8.10 所示。从版图提取信息中看出，X42/M0、X45/M0 和 X47/M0 的栅极连接到一条名为“2”的走线上，但是电路图中并没有这条走线；而从电路图提取信息中看出，MNM12、MNM13 和 MPM13 的栅极应该是连接到 ctrl_b 上，而这三个端口在版图中连接到了“outn”上。因此我们可以判断，版图中“2”走线实际上就应该是“outn”走线，只是此时与“ctrl_b”短接了在一起。双击“2”走线，可以在版图中高亮此走线。寻找“outn”和“ctrl_b”可能交叉的位置，进而修改错误。

错误交叉点如图 8.11 所示，纵向二层金属线与横向二层金属线相交，造成连接错误。解决方法是将纵向二层金属线截断，采用一层金属线跨过横向二层金属线进行桥接。修改后的版图连线如图 8.12 所示。

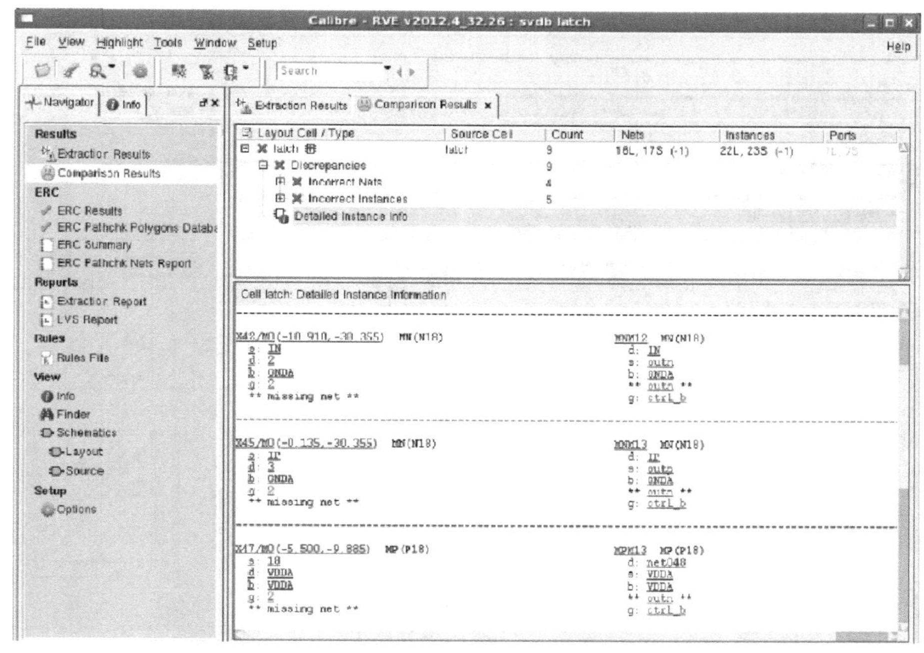

图 8.10 一种忽略更换金属层产生的误连接错误

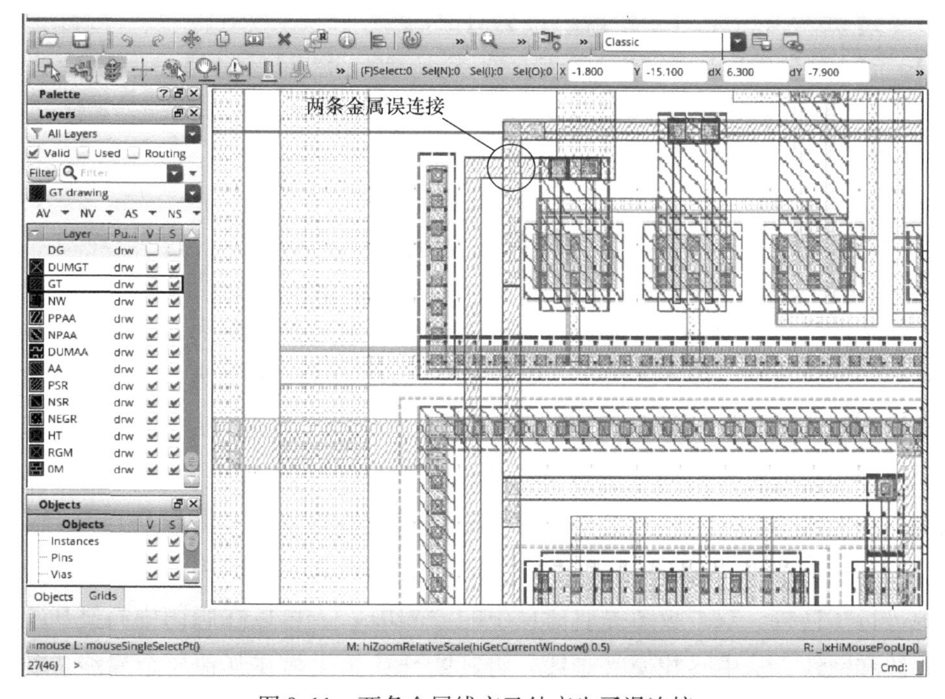

图 8.11 两条金属线交叉处产生了误连接

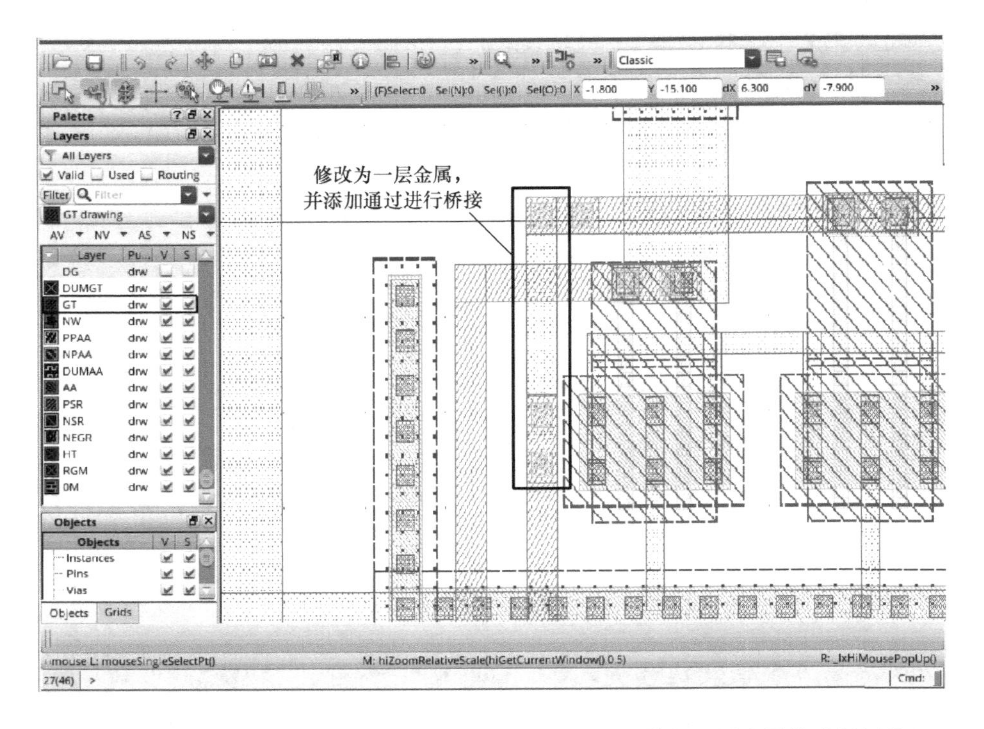

图 8.12　将纵向二层金属线修改为一层金属线，跨过横向二层金属线进行桥接

8.3　短路

在本章中，版图中的“短路”错误特指电源和地的短路现象。我们将两条走线的短路错误归为误连接错误。在版图绘制中，短路错误通常发生在同时穿过电源线和地线的布线过程中。尤其是在布置电源线和地线网格时，交叉走线极易造成电源和地的短路。一个短路错误如图 8.13 所示，从版图提取信息中看出，只有一条电源“VDDA”的走线。而在电路图提取信息中，则存在电源“VDDA”和地“GNDA”两条走线。由此判断，在版图绘制过程中，设计者将电源和地进行了连接。双击版图提取信息中的“VDDA”，可以在版图中高亮所有的电源线和地线，从中寻找交叉走线，将其断开或修改为在其他层金属线进行连接，即可纠正短路错误。

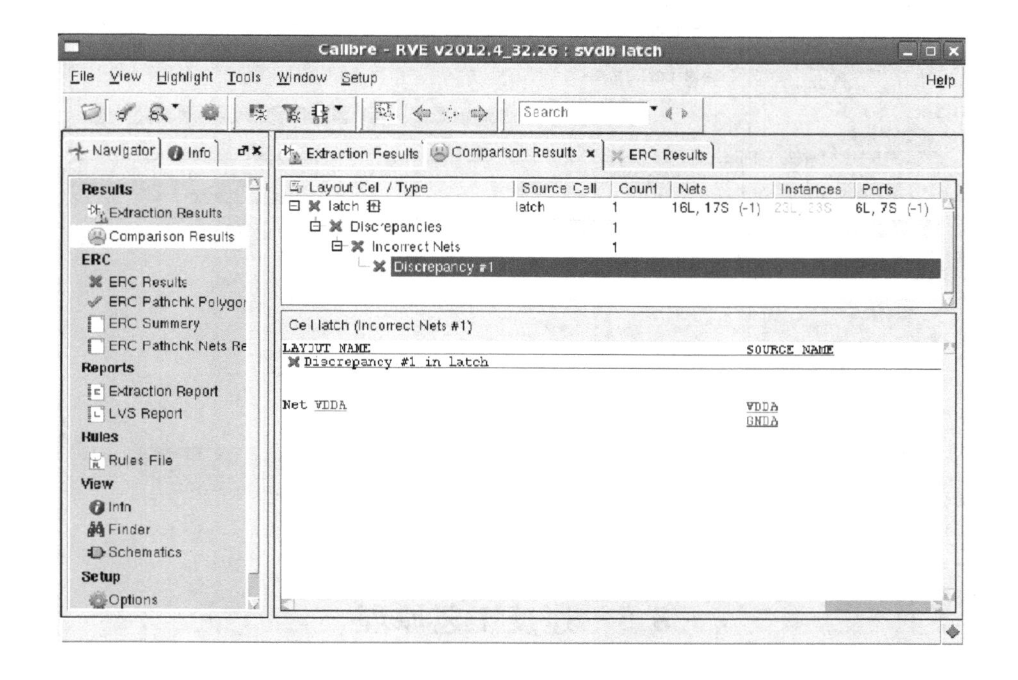

图 8.13　一个短路错误的提示信息

8.4　断路

断路也是版图绘制中常见的一类错误。主要表现在多条走线需要相连时，其中一条漏连，而出现断路的情况。一个断路错误的提示信息如图 8.14 所示。从版图提取信息中看出，这时存在两条走线“2”和“17”。而在电路图提取信息中可以看到只存在一条走线“outn”。由此可以得到结论，版图中的走线“2”和“17”应该连接在一起，共同构成电路图中的走线“outn”。修改方法也就是将走线“2”和“17”进行连接。

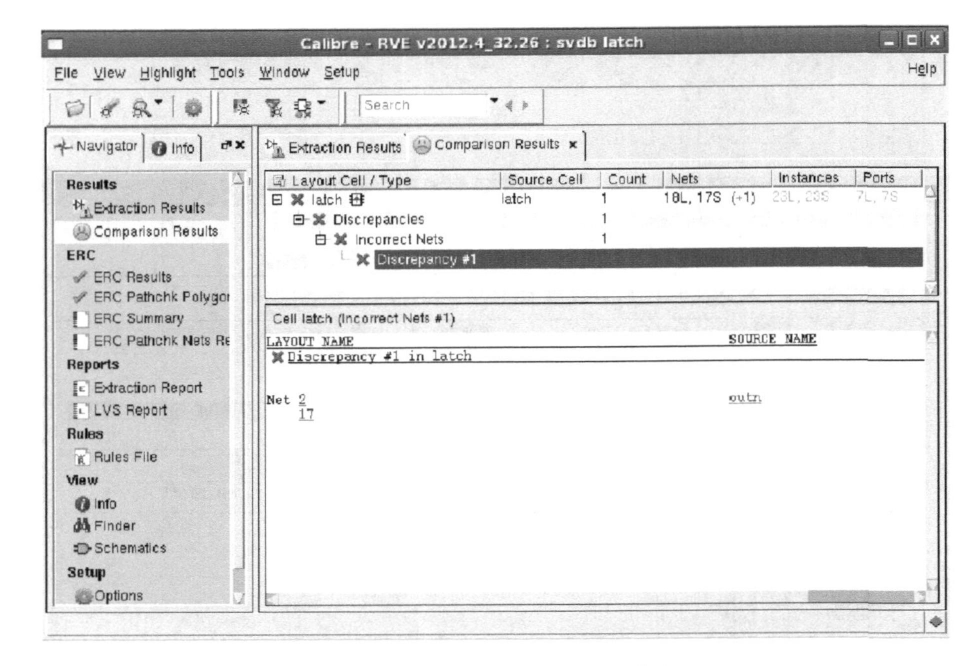

图 8.14　一个断路错误的提示信息

8.5　违反工艺原理

违反工艺原理的错误主要有三类：NMOS 晶体管衬底采用 N 注入、PMOS 晶体管衬底采用 P 注入，以及 PMOS 晶体管没有包裹在 N 阱中。前两类错误同时也会产生 ERC 错误，较为容易进行分辨。一个“PMOS 晶体管没有包裹在 N 阱中”的 LVS 错误信息如图 8.15 所示。在“Discrepancies”中分别出现了走线（Incorrect Nets）以及元件（Incorrect Instances）的错误。

展开“Incorrect Nets”中的错误信息，如图 8.16 所示，可以看到版图中出现了多条走线，如走线“1”，而在电路图中却没有这些走线。

继续展开“Incorrect Instances”的错误信息，主要包括两大类，第一类错误信息如图 8.17 所示，在版图中 X29/M0 晶体管的衬底现在为一条名为“26”的走线，而这条走线在电路图中本应该连接到“VDDA”上。第二类错误信息如图 8.18所示，版图中的 X33/M0 和 X21/M0 晶体管，在电路图中并没有对应的晶体管。这实际上是由于版图中这两个 PMOS 晶体管没有包裹在 N 阱中，与电路图中的 PMOS 晶体管无法对应造成的。

双击 X33/M0 和 X21/M0 晶体管，回到版图视图窗口，通过观察，可以发现 PMOS 晶体管外围缺少 N 阱，如图 8.19 所示。

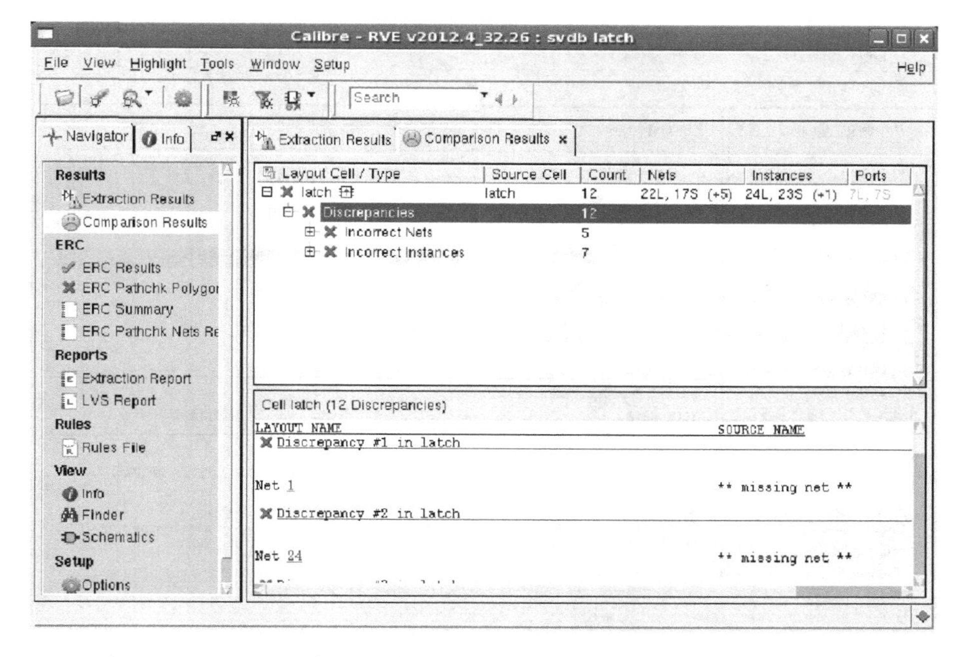

图 8.15　“PMOS 晶体管没有包裹在 N 阱中”产生了走线和元件两类错误

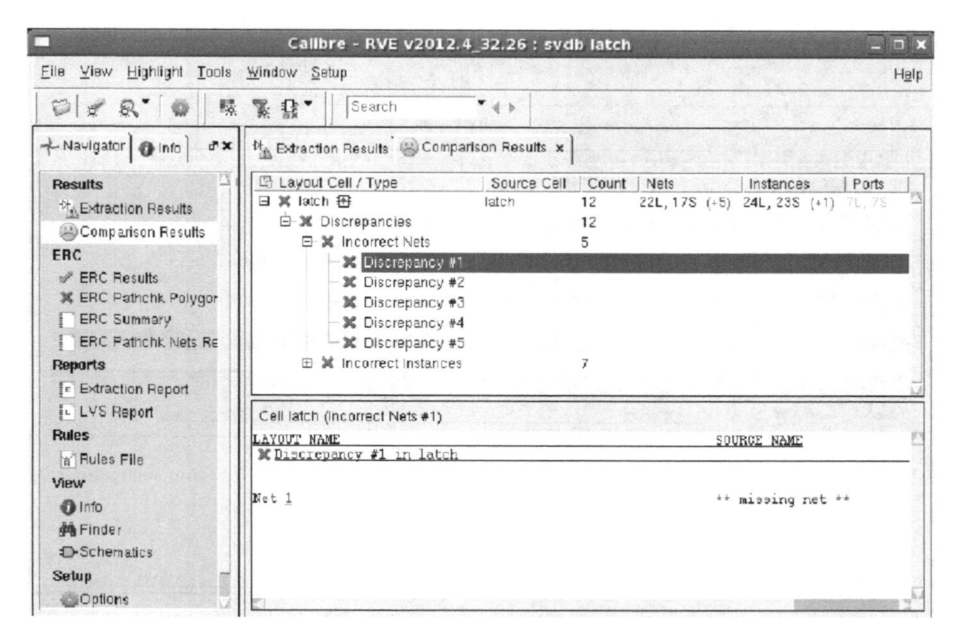

图 8.16　“Incorrect Nets”中的错误信息

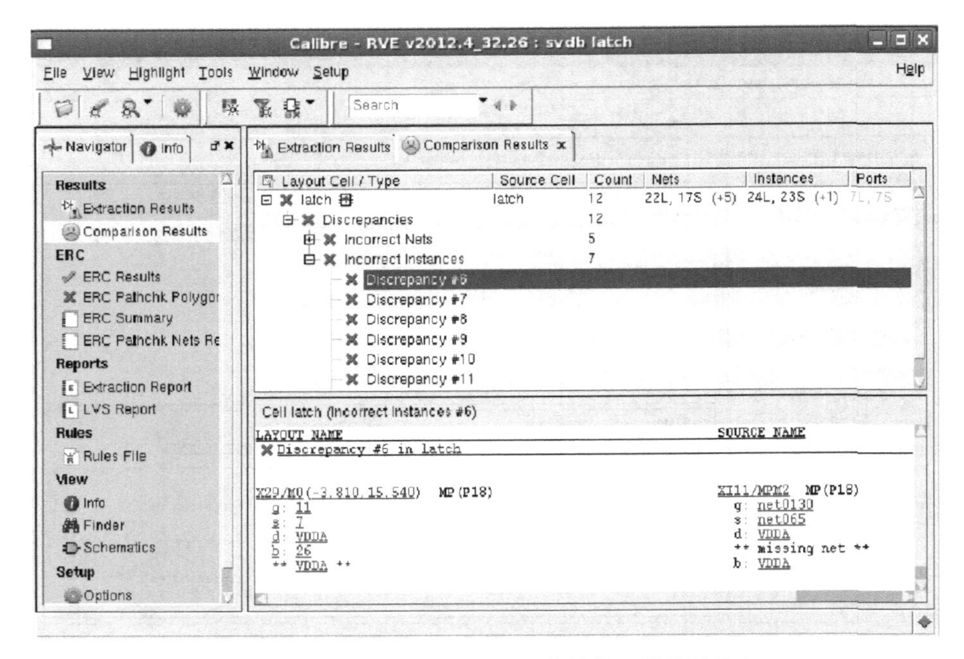

图 8.17　“Incorrect Instances”中的第一类错误信息

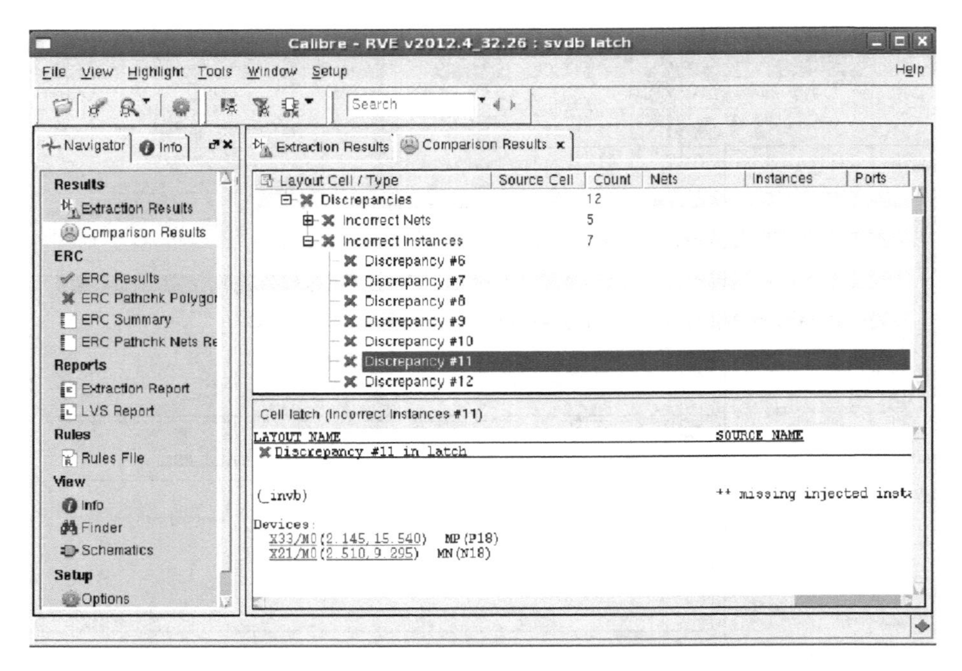

图 8.18　“Incorrect Instances”中的第二类错误信息

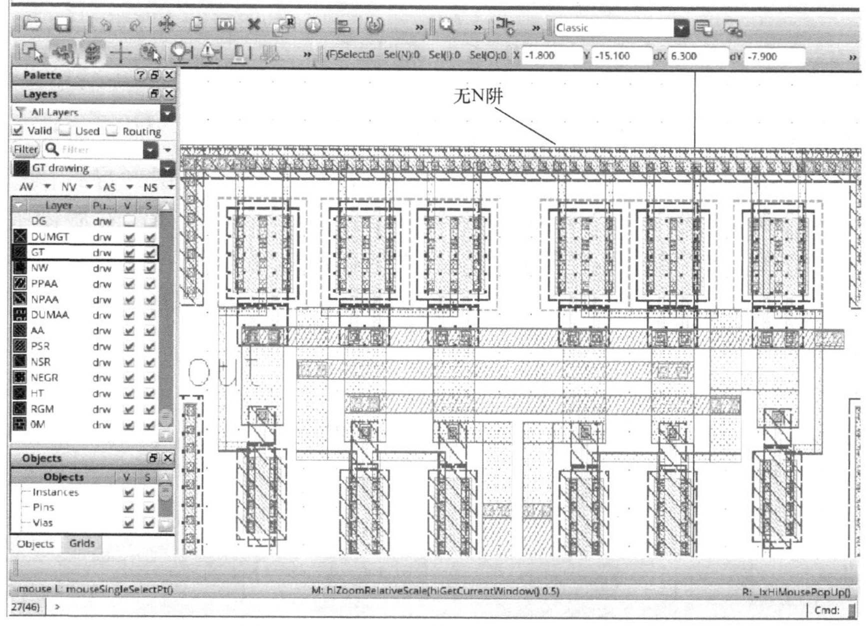

图 8.19　PMOS 晶体管外围缺少 N 阱

修改方法为在版图窗口中选择 N 阱层（“NW”），绘制一个矩形，将 PMOS 包裹在其中，如图 8.20 所示。

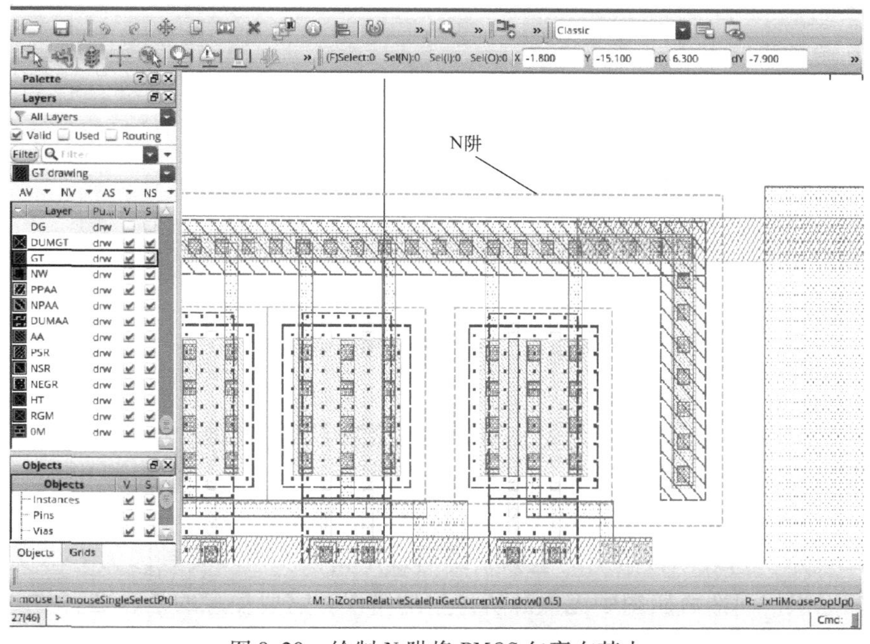

图 8.20　绘制 N 阱将 PMOS 包裹在其中

8.6 漏标

漏标指的是在版图绘制过程中遗漏了端口标识“label”，或者标识定位的“十字叉”没有加载在走线上，或者标识没有选用专门的标识层（导致该标识没有被LVS规则识别出来）。一种漏标的错误信息如图8.21所示。在版图提取信息中发现端口遗失，而在电路图提取信息中则存在端口“IN”。这时就需要回到版图中查看，遗漏标识、“十字叉”位置错位和标识层错误都可能出现这个错误信息。

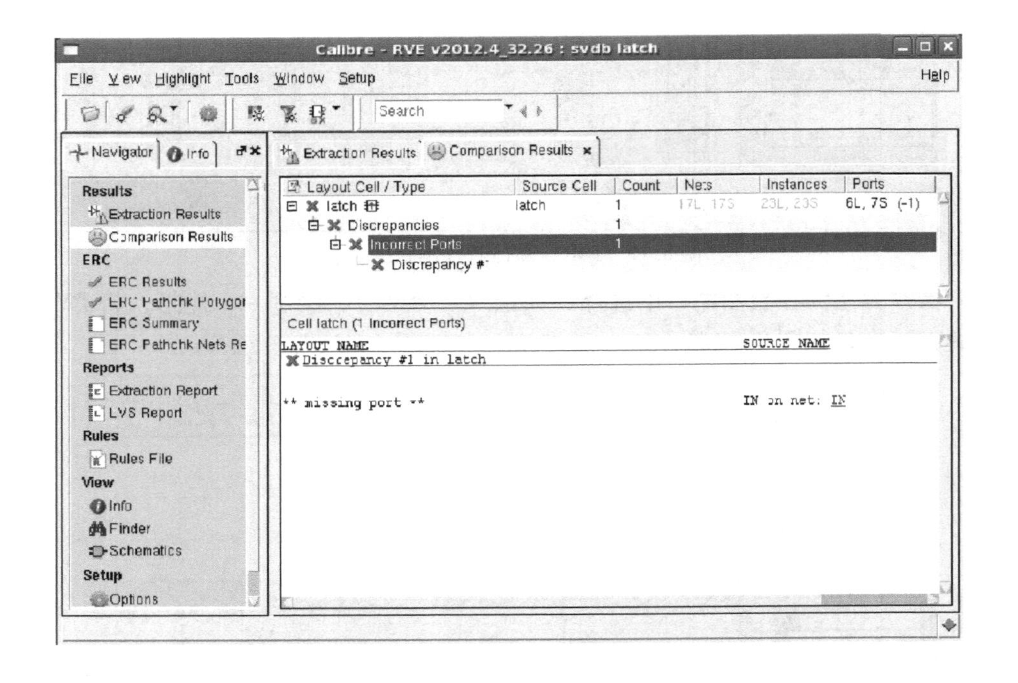

图8.21　一种漏标的错误信息

在漏标错误中，比较严重的一类错误是遗漏了电源和地的标识。这时在Calibre界面点击“Run LVS”时，LVS检查无法执行，而会在信息栏中提示错误“Supply error detected. ABORT ON SUPPLY ERROR is specified - aborting”，如图8.22所示。这表示该版图的电源系统出现了错误。这其实是因为LVS无法提取电源标识，而造成版图中无电源所产生的错误。需要注意的是，在一些电源和地短路的情况中，也会出现该类错误信息提示。

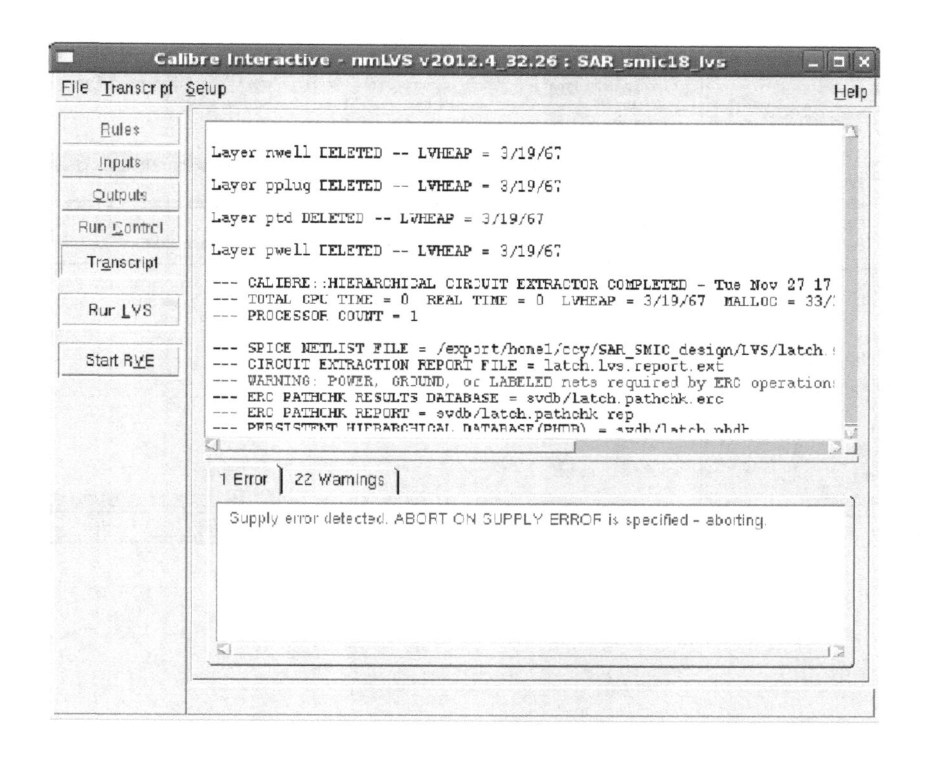

图 8.22　漏标电源和地标识导致 LVS 检查无法进行

8.7　元件参数错误

元件参数错误是 LVS 检查中比较简单的一类错误，也较为容易分辨。该错误信息只会出现在“Discrepancies”中，体现为“Property Error”，如图 8.23 所示，版图中提取的 NMOS 晶体管 L 值为 0.2u，而在电路图中提取的 L 值为 0.18u。这时只需要在版图窗口中定位该晶体管，将其 L 值修改为与电路图中的尺寸一致即可。需要注意的是，修改完晶体管的尺寸，各个端口之间的连线位置也会发生变化，设计者也必须进行相应的连线修改，避免产生其他错误。

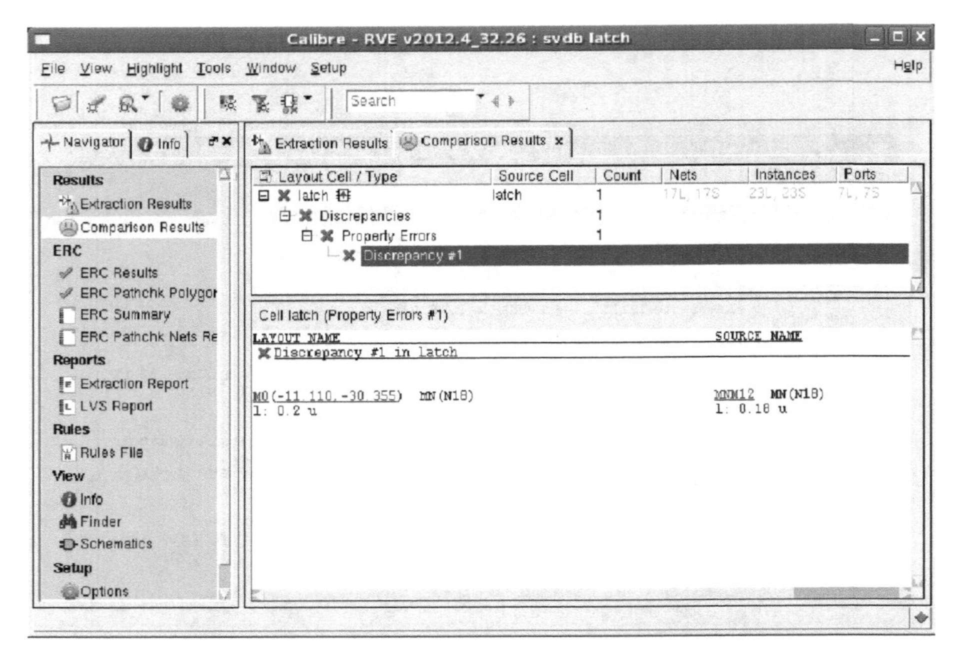

图 8.23　一种元件参数错误信息

参考文献

[1] SAKURAI T, MATSUZAWA A, DOUSEKI T. Fully - depleted SOI CMOS circuits and technology for ultralow - power applications [M]. Dordrecht, The Netherlands, Springer, 2006.

[2] FOSSUM J G, TRIVEDI P. Fundamentals of ultra - thin - body MOSFETs and FinFETs [M]. New York, USA, Cambridge University Press, 2013.

[3] SABRY M N, OMRAN H, DESSOUKY M. Systematic design and optmization of operational transconductance amplifier using gm/ID design methodology [J]. Microelectronics Journal, 2018, Vol. (75): 87 - 96.

[4] SAINT C, SAINT J. IC mask design - essential layout techniques [M]. New York, USA, McGraw - Hill, 2002.

[5] SAINT C, SAINT J. IC layout basics: a practical guide [M]. New York, USA, McGraw - Hill, 2004.